“十二五”普通高等教育本科国家级规划教材

普通高等院校计算机类专业规划教材·精品系列

离 散 数 学

（第二版）

刘任任　王　婷　周经野　主编

中国铁道出版社有限公司

CHINA RAILWAY PUBLISHING HOUSE CO., LTD.

内 容 简 介

本书是"十二五"普通高等教育本科国家级规划教材。

本书是编者根据多年讲授离散数学课程的教学实践,并参考国内外同类教材编写而成的。为适应计算机科学发展的需要,本书增加了新的内容,其目的在于通过讲授离散数学中的基本概念、基本定理和运算及其在计算机科学与技术学科中的应用,培养学生的数学抽象能力、用数学语言描述问题的能力、逻辑思维能力以及数学论证能力。本书力求概念阐述严谨,证明推演详尽,较难理解的概念用实例说明。全书分四篇共 24 章,内容包括:集合论与数理逻辑、图论与组合数学、代数结构与初等数论、形式语言与自动机理论基础。本书有配套教材《离散数学题解与分析(第二版)》(刘任任主编,中国铁道出版社出版,2015 年)。

本书适合作为高等院校计算机及相关专业的教材,也可供从事离散结构领域研究工作的人员参考。

图书在版编目(CIP)数据

离散数学/刘任任,王婷,周经野主编.—2 版.—北京:
中国铁道出版社,2015.8(2021.7重印)

"十二五"普通高等教育本科国家级规划教材

普通高等院校计算机类专业规划教材·精品系列

ISBN 978-7-113-20806-6

Ⅰ.①离… Ⅱ.①刘…②王…③周… Ⅲ.①离散数学-
高等学校-教材Ⅳ.①O158

中国版本图书馆 CIP 数据核字(2015)第 183360 号

书　　　名:**离散数学**

作　　　者:**刘任任　王　婷　周经野**

策　　　划:周海燕　　　　　　　　　编辑部电话:(010) 51873202

责任编辑:周海燕　徐盼欣

封面设计:穆　丽

封面制作:白　雪

责任校对:王　杰

责任印制:樊启鹏

出版发行:中国铁道出版社有限公司(100054,北京市西城区右安门西街 8 号)

网　　址:http://www.tdpress.com/51eds/

印　　刷:三河市兴达印务有限公司

版　　次:2009 年 12 月第 1 版　2015 年 8 月第 2 版　2021 年 7 月第 5 次印刷

开　　本:787 mm×1 092 mm　1/16　印张:19　字数:495 千

书　　号:ISBN 978-7-113-20806-6

定　　价:38.00 元

前言（第二版）

离散数学是计算机科学与技术学科的基础，它以离散量为研究对象，充分描述了计算机科学与技术学科的离散性特点。

离散数学是随着计算机科学与技术学科的发展而逐步建立的，尽管它的主要内容在计算机出现之前就已散见于数学的各个分支中。它形成于20世纪70年代初，因此，国外也有人称之为"计算机数学"，或称其为"离散结构"。

离散数学包括的内容主要有集合论、图论、数理逻辑、代数结构，并且其内容一直随着计算机科学与技术学科的发展而不断地扩充和完善。作为计算机专业的核心课程，它为后续课程提供了必要的数学基础。这些后续课程主要有：数据结构、编译原理、算法分析、计算机密码学、人工智能和可计算性理论等。

本书是在编者多年讲授离散数学课程的基础上编写而成的，其目的在于通过讲授离散数学中的基本概念、基本定理和运算及其在计算机科学与技术学科中的应用，培养学生的数学抽象能力、用数学语言描述问题的能力、逻辑思维能力以及数学论证能力。因此，本书力求概念阐述严谨，证明推演详尽，较难理解的概念用实例说明。

本书是"十二五"普通高等教育本科国家级规划教材。本书第二版在内容和结构上对第一版进行了修改和补充，增加了形式语言与自动机理论部分。全书共分四篇：第一篇是集合论与数理逻辑。主要介绍集合、关系、映射、可数集与不可数集、命题逻辑与一阶逻辑。集合论是全书的基础知识和基本工具，命题逻辑与一阶逻辑则是数理逻辑中与计算机科学与技术学科关系较密切的基本内容。第二篇是图论与组合数学。主要介绍图与子图、树、图的连通性、E图与H图、匹配与点独立集、图的着色、平面图、有向图、网络最大流、排列和组合的一般计数方法、容斥原理、递推关系与生成函数。由于图为任何一个包含二元关系的系统提供了一种离散数学模型，因此，应用图论来解决计算机科学与技术学科相关领域中的问题已显示出极大的优越性。此外，图论对于锻炼学生的抽象思维能力，提高运用数学工具描述并解决实际问题的能力也大有益处。本篇还介绍了组合数学中关于存在性、计数、构造、分类，以及最优化等基本知识，目的在于向读者介绍组合分析这一强有力的数学工具。第三篇是代数结构与初等数论。主要内容有整数、群、环与域、格与布尔代数。第四篇是形式语言与自动机理论基础，主要介绍计算模型基础理论中形式语言与有限自动机理论的一些基本知识。

本书有配套教材《离散数学题解与分析（第二版）》（刘任任主编，中国铁道出版社出版，2015年），对书中习题进行了较详细的分析与解答，以帮助读者加深对基本概念、基本定理以及运算规律的理解。

本书适合作为高等院校计算机及相关专业的教材，书中加 * 的部分为选学内容，教师可以按授课对象的实际情况和专业教育的要求进行取舍，决定讲授内容。本书也可供从事离散结构领域研究工作的人员参考。

本书的编写得到了教育部第一类特色建设专业（计算机科学与技术）项目、"十二五"普通高等教育国家级规划教材建设项目的资助。同时，中国计算机学会计算机教育委员会副主任蒋宗礼教授对本书提出了很多宝贵的意见和建议，在此表示衷心的感谢。

本书由刘任任、王婷、周经野担任主编。其中，本书的第一篇和第三篇由刘任任编写，第二篇由王婷编写，第四篇由周经野编写，全书由刘任任和王婷统稿。张陵山、肖芬、曹春红、邹娟、谢慧萍等对教材的编写提出了许多宝贵的意见和建议，在此表示感谢。由于编者的水平有限，书中难免存在疏漏和不足之处，恳请读者批评指正。

最后，我们引用计算机科学巨匠、图灵奖获得者 D. E. Kunth 的一段话来说明数学，特别是离散数学在计算机科学中的重要地位：

"除了无穷维 Hibert 空间不可能用得上以外，其他数学理论都可能在计算机科学中得到应用。概括地说：在计算机科学的研究领域中，凡一问题要求形式化、精确化表示，最可能用到的数学理论是数理逻辑，某些部分可能用到代数，甚至拓扑学；凡一问题要求表示出算法执行过程中各部分的逻辑结构或关系，最可能用到的数学理论是图论和数理逻辑，某些部分可能用到代数；凡一问题要求给出量的测定，最可能用到的数学理论是组合数学、数论和概率论等；凡一问题要求得出最优方案，最可能用到的数学理论是运筹学、数论，甚至将来有可能用到数学分析。"

编　者

2015 年 7 月

第一篇 集合论与数理逻辑

第二篇　图论与组合数学

第四篇　形式语言与自动机理论基础

第一篇　集合论与数理逻辑
(Set theory & Mathematical logic)

　　集合论是现代数学的基础，它作为一个独立的数学分支诞生于 19 世纪.当时，由于科学和技术的发展，极大地推动了微积分、抽象代数、几何学等领域的理论与应用研究.就整个经典数学而言，迫切需要建立一个能够统括各个数学分支，并能建树其上的理论基础.正是在数学发展的这样一个历史背景下，康托尔（Georg Cantor）系统地总结了长期以来对数学的认识与实践，创立了集合论.

　　集合论的创立，使数学研究对象从有限推进到无限，并为整个经典数学的各个分支提供了一个共同的理论基础.目前，集合论的概念几乎已渗透到现代数学的各个领域，并且在计算机科学、经济学、语言学和心理学等学科中有着重要的应用.

　　数理逻辑是用数学方法来研究推理过程的数学分支，它与计算机科学、人工智能、语言学等有着密切的关系.

　　数理逻辑的内容很丰富，除了最基础的逻辑演算外，还包括证明论、递归论、模型论和公理集合论.证明论主要研究数学理论系统的相容性（即不矛盾性、协调性）.递归论是关于能行可计算性的理论.自从发明电子计算机后，人们需要在理论上弄清楚计算机能计算哪些函数，因此，递归论已成为理论计算机科学的重要内容.模型论主要为各种数学理论系统建立模型，并研究各模型之间、模型与数学系统之间的关系等.公理集合论则是在消除已知集合论悖论的情况下用公理方法把有关集合的理论发展下去.

　　本篇主要介绍集合论中有关集合、关系、映射、可数集与不可数集，以及数理逻辑中最基础的逻辑演算部分，主要包括命题逻辑和一阶逻辑.

第1章 集合（set）

众所周知,任何一个理论系统,都要包含一些不加以定义而直接引入的基本概念.例如,欧几里得几何学系统中的"点"和"直线",而"三角形""圆"等几何概念都可以通过"点"和"直线"来定义.在集合论中,集合就是这样一个唯一不精确定义而直接引用的基本概念.集合论是现代数学中最重要的基础之一.

本章主要介绍集合的概念及其表示、集合的基本运算和笛卡儿积.

§1.1　集合的概念及其表示

由于集合是一个不精确定义的概念,因此,只能给它以直观的描述.所谓集合,可描述为"由一些任意确定的、彼此有区别的对象所组成的一个整体".集合中的对象就称为该集合中的元素.通常用大写英文字母表示集合,而用小写英文字母表示元素.

如果 a 是集合 S 中的元素,则记为 $a \in S$,读作"a 属于 S";如果 a 不是 S 中的元素,则记为 $a \notin S$,读作"a 不属于 S".

【例1.1】　以下是一些集合的例子.

（1）教室里所有课桌的集合；

（2）全体自然数的集合；

（3）100 以内的素数集合；

（4）方程 $x^2 + x + 1 = 0$ 的实根集合.

定义1.1.1　设 A 为集合,用 $|A|$ 表示 A 中所含元素的个数.

（1）若 $|A| = 0$,则称 A 为空集（empty set）,空集常用 $\varnothing$ 表示；

（2）若 $|A| = n$（自然数）,则称 A 为有限集（finite set）；

（3）若 $|A| = \infty$,则称 A 为无限集（infinite set）；

（4）若 $|A| \neq 0$,则称 A 为非空集（nonempty set）.

在例 1.1 所举的 4 个集合中,(1)和(3)为非空有限集,(2)为无限集,(4)为空集.

为方便起见,本书用以下符号表示固定集合:

$$\mathbf{N}\text{——自然数集合；} \quad \mathbf{Z}\text{——整数集合；}$$

$$\mathbf{Q}\text{——有理数集合；} \quad \mathbf{R}\text{——实数集合.}$$

由集合的概念可知,要确定一个集合,只需指出哪些元素属于该集合,哪些元素不属于该集合.常用以下两种方法描述一个集合.

1. 列举法

按任意一种次序,不重复地将集合中的元素全部或部分地列出来,未列出来的元素用"…"代替,并用括号括起来,例如:

10 以内的素数的集合 $M = \{2,3,5,7\}$;

26 个英文小写字母的集合 $M = \{a, b, c, \cdots, x, y, z\}$;

所有整数的集合 $\mathbf{Z} = \{\cdots, -2, -1, 0, 1, 2, \cdots\}$;

全体正偶数的集合 $E = \{2, 4, 6, \cdots\}$.

部分地列举元素时,所列出的元素要能反映出该集合元素的构造规律.

2. 描述法

用集合中元素所共同具有的某个性质来刻画集合. 任何一个元素属于该集合当且仅当该元素具有规定的性质. 例如,在直角坐标系平面内,满足方程 $x^2 + y^2 = 1$ 的全部点坐标所组成的集合 D 可以表示为

$$D = \{\langle x, y \rangle \mid x, y \in \mathbf{R} \text{ 且 } x^2 + y^2 = 1\}$$

其中,$\langle x, y \rangle$ 表示集合 D 的元素.

我们知道,元素与集合之间是属于或不属于的关系,对集合之间的关系,我们有:

定义 1.1.2 设 A, B 为任意两个集合.

(1) 若对每个 $x \in A$ 均有 $x \in B$,则称 A 为 B 的子集,也称 A 含于 B 或 B 包含 A,记为 $A \subseteq B$ 或 $B \supseteq A$.

(2) 若 $A \subseteq B$ 且 $B \subseteq A$,则称 A 与 B 相等,记为 $A = B$,否则称 A 与 B 不相等,记为 $A \neq B$.

(3) 若 $A \subseteq B$ 且 $A \neq B$,则称 A 为 B 的真子集,也称 A 真含于 B 或 B 真包含 A,记为 $A \subset B$ 或 $B \supset A$.

由集合的概念可知,一个集合也可以作为另一个集合的元素.

定义 1.1.3 设 A 为任意集合,令 $\rho(A) = \{X \mid X \subseteq A\}$,则称 $\rho(A)$ 为 A 的幂集(power set),即 A 的所有子集构成的集合. A 的幂集也可以记为 2^A.

例如,设 $A = \{a, \{b\}\}$,则 A 的幂集为

$$\rho(A) = \{\varnothing, \{a\}, \{\{b\}\}, \{a, \{b\}\}\}$$

显然,若 A 为有限集,且 $|A| = n$,则 $\rho(A)$ 的元素个数为

$$|\rho(A)| = C_n^0 + C_n^1 + \cdots + C_n^n = 2^n$$

【例 1.2】 设 $A = \{\varnothing\}$,$B = \rho(\rho(A))$,判断下列各题是否正确.

(1) $\varnothing \in B$,$\varnothing \subseteq B$;

(2) $\{\varnothing\} \in B$,$\{\varnothing\} \subseteq B$;

(3) $\{\{\varnothing\}\} \in B$,$\{\{\varnothing\}\} \subseteq B$.

解: 因 A 是仅以空集 $\varnothing$ 为元素的集合,故 $\rho(A) = \{\varnothing, \{\varnothing\}\}$,$B = \rho(\rho(A)) = \{\varnothing, \{\varnothing\}, \{\{\varnothing\}\}, \rho(A)\}$,于是:

(1) $\varnothing \in B$,因为空集 $\varnothing$ 含于任何集合,所以 $\varnothing \subseteq B$.

(2) $\{\varnothing\} \in B$,因为 $\varnothing \in B$,所以 $\{\varnothing\} \subseteq B$.

(3) $\{\{\varnothing\}\} \in B$,因为 $\{\varnothing\} \in B$,所以 $\{\{\varnothing\}\} \subseteq B$.

综上,各题都是正确的.

§1.2 集合的基本运算

以下设 E 是这样一个集合:它包含我们所讨论的所有集合,并称 E 为全集(universal set).

定义 1.2.1 设 A,B 为任意两个集合,令

$$A \cup B = \{x \mid x \in A \text{ 或 } x \in B\}$$

$$A \cap B = \{x \mid x \in A \text{ 且 } x \in B\}$$

$$A - B = \{x \mid x \in A \text{ 且 } x \notin B\}$$

$$A \oplus B = (A \cup B) - (A \cap B)$$

分别称 $A \cup B$、$A \cap B$、$A - B$ 和 $A \oplus B$ 为集合 A 与 B 的并、交、差和对称差.

特别地,差集 $E - A$ 称为 A 的补集,记为 $\overline{A}$.

如果 $A \cap B = \varnothing$,则称 A 与 B 不相交.

例如,若取全集 $E = \{1,2,3,4,5\}$,$A = \{1,3,4\}$,$B = \{3,5\}$,则有

$$A \cup B = \{1,3,4,5\}$$

$$A \cap B = \{3\},$$

$$A - B = \{1,4\}$$

$$B - A = \{5\},$$

$$A \oplus B = \{1,4,5\}$$

$$\overline{A} = \{2,5\}$$

$$\overline{B} = \{1,2,4\}$$

不难证明, 对任意集合 A、B 和 C,下面的运算规律成立:

(1) $A \cup A = A$,$A \cap A = A$(幂等律);

(2) $A \cup B = B \cup A$,$A \cap B = B \cap A$(交换律);

(3) $(A \cup B) \cup C = A \cup (B \cup C)$,$(A \cap B) \cap C = A \cap (B \cap C)$(结合律);

(4) $A \cap (B \cup C) = (A \cap B) \cup (A \cap C)$,$A \cup (B \cap C) = (A \cup B) \cap (A \cup C)$(分配律);

(5) $A \cap (A \cup B) = A$, $A \cup (A \cap B) = A$(吸收律);

(6) $A \cup \varnothing = A$,$A \cap E = A$(同一律);

(7) $A \cup E = E$,$A \cap \varnothing = \varnothing$(零律);

(8) $A \cup \overline{A} = E$,$A \cap \overline{A} = \varnothing$(互补律 I);

(9) $\overline{E} = \varnothing$,$\overline{\varnothing} = E$(互补律 II);

(10) $\overline{(A \cap B)} = \overline{A} \cup \overline{B}$,$\overline{(A \cup B)} = \overline{A} \cap \overline{B}$(De Morgan 律);

(11) $\overline{\overline{A}} = A$(对合律).

例如,我们来证明分配律之一:$A \cap (B \cup C) = (A \cap B) \cup (A \cap C)$.

任取 $x \in A \cap (B \cup C)$,则 $x \in A$ 且 $x \in B \cup C$,即 $x \in A$ 且 $x \in B$ 或 $x \in C$. 于是,$x \in A \cap B$ 或者 $x \in A \cap C$,故 $x \in (A \cap B) \cup (A \cap C)$,即证得

$$A \cap (B \cup C) \subseteq (A \cap B) \cup (A \cap C) \tag{1.1}$$

另一方面,任取 $x \in (A \cap B) \cup (A \cap C)$,则 $x \in A \cap B$ 或者 $x \in A \cap C$,即 $x \in A$ 且 $x \in B$, 或者 $x \in A$ 且 $x \in C$,于是有 $x \in A$ 且 $x \in B$ 或者 $x \in C$,即 $x \in A$ 且 $x \in B \cup C$,因此,$x \in A \cap (B \cup C)$,故

$$(A \cap B) \cup (A \cap C) \subseteq A \cap (B \cup C) \tag{1.2}$$

综上, 由式(1.1)和式(1.2)可得

$$A \cap (B \cup C) = (A \cap B) \cup (A \cap C)$$

我们再来证明 De Morgan 律之一:$\overline{A \cup B} = \overline{A} \cap \overline{B}$.

因为,$x \in \overline{A \cup B}$ 当且仅当 $x \notin (A \cup B)$ 当且仅当 $x \notin A$ 且 $x \notin B$ 当且仅当 $x \in \overline{A}$ 且 $x \in \overline{B}$ 当且仅当 $x \in \overline{A} \cap \overline{B}$,因此,$\overline{A \cup B} = \overline{A} \cap \overline{B}$.

其余的运算规律,都可以类似地证明.

【例 1.3】 证明对任何集合 X 和 Y,$(X - Y) \cap (Y - X) = \varnothing$.

证明: $\quad (X - Y) \cap (Y - X)$

$\quad = (X \cap \overline{Y}) \cap (Y \cap \overline{X}) \qquad$ (由差运算的定义)

$\quad = X \cap \overline{Y} \cap Y \cap \overline{X} \qquad$ (由结合律)

$\quad = (X \cap \overline{X}) \cap (Y \cap \overline{Y}) \qquad$ (由交换律和结合律)

$\quad = \varnothing \cap \varnothing \qquad$ (由互补律 I)

$\quad = \varnothing \qquad$ (由幂等律)

§1.3　笛卡儿积(Cartesian product)

我们知道,集合中的元素是无次序的,例如 $\{x, y\} = \{y, x\}$.然而,现实世界中,许多对象必须用两个具有固定次序的元素来描述.比如,直角平面坐标系中的点通常由横坐标 x 和纵坐标 y 表示为 (x, y),而且当 $x \neq y$ 时,(x, y) 与 (y, x) 代表平面中不同的两点,我们称两个具有固定次序的对象为序偶(ordered pairs),记为 $\langle x, y \rangle$.

定义 1.3.1 设 $\langle x, y \rangle$ 和 $\langle u, v \rangle$ 为两个序偶,若 $x = u$ 且 $y = v$,则称这两个序偶相等,记为 $\langle x, y \rangle = \langle u, v \rangle$.

序偶 $\langle x, y \rangle$ 中的两个元素可以来自两个不同的集合.例如,若 x 代表姓名,y 代表国名,则序偶 $\langle x, y \rangle$ 就可表示某公民及其国籍的信息.更一般地,我们有:

定义 1.3.2 设 A, B 是任意两个集合.令

$$A \times B = \{\langle x, y \rangle \mid x \in A \text{ 且 } y \in B\}$$

称集合 $A \times B$ 为 A 与 B 的笛卡儿积或直积.

特别地,记 $A \times A$ 为 A^2.

【例 1.4】 设 $A = \{\alpha, \beta\}$,$B = \{1, 2, 3\}$,则

$$A \times B = \{\langle \alpha, 1 \rangle, \langle \alpha, 2 \rangle, \langle \alpha, 3 \rangle, \langle \beta, 1 \rangle, \langle \beta, 2 \rangle, \langle \beta, 3 \rangle\}$$

$$B \times A = \{\langle 1, \alpha \rangle, \langle 2, \alpha \rangle, \langle 3, \alpha \rangle, \langle 1, \beta \rangle, \langle 2, \beta \rangle, \langle 3, \beta \rangle\}$$

$$A \times A = A^2 = \{\langle \alpha, \alpha \rangle, \langle \alpha, \beta \rangle, \langle \beta, \alpha \rangle, \langle \beta, \beta \rangle\}$$

由例 1.4 可知,一般地,$A \times B \neq B \times A$.

可以将序偶的概念推广为 n 元有序组(ordered n – tuples).

定义 1.3.3 设 $x_1, x_2, \cdots, x_n$ 为任意 n 个元素,$n \geqslant 2$,令

$$\langle x_1, x_2, \cdots, x_n \rangle = \langle \langle x_1, x_2, \cdots, x_{n-1} \rangle, x_n \rangle$$

$$\langle x_1 \rangle = x_1$$

称 $\langle x_1, x_2, \cdots, x_n \rangle$ 为由 $x_1, x_2, \cdots, x_n$ 组成的 n 元有序组,并称 x_i 为第 i 个分量,$i = 1, 2, \cdots, n$.

用归纳法可以证明:$\langle x_1, x_2, \cdots, x_n \rangle = \langle y_1, y_2, \cdots, y_n \rangle$ 当且仅当 $x_i = y_i$,$i = 1, 2, \cdots, n$.

定义 1.3.4 设 $A_1, A_2, \cdots, A_n$ 为任意 n 个集合,令

$$A_1 \times A_2 \times \cdots \times A_n = \{\langle x_1, x_2, \cdots x_n \rangle \mid x_i \in A_i, i = 1, 2, \cdots, n\}$$

称 $A_1 \times A_2 \times \cdots \times A_n$ 为 $A_1, A_2, \cdots, A_n$ 的笛卡儿积. 当 $A_1 = A_2 = \cdots = A_n = A$ 时, 将 $A_1 \times A_2 \times \cdots \times A_n$ 简记为 A^n.

例如, $n = 3$ 时, $\mathbf{R} \times \mathbf{R} \times \mathbf{R} = \mathbf{R}^3 = \{\langle x, y, z \rangle | x, y, z \in \mathbf{R}(实数集)\}$ 表示空间直角坐标系中所有点的集合.

不难证明, $|A_1 \times A_2 \times \cdots \times A_n| = |A_1| \times |A_2| \times \cdots \times |A_n|$.

习　题

1. 用列举法表示下列集合:

(1) 1 到 100 之间的自然数的集合;　　(2) 小于 5 的正整数集合;

(3) 偶自然数的集合;　　(4) 奇整数的集合.

2. 用描述法表示下列集合:

(1) 偶整数的集合;　　(2) 素数的集合;

(3) 自然数 a 的整数幂的集合.

3. 设 $S = \{2, a, \{3\}, 4\}$, $R = \{\{a\}, 3, 4, 1\}$, 请判断下面的写法正确与否:

(1) $\{a\} \in S$;　　(2) $\{a\} \in R$;

(3) $\{a, 4, \{3\}\} \subseteq S$;　　(4) $\{\{a\}, 1, 3, 4\} \subset R$;

(5) $R = S$;　　(6) $\{a\} \subseteq S$;

(7) $\{a\} \subseteq R$;　　(8) $\varnothing \subseteq R$;

(9) $\varnothing \subseteq \{\{a\}\} \subseteq R \subseteq E$;　　(10) $\{\varnothing\} \subseteq S$;

(11) $\varnothing \in R$;　　(12) $\varnothing \subseteq \{\{3\}, 4\}$.

4. 设 A, B 和 C 为任意三个集合. 以下说法是否正确? 若正确则证明之, 否则举反例说明.

(1) 若 $A \in B$ 且 $B \subseteq C$, 则 $A \in C$;

(2) 若 $A \in B$ 且 $B \subseteq C$, 则 $A \subseteq C$;

(3) 若 $A \subseteq B$ 且 $B \in C$, 则 $A \in C$;

(4) 若 $A \subseteq B$ 且 $B \in C$, 则 $A \subseteq C$.

5. 设 $P = \{S | S 是集合且 S \notin S\}$. P 是集合吗? 请证明你的结论.

6. 设 $E = \{1, 2, 3, 4, 5\}$, $A = \{1, 3\}$, $B = \{1, 4, 5\}$, $C = \{4, 3\}$. 试求下列集合:

(1) $A \cap \bar{B}$;　　(2) $(A \cap B) \cup \bar{C}$;

(3) $\overline{(A \cap B)}$;　　(4) $\bar{A} \cup \bar{B}$;

(5) $(A - B) - C$;　　(6) $A - (B - C)$;

(7) $(A \oplus B) \oplus C$;　　(8) $(A \oplus B) \oplus (B \oplus C)$.

7. 设 A, B 和 C 为任意三个集合, 以下说法是否正确? 若正确则证明之, 否则举反例说明.

(1) 若 $A \cup B = A \cup C$, 则 $B = C$;

(2) 若 $A \cap B = A \cap C$, 则 $B = C$;

(3) 若 $A \oplus B = A \oplus C$, 则 $B = C$;

(4) 若 $A \subseteq B \cup C$, 则 $A \subseteq B$ 或 $A \subseteq C$;

(5) 若 $B \cap C \subseteq A$, 则 $B \subseteq A$ 或 $C \subseteq A$.

8. 设 A, B 和 C 是任意三个集合, 试证明:

(1) $A = B$ 当且仅当 $A \oplus B = \varnothing$;

(2) $A \oplus B = B \oplus A$;

(3) $(A \oplus B) \oplus C = A \oplus (B \oplus C)$;

(4) $A \cap (B \oplus C) = (A \cap B) \oplus (A \cap C)$;

(5) $A \cup (B \oplus C) \neq (A \cup B) \oplus (A \cup C)$.

9. 设 $A = \{1,2\}$,$B = \{2,3\}$,试确定以下集合:

(1) $A \times \{1\} \times B$;　　　　　　　　(2) $A^2 \times B$;

(3) $(B \times A)^2$.

10. 证明:若 $A \times A = B \times B$,则 $A = B$.

11. 证明:若 $A \times B = A \times C$,且 $A \neq \varnothing$,则 $B = C$.

12. 设 x,y 为任意元素,令 $\langle x,y \rangle = \{\{x\},\{x,y\}\}$,试证明:$\langle x,y \rangle = \langle u,v \rangle$ 当且仅当 $x = u$,$y = v$.

13. 将三元有序组 $\langle x,y,z \rangle$ 定义为 $\{\{x\},\{x,y\},\{x,y,z\}\}$ 合适吗? 为什么?

第2章 关系(relations)

关系概念的建立和应用在日常生活中到处可见,如人与人之间的师生关系、朋友关系以及同学关系等. 在数学中,关系反映了元素之间的联系与性质,如数值之间的相等关系、大于关系以及整除关系等.

本章主要讨论关系及其表示、关系的运算和一些常见的关系.

§2.1 关系及其表示

定义 2.1.1 设 A,B 为任意两个集合,称笛卡儿积 $A \times B$ 的子集 R 为集合 A 到 B 的一个二元关系. 若 $\langle x,y \rangle \in R$,则称 x 与 y 有关系 R,记为 xRy;否则称 x 与 y 没有关系 R,记为 $x\bar{R}y$. 特别地,若 $A = B$,则称 R 为集合 A 上的二元关系.

例如,设 $A = \{2,3,4,5,6\}$,则定义在 A 上的整除关系如下:
$$R = \{\langle x,y \rangle \mid x,y \in A \text{ 且 } x \text{ 整除 } y\}$$
$$= \{\langle 2,2 \rangle, \langle 3,3 \rangle, \langle 4,4 \rangle, \langle 5,5 \rangle, \langle 6,6 \rangle, \langle 2,4 \rangle, \langle 2,6 \rangle, \langle 3,6 \rangle\}$$

定义 2.1.2 设 R 是定义在集合 A 上的二元关系.

(1) 若对每个 $x \in A$,均有 xRx,则称 R 为自反的(reflexive);

(2) 若对每个 $x \in A$,均有 $x\bar{R}x$,则称 R 为反自反的(irreflexive);

(3) 若对任意 $x,y \in A$,由 xRy,可得出 yRx,则称 R 是对称的(symmetric);

(4) 若对任意 $x,y \in A$,由 xRy 且 yRx,可得出 $x = y$,则称 R 是反对称的(antisymmetric);

(5) 若对任意 $x,y,z \in A$,由 xRy 且 yRz,可得出 xRz,则称 R 是传递的(transitive).

例如,数值之间的相等关系" $=$ "是自反的、对称的、反对称的和传递的,而小于关系" $<$ "则是反自反的、反对称的和传递的;集合之间的含于关系" $\subseteq$ "是自反的、反对称的和传递的.

【例 2.1】 设 $\mathbf{Z}_+$ 是正整数集,定义 $\mathbf{Z}_+$ 上的整除关系为 $R = \{\langle x,y \rangle \mid x,y \in \mathbf{Z}_+, x \mid y\}$. 证明 R 是自反的、反对称的、传递的.

证明: 对于任意的 $x \in \mathbf{Z}_+$,均存在 $1 \in \mathbf{Z}_+$,使得 $x = 1 \times x$,于是 $x \mid x$,所以 R 是自反的;又对于任意的 $x,y \in \mathbf{Z}_+$,如果 $x \mid y$ 并且 $y \mid x$,则存在 $t,u \in \mathbf{Z}_+$,使得 $y = tx, x = uy$,将 $y = tx$ 代入 $x = uy$ 得 $x = utx$,因 t,u 是正整数,故必有 $t = u = 1$,于是 $x = y$,所以 R 是反对称的;最后,对于任意的 $x,y,z \in \mathbf{Z}_+$,如果 $x \mid y$ 并且 $y \mid z$,则存在 $t,u \in \mathbf{Z}_+$,使得 $y = tx, z = uy$,于是 $z = utx$,即 $x \mid z$,所以 R 是传递的.

两个有限集合之间的二元关系除了用序偶的集合,即笛卡儿积的子集表示之外,还可以用关系矩阵和关系图来表示. 关系矩阵为关系的运算提供了数学运算对象,而关系图则使关系表示更为直观.

定义 2.1.3 设 $A = \{x_1, x_2, \cdots, x_m\}$，$B = \{y_1, y_2, \cdots, y_n\}$，$R$ 是 A 到 B 的二元关系. 定义 R 的关系矩阵(matrix of R) $\boldsymbol{M}_R = (r_{ij})_{m \times n}$ 如下：

$$r_{ij} = \begin{cases} 1 & \text{当} \langle x_i, y_j \rangle \in R; \quad i = 1, \cdots, m; j = 1, \cdots, n \\ 0 & \text{其他} \end{cases}$$

例如，设 $A = \{1, 2, 3, 4\}$，则定义在 A 上的小于关系 R 为：

$$R = \{\langle 1,2 \rangle, \langle 1,3 \rangle, \langle 1,4 \rangle, \langle 2,3 \rangle, \langle 2,4 \rangle, \langle 3,4 \rangle\}$$

从而，其关系矩阵为

$$\boldsymbol{M}_R = \begin{bmatrix} 0 & 1 & 1 & 1 \\ 0 & 0 & 1 & 1 \\ 0 & 0 & 0 & 1 \\ 0 & 0 & 0 & 0 \end{bmatrix}$$

定义 2.1.4 设 $A = \{x_1, x_2, \cdots, x_m\}$，$B = \{y_1, y_2, \cdots, y_n\}$，$R$ 是 A 到 B 的二元关系. 以 $A \cup B$ 中的每个元素 x 为平面上的一个结点(仍用 x 表示)，对每个 $\langle x,y \rangle \in R$，均画一条从 x 到 y 的有向弧，其箭头指向 y. 称此图为 R 的关系图(digraph of R)，记为 G_R.

例如，设 $A = \{1, 2, 3, 4, 5\}$，定义在 A 上的二元关系

$$R = \{\langle 1,1 \rangle, \langle 1,2 \rangle, \langle 3,2 \rangle, \langle 1,4 \rangle, \langle 5,4 \rangle, \langle 5,1 \rangle\}$$

于是 R 的关系图 G_R 如图 2.1 所示.

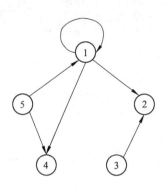

图　2.1

§2.2　关系的运算

由于关系是序偶的集合，因此，集合 A 到 B 的两个不同的关系 R 和 S 可以进行集合的 $\cup$、$\cap$、$-$、$\oplus$ 和 $^-$ 运算，其结果仍为 A 到 B 的关系，并分别 $R \cup S$、$R \cap S$、$R - S$、$R \oplus S$ 和 $\bar{R}$(或 $\bar{S}$). 然而，关系又是一种特殊的集合，故它还应有自己特有的运算.

定义 2.2.1 设 R 是 A 到 B 的关系，S 是 B 到 C 的关系，令

$$R \cdot S = \{\langle x,z \rangle \mid \text{存在} y \in B, \text{使得} \langle x,y \rangle \in R \text{且} \langle y,z \rangle \in S\}$$

并称 $R \cdot S$ 为 R 与 S 的复合关系(complemented relation). 特别地，若 $A = B$，则 $R \cdot S$ 为 R 与 S 的乘积.

例如，设集合 $A = \{1, 2, 3\}$，$R = \{\langle 1,2 \rangle, \langle 3,3 \rangle\}$，$S = \{\langle 2,3 \rangle\}$，则

$$R \cdot S = \{\langle 1,3 \rangle\}, \quad S \cdot R = \{\langle 2,3 \rangle\}$$

这表明关系的复合运算不满足交换律.

定理 2.2.1 设 R 是 A 到 B 的关系，S 是 B 到 C 的关系，T 是 C 到 D 的关系，则

$$(R \cdot S) \cdot T = R \cdot (S \cdot T)$$

证明：任取 $\langle x,w \rangle \in (R \cdot S) \cdot T$，则存在 $z \in C$，使得 $\langle x,z \rangle \in R \cdot S$ 且 $\langle z,w \rangle \in T$，又由 $\langle x,z \rangle \in R \cdot S$ 知，存在 $y \in B$，使得 $\langle x,y \rangle \in R$，$\langle y,z \rangle \in S$. 再由 $\langle y,z \rangle \in S$ 且 $\langle z,w \rangle \in T$ 知，$\langle y,w \rangle \in S \cdot T$. 最后由 $\langle x,y \rangle \in R$ 且 $\langle y,w \rangle \in S \cdot T$ 推出 $\langle x,w \rangle \in R \cdot (S \cdot T)$. 于是有 $(R \cdot S) \cdot T \subseteq R \cdot (S \cdot T)$.

同理可证，$R \cdot (S \cdot T) \subseteq (R \cdot S) \cdot T$. 总之，我们有

$$(R \cdot S) \cdot T = R \cdot (S \cdot T)$$

此定理表明，关系的复合运算满足结合律.

定义在同一集合上的关系 R 可与自身复合任意多次.

定义 2.2.2 设 R 是集合 A 上的二元关系，则 $R^n = R \cdot R \cdots \cdot R$，$n \geq 0$，定义如下：

$$R^{n+1} = R^n \cdot R$$
$$R^0 = \{\langle x,x \rangle \mid x \in A\}$$

例如，设 $A = \{1,2,3\}$，$R = \{\langle 1,2 \rangle, \langle 2,1 \rangle, \langle 1,3 \rangle\}$，则

$$R^0 = \{\langle 1,1 \rangle, \langle 2,2 \rangle, \langle 3,3 \rangle\}$$
$$R^1 = R^0 \cdot R = \{\langle 1,2 \rangle, \langle 2,1 \rangle, \langle 1,3 \rangle\}$$
$$R^2 = R^1 \cdot R = \{\langle 1,1 \rangle, \langle 2,2 \rangle, \langle 2,3 \rangle\}$$
$$R^3 = R^2 \cdot R = \{\langle 1,2 \rangle, \langle 1,3 \rangle, \langle 2,1 \rangle\}$$
$$R^4 = R^3 \cdot R = R \cdot R = R^2$$

不难看出，在本例中

$$R^{2n} = R^2 \quad (n \geqslant 1)$$
$$R^{2n+1} = R \quad (n \geqslant 0)$$

利用关系的幂运算，可判断关系是否具有传递性.

定理 2.2.2 集合 A 上的关系 R 是传递的，当且仅当 $R^2 \subseteq R$.

证明： 必要性. 设 R 是传递的，任取 $\langle x,y \rangle \in R^2$，则存在 $z \in A$ 使得 xRz 且 zRy，因 R 是传递的，所以 xRy，即 $\langle x,y \rangle \in R$，故 $R^2 \subseteq R$.

充分性. 设 $R^2 \subseteq R$. 若 xRy，yRz，则 xR^2z，即 $\langle x,z \rangle \in R^2$，于是 xRz，故 R 是传递的 .

定义 2.2.3 设 R 是 A 到 B 的二元关系，令

$$R^{-1} = \{\langle y,x \rangle \mid \langle x,y \rangle \in R\}$$

称 R^{-1} 为 R 的逆关系（inverse relation）.

易知，R 的逆关系 R^{-1} 就是 R 中所有序偶颠倒次序后所得序偶的集合，因此，$(R^{-1})^{-1} = R$.

定理 2.2.3 设 R 是 A 到 B 的二元关系，S 是 B 到 C 的关系，则

$$(R \cdot S)^{-1} = S^{-1} \cdot R^{-1}$$

证明： 因为 $\langle x,z \rangle \in (R \cdot S)^{-1}$，当且仅当 $\langle z,x \rangle \in R \cdot S$，当且仅当存在 $y \in B$ 使得 $\langle z,y \rangle \in R$ 且 $\langle y,x \rangle \in S$，当且仅当 $\langle y,z \rangle \in R^{-1}$ 且 $\langle x,y \rangle \in S^{-1}$，当且仅当 $\langle x,z \rangle \in S^{-1} \cdot R^{-1}$，因此，

$$(R \cdot S)^{-1} = S^{-1} \cdot R^{-1}$$

可利用逆关系来判断关系的某些性质.

定理 2.2.4 设 R 为 X 上的二元关系，则

（1）R 是对称的，当且仅当 $R = R^{-1}$；

（2）R 是反对称的，当且仅当 $R \cap R^{-1} \subseteq R^0$.

证明：（1）设 R 是对称的 . 因为 $\langle x,y \rangle \in R$ 当且仅当 $\langle y,x \rangle \in R$，当且仅当 $\langle x,y \rangle \in R^{-1}$，故 $R = R^{-1}$；

再设 $R = R^{-1}$. 于是若 $\langle x,y \rangle \in R$，则有 $\langle x,y \rangle \in R^{-1}$，从而 $\langle y,x \rangle \in R$，故 R 是对称的 .

（2）设 R 是反对称的 . 若 $\langle x,y \rangle \in R \cap R^{-1}$，则 $\langle x,y \rangle \in R$ 且 $\langle x,y \rangle \in R^{-1}$，即 $\langle x,y \rangle \in R$ 且 $\langle y,x \rangle \in R$，于是 $x = y$，从而 $\langle x,y \rangle = \langle x,x \rangle \in R^0$，即 $R \cap R^{-1} \subseteq R^0$；

再设 $R \cap R^{-1} \subseteq R^0$. 若 $\langle x,y \rangle \in R$ 且 $\langle y,x \rangle \in R$，则有 $\langle x,y \rangle \in R$，且 $\langle x,y \rangle \in R^{-1}$，即 $\langle x,y \rangle \in R \cap R^{-1}$，于是有 $\langle x,y \rangle \in R^0$，从而 $x = y$. 故 R 是反对称的 .

设 R 是集合 A 上的一个二元关系，则 R 不一定是自反的、对称的或传递的，我们希望在 R 的基础上添加一些元素（序偶），得到一个包含 R 的且具有自反性或对称性或传递性的二元关系 .

定义 2.2.4 设 R 为集合 A 上的二元关系 . 如果 A 上的二元关系 R' 满足：

（1）R' 是自反（对称、传递）的；

（2）$R \subseteq R'$；

(3) 若 A 上的二元关系 R'' 也满足(1)和(2)则 $R'\subseteq R''$.

则称 R' 为 R 的自反(对称、传递)闭包(closure),记为 $r(R)(s(R),t(R))$.

【例2.2】　设集合 $A=\{a,b,c,d\}$ 上的二元关系 $R=\{<a,b>,<b,c>\}$,如何形成关系 R',使之包含 R 并且具有自反性?

解: A 上的自反关系必定包含 R^0,于是 $R_1=R\cup R^0$,此外,向 R_1 添加新的序偶

$$R_2=R_1\cup\{<a,c>\}$$

$$R_3=R_1\cup\{<a,c>,<b,d>\}$$

$$\cdots\cdots$$

这些关系 $R_1,R_2,R_3,\cdots,R_i,\cdots$ 都是自反的,且 $R_1\subseteq R_2\subseteq R_3\subseteq\cdots\subseteq R_i\subseteq\cdots$,其中 R_1 是包含 R 的最小的具有自反性的关系,即 R_1 是 R 的自反闭包.

从定义不难看出,R 的自反(对称,传递)闭包即是包含 R 的最小的具有自反(对称、传递)性的关系.此外,从定义即可得出:

定理2.2.5　设 R 为集合 A 上的二元关系,于是:

(1) R 是自反的,当且仅当 $r(R)=R$;

(2) R 是对称的,当且仅当 $s(R)=R$;

(3) R 是传递的,当且仅当 $t(R)=R$.

下面讨论如何求一个关系的 R 的三种闭包.

定理2.2.6　设 R 为集合 A 上的二元关系,于是:

(1) $r(R)=R\cup R^0$;$R^0=\{<x,x>|x\in A\}$;

(2) $s(R)=R\cup R^{-1}$;

(3) $t(R)=\bigcup\limits_{i=1}^{\infty}R^i=R\cup R^2\cup R^3\cup\cdots$.

证明:(1)、(2)容易证明,下证(3).

令

$$R^+=R\cup R^2\cup R^3\cup\cdots$$

显然 $R\subseteq R^+$.

设 $<x,y>,<y,z>\in R^+$,则存在正整数 m,n,使得 $<x,y>\in R^m$,$<y,z>\in R^n$. 于是

$$<x,z>\in R^m\cdot R^n=R^{m+n}\subset R^+$$

故 R^+ 具有传递性.

设 S 是 A 上的一个传递关系,且 $R\subseteq S$. 下证 $R^+\subseteq S$. 任取 $<x,y>\in R^+$,不妨设 $<x,y>\in R^n$. 若 $n=1$,则 $<x,y>\in R\subseteq S$,于是 $<x,y>\in S$;若 $n>1$,则有 $z_1,\cdots,z_{n-1}$,使

$$xRz_1,z_1Rz_2,\cdots,z_{n-2}Rz_{n-1},z_{n-1}Ry$$

由于 $R\subseteq S$,且 S 具有传递性,所以

$$<x,z_2>\in S,<x,z_3>\in S,\cdots,<x,y>\in S$$

故

$$R^+\subseteq S$$

综上所述,

$$t(R)=R\cup R^2\cup R^3\cup\cdots$$

当集合 A 为有限集时,我们有:

定理2.2.7　设 A 为 n 个元素的集合,R 是定义在 A 上的二元关系,则

$$t(R)=\bigcup\limits_{i=1}^{n}R^i=R\cup R^2\cup R^3\cup\cdots\cup R^n$$

证明: 只须证明对任何整数 $k\geqslant1$ 有

$$R^{n+k}\subseteq\bigcup\limits_{i=1}^{n}R^i$$

任取 $<x,y>\in R^{n+k}$,令 $z_0=x$,$z_{n+k}=y$,则存在 $z_1,z_2,\cdots,z_{n+k-1}\in A$,使得

$$z_0 R z_1, z_1 R z_2, \cdots, z_{n+k-1} R z_{n+k} \qquad (2.1)$$

注意到式(2.1)中共有 $n+k+1$ 个元素,而 A 只有 n 个元素,故必存在 $0 \leqslant i < j \leqslant n+k$,使得 $z_i = z_j$,于是,有

$$z_0 R z_1, z_1 R z_2, \cdots, z_{i-1} R z_i, z_i R z_{j+1}, \cdots, z_{n+k-1} R z_{n+k} \qquad (2.2)$$

易知,式(2.2)中共有 $m = n+k+1-(j-i)$ 个元素,若 $m > n$,则重复以上过程,直到 $m \leqslant n$,从而 $z_0 R^m z_{n+k}$,即 $\langle x, y \rangle \in R^m$,因此

$$R^{n+k} \subseteq \bigcup_{i=1}^{n} R^i, \quad k \geqslant 1$$

§2.3 等价关系(equivalent relation)

在日常生活和数学中,常常要对一些对象进行分类研究. 例如,对若干几何图形,可以按"面积相等"关系对这些几何图形分类. 这种分类使得每个几何图形恰好属于某一类,即不同类之间没有公共元素,从而当我们讨论几何图形的面积时,可以把"面积相等"的那些几何图形看作同样的,具有这种功能的分类法所涉及的关系在数学上称为"等价关系",其严格定义如下:

定义 2.3.1 设 R 是集合 A 上的二元关系,若 R 具有自反性、对称性和传递性,则称 R 是一个等价关系.

【例 2.3】 设定义在整数集 $\mathbf{Z}$ 上的二元关系 $R_k (k \in \mathbf{Z})$ 为

$$R_k = \{\langle x, y \rangle | 存在 m \in \mathbf{Z}, 使得 x - y = m * k\}$$

于是,R_k 是一个等价关系. 事实上,对任意 $x, y, z \in \mathbf{Z}$,

(1) 因为 $x - x = 0 * k$,所以 $\langle x, x \rangle \in R_k$;

(2) 若 $\langle x, y \rangle \in R_k$,则存在 $m \in \mathbf{Z}$,使得

$$x - y = m * k$$

于是,$y - x = (-m) * k$,显然 $-m \in \mathbf{Z}$,故 $\langle y, x \rangle \in R_k$;

(3) 若 $\langle x, y \rangle, \langle y, z \rangle \in R_k$,则存在 $m, n \in \mathbf{Z}$,使得

$$x - y = m * k, y - z = n * k$$

于是,$x - z = (x - y) + (y - z) = m * k + n * k = (m + n) * k$,显然,$m + n \in \mathbf{Z}$,故 $\langle x, z \rangle \in R_k$.

由定义即知 R_k 是等价关系.

设 x 和 y 分别被 k 除所得的余数为 x' 和 y',即存在 $r, s \in \mathbf{Z}$,使得 $x = r * k + x', y = s * k + y'$,$0 \leqslant x', y' < k$. 于是,$x R_k y$ 当且仅当存在 $m \in \mathbf{Z}$,使得 $m * k = x - y = (r * k + x') - (s * k + y') = (r - s) * k + (x' - y')$ 当且仅当 $x' - y' = 0$,当且仅当 $x' = y'$. 今后,我们可记 $x R_k y$ 为 $x = y \pmod{k}$,读作"x 与 y 模 k 同余".

在对一个集合 A 进行分类时,常常希望所分的各类没有公共元素,这在数学上称为对 A 进行划分,其严格定义如下:

定义 2.3.2 设 A 为非空集合,$S = \{S_1, S_2, \cdots, S_m\}, S_i \subseteq A, i = 1, 2, \cdots, m.$

如果:

(1) $S_i \neq \varnothing, i = 1, 2, \cdots, m$;

(2) $S_i \cap S_j = \varnothing, i \neq j, i, j = 1, 2, \cdots, m$;

(3) $\bigcup_{i=1}^{m} S_i = A$,

则称 S 为 A 的一个划分(partitions).

例如,设 $A = \{1, 2, 3\}$,于是

$$S_1 = \{\{1\},\{2\},\{3\}\}$$
$$S_2 = \{\{1,2,3\}\}$$
$$S_3 = \{\{1,2\},\{3\}\}$$
$$S_4 = \{\{1\},\{2,3\}\}$$
$$S_5 = \{\{2\},\{1,3\}\}$$

都是 A 的划分. 特别地, 称形如 S_1 和 S_2 的划分为 A 的平凡划分. 显然, 任何非空集合至少存在一个划分.

下面讨论集合 A 的划分与定义在 A 上的等价关系之间的联系.

定义 2.3.3 设 R 为集合 A 上的等价关系, 对每个 $x \in A$, 作集合

$$[x]_R = \{y \in A \mid xRy\}$$

称 $[x]_R$ 为 x(关于 R)的等价类(equivalence class).

例如, 设

$$R = \{\langle x,y \rangle \mid x,y \in \mathbf{Z} \text{且} x \equiv y \pmod 3\}$$

则

$$[0]_R = \{\cdots, -6, -3, 0, 3, 6, \cdots\}$$
$$[1]_R = \{\cdots, -5, -2, 1, 4, 7, \cdots\}$$
$$[2]_R = \{\cdots, -4, -1, 2, 5, 8, \cdots\}$$

等价类 $[x]_R$ 有如下性质:

性质 1 对任意 $x \in A, [x]_R \neq \varnothing$;

性质 2 若 $y \in [x]_R$, 则 $[x]_R = [y]_R$;

性质 3 若 $y \notin [x]_R$, 则 $[x]_R \cap [y]_R = \varnothing$.

由性质 2, 对等价关系 $x \equiv y \pmod 3$, 有

$$[0]_R = [3]_R = [-3]_R = \cdots$$
$$[1]_R = [4]_R = [-2]_R = \cdots$$
$$[2]_R = [5]_R = [-1]_R = \cdots$$

定义 2.3.4 设 R 是集合 A 上的等价关系, 称集合

$$\{[x]_R \mid x \in A\}$$

为 A 关于 R 的商集(quotient sets), 记为 A/R.

定理 2.3.1 设 R 是集合 A 上的等价关系, 于是

$$A/R = \{[x]_R \mid x \in A\}$$

是 A 上的一个划分.

证明: 显然, 对任意 $[x]_R \in A/R, [x]_R \subseteq A$, 且由性质 1 知, $[x]_R \neq \varnothing$; 其次, 设 $[x]_R \neq [y]_R$, 则 $[x]_R \cap [y]_R = \varnothing$, 若不然, 设 $z \in [x]_R \cap [y]_R$, 则有 xRz 且 zRy, 因 R 是等价关系, 所以有 xRy, 于是 $y \in [x]_R$. 由性质 2, $[x]_R = [y]_R$, 此与 $[x]_R \neq [y]_R$ 矛盾. 故

$$[x]_R \cap [y]_R = \varnothing$$

最后, 我们来证明

$$\bigcup_{[x]_R \in A/R} [x]_R = A \tag{2.3}$$

任取 $x \in A$, 因为 $x \in [x]_R$, 所以, $x \in \bigcup_{[x]_R \in A/R} [x]_R$, 于是

$$A \subseteq \bigcup_{[x]_R \in A/R} [x]_R$$

另一方面, 由于 $[x]_R \subseteq A, x \in A$, 因此

$$\bigcup_{[x]_R \in A/R} [x]_R \subseteq A$$

总之,式(2.3)成立,故 A/R 是 A 的一个划分.

例如,已知 $x \equiv y (\bmod 3)$ 是整数集 $\mathbf{Z}$ 上的等价关系 R,于是集合 $\{[0]_R,[1]_R,[2]_R\}$ 是 $\mathbf{Z}$ 关于 R 的商集,由划分的定义知这个商集是 $\mathbf{Z}$ 上的一个划分.

定理 2.3.2　设 S 是集合 A 的一个划分,$S = \{S_1,S_2,\cdots S_m\}$. 令
$$R = \{\langle x,y \rangle | \text{存在} S_i \in S, \text{使得} x,y \in S_i\}$$
于是,R 是 A 上的一个等价关系,并且 $A/R = S$.

证明:　先证 R 是 A 上的等价关系.

(1)对任意 $x \in A$,因 S 是 A 的划分,所以存在 $S_i \in S$,使得 $x \in S_i$,于是 xRx;

(2)若 xRy,则存在 $S_i \in S$,使得 $x,y \in S_i$,即 $y,x \in S_i$,故 yRx;

(3)若 xRy,yRz,则存在 $S_i,S_j \in S$,使得 $x,y \in S_i,y,z \in S_j$,于是 $y \in S_i \cap S_j$,因为 S 是划分,所以必有 $S_i = S_j$,因此,$x,y,z \in S_i$,从而 xRz.

以上说明 R 是一个等价关系,下证 $A/R = S$.

任取 $S_i \in S$,因为 $S_i \neq \varnothing$,所以存在 $x \in S_i$,可以证明 $S_i = [x]_R$. 事实上,任取 $y \in S_i$,则 $x,y \in S_i$,于是 xRy,从而 $y \in [x]_R$,故 $S_i \subseteq [x]_R$,反之,任取 $y \in [x]_R$,则 $S_j \in S$,使得 $x,y \in S_j$,但 $x \in S_i$,所以 $S_j = S_i$,于是 $y \in S_i$,从而 $[x]_R \subseteq S_i$,总之 $S_i = [x]_R$,其中 $x \in S_i$,由 S_i 的任意性知 $S \subseteq A/R$.

另一方面,任取 $[x]_R \in A/R$,$x \in A$. 因 S 是 A 的划分,所以必有 $S_i \in S$,使得 $x \in S_i$,与上类似也可证明 $[x]_R = S_i$,于是 $A/R \subseteq S$.

综上所述,$A/R = S$.

定理 2.3.1 和定理 2.3.2 表明,集合 A 上的等价关系和 A 上的划分是一一对应的.

§2.4　序关系(ordered relations)

由于等价关系具有对称性,因此,两个具有等价关系的元素就无所谓次序之分了. 但现实世界中,有很多关系对所涉及的对象而言是有次序之分的. 例如人与人之间的父子关系;数值之间的"≤"关系等,即它们不具有对称性. 下面讨论一种很重要的次序关系.

定义 2.4.1　设 R 是集合 A 上的二元关系. 如果 R 具有自反性、反对称性和传递性,则称 R 为一个偏序(或半序、部分序)关系,并将 R 记为 ≤,读作"小于等于",且称 $\langle A, \leqslant \rangle$ 为偏序集.

【例 2.4】　设 A 为集合,则 $\langle \rho(A), \subseteq \rangle$ 是一个偏序集,其中 $\rho(A)$ 是 A 的幂集.

【例 2.5】　设 $\mathbf{N}$ 为自然数集,则 $\langle \mathbf{N}, \leqslant \rangle$ 是一个偏序集,其中"≤"是数值间的小于或等于关系.

定义 2.4.2　设 $\langle A, \leqslant \rangle$ 是一个偏序集. 如果对任意 $x,y \in A$,都有 $x \leqslant y$ 或 $y \leqslant x$,则称 $\langle A, \leqslant \rangle$ 是一个全序集(total ordering)或链(chain).

易知,例 2.5 中的 $\langle \mathbf{N}, \leqslant \rangle$ 就是一个全序集,而例 2.4 中的 $\langle \rho(A), \subseteq \rangle$ 则不是全序集.

我们也可以用 2.1 节中介绍的关系图来表示一个在集合 A 上的偏序关系 ≤. 但由于所有偏序关系都具有自反性及传递性,因此,其关系图可以用更简单的形式来表示:以平面上的点代表 $\langle A, \leqslant \rangle$ 中的元素,对任何 $x,y \in A$,

(1)若 $x \leqslant y$,且 $x \neq y$,则将 x 画在 y 的下面;

(2)若 $x \leqslant y$,且 $x \neq y$,且没有异于 x 和 y 的 $z \in A$ 使得 $x \leqslant z \leqslant y$,则在 x 与 y 之间用直线连接它们.

用以上方法表示的图称为 Hasse 图.

【例 2.6】　设 $A = \{2,3,6,12,24,36\}$,令关系 ≤ 为

$\{\langle x,y\rangle\,|\,x,y\in A\text{且}\,x\text{整除}\,y\}$

易知，$\leqslant$ 是 A 上的一个偏序关系，$\langle A,\leqslant\rangle$ 的 Hasse 图如图 2.2 所示．

设 $\langle A,\leqslant\rangle$ 是一个偏序集，显然，对任何 $B\subseteq A$，$\langle B,\leqslant\rangle$ 也为一个偏序集．

定义 2.4.3　设 $\langle A,\leqslant\rangle$ 是一个偏序集，$\varnothing\subset B\subseteq A$．若存在 $b\in B$，使得对任何 $x\in B$ 都有 $x\leqslant b(b\leqslant x)$，则称 b 为 B 的最大（小）元（the greatest (least) element）．

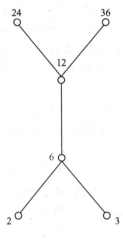

图　2.2

比如，在例 2.6 中，

（1）若 $B=\{2,6,12,36\}$，则 B 的最大元为 36，最小元为 2；

（2）若 $B=\{2,3,6\}$，则 B 的最大元为 6，没有最小元；

（3）若 $B=\{12,24,36\}$，则 B 没有最大元，最小元为 12；

（4）若 $B=\{2,3,6,12,24,36\}=A$，则 B 既无最大元，也无最小元．

由定义知，最大（小）元如果存在，则是唯一的．

定义 2.4.4　设 $\langle A,\leqslant\rangle$ 是一个偏序集，$\varnothing\subset B\subseteq A$，若存在 $b\in B$，使得 B 中没有元素 $x\neq b$ 满足 $b\leqslant x(x\leqslant b)$，则 b 为 B 的极大（小）元（maximal (minimal)）．

比如，在例 2.6 中，A 的极大元为 24 和 36，极小元为 2 和 3.

由定义容易知道，B 的最大（小）元必是 B 的极大（小）元，反之则不然．

定义 2.4.5　设 $\langle A,\leqslant\rangle$ 是一个偏序集，$B\subseteq A$．如果存在 $a\in A$，使得对任何 $x\in B$，均有 $x\leqslant a$ $(a\leqslant x)$，则称 a 为 B 的上（下）界（upper (lower) bound）．

比如，在例 2.6 中，

（1）若 $B=\{6,12\}$，则 B 的上界为 12，24，36，下界为 2，3，6；

（2）若 $B=\{24,36\}$，则 B 无上界，而下界为 2，3，6，12；

（3）若 $B=\{2,3\}$，则 B 的上界为 6，12，24，36，而无下界；

（4）若 $B=\{2,3,24,36\}$，则 B 既无上界，也无下界．

由定义及举例不难看出，$B(\subseteq A)$ 的上界和下界可以在 B 中，也可以在 A 中．

定义 2.4.6　设 $\langle A,\leqslant\rangle$ 是一个偏序集，$B\subseteq A$．如果 a 是 B 的一个上（下）界，且对 B 的任何一个上（下）界 x，均有 $a\leqslant x(x\leqslant a)$，则称 a 为 B 的上（下）确界，或称 a 为 B 的最小上界（最大下界）（least upper bound (greatest lower bound)），通常记为 $a=\sup(B)(a=\inf(B))$．

比如，在例 2.6 中，

（1）若 $B=\{2,3,6\}$，则 B 的上确界为 6，无下确界；

（2）若 $B=\{12,24,36\}$，则 B 无上确界，而下确界为 12.

由定义知，若 B 无上（下）界，则 B 必无上（下）确界，即便 B 有上（下）界，若不唯一，则 B 也不一定有上（下）确界．

定义 2.4.7　设 $\langle A,\leqslant\rangle$ 是一个偏序集，若 A 的任何非空子集均有最小元，则称 $\langle A,\leqslant\rangle$ 为良序集（well - ordered set）．

由定义不难知道，良序集一定是全序集，但反之不然．例如，$\langle \mathbf{Z},\leqslant\rangle$ 是全序集，但它不是良序集，这是因为由负整数构成的 $\mathbf{Z}$ 的子集无最小元．

定理 2.4.1　$\langle A,\leqslant\rangle$ 为良序集的充分必要条件是：

（1）$\langle A,\leqslant\rangle$ 是全序集；

（2）A 的每个非空子集均有极小元．

证明：必要性．设 $\langle A,\leqslant\rangle$ 为良序集．

(1) 任取 $x,y \in A$,则 $\{x,y\}$ 有最小元 x 或者 y,于是 $x \leqslant y$ 或者 $y \leqslant x$,故 $\langle A, \leqslant \rangle$ 是全序集.

(2) 任取 A 的非空子集 B,由假设 B 有最小元 a,显然 a 也是 B 的极小元.

充分性.设偏序集 $\langle A, \leqslant \rangle$ 满足(1)、(2),对 A 的任意非空子集 B,由(2)知 B 有极小元 a. 下证 a 也是 B 的最小元. 对任意 $x \in B$,由(1)以及 a 是极小元知,$a \leqslant x$,故 a 是 B 的最小元. 从而由定义知 $\langle A, \leqslant \rangle$ 是良序集.

习　题

1. 确定下列二元关系:

(1) $A = \{1,2,3\}, B = \{1,3,5\}, R = \{\langle x,y \rangle \mid x,y \in A \cap B\} \subseteq A \times B$;

(2) $A = \{0,1,2,3,4,5,6,8\}, R = \{\langle x,y \rangle \mid x = 2^y\} \subseteq A \times A$.

2. 请分别给出满足下列要求的二元关系的例子:

(1) 既是自反的,又是反自反的;

(2) 既不是自反的,又不是反自反的;

(3) 既是对称的,又是反对称的;

(4) 既不是对称的,又不是反对称的.

3. 设集合 A 有 n 个元素,试问:

(1) 共有多少种定义在 A 上的不同的二元关系?

(2) 共有多少种定义在 A 上的不同的自反关系?

(3) 共有多少种定义在 A 上的不同的反自反关系?

(4) 共有多少种定义在 A 上的不同的对称关系?

(5) 共有多少种定义在 A 上的不同的反对称关系?

4. 请分别描述自反关系、反自反关系,对称关系和反对称关系的关系矩阵以及关系图的特征.

5. 设 $A = \{1,2,3,4\}, R = \{\langle 1,1 \rangle, \langle 1,2 \rangle, \langle 2,4 \rangle\}, S = \{\langle 1,4 \rangle, \langle 2,3 \rangle, \langle 2,4 \rangle, \langle 3,2 \rangle\}$,试求 $R \cdot S$, $S \cdot R, R^2$,及 S^2.

6. 试举出使

$$R \cdot (S \cap T) \subset (R \cdot S) \cap (R \cdot T)$$
$$(S \cap T) \cdot P \subset (S \cdot P) \cap (T \cdot P)$$

成立的二元关系 R,S,T,P 的实例.

7. 设 R 和 S 是非空集合 A 上的二元关系. 下面的说法正确吗? 请说出理由.

(1) 若 R 和 S 是自反的,则 $R \cdot S$ 也是自反的;

(2) 若 R 和 S 是反自反的,则 $R \cdot S$ 也是反自反的;

(3) 若 R 和 S 是对称的,则 $R \cdot S$ 也是对称的;

(4) 若 R 和 S 是反对称的,则 $R \cdot S$ 也是反对称的;

(5) 若 R 和 S 是传递的,则 $R \cdot S$ 也是传递的.

8. 设 R_1 和 R_2 是集合 A 上的二元关系,试证明:

(1) $r(R_1 \cup R_2) = r(R_1) \cup r(R_2)$;

(2) $s(R_1 \cup R_2) = s(R_1) \cup s(R_2)$;

(3) $t(R_1 \cup R_2) \supseteq t(R_1) \cup t(R_2)$.

并举出使 $|A| > 1$ 时使 $t(R_1 \cup R_2) \supset t(R_1) \cup t(R_2)$ 的实例.

9. 设 R_1 和 R_2 是集合 A 上的二元关系,试证明:

（1）$r(R_1 \cap R_2) = r(R_1) \cap r(R_2)$；

（2）$s(R_1 \cap R_2) \subseteq s(R_1) \cap s(R_2)$；

（3）$t(R_1 \cap R_2) \subseteq t(R_1) \cap t(R_2)$.

并请给出$|A| > 1$时使$s(R_1 \cap R_2) \subset s(R_1) \cap s(R_2)$和$t(R_1 \cap R_2) \subset t(R_1) \cap t(R_2)$的实例.

10. 有人说,"如果集合A上的二元关系R是对称和传递的,则R必是自反的. 因此,等价关系定义中的自反性可以去掉". 并给出如下证明,如果$\langle x,y \rangle \in R$,由$R$的对称性有$\langle y,x \rangle \in R$,再由$R$的传递性知,$\langle x,x \rangle \in R$且$\langle y,y \rangle \in R$,即$R$是自反的. 你的看法如何?

11. 设R是集合A上的自反关系. 试证明R是等价关系当且仅当若$\langle x,y \rangle$, $\langle x,z \rangle \in R$,则$\langle y,z \rangle \in R$.

12. 设R_1和R_2都是集合A上的等价关系,试证明$R_1 = R_2$当且仅当$A/R_1 = A/R_2$.

13. 设$R = \{\langle x,y \rangle \mid x \equiv y(\bmod 5)\}$是定义在整数集$\mathbf{Z}$上的模5同余关系,求$\mathbf{Z}/R$.

14. 设$A = \{A_1, A_2, \cdots, A_r\}$和$B = \{B_1, B_2, \cdots, B_s\}$是集合$X$的两个划分,令
$$S = \{A_i \cap B_j \mid A_i \cap B_j \neq \varnothing, 1 \leqslant i \leqslant r, 1 \leqslant j \leqslant s\}$$
试证明S也是X的一个划分.

15. 定义在4个元素的集合A之上的等价关系共有多少个? 若$|A| = n$呢?

16. 设$A_1 = \{3,5,15\}$, $A_2 = \{1,2,3,6,12\}$, $A_3 = \{3,9,27,54\}$,偏序关系$\leqslant$为整除. 试分别画出$\langle A_1, \leqslant \rangle$, $\langle A_2, \leqslant \rangle$,以及$\langle A_3, \leqslant \rangle$的 Hasse 图.

17. 设$A = \{x_1, x_2, x_3, x_4, x_5\}$,$\langle A, \leqslant \rangle$的 Hasse 图如图 2.3 所示:

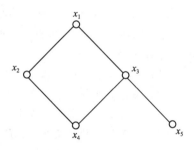

图　2.3

（1）求A的最大(小)元,极大(小)元;

（2）分别求$\{x_2, x_3, x_4\}$, $\{x_3, x_4, x_5\}$和$\{x_1, x_2, x_3\}$的上(下)界,上(下)确界.

18. 请分别举出满足下列条件的偏序集$\langle A, \leqslant \rangle$的实例:

（1）$\langle A, \leqslant \rangle$为全序集,但$A$的某些非空子集无最小元;

（2）$\langle A, \leqslant \rangle$不是全序集,$A$的某些非空子集无最大元;

（3）A的某些非空子集有下确界,但该子集无最小元;

（4）A的某些非空子集有上界,但该子集无上确界.

19. 试证明:每一个有限的全序集必是良序集.

20. 设$\langle A, \leqslant \rangle$为偏序集. 试证明$A$的每个非空有限子集至少有一个极小元和极大元.

21. 设$\langle A, \leqslant \rangle$为全序集. 试证明$A$的每个非空有限子集必存在最大元、最小元.

第 3 章

映射（mapping）

映射又称函数,是两个集合之间一种特殊的二元关系.它有着较广泛的应用.
本章主要介绍各种典型的映射及性质、运算以及它们之间的联系.

§3.1 基本概念

定义 3.1.1 设 A,B 是两个集合,σ 是 A 到 B 的二元关系.若对 A 中每个元素 a,有唯一的 $b \in B$,使得 $\langle a,b \rangle \in \sigma$,则称 σ 为 A 到 B 的映射(mapping),记为 $\sigma:A \to B$ 或 $A \xrightarrow{\sigma} B$;若 $\langle a,b \rangle \in \sigma$,则称 b 为 a 的映象(image),a 为 b 的象源(pre-image),记为 $\sigma(a) = b$.

特别地,A 到 A 的映射称为变换(transformation).

由映射的定义知,若 σ 是 A 到 B 的映射,则 B 中某些元素可能不是 A 中任何元素的映象,我们称 $\sigma(A) = \{b \in B | $ 存在 $a \in A$,使 $\sigma(a) = b\}$ 为 A 的映象集.显然,$\sigma(A) \subseteq B$.

定义 3.1.2 设 σ 是 A 到 B 的映射,若对任意 $b \in B$,A 中至少存在一个元素 a,使得

$$\sigma(a) = b$$

则称 σ 是 A 到 B 上的映射,简称满射(surjection).

由满射的定义知,若 σ 是 A 到 B 的满射,则 B 中的每个元素必是 A 中至少一个元素的映象,并且 $\sigma(A) = B$.

定义 3.1.3 设 σ 是 A 到 B 的映射,若对任意 $a,b \in A,a \neq b$,均有

$$\sigma(a) \neq \sigma(b)$$

则称 σ 为 A 到 B 的单射或入射(injection).

由单射的定义知,若 σ 为 A 到 B 的单射,则 B 每个元素最多是 A 中一个元素的映象.

定义 3.1.4 设 σ 是 A 到 B 的映射,若 σ 既是满射又是单射,则称 σ 为 A 到 B 的双射或 $1-1$ 映射(bijection or one-to-one-correspondence).

【例 3.1】 设 $\sigma:N \to N, N = \{0,1,2,3,\cdots\}$,并且

$$\sigma(n) = 2n, \quad n \in N$$

于是,σ 是 N 到 N 的单射,但不是满射,因为 N 中的奇数关于 σ 在 N 中没有象源.

定理 3.1.1 设 A、B 是两个有限集,且 $|A| = |B|$.于是,$\sigma:A \to B$ 是单射当且仅当 σ 是满射.

证明:必要性.设 σ 是单射,则 $|A| = |\sigma(A)|$.因为 $|A| = |B|$,所以 $|\sigma(A)| = |B|$,又因 $\sigma(A) \subseteq B$ 且 B 有限,所以 $\sigma(A) = B$,从而 σ 是满射.

充分性.设 σ 是满射,则 $\sigma(A) = B$,于是 $|A| = |B| = |\sigma(A)|$,即 $|A| = |\sigma(A)|$.又因 A 有限,所以 σ 是单射.

【例 3.2】 设映射 $\tau:\mathbf{N}\times\mathbf{N}\to\mathbf{N}$，$\mathbf{N}$ 是自然数集 $(0\in\mathbf{N})$，$\tau\langle x,y\rangle=|x^2-y^2|$，分析 τ 是否是单射或满射.

解: 取 $\langle 1,1\rangle,\langle 2,2\rangle\in\mathbf{N}\times\mathbf{N}$，$\tau(\langle 1,1\rangle)=|1^2-1^2|=0$，$\tau(\langle 2,2\rangle)=|2^2-2^2|=0$，故 τ 不是单射；

取 $2\in\mathbf{N}$，因不存在自然数 $x,y\in\mathbf{N}$，满足 $|x^2-y^2|=2$，故 τ 不是满射.

总之，τ 既不是单射也不是满射.

§3.2　映射的运算

映射 σ 作为一种特殊的二元关系，它也有相应的逆关系 σ^{-1}，但 σ^{-1} 是否仍为映射那就不一定了.

定义 3.2.1　设 σ 是 A 到 B 的映射. 定义关系 $R\subseteq B\times A$ 如下：
$$R=\{\langle y,x\rangle\mid y\in B,x\in A,\text{且 }\sigma(x)=y\}$$
如果 R 是 B 到 A 的映射，则称 R 为 σ 的逆映射(inverse jection)，记为 σ^{-1}.

【例 3.3】　设 $A=\{a,b,c\}$，$B=\{1,2,3\}$，$\sigma:A\to B$，$\sigma=\{\langle a,1\rangle,\langle b,2\rangle,\langle c,3\rangle\}$ 于是
$$\sigma^{-1}:B\to A,\quad \sigma^{-1}=\{\langle 1,a\rangle,\langle 2,b\rangle,\langle 3,c\rangle\}$$

定理 3.2.1　设 σ 是 A 到 B 的映射，于是，σ 存在逆映射当且仅当 σ 是双射.

证明: 必要性. 设 σ 的逆关系是 B 到 A 的映射. 若 σ 不是单射或者不是满射，则存在 $x_1,x_2\in A$，使得 $x_1\neq x_2$ 且 $\sigma(x_1)=\sigma(x_2)$，或者存在 $y\in B$，使得 y 不是 A 中任何元素的映象. 不论哪种情形，都说明 σ 的逆关系不是 B 到 A 的映射，此与假设矛盾. 故 σ 是双射.

充分性. 设 σ 是双射. 考虑 σ 的逆关系，易知，对于 B 中的每个元素 y，都对应着 A 中唯一的一个在 σ 下以 y 为映象的元素 x，因此，σ 的逆关系是 B 到 A 的映射.

显然，若 σ 是 A 到 B 的双射，则其逆映射 σ^{-1} 也是 B 到 A 的双射. 并且对任意 $x\in A$，均有
$$\sigma^{-1}(\sigma(x))=x$$

定义 3.2.2　设 σ 是 A 到 B 的映射，τ 是 B 到 C 的映射，对任意 $x\in A$，定义
$$(\tau\cdot\sigma)(x)=\tau(\sigma(x))$$
易知，$\tau\cdot\sigma$ 是 A 到 C 的映射，称此映射为映射 τ 与映射 σ 的乘积或复合映射(complementary jection).

应当注意，$\tau\cdot\sigma$ 是映射时，$\sigma\cdot\tau$ 不一定是映射. 比如，当 $\tau(B)$ 不含于 A 时，$\sigma\cdot\tau$ 就不是映射. 此外，即便 $\sigma\cdot\tau$ 有意义，也不一定有 $\tau\cdot\sigma=\sigma\cdot\tau$，这说明映射的乘法不满足交换律. 但是，映射的乘法是满足结合律的.

定理 3.2.2　设 σ 是 A 到 B 的映射，τ 是 B 到 C 的映射，ρ 是 C 到 D 的映射，于是
$$\rho\cdot(\tau\cdot\sigma)=(\rho\cdot\tau)\cdot\sigma \tag{3.1}$$

证明: 对任意 $x\in A$，有
$$(\rho\cdot(\tau\cdot\sigma))(x)=\rho((\tau\cdot\sigma)(x))=\rho(\tau(\sigma(x)))$$
$$((\rho\cdot\tau)\cdot\sigma)(x)=(\rho\cdot\tau)(\sigma(x))=\rho(\tau(\sigma(x)))$$
因此式(3.1)成立.

定理 3.2.3　若 σ 是 A 到 B 的双射，则
$$(\sigma^{-1})^{-1}=\sigma$$

证明: 因为 σ 是双射，所以 σ^{-1} 是 B 到 A 的双射，从而 $(\sigma^{-1})^{-1}$ 是 A 到 B 的双射. 对任意 $x\in A$，设 $\sigma(x)=y$，则 $\sigma^{-1}(y)=x$. 由于 σ^{-1} 也是双射，所以 $(\sigma^{-1})^{-1}(x)=y$，故
$$(\sigma^{-1})^{-1}=\sigma$$

定理 3.2.4　设 σ 是 A 到 B 双射，τ 是 B 到 C 的双射. 于是，

$$(\tau \cdot \sigma)^{-1} = \sigma^{-1} \cdot \tau^{-1} \qquad (3.2)$$

证明：由假设不难知道，$(\tau \cdot \sigma)^{-1}$ 和 $\sigma^{-1} \cdot \tau^{-1}$ 均是 C 到 A 的双射. 对任意 $z \in C$，因为 τ^{-1} 也是双射，所以有唯一的 $y \in B$，使 $\tau^{-1}(z) = y$. 又因 σ^{-1} 也是双射，所以，对 y 有唯一的 $x \in A$，使 $\sigma^{-1}(y) = x$. 于是

$$\sigma^{-1} \cdot \tau^{-1}(z) = \sigma^{-1}(\tau^{-1}(z)) = \sigma^{-1}(y) = x$$

又因 $(\tau \cdot \sigma)(x) = \tau(\sigma(x)) = \tau(y) = z$，并且 $\tau \cdot \sigma$ 也显然是双射，所以

$$(\tau \cdot \sigma)^{-1}(z) = x$$

从而对任意 $z \in C$，有

$$(\tau \cdot \sigma)^{-1}(z) = \sigma^{-1} \cdot \tau^{-1}(z)$$

故式(3.2)成立.

习　　题

1. 下列映射哪些是单射、满射或双射.

(1) $\sigma: Z \to Z, \sigma(m) = \begin{cases} 1 & \text{当 } m \text{ 是奇数} \\ 0 & \text{当 } m \text{ 是偶数} \end{cases}$；

(2) $\sigma: N \to \{0, 1\}, \sigma(m) = \begin{cases} 0 & \text{当 } m \text{ 是奇数} \\ 1 & \text{当 } m \text{ 是偶数} \end{cases}$；

(3) $\sigma: R \to R, \sigma(r) = 2r - 5$.

2. 设 A 和 B 是有限集，试问有多少 A 到 B 的不同的单射和双射.

3. 设 $\sigma: A \to B$，且 $\tau: B \to \rho(A)$ 定义如下：

对于 $b \in B$，$\qquad \tau(b) = \{x \in A \mid \sigma(x) = b\}$

试证明，若 σ 是满射，则 τ 是单射，其逆成立吗？

4. 设 σ 是 A 到 B 的映射，τ 是 B 到 C 的映射，试证明：

(1) 若 σ 和 τ 是满射，则 $\tau \cdot \sigma$ 是满射；

(2) 若 σ 和 τ 是单射，则 $\tau \cdot \sigma$ 是单射；

(3) 若 σ 和 τ 是双射，则 $\tau \cdot \sigma$ 是双射.

5. 设 σ 是 A 到 B 的映射，τ 是 B 到 C 的映射，试证明：

(1) 若 $\tau \cdot \sigma$ 是满射，则 τ 是满射；

(2) 若 $\tau \cdot \sigma$ 是单射，则 σ 是单射；

(3) 若 $\tau \cdot \sigma$ 是双射，则 σ 是单射而 τ 是满射.

6. 设 σ 是 A 到 B 的映射，τ 是 B 到 C 的映射，请分别举出满足下列条件的实例：

(1) $\tau \cdot \sigma$ 是满射，但 σ 不是满射；

(2) $\tau \cdot \sigma$ 是单射，但 τ 不是单射；

(3) $\tau \cdot \sigma$ 是双射，但 σ 不是满射，τ 不是单射.

第 **4** 章
可数集与不可数集
（countable sets and uncountable sets）

设 A 和 B 是两个集合，如何比较这两个集合中元素的"多少"呢？如果 A 和 B 都是有限集，则只需分别数出它们的元素个数，再加以比较即可．但当 A 和 B 都是无限集时，我们则无法数出它们的元素个数，因此"比较元素个数"的方法就不能使用．

本章将利用"映射"的概念建立集合间的等势关系，并拓广集合中元素个数的概念，引进集合的基数的概念，最后将集合分为可数集与不可数集．

§4.1 等　　势

定义 4.1.1　设 A 和 B 为集合．若存在 A 到 B 的双射，则称 A 与 B 等势，记为 $A \sim B$.

集合 A 与集合 B 等势（equivalence），可以形象地说成"A 中的元素和 B 中的元素一样多"．

显然，"$\sim$"是一个等价关系．

【例 4.1】　自然数集 $\mathbf{N}$ 与偶自然数集 E 是等势的，其中 $\mathbf{N}$ 到 E 的双射 σ 为

$$\sigma(n) = 2n, \quad n \in \mathbf{N}$$

下面利用等势概念来定义有限集．

定义 4.1.2　设 $N_n = \{0, 1, \cdots, n-1\}, n \geq 1$. 若集合 A 与 N_n 等势，则称 A 有限集，否则称为无限集．

特别地，空集称为有限集．

定理 4.1.1　自然数集合 $\mathbf{N}$ 是无限集．

证明：设 $n \in \mathbf{N}, n \geq 1$，$\sigma$ 是有限集 $N_n = \{0, 1, \cdots, n-1\}$ 到 $\mathbf{N}$ 的映射．下证 σ 不可能是双射．

令 $k = 1 + \max\{\sigma(0), \sigma(1), \cdots, \sigma(n-1)\}$，于是，$k \in \mathbf{N}$. 但对任意 $x \in N_n$ 均有 $\sigma(x) \neq k$，因此，σ 不是双射．故由定义 4.1.2 知，$\mathbf{N}$ 是无限集．

我们知道，若 A 和 B 均为有限集，并且 A 与 B 之间存在双射，则 A 和 B 的元素个数相等．

定理 4.1.2　任何有限集均不能与其真子集等势．

证明：留做习题．

此定理也称为抽屉原则，可将其形象地表述为：若将 $n+1$ 个球放进 n 个抽屉中，则至少有一个抽屉中放有两个或两个以上的球．抽屉原则可用来解决组合数学中的许多问题．

【例 4.2】　有 10 个人姓丁、王、李，名江、河、海．证明至少有两个人的姓名相同．

证明:由给出的姓和名可组合成 9 个姓名,由抽屉原则知,10 个人去分得这 9 个姓名,至少有 2 人的姓名相同.

要注意的是,抽屉原则对无限集并不总是成立,即无限集可能与其真子集等势. 如例 4.1 中的偶自然数集 $E \subset \mathbf{N}$,但 $E \sim \mathbf{N}$. 这正是无限集与有限集之间的本质区别.

【例 4.3】 设 $\mathbf{R}$ 是实数集合,令

$$\mathbf{R}_+ = \{x \in \mathbf{R} \mid x > 0\}$$

显然,$\mathbf{R}_+ \subset \mathbf{R}$,即 $\mathbf{R}_+$ 是 $\mathbf{R}$ 的真子集,定义映射 $f:\mathbf{R} \to \mathbf{R}_+$ 如下:

$$f(x) = \mathrm{e}^x, \quad x \in \mathbf{R}$$

于是,对任意 $x \in \mathbf{R}$,存在唯一的 $y \in \mathbf{R}_+$,使

$$y = \mathrm{e}^x = f(x)$$

另一方面,对任意 $y \in \mathbf{R}_+$,存在唯一的 $x = \ln y \in \mathbf{R}$,使

$$f(x) = \mathrm{e}^x = \mathrm{e}^{\ln y} = y$$

这说明 f 是 $\mathbf{R}$ 到 $\mathbf{R}_+$ 的一个双射,因此,$\mathbf{R} \sim \mathbf{R}_+$.

§4.2 集合的基数(cardinality)

现在我们拓广集合中元素个数的概念,引入集合的基数这个概念.

与有限集合中元素的个数的记法一样,集合 A 的基数用 $|A|$ 表示.

显然,每个有限集都恰与集合 $N_n = \{0, 1, \cdots, n-1\}$ 等势,其中 $n \geqslant 0$,$N_0 = \varnothing$. 若 $A \sim N_n$,则令 $|A| = n$;对无限集,则用一个特殊记号表示. 例如,对自然数集合 $\mathbf{N}$,令

$$|\mathbf{N}| = \aleph_0 (读作"阿列夫零")$$

我们希望基数像普通数一样,也具有相等关系和大小顺序.

定义 4.2.1 设 A 和 B 为两个集合:

(1) 若 $A \sim B$,则称 A 的基数和 B 的基数相等,记为 $|A| = |B|$,否则记为 $|A| \neq |B|$;

(2) 若存在 A 到 B 的单射,则称 A 的基数小于或等于 B 的基数,记为 $|A| \leqslant |B|$,或者称 B 的基数大于或等于 A 的基数,记为 $|B| \geqslant |A|$;

(3) 若 $|A| \leqslant |B|$,且 $|A| \neq |B|$,则称 A 的基数小于 B 的基数,记为 $|A| < |B|$,或者称 B 的基数大于 A 的基数,记为 $|B| > |A|$.

由定义,$|A| = |B|$ 可形象地理解成 A 中的元素与 B 中的元素一样多.

显然,上述定义是有限集合的元素个数有大小的推广. 容易验证,集合基数的关系具有自反性和传递性. 又由 Bernstein(伯恩斯坦)定理知,集合基数的关系还具有反对称性. 因此,集合基数的关系是一个偏序关系,进一步还可以证明它是一个全序关系. 于是,像实数一样,任何两个基数均可以比较大小,基数也有无限多个,而且无最大者.

定理 4.2.1 设 A 和 B 为两个集合,于是 $|A| \leqslant |B|$ 或者 $|B| \leqslant |A|$.

证明:略.

定理 4.2.2 基数之间的相等关系"$=$"是一个等价关系. 即对任何集合 A, B 和 C,有:

(1) $|A| = |A|$;

(2) 若 $|A| = |B|$,则 $|B| = |A|$;

(3) 若 $|A| = |B|$ 且 $|B| = |C|$,则 $|A| = |C|$.

证明:略.

定理 4.2.3 基数之间的小于或等于关系"$\leqslant$"是一个偏序关系,即对任何集合 A, B 和 C,有:

(1) $|A| \leqslant |A|$;

(2) 若 $|A| \leqslant |B|$ 且 $|B| \leqslant |A|$,则 $|A| = |B|$;

(3) 若 $|A| \leqslant |B|$ 且 $|B| \leqslant |C|$,则 $|A| \leqslant |C|$.

证明:略.

定理 4.2.4　对任意集合 A,均有 $|A| < |\rho(A)|$,其中 $\rho(A)$ 为 A 的幂集.

证明:令 A 到 $\rho(A)$ 的映射为 f:

$$f(a) = \{a\}, \quad a \in A$$

显然,f 是单射,于是 $|A| \leqslant |\rho(A)|$. 下面证明 $|A| \neq |\rho(A)|$.

假设 $|A| = |\rho(A)|$,则存在 A 到 $\rho(A)$ 的双射 g. 令

$$B = \{a \in A \mid a \notin g(a)\}$$

显然,$B \in \rho(A)$. 于是,有 $b \in A$,使得 $g(b) = B$.

(1) 若 $b \in B$,则由 B 的定义有 $b \notin g(b)$,即 $b \notin B$;

(2) 若 $b \notin B$,即 $b \notin g(b)$,则由 B 的定义有 $b \in B$,总之,得出 $b \in B$,当且仅当 $b \notin B$,此为矛盾.

故 $|A| \neq |\rho(A)|$.

此定理说明:对任意无限集,比它所含元素个数还要多的无限集合是存在的. 记

$$|\rho(\mathbf{N})| = \aleph$$

其中,$\mathbf{N}$ 是自然数集合.

可以证明 $|\mathbf{R}| = |\rho(\mathbf{N})|$,其中 $\mathbf{R}$ 为实数集,于是,$|\mathbf{N}| < |\mathbf{R}|$.

§4.3　可数集与不可数集的概念

我们知道,自然数集 $\mathbf{N}$ 是无限集,但并非所有的无限集都与 $\mathbf{N}$ 等势,如 $\rho(\mathbf{N})$. 因此,需要对无限集作进一步的讨论.

定义 4.3.1　设 A 是一个集合. 若 A 与自然数集 $\mathbf{N}$ 等势,则称 A 为可数无限集;若 A 是有限集,则称 A 为可数集(countable set).

有时也将可数无限集简称为可数集. 不是可数集的集合称为不可数集(uncountable set).

【例 4.4】　整数集 $\mathbf{Z}$ 是可数集.

证明:定义 $\mathbf{N}$ 到 $\mathbf{Z}$ 的映射 σ 如下:

$$\sigma(n) = \begin{cases} n/2 & \text{当 } n \text{ 为偶数} \\ (1-n)/2 & \text{当 } n \text{ 为奇数} \end{cases}$$

不难验证 σ 是双射,于是 $\mathbf{N} \sim \mathbf{Z}$. 故 $\mathbf{Z}$ 是可数集.

定理 4.3.1　A 是可数无限集当且仅当 A 的所有元素可以如下编号排出:

$$a_1, a_2, a_3, \cdots, a_n, \cdots$$

证明:略.

【例 4.5】 有理数 $\mathbf{Q}$ 是可数集.

证明:已知任何非零有理数均可以表示成确定的既约分数,故将全体有理数按如下方法排列:

(1) 0 排在最前面;

(2) 对正分数,按它的分子与分母的和数由小到大排列;若和数相等,则分子小的排前;

(3) 对负分数,把它紧排在相应的正分数之后.

显然,任意有理数总会排入此序列中,此序列开头部分的有理数是:

$$0,1/1,-1/1,1/2,-1/2,2/1,-2/1,1/3,$$
$$-1/3,3/1,-3/1,1/4,-1/4,2/3,-2/3,$$
$$4/1,-4/1,\cdots$$

由定理4.3.1可知,$\mathbf{Q}$ 是可数集.

定理4.3.2　可数集的子集仍是可数集.

证明:设 A 是可数集,若 A 是有限集,则它的子集仍是有限集,当然也是可数集.若 A 是无限集,则由定理4.3.1知,A 的元素可排成

$$a_1,a_2,a_3,\cdots,a_n,\cdots \tag{4.1}$$

显然,A 的无限子集可如下得到:

从左向右看式(4.1),第一个是子集中元素的记为 a_{i_1};第二个是子集中元素的记为 $a_{i_2},\cdots$,于是,该子集的元素可排列为

$$a_{i_1},a_{i_2},a_{i_3},\cdots$$

再由定理4.3.1知,该子集是可数集.

定理4.3.3　实数集 $\mathbf{R}$ 是不可数集.

证明:取 $\mathbf{R}$ 的子集合

$$(0,1)=\{x\in\mathbf{R}\mid 0<x<1\}$$

由定理4.3.2知,只需证明 $(0,1)$ 是不可数集.

若 $(0,1)$ 是可数集,则将 $(0,1)$ 中所有的数排成一个序列:

$$0.a_{11}a_{12}a_{13}\cdots$$
$$0.a_{21}a_{22}a_{23}\cdots \tag{4.2}$$
$$0.a_{31}a_{32}a_{33}\cdots$$

考虑下面的数

$$r=0.r_1r_2\cdots r_k\cdots$$

其中

$$r_k=\begin{cases}1 & \text{当 } a_{kk}\neq 1 \\ 2 & \text{当 } a_{kk}=1\end{cases},\quad k=1,2,\cdots$$

显然,$r\in(0,1)$,但它却不是序列(4.2)中的任何一个数 $a_k=a_{k1}a_{k2}\cdots a_{kk}\cdots$.事实上,因为 $r_k\neq a_{kk}$,所以

$$0.a_{k1}a_{k2}\cdots a_{kk}\neq 0.a_1a_2\cdots a_k\cdots,\quad k=1,2,\cdots$$

以上说明,$(0,1)$ 是不可数集,从而 $\mathbf{R}$ 不是可数集.

已知 $\mathbf{N}$ 是可数集,而 $|\mathbf{N}|<|\mathbf{R}|$.能否找到一个实数集 $\mathbf{R}$ 的子集 A,使得

$$\mathbf{N}\subset A\subset\mathbf{R}$$

但又不存在 A 到 $\mathbf{R}$ 的双射?这个问题是数学中长期存在的一个所谓"连续统问题",至今尚未有确定的答案,现在已经证明:在现有的公理系统中,证明"连续统问题"成立与不成立都是不可能的.

习　题

1. 试证明:自然数集 $\mathbf{N}$ 与奇自然数集 D 等势.

2. 设 $(a,b)=\{x\in\mathbf{R}\mid a<x<b,a,b\in\mathbf{R}\}$,$\mathbf{R}$ 为实数集.试证明:$(a,b)\sim\mathbf{R}$.

3. 利用"抽屉原则"证明:

(1) 从小于201的正整数中任取101个数,其中必有一个数能整除另一个数;

（2）任意 52 个整数中,必有两个数之和能被 100 整除或者两个数之差能被 100 整除.

4. 证明定理 4.2.2 和定理 4.2.3.

5. 设 A 和 B 是两个集合,$B \neq \varnothing$. 试证明:$|B| \leq |A|$ 当且仅当存在 A 到 B 的满射.

6. 设 A 是一个无限集,试证明:存在 A 的一个真子集 B,使得 $|B| = |A|$.

7. 试证明下列集合是可数集:

（1）$A = \{1, 4, 9, 16, \cdots, n^2, \cdots\}$;

（2）$A = \{1, 8, 27, 64, \cdots, n^3, \cdots\}$;

（3）$A = \{3, 12, 27 \cdots, 3n^2, \cdots\}$;

（4）$A = \{1, 1/2, 1/3, \cdots, 1/n, \cdots\}$.

8. 试证明:任何一个无限集必含可数子集.

9. 试证明:$\mathbf{N} \times \mathbf{N}$ 是可数集,$\mathbf{N}$ 为自然数集.

第 **5** 章
命题逻辑（proposition logic）

命题逻辑主要研究命题的推理演算. 本章首先介绍命题逻辑中的基本概念, 如命题、逻辑联结词以及命题公式等, 然后介绍命题逻辑的等值演算和推理演算.

§5.1　命题与逻辑联结词

命题逻辑研究的对象是命题（proposition）.

凡具有真假意义的陈述句均称为命题.

例如, "地球绕着太阳转"（真）, "太阳绕着月亮转"（假）, "7 大于 5"（真）, 都是命题, 又例如, "再见!""祝您一路平安""好大的雨啊!", 这些语句不是陈述句, 故不是命题. 有些陈述句, 如"地球以外的星球上有人", 尽管目前还不知其真假, 但它们本身是具有真假意义的, 因此, 也称为命题. 还有些陈述句, 如"1 加上 101 等于 110", 其数学表达式 $1 + 101 = 110$, 在十进制范围中为假, 而在二进制的范围中为真. 像这类其真假与所讨论问题（称为论域）有关的陈述句也称为命题.

如果一个命题是真的, 则称该命题的真值为"真", 用 T（True）或 1 表示; 如果一个命题是假的, 则称该命题的真值为"假", 用 F（False）或 0 表示. 由于一个命题只有"真"和"假"两个可能的取值, 因此, 命题逻辑又称"二值逻辑".

为了对命题作逻辑演算, 需要将命题符号化. 今后用大写字母 $P, Q, R, \cdots, P_1, P_2, \cdots$ 表示命题, 称为命题符号. 例如:

P: 北京是中国的首都.

即 P 表示一个具体的命题——"北京是中国的首都"时, 称 P 为一个命题常元. 字母 P 也可以表示任何一个命题, 此时称 P 为一个命题变元. 由定义易知, 命题变元不是命题. 为方便, 我们用 1 表示一个抽象的真命题, 用 0 表示一个抽象的假命题.

若干命题可以通过逻辑联结词（简称联结词）构成新的命题——复合命题（compound proposition）. 而构成复合命题的子命题也可以是复合命题. 我们称不是复合命题的命题为简单命题（simple proposition）, 在命题逻辑中, 简单命题看作一个整体, 它不含任何联结词. 因此, 不再分析它们内部的逻辑形式.

显然, 复合命题的真值依赖于其中简单命题的真值. 下面介绍五个常用的联结词.

定义 5.1.1　设 P 是一个命题. 复合命题"P 是不对的"称为 P 的否定（negation）, 记为 $\neg P$, 读作非 P, 联结词"$\neg$"称为否定词.

规定 $\neg P$ 为真当且仅当 P 为假, 也可以列表定义如表 5.1 所示.

表 5.1 反映了 $\neg P$ 的真值与 P 的真值的依赖关系,称为"$\neg$"的真值表.

【例 5.1】　P:张三是一个大学生.

　　　　$\neg P$:张三不是一个大学生.

定义 5.1.2　设 P,Q 是两个命题.复合命题"P 并且 Q"称为 P 和 Q 的合取(conjunction),记为 $P \wedge Q$,读作 P 合取 Q,联结词"$\wedge$"称为合取词,规定 $P \wedge Q$ 为真当且仅当 P 与 Q 同时为真.

"$\wedge$"的真值表如表 5.2 所示.

表　5.1

P	$\neg P$
1	0
0	1

表　5.2

P	Q	$P \wedge Q$
0	0	0
0	1	0
1	0	0
1	1	1

【例 5.2】　P:今天出太阳.

　　　　Q:今天刮风.

　　　　$P \wedge Q$:今天出太阳并且刮风.

定义 5.1.3　设 P,Q 是两个命题.复合命题"P 或者 Q"称为 P 和 Q 的析取(disjunction),记为 $P \vee Q$,读作 P 析取 Q,联结词"$\vee$"称为析取词,规定 $P \vee Q$ 为真当且仅当 P,Q 中至少有一个为真.

"$\vee$"的真值表如表 5.3 所示.

表　5.3

P	Q	$P \vee Q$
0	0	0
0	1	1
1	0	1
1	1	1

【例 5.3】　P:李四学过英语;

　　　　Q:李四学过俄语;

　　　　$P \vee Q$:李四学过英语或俄语.

由定义可知,析取式 $P \vee Q$ 表示的是一种"可兼式",但是,在自然语言中,有时"或"表示的是"不可兼或".例如,命题"昨晚 7 点钟,张华在家看电视或者在体育场看足球比赛".如果该命题为真,则张华不可能同一时间既在家看电视,又在体育场看足球比赛.因此,不能简单地表示成 $P \vee Q$ 的形式.

定义 5.1.4　设 P,Q 是两个命题,复合命题"如果 P,则 Q 称为 P 蕴涵 Q,记为 $P \rightarrow Q$".联结词"$\rightarrow$"称为蕴涵词(implication),并称 P 为条件(condition),Q 为结论(conclusion).规定 $P \rightarrow Q$ 为假,当且仅当 P 为真而 Q 为假.

"$\rightarrow$"的真值表如表 5.4 所示.

表　5.4

P	Q	$P \rightarrow Q$
0	0	1
0	1	1
1	0	0
1	1	1

【例5.4】　P:今天天晴.

　　　　　Q:我骑自行车上班.

　　　　$P \rightarrow Q$:如果今天天晴,则我骑自行车上班.

需要注意的是,在数理逻辑中,允许复合命题 $P \rightarrow Q$ 的条件 P 和结论 Q 在逻辑上毫无联系,例如,

P:$1 + 1 = 3$.

Q:太阳绕着地球转.

$P \rightarrow Q$:如果 $1 + 1 = 3$,则太阳绕着地球转.

按定义,命题 $P \rightarrow Q$ 为真,而 P 与 Q 在日常生活中可以说是风马牛不相及.

定义 5.1.5　设 P 和 Q 是两个命题,复合命题"P 当且仅当 Q 称为 P 等价于 Q,记为 $P \leftrightarrow Q$".联结词"$\leftrightarrow$"称为等价词(equivalence),规定 $P \leftrightarrow Q$ 为真当且仅当 P 与 Q 同时为真或者同时为假.

"$\leftrightarrow$"的真值表如表5.5所示.

表　5.5

P	Q	$P \leftrightarrow Q$
0	0	1
0	1	0
1	0	0
1	1	1

【例5.5】　P:张三唱歌.

　　　　　Q:李四伴奏.

　　　　$P \leftrightarrow Q$:张三唱歌当且仅当李四伴奏.

同样,复合命题 $P \leftrightarrow Q$ 中的 P 和 Q 在逻辑上可以毫无关系.例如,语句"水往高处流当且仅当太阳从西边出"符号化成复合命题 $P \leftrightarrow Q$ 后,在数理逻辑中被认为是一个真命题.

以上定义的五个联结词中,除了否定词"¬"是联结一个命题的一元联结词之外,其余四个都是联结两个命题的二元联结词.

§5.2　命题公式(proposition formula)与等值演算(equivalent calculus)

上节定义的五个联结词,它们各自可以表示自然语言中的一些常用的语句.要表达更复杂的语句,就必须将这五个联结词综合起来考虑,形成更复杂的复合命题.当复合命题中有两个以上的联结词时,其真值就与运算次序有关,像数学中的代数表达式那样,可以使用括号来区分运算的先后次序.这样,由命题符号,联结词以及括号所组成的符号串,我们称为命题公式(或简单公式).

其严格定义如下:

定义 5.2.1 命题公式是如下定义的一个符号串.

(i) 单个命题符号是命题公式(原子公式);

(ii) 若 A 是命题公式,则 $(\neg A)$ 也是命题公式;

(iii) 若 A,B 是命题公式,则 $(A \wedge B)$, $(A \vee B)$, $(A \rightarrow B)$, 以及 $(A \leftrightarrow B)$ 也是命题公式;

(iv) 仅当有限次地使用(i)~(iii)所得到的符号串才是命题公式.

这是一个递归定义. 它给出了生成和识别命题公式的一般规则. 其中(i)~(iii)给出了生成规则,而(iv)则用来识别哪些符号串不是命题公式.

【例 5.6】 符号串

$$((\neg P) \rightarrow (((P \rightarrow Q) \wedge R) \vee Q))$$

是命题公式,它可由定义经以下步骤生成:

(1) P (i)

(2) Q (i)

(3) $(P \rightarrow Q)$ (i),(2),(iii)

(4) R (i)

(5) $((P \rightarrow Q) \wedge R)$ (3),(4),(iii)

(6) $(((P \rightarrow Q) \wedge R) \vee Q)$ (2),(5),(iii)

(7) $(\neg P)$ (1),(ii)

(8) $((\neg P) \rightarrow (((P \rightarrow Q) \wedge R) \vee Q))$ (6),(7),(iii)

为了尽量减少命题公式中的括号,作如下约定:

(1) 五种联结词的运算优先级按如下次序由高到低:

$$\neg, \wedge, \vee, \rightarrow, \leftrightarrow$$

且多个同类联结词按从左到右的优先次序.

(2) 公式 $(\neg A)$ 的括号可省略,写成 $\neg A$;

(3) 整个公式最外层括号可省略.

例如,命题公式

$$((P \vee (Q \wedge R))) \rightarrow ((Q \wedge ((\neg P) \vee R)))$$

可简写成

$$P \vee Q \wedge R \rightarrow Q \wedge (\neg P \vee R)$$

由定义可知,命题公式是由命题符号、逻辑联结词、括号按规定组成的符号串,而命题符号可以是一个命题变元(它表示任意一个命题),因此,如果不对命题变元指定一个真值,则整个命题公式就无真值可言,故命题公式不一定是命题.

定义 5.2.2 设 G 是命题公式,$A_1, \cdots, A_n$ 是出现在 G 中的所有命题变元,指定 $A_1, \cdots, A_n$ 的一组真值 $(a_1, \cdots, a_n)$, $a_i \in \{0,1\}$, $i = 1, \cdots, n$, 则这组真值称为 G 的一个解释(interpretation).

以下不妨约定命题公式中的所有命题符号全是命题变元,因为后面我们可以看到,可以根据联结词的定义,将所有命题常元适当地消去.

由定义可知,含 $n(n \geqslant 1)$ 个命题变元的命题公式共有 2^n 个不同的解释. 像联结词的真值表那样,我们也可以将一个命题公式的所有解释与公式的真值列表对应起来,形成该命题公式的真值表. 例如,公式 $(P \rightarrow Q) \wedge R$ 的真值表如表 5.6 所示.

表　5.6

P	Q	R	$(P{\to}Q)\wedge R$
0	0	0	0
0	0	1	1
0	1	0	0
0	1	1	1
1	0	0	0
1	0	1	0
1	1	0	0
1	1	1	1

表 5.6 说明,公式 $(P{\to}Q)\wedge R$ 在解释 $(0,0,1)$,$(0,1,1)$,$(1,1,1)$ 下为真,在其他解释下为假.

根据各种解释下公式的取值情况,可将命题公式作如下分类.

定义 5.2.3　设 G 是一个命题公式.

(1) 若 G 在它的所有解释下均为真,则称 G 为重言式(tautology),或称 G 是永真的.

(2) 若 G 在它的所有解释下均为假,则称 G 为矛盾式(contradiction),或称 G 是永假的.

(3) 若至少有一个解释使 G 为真,则称 G 为可满足式(satisfiable formula),或称 G 是可满足的(satisfiable).

显然,G 是永真的,当且仅当 $\neg G$ 是永假的;重言式一定是可满足式,反之不然.

如果公式 G 在解释 I 下为真,则称 I 满足 G;如果公式 G 在解释 I 下为假,则称 I 弄假 G.

给定一个命题公式,判断它是重言式、矛盾式,还是可满足式,这类问题称为判定问题.

由于一个命题公式的所有解释数目是有限的,因此,命题公式的判定问题是可解的.

给定 n 个命题变元,由命题公式的生成规则,可以生成无限多个命题公式.但是,容易验证,n 个命题变元只能生成 2^{2^n} 个真值互不相同的命题公式,这就是说,有些命题公式从符号串的角度看它们是不同的命题形式,但它们在相同的解释下,其真值完全一样.例如,$n=2$ 时,$P{\to}Q$,$\neg P\vee Q$,$\neg(P\wedge\neg Q)$ 等它在所有四个解释 $(0,0)$,$(0,1)$,$(1,0)$,$(1,1)$ 下均有相同的真值.

定义 5.2.4　两个命题公式 A,B,如果在其任何解释 I 下,相应的真值均相同,则称 A 与 B 等值(equivalent),记为 $A{\Leftrightarrow}B$.

注意: 符号"$\Leftrightarrow$"是一个关系符,而不是联结词.此外,有时也用关系符" $=$ ",约定 $A=B$ 当且仅当 A 与 B 是两个符号串相同的命题公式.显然,若 $A=B$,则 $A{\Leftrightarrow}B$,反之不然.

容易证明,$A{\Leftrightarrow}B$ 当且仅当 $A{\leftrightarrow}B$ 是重言式.

判断两个命题公式是否等值,按定义可将两个公式的真值表列出,通过判断两个真值表是否相同来进行.用这种方法,不难验证下面的基本等值式,其中 P,Q,R 表示任意公式,而 1 表示重言,0 表示矛盾.

(1) 双重否定律:$P{\Leftrightarrow}\neg\neg P$

$\qquad\qquad\qquad P{\Leftrightarrow}P\vee P$

(2) 等幂律:$P{\Leftrightarrow}P\wedge P$

(3) 交换律:$\begin{aligned}&P\vee Q{\Leftrightarrow}Q\vee P\\&P\wedge Q{\Leftrightarrow}Q\wedge P\end{aligned}$

(4) 结合律:$\begin{aligned}&(P\vee Q)\vee R{\Leftrightarrow}P\vee(Q\vee R)\\&(P\wedge Q)\wedge R{\Leftrightarrow}P\wedge(Q\wedge R)\end{aligned}$

(5) 分配律：$P \wedge (Q \vee R) \Leftrightarrow (P \wedge Q) \vee (P \wedge R)$
$P \vee (Q \wedge R) \Leftrightarrow (P \vee Q) \wedge (P \vee R)$

(6) De Morgan 律：$\neg (P \wedge Q) \Leftrightarrow \neg P \vee \neg Q$
$\neg (P \vee Q) \Leftrightarrow \neg P \wedge \neg Q$

(7) 吸收律：$P \wedge (P \vee Q) \Leftrightarrow P$
$P \vee (P \wedge Q) \Leftrightarrow P$

(8) 零律：$P \vee 1 \Leftrightarrow 1$
$P \wedge 0 \Leftrightarrow 0$

(9) 同一律：$P \vee 0 \Leftrightarrow P$
$P \wedge 1 \Leftrightarrow P$

(10) 补余律：$P \vee \neg P \Leftrightarrow 1$
$P \wedge \neg P \Leftrightarrow 0$

在以上等值式中，由于 P, Q, R 表示任意命题公式，因此，它们可以代表任意多个同类型的命题公式．例如，由补余律 $P \vee \neg P \Leftrightarrow 1$ 可以得出 $(P \wedge Q) \vee \neg (P \wedge Q) \Leftrightarrow 1$，$(\neg P) \vee \neg (\neg P) \Leftrightarrow 1$ 等任意多个等值式．

不难验证，等值关系"$\Leftrightarrow$"是定义在命题公式集合上的二元关系，它满足自反性、对称性和传递性．因此，等值关系是一个等价关系．正是由于这种性质，使得我们可以从某个公式 G 出发，经有限次使用以上基本等值和已知的等值式，推演出另外一些公式，这一过程称为等值演算．

【例 5.7】 试证明公式 $P \vee \neg ((\neg Q \vee P) \wedge Q)$ 为重言式．

证明：因为

$P \vee \neg ((\neg Q \vee P) \wedge Q)$
$\Leftrightarrow P \vee \neg ((\neg Q \wedge Q) \vee (P \wedge Q))$ （分配律）
$\Leftrightarrow P \vee \neg ((0 \vee (P \wedge Q))$ （补余律）
$\Leftrightarrow P \vee \neg (P \wedge Q)$ （同一律）
$\Leftrightarrow P \vee (\neg P \vee Q)$ （De Morgan 律）
$\Leftrightarrow (P \vee \neg P) \vee \neg Q$ （结合律）
$\Leftrightarrow 1 \vee \neg Q$ （补余律）
$\Leftrightarrow 1$ （零律）

因此，由定义知 $P \vee \neg ((\neg Q \vee P) \wedge Q)$ 为重言式．

有些等值式，可以根据定义，用真值表的方法来获得．

【例 5.8】 试证明：$P \rightarrow Q \Leftrightarrow \neg P \vee Q$，$P \leftrightarrow Q \Leftrightarrow (P \rightarrow Q) \wedge (Q \rightarrow P)$

证明：将以上四个公式的真值表列表如表 5.7 和 5.8 所示．

表 5.7

P	Q	$P \rightarrow Q$	$\neg P \vee Q$
0	0	1	1
0	1	1	1
1	0	0	0
1	1	1	1

表 5.8

P	Q	$P \leftrightarrow Q$	$(P \rightarrow Q) \wedge (Q \rightarrow P)$
0	0	1	1
0	1	0	0
1	0	0	0
1	1	1	1

由等值的定义知，$P \rightarrow Q \Leftrightarrow \neg P \vee Q$，$P \leftrightarrow Q \Leftrightarrow (P \rightarrow Q) \wedge (Q \rightarrow P)$．

§5.3　对偶与范式

在上节介绍的基本等值式中,除双重否定外,都是成对出现的,它们之间呈对偶形式出现.

定义 5.3.1　在仅含联结词¬, ∧, ∨的命题公式 A 中,若将所有的"∧"换成"∨",所有的"∨"换成"∧",则将所得的命题公式称为 A 的对偶式(dual formula),记为 A^*.

特别地,命题常元 1 和 0 互为对偶式. 即 $1^* = 0, 0^* = 1$.

例如,设 $A = (\neg P \wedge Q) \vee R$,则 $A^* = (\neg P \vee Q) \wedge R$. 显然,定义中的 A 也是 A^* 的对偶式,即

$$(A^*)^* = A$$

由等值式 $A \rightarrow B \Leftrightarrow \neg A \vee B$ 及 $A \leftrightarrow B \Leftrightarrow (A \rightarrow B) \wedge (B \rightarrow A) \Leftrightarrow (\neg A \vee B) \wedge (\neg B \vee A)$,我们可以将任何命题公式化成等值的且仅含联结词¬, ∧, ∨的公式,因此,任何命题公式均存在对偶式. 以下涉及对偶式,不妨假设公式中不含联结词"→"和"↔".

由对偶式的定义,我们有:

命题 5.3.1　设 A^*, B^* 分别是命题公式 A, B 的对偶式,于是,

(1) $\neg(A^*) = (\neg A)^*$;

(2) $(A \vee B)^* = A^* \wedge B^*$;

(3) $(A \wedge B)^* = A^* \vee B^*$.

定义 5.3.2　设 A 是命题公式,若将 A 中各命题变元的所有肯定形式的出现换为其否定,所有否定形式的出现换为其肯定,则所得的公式称为 A 的内否式,记为 $\bar{A}$.

例如,设 $A = P \wedge \neg Q$,则 $\bar{A} = \neg P \wedge Q$.

显然,定义中的 A 也是 $\bar{A}$ 的内否式,即

$$\overline{(\bar{A})} = A$$

由内否式的定义,我们有

命题 5.3.2　设 A, B 是命题公式,则

(1) $\neg(\bar{A}) = \overline{(\neg A)}$;

(2) $\overline{(A \vee B)} = \bar{A} \vee \bar{B}$;

(3) $\overline{(A \wedge B)} = \bar{A} \wedge \bar{B}$.

下面讨论对偶式与内否式的关系,进而得出对偶原理.

定理 5.3.1　对任何命题公式 A,均有

$$\neg A = \overline{A^*}$$

证明: 对公式中联结词的个数 n 作归纳证明.

(1)当 $n = 0$ 时,A 中无联结词,不妨设 $A = P$,于是 $A^* = P$,且

$$\neg A = \neg P$$
$$\overline{A^*} = \neg P$$

而

故

$$\neg A = \overline{A^*}$$

(2)设 $n \leqslant k$ 时定理成立.

(3)当 $n = k + 1$ 时,因为 $n \geqslant 1$,所以 A 中至少有一个联结词,故 A 必可写成下列三种形式之一:

$$A = \neg A_1, \quad A = A_1 \wedge A_2, \quad A = A_1 \vee A_2$$

而且公式 A_1 和 A_2 中的联结词的个数均小于 n. 于是,由归纳假设有

$$\neg A_1 = \overline{A_1^*}, \quad \neg A_2 = \overline{A_2^*}$$

当 $A = \neg A_1$ 时,

$$
\begin{aligned}
\neg A &= \neg(\neg A_1) = \neg \overline{A_1^*} & \text{(由归纳假设)} \\
&= \overline{\neg(A_1^*)} & \text{(由命题 5.3.2 之(1))} \\
&= \overline{(\neg A_1)^*} & \text{(由命题 5.3.1 之(1))} \\
&= \overline{A^*} & \text{(由 } A = \neg A_1)
\end{aligned}
$$

当 $A = A_1 \wedge A_2$ 时,

$$
\begin{aligned}
\neg A &= \neg(A_1 \wedge A_2) = \neg A_1 \vee \neg A_2 & \text{(由 De Morgan 律)} \\
&= \overline{A_1^*} \vee \overline{A_2^*} & \text{(由归纳假设)} \\
&= \overline{A_1^* \vee A_2^*} & \text{(由命题 5.3.2 之(2))} \\
&= \overline{(A_1 \wedge A_2)^*} & \text{(由命题 5.3.1 之(3))} \\
&= \overline{A^*} & \text{由 } A = A_1 \wedge A_2
\end{aligned}
$$

当 $A = A_1 \vee A_2$ 时,类似地,也有

$$
\neg A = \overline{A^*}
$$

总之,由归纳法,本定理成立.

定理 5.3.2(对偶原理) 设 A, B 是两个命题公式,于是,若 $A \Leftrightarrow B$,则 $A^* \Leftrightarrow B^*$.

证明: 若 $A \Leftrightarrow B$,则 $\neg A \Leftrightarrow \neg B$,由定理 5.3.1 知 $\neg A = \overline{A^*}$,$\neg B = \overline{B^*}$,于是,$\overline{A^*} \Leftrightarrow \overline{B^*}$,从而

$$
A^* \Leftrightarrow B^*
$$

由对偶原理可知,若 A 为重言式,则 A^* 必为矛盾式,这是因为,1 与 0 互为对偶式,若 A 为重言式,则 $A \Leftrightarrow 1$,于是,由对偶原理,$A^* \Leftrightarrow 0$,即 A^* 为矛盾式.

我们知道,判定一个命题公式是重言式、矛盾式还是可满足式,以及判定两个命题公式是否等值,可以用真值表达和等值演算法.但当公式比较复杂或其中命题变元较多时,这两种方法不是很方便.下面介绍一种有效的方法,这就是将命题公式化成某种统一的标准形式.

定义 5.3.3 命题变元 P 及其否定式 $\neg P$ 统称为 P 的文字(literal).有限个文字的析取称为析取式(disjunction form);有限个文字的合取称为合取式(conjunction form).

特别地,一个文字既可称为一个析取式,也可称为一个合取式.

例如,$P \vee \neg Q \vee R$ 是一个析取式;$P \wedge \neg Q \wedge R$ 是一个合取式,而 P,$\neg Q$ 既是析取式,又是合取式.

定义 5.3.4 有限个合取式的析取称为析取范式(disjunctive normal form);有限个析取式的合取称为合取范式(conjunctive normal form).

特别地,一个文字既可称为一个析取范式,也可称为一个合取范式.而一个析取式,一个合取式,既可看作合取范式,也可以看作析取范式.

例如,$(P \wedge Q) \vee (\neg P \wedge R)$ 是一个析取范式,$((P \vee Q) \wedge \neg R) \vee S$ 是一个合取范式,而 $(P \vee Q) \wedge \neg R) \vee S$ 既非析取范式,也非合取范式.

析取范式和合取范式统称为范式(normal).

显然,任何析取范式的对偶式为合取范式,反之,任何合取范式的对偶式为析取范式.由定义知,范式是一种形式规范的命题公式.那么,任何命题公式是否都存在与其等值的范式呢?回答是肯定的.

定理 5.3.3 对于任意命题公式 G,都存在与 G 等值的析取范式和合取范式.

证明: 依次执行如下步骤,可得出与 G 等值的范式.

(1) 利用 $P \rightarrow Q \Leftrightarrow \neg P \vee Q$ 和 $P \leftrightarrow Q \Leftrightarrow (\neg P \vee Q) \wedge (\neg Q \vee P)$ 将 G 中的联结词"$\rightarrow$"和"$\leftrightarrow$"消去.

（2）利用¬(¬P)⇔P以及 De Morgan 律,将 G 中所有否定词"¬"放在命题变元之前.

（3）反复使用分配律,若求析取范式,则使用 ∧ 对 ∨ 的分配,即 $P \wedge (Q \vee R) \Leftrightarrow (P \wedge Q) \vee (P \wedge R)$;若求合取范式,则使用 ∨ 对 ∧ 的分配,即使用 ∨ 对 ∧ 的分配,即 $P \vee (Q \wedge R) \Leftrightarrow (P \vee Q) \wedge (P \vee R)$. 最后可得与 G 值的范式.

【例 5.9】　试求$(P \vee Q) \rightarrow R \rightarrow S$ 的析取范式和合取范式.

解:求析取范式.

$((P \vee Q) \rightarrow R) \rightarrow S$

$\Leftrightarrow \neg((P \vee Q) \rightarrow R) \vee S$　　　　（消去右边的"→"）

$\Leftrightarrow \neg(\neg(P \vee Q) \vee R) \vee S$　　　　（消去"→"）

$\Leftrightarrow ((P \vee Q) \wedge \neg R) \vee S$　　　　（左边的"¬"内移）

$\Leftrightarrow (P \wedge \neg R) \vee (Q \wedge \neg R) \vee S$　　　　（∧ 对 ∨ 的分配）

求合取范式.

$((P \vee Q) \rightarrow R) \rightarrow S$

$\Leftrightarrow ((P \vee Q) \wedge \neg R) \vee S$　　　　（利用析取范式的部分结果）

$\Leftrightarrow (P \vee Q \vee S) \wedge (\neg R \vee S)$　　　　（∨ 对 ∧ 的分配）

显然,一个命题公式的范式形式不是唯一的. 为此,需要在范式的基础上,进一步定义唯一的标准形式.

定义 5.3.5　在含 n 个命题变元 $P_1, \cdots, P_n$ 的合取式中,若 P_i 的文字在该合取式左起的第 i $(i = 1, \cdots, n)$ 个位置上恰好出现一次,则称此合取式为关于 $P_1, \cdots, P_n$ 的一个极小项.

例如,$n = 3$ 时,$P_1 \wedge \neg P_2 \wedge P_3$,$\neg P_1 \wedge P_2 \wedge \neg P_3$ 都是关于 P_1, P_2, P_3 的极小项,而 $P_1 \wedge \neg P_3 \wedge P_2$,$P_1 \wedge P_2$,$P_1 \wedge \neg P_2 \wedge P_3 \wedge \neg P_1$ 都不是关于 P_1, P_2, P_3 的极小项.

如果命题变元无下标,则按字母顺序排列.

易知,对于 n 个命题变元 $P_1, P_2, \cdots, P_n$ 的任何一个极小项 m,在所有的 2^n 个解释中,有且只有一个解释使 m 为真,如果将真值 1,0 看作数,则每一个解释对应一个 n 位二进制数.

令使极小项 m 为真的解释所对应的二进制数为 $b_1 b_2 \cdots b_n$,$b_k \in \{0, 1\}$,$k = 1, \cdots, n$,而与二进制 $b_1, b_2, \cdots, b_n$ 对应的十进制为 i,今后就将 m 记为 m_i. 于是,关于 n 个命题变元的 2^n 个极小项可记为

$$m_0, m_1, \cdots, m_{2^n - 1}$$

例如,$n = 2$ 时,四个极小项的取值及表示如表 5.9 所示.

表　5.9

P_1	P_2	$\neg P_1 \wedge \neg P_2$	$\neg P_1 \wedge P_2$	$P_1 \wedge \neg P_2$	$P_1 \wedge P_2$
0	0	1	0	0	0
0	1	0	1	0	0
1	0	0	0	1	0
1	1	0	0	0	1
记为		m_0	m_1	m_2	m_3

定义 5.3.6　设 G 是含 n 个命题变元 $P_1, \cdots, P_n$ 的命题公式,G' 是 G 的一个析取范式,若 G' 中的合取式全是关于 $P_1, \cdots, P_n$ 的极小项,则称 G' 为 G 的主析取范式.

定理 5.3.4　对于任意可满足的命题公式 G,都存在与 G 等值的主析取范式.

证明: 设 G 中含命题变元 $P_1,\cdots,P_n$. 由定理 5.3.3 知,存在与 G 等值的析取范式

$$G' = G_1' \vee G_2' \vee \cdots \vee G_r'$$

不妨设 G_i' 是可满足式,且下标由小到大排列, $i = 1,\cdots,r$.

对 G' 中每个合取式 G_i' 进行检查. 若 G_i' 不是关于 $P_1,\cdots,P_n$ 的极小项,则 G_i' 中必缺少命题变元 $P_{j1},\cdots,P_{jk}$. 由于

$$G_i' \Leftrightarrow G_i' \wedge (P_{j1} \vee \neg P_{j1}) \wedge \cdots \wedge (P_{jk} \vee \neg P_{jk})$$
$$\Leftrightarrow \cdots$$
$$\Leftrightarrow m_{i_1} \vee \cdots \vee m_{i,k}$$

于是,将 G' 化成了极小项之析取. 最后将重复出现的极小项 m_i 合并成一个极小项 m_i,就得到与 G 等值的主析取范式.

【**例 5.10**】 试求 $P \to Q$ 的主析取范式.

解: $P \to Q$

$\Leftrightarrow \neg P \vee Q$

$\Leftrightarrow (\neg P \wedge (Q \vee \neg Q)) \vee ((P \vee \neg P) \wedge Q)$

$\Leftrightarrow (\neg P \wedge Q) \vee (\neg P \wedge \neg Q) \vee (P \wedge Q) \vee (\neg P \wedge Q)$

$\Leftrightarrow (\neg P \wedge \neg Q) \vee (\neg P \wedge Q) \vee (P \wedge Q)$

$\Leftrightarrow m_0 \vee m_1 \vee m_3$

由极小项的定义可知, $P \to Q$ 的主析取范式中,极小项 m_0,m_1 和 m_3 的下标所对应的二进制 00,01 和 11 所对应的解释都使 $P \to Q$ 为真,而主析取范式中没有出现的极小项 m_2 的下标所对应的二进制 10 所对应的解释使 $P \to Q$ 为假,由此可知,只要知道了一个命题公式 G 的主析取范式,就可立即写出 G 的真值表.

反之,若知道了 G 的真值表,则表中所有使 G 为真的解释所对应的极小项的析取,便是 G 的主析取范式.

由于任何极小项恰有一个解释使其为真,因此,结合定理 5.3.4 不难证明,任意可满足的命题公式 G 的主析取范式(在不考虑各极小项的次序的意义下)是唯一的.

(1)判断两个命题公式是否等值.

设 A,B 是两个命题公式,则 $A \Leftrightarrow B$ 当且仅当 A 与 B 有相同的主析取范式.

(2)判断命题公式的类型.

设 A 是含 n 个命题变元的命题公式,于是:

① A 为重言式,当且仅当 A 的主析取范式含全部 2^n 个极小项.

② A 为矛盾式,当且仅当 A 不存在主析取范式.

③ A 为可满足式,当且仅当 A 存在主析取范式.

(3)求满足公式或弄假命题公式的解释.

设命题公式 $A \Leftrightarrow m_{i_1} \vee m_{i_2} \vee \cdots \vee m_{i_k}$,则与下标 i_j 等值二进制所对应的解释均满足 $A,j = 1,\cdots,k$;其他解释弄假公式 A.

主析取范式的对偶形式,我们称为主合取范式. 其形式定义如下.

定义 5.3.7 在含 n 个命题变元 $P_1,\cdots,P_n$ 的析取式中,若 P_i 的文字在该析取式左起的第 i ($i = 1,\cdots,n$)个位置上恰好出现一次,则称此析取式为关于 $P_1,\cdots,P_n$ 的一个极大项.

例如, $P_1 \vee \neg P_2 \vee P_3$ 就是一个关于 P_1,P_2,P_3 的极大项.

如果命题变元无下标,则按字母顺序排列.

同极小项情况类似,对于 n 个命题变元 $P_1,\cdots,P_n$ 的任何一个极大项 M,在所有 2^n 个解释中,

有而且只有一个解释使 M 为假. 我们也将此极大项 M 记为 M_i, 其中下标 i 是使 M 为假的解释所对应的二进制的十进制表示.

例如, $n=3$ 时, $M_5 = \neg P_1 \vee P_2 \vee \neg P_3$, 其中, 解释 $(1,0,1)$ 使 M_5 为假.

定义 5.3.8　设 G 是 n 个命题变元 $P_1, \cdots, P_n$ 的命题公式. G' 是 G 的一个合取范式. 若 G' 中的析取式全是关于 $P_1, \cdots, P_n$ 的极大项, 则称 G' 为 G 的主合取范式.

定理 5.3.5　对于任意非重言式 G, 都存在与 G 等值的主合取范式.

证明: 设 G 中含命题变元 $P_1, \cdots, P_n$. 由定理 5.3.3 知, 存在与 G 等值的合取范式

$$G' = G' \wedge G_2' \wedge \cdots \wedge G_r'$$

对 G' 中每个析取式 G_i' 进行检查. 若 G_i' 不是关于 $P_1, \cdots, P_n$ 的极大项, 则 G_i' 中必缺少命题变元 $P_{j1}, \cdots, P_{jk}$. 由于

$$G_i' \Leftrightarrow G_i' \vee (P_{j1} \wedge \neg P_{j1}) \vee \cdots \vee (P_{jk} \wedge \neg P_{jk})$$
$$\Leftrightarrow \cdots$$
$$\Leftrightarrow M_{i_1} \wedge \cdots \wedge M_{i,k}$$

于是, 将 G' 化成了极大项之合取. 最后将重复出现的极大项 M_i 合并成极大项 M_i, 就得到与 G 等值的主合取范式.

【例 5.11】　求 $P \wedge Q$ 的主合取范式.

解: $P \wedge Q \Leftrightarrow (P \vee (Q \wedge \neg Q)) \wedge (Q \vee (P \wedge \neg P))$
$$\Leftrightarrow (P \vee Q) \wedge (P \vee \neg Q) \wedge (Q \vee P) \wedge (Q \vee \neg P)$$
$$\Leftrightarrow (P \vee Q) \wedge (P \vee \neg Q) \wedge (\neg P \vee Q)$$
$$= M_0 \wedge M_1 \wedge M_2$$

由主合取范式与主析取范式形式上的对偶性, 可以通过命题公式 G 的主析取范式来获得 G 的主合取范式, 反之亦然.

首先注意到, m_i 与 M_i 有如下关系

$$\neg m_i \Leftrightarrow M_i, \quad \neg M_i \Leftrightarrow m_i$$

例如, 令 $M_3 = P \vee \neg Q \vee \neg R$, 则

$$\neg M_3 = \neg P \wedge Q \wedge R = m_3$$

设命题公式 G 中含 n 个命题变元, 且 G 的主析取范式 G' 中含 k 个极小项 $m_{i_1}, \cdots, m_{ik}$. 由于 $G \vee \neg G$ 是重言式, 因此, $\neg G$ 的主析取范式中必含 $2^n - k$ 个极小项, 设为 $m_{j1}, \cdots, m_{j2^n-k}$. 即

$$\neg G \Leftrightarrow m_{j1} \vee m_{j2} \vee \cdots \vee m_{jn^2-k}$$

于是:

$$G \Leftrightarrow \neg\neg G$$
$$\Leftrightarrow \neg(m_{j1} \vee m_{j2} \vee \cdots \vee m_{j_{2^n-k}})$$
$$\Leftrightarrow \neg m_{j1} \wedge \neg m_{j2} \wedge \cdots \wedge \neg m_{j_{2^n-k}}$$
$$\Leftrightarrow M_{j1} \wedge M_{j2} \wedge \cdots \wedge M_{j_{2^n-k}}$$

例如, 设公式 G 中含三个命题变元, 且

$$G \Leftrightarrow m_0 \vee m_5 \vee m_7 \quad (G \text{ 的主析取范式})$$

则

$$G \Leftrightarrow M_1 \wedge M_2 \wedge M_3 \wedge M_4 \wedge M_6 \quad (G \text{ 的主合取范式})$$

同主析取范式情况类似, 对于任何一个命题公式 G, 若 G 存在主合取范式, 则 G 的主合取范式 (在不考虑各极大项次序的意义下) 是唯一的.

此外, 主合取范式也可用来判断命题公式之间是否等值, 判断命题公式的类型, 以及求满足和弄假公式的解释.

§5.4　推理理论(inference theory)

各门科学中都有推理和论证.特别在数学中,要通过推理和证明来建立定理.定理证明中的每一步骤都是根据逻辑推理的规则,从某些称之为前提的命题推出另一些称之为结论的命题,但是,数学中除数理逻辑之外的其他分支,并不研究其共同使用的逻辑推理规则,即它们并不研究推理.

数理逻辑则以推理为研究对象,用数学的方法来研究推理的形式结构和推理规则,也就是说,在研究推理时,并不考虑具体的前提和结论之间的推理关系,并不涉及前提和结论的含义,而是研究前提和结论的逻辑形式之间的关系.

定义 5.4.1　设 G 和 H 是两个命题公式.如果 $G \rightarrow H$ 是重言式,则称 H 是 G 的逻辑结果(logical consequence),或称 G 蕴涵 H,记 $G \Rightarrow H$.

注意,符号"$\Rightarrow$"也是一个关系词,而不是逻辑联结词.

由联结词"$\rightarrow$"的定义知,$G \rightarrow H$ 是重言式,当且仅当对 G,H 的任意解释 I,若 I 满足 G,则 I 也满足 H.因此,$G \Rightarrow H$ 的充要条件是:满足 G 的解释均满足 H.

我们可以将上述定义推广如下:

定义 5.4.2　设 $G_1,\cdots,G_n,H$ 是命题公式,$n \geqslant 1$.若

$$G_1 \wedge \cdots \wedge G_n \Rightarrow H$$

则称 H 是 $G_1,\cdots,G_n$ 的逻辑结果,或称 $G_1,\cdots,G_n$ 共同蕴涵 H.记为 $G_1,\cdots,G_n \Rightarrow H$.

定义中的 $G_1,\cdots,G_n$ 常称为前提(premise),所谓推理正确,就是指由一组前提 $G_1,\cdots,G_n$ 能逻辑地推出结论 H,记为 $G_1,\cdots,G_n \Rightarrow H$.

判断推理是否正确的方法一般有真值表法、等值演算法,以及本节将要介绍的构造证明法等.

【例 5.12】　判断下面各推理是否正确.

(1)如果今天下雨,我就不骑自行车上班.今天下雨,所以,我没有骑自行车上班.

(2)如果我进城,我就去书店.我没有进城.所以,我没有去书店.

解:首先应将命题符号化,然后找出前提,结论以及推理的形式结构,最后进行判断.

(1) P:今天下雨.

Q:我骑自行车上班.

前提:$P \rightarrow \neg Q,P$

结论:$\neg P$

推理的形式结构:$((P \rightarrow \neg Q) \wedge P) \Rightarrow \neg Q$

判断:

真值表法:

列出 $((P \rightarrow \neg Q) \wedge P)$ 和 $\neg Q$ 的真值表如表 5.10 所示.

表　5.10

P	Q	$((P \rightarrow \neg Q) \wedge P)$	$\neg Q$
0	0	0	1
0	1	0	0
1	0	1	1
1	1	0	0

从表 5.10 中可看出,使公式$(P→¬Q)∧P$ 为真的(唯一)解释$(1,0)$,也使$¬Q$ 为真.因此,$(P→¬Q)∧P⇒¬Q$,故推理正确.

等值演算法:

$$((P→¬Q)∧P)→¬Q$$
$$⇔¬((P→¬Q)∧P)∨¬Q$$
$$⇔¬((¬P∨¬Q)∧P)∨¬Q$$
$$⇔¬(¬P∨¬Q)∨¬P∨¬Q$$
$$⇔(P∧Q)∨(¬P∨¬Q)$$
$$⇔(P∧Q)∨¬(P∧Q)$$
$$⇔1$$

即$((P→¬Q)∧P)→¬Q$ 是重言式.因此

$$((P→¬Q)∧P)⇒¬Q$$

故推理正确.

(2) P:我进城.

Q:我去书店.

前提:$P→Q,¬P$

结论:$¬Q$

推理的形式结构:$((P→Q)∧¬P)⇒¬Q$

判断:

真值表法:

列出$(P→Q)∧¬P$ 和$¬Q$ 的真值表如表 5.11 所示.

表　5.11

P	Q	$(P→Q)∧¬P$	$¬Q$
0	0	1	1
0	1	1	0
1	0	0	1
1	1	0	0

从表 5.11 中可看出,使公式$(P→Q)∧¬P$ 为真的解释$(0,1)$,却使$¬Q$ 为假.因此,此推理不正确.

等值演算法:

$$(P→Q)∧¬P→¬Q$$
$$⇔((¬P∨Q)∧¬P)→¬Q$$
$$⇔(P∧¬Q)∨P∨¬Q$$
$$⇔P∨¬Q$$

显然,$P∨¬Q$ 不是重言式.因此,$(P→Q)∧¬P→¬Q$ 也非重言式.故推理不正确.

注意:在日常生活逻辑中,(2)所指的推理却是正确的.因此,没有进城,也就没有去书店.可是,结论$¬Q$ 却不是前提$P→Q$ 和$¬P$ 的逻辑结果.这就是数理逻辑中的推理与一般推理不同的地方.

利用以上两种方法,不难证明以下一些基本蕴涵式,其中P,Q,R,S 是任意命题公式.

(1) $\begin{cases} P \Rightarrow (P \lor Q) \\ Q \Rightarrow (P \lor Q) \end{cases}$ 附加(adjunction)

(2) $\begin{cases} (P \land Q) \Rightarrow P \\ (P \land Q) \Rightarrow Q \end{cases}$ 化简(simplification)

(3) $P, Q \Rightarrow P \land Q$ 合取(conjunction)

(4) $P \rightarrow Q, P \Rightarrow Q$ 假言推理(modus ponens)

(5) $P \lor Q, \neg P \Rightarrow Q$ 析取三段论(disjunctive syllogism)

(6) $P \rightarrow Q, \neg Q \Rightarrow \neg P$ 拒取式(modus tollendo ponens)

(7) $P \rightarrow Q, Q \rightarrow R \Rightarrow P \rightarrow R$ 假言三段论(hypothetical syllogism)

(8) $P \rightarrow Q, R \rightarrow S, P \lor R \Rightarrow Q \lor S$ 构造性二难(constructive dilemma)

在推理过程中,当出现在前提和结论中的命题变元较多时,真值表法和等值演算法都不是很方便,而且,这些方法看不出由前提到结论的推理过程.

下面介绍构造证明法. 这种方法必须在给定的规则下进行,其中有些规则要用到以上基本蕴涵式.

在数理逻辑中,证明是一个描述推理过程的命题公式序列,其中每个命题公式,或者是已知的前提,或者是由某些前提应用推理规则得到的结论. 证明中常用的推理规则有:

(1) 前提引入规则:在证明的任何步骤中,都可以引入前提.

(2) 结论引入规则:在证明的任何步骤中,所证明的结论都可以作为后继证明的前提.

(3) 置换规则:在证明的任何步骤中,命题公式中的任何子公式都可以用等值的命题公式置换.

所谓命题公式 G 的子公式 G',就是指在生成公式 G 的某一步所产生的符号串(也是命题公式),例如,公式 $P \rightarrow Q \land R$ 的子公式有 $P, Q, R, Q \land R$ 和 $P \rightarrow Q \land R$,而 $P \rightarrow Q$ 就不是它的子公式.

【例 5.13】 给出下面推理的证明.

如果今天是星期日,则我去商场购物,或在家看书. 如果今天下雨,则我不去商场购物. 今天是星期日而且下雨,所以,我在家看书.

解:P:今天是星期日.

    Q:我去商场购物.

    R:我在家看书.

    S:今天下雨.

前提:$P \rightarrow (Q \lor R), S \rightarrow \neg Q, P, S$

结论:R

证明:

① $P \rightarrow (Q \lor R)$ 前提引入

② P 前提引入

③ $Q \lor R$ 假言推理,根据①、②

④ $S \rightarrow \neg Q$ 前提引入

⑤ S 前提引入

⑥ $\neg Q$ 假言推理,根据④、⑤

⑦ R 析取三段论,根据③、⑥

在用构造证明法进行推理时,经常用到一些技巧,主要有以下两种.

1. 附加前提证明法

定理 5.4.1　设 $H_1,\cdots,H_m,P$ 共同蕴涵 Q,则 $H_1,\cdots,H_m$ 共同蕴涵 $P\to Q$.

证明:由假设有 $(H_1\wedge\cdots\wedge H_m\wedge P)\Rightarrow Q$,即

$$(H_1\wedge\cdots\wedge H_m\wedge P)\to Q$$

是重言式,又

$$(H_1\wedge\cdots\wedge H_m\wedge P)\to Q$$
$$\Leftrightarrow\neg(H_1\wedge\cdots\wedge H_m\wedge P)\vee Q$$
$$\Leftrightarrow\neg(H_1\wedge\cdots\wedge H_m)\vee(\neg P\vee Q)$$
$$\Leftrightarrow(H_1\wedge\cdots\wedge H_m)\to(P\to Q)$$

因此,$(H_1\wedge\cdots\wedge H_m)\to(P\to Q)$ 也是重言式,于是

$$(H_1\wedge\cdots\wedge H_m)\Rightarrow(P\to Q)$$

故 $H_1\wedge\cdots\wedge H_m$ 共同蕴涵 $P\to Q$.

此定理说明,若要证明 $P\to Q$ 是 $H_1\wedge\cdots\wedge H_m$ 的逻辑结果,则只须证明 Q 是 $H_1\wedge\cdots\wedge H_m,P$ 的逻辑结果. 其中 P 称为附加前提,故这种证明方法称为附加前提法.

【例 5.14】　用附加前提证明法,证明以下推理.

前提:$P\to Q,Q\to R$

结论:$P\to R$

证明:

① $P\to Q$ 　　　　　　　　前提引入

② P 　　　　　　　　　　附加前提引入

③ Q 　　　　　　　　　　假言推理,根据①,②

④ $Q\to R$ 　　　　　　　　前提引入

⑤ R 　　　　　　　　　　假言推理,根据③,④

由附加前提证明法可知,推理正确.

2. 归谬法

定义 5.4.3　设 $H_1,\cdots,H_m$ 是 m 个命题公式. 若 $H_1\wedge\cdots\wedge H_m$ 是可满足式,则称 $H_1,\cdots,H_m$ 是相容的. 否则,称 $H_1,\cdots,H_m$ 是不相容的.

由定义知,$H_1\wedge\cdots\wedge H_m$ 不相容,当且仅当 $H_1\wedge\cdots\wedge H_m\Leftrightarrow P\wedge\neg P$(矛盾式),其中 P 为任意命题公式.

定理 5.4.2　设命题公式 $H_1,\cdots,H_m$ 是相容的. 于是,$H_1\wedge\cdots\wedge H_m\Leftrightarrow G$ 当且仅当 $H_1,\cdots,H_m,\neg G$ 是不相容的.

证明:因为

$$H_1\wedge\cdots\wedge H_m\to G$$
$$\Leftrightarrow\neg(H_1\wedge\cdots\wedge H_m)\vee G$$
$$\Leftrightarrow\neg(H_1\wedge\cdots\wedge H_m\wedge\neg G)$$

所以,$H_1\wedge\cdots\wedge H_m\Leftrightarrow G$ 当且仅当 $(H_1\wedge\cdots\wedge H_m\wedge\neg G)\Leftrightarrow P\wedge\neg P$ 当且仅当 $H_1,\cdots,H_m,\neg G$ 不相容,故定理成立.

这种将 $\neg G$ 作为附加前提,进而推出矛盾的证明称为归谬法(reduction to absurdity). 数学中常使用的反证法就属此类方法.

【例 5.15】　用归谬法,构造下面推理的证明.

前提:$P\to(\neg(R\wedge S)\to\neg Q),P,\neg S$

结论:¬Q

证明:

① $P \to (\neg(R \wedge S) \to \neg Q)$　　　　前提引入

② P　　　　前提引入

③ $\neg(R \wedge S) \to \neg Q$　　　　假言推理,根据①,②

④ $\neg(\neg Q)$　　　　否定结论作附加前提引入

⑤ Q　　　　置换规则,根据④

⑥ $R \wedge S$　　　　拒取式,根据③,⑤

⑦ $\neg S$　　　　前提引入

⑧ S　　　　化简,根据⑥

⑨ $S \wedge \neg S$　　　　合取,根据⑦、⑧

由⑨得出一个矛盾式,根据归谬法可知推理正确.

§5.5　命题演算的公理系统

在命题逻辑中,判断两个公式是否等值,判断一个推理是否正确,都归结为判断一个公式是否为重言式.因此,重言式表示了命题逻辑中一个重要逻辑规律.然而,命题逻辑中的重言式有无穷多个.为了掌握重言式的规律,就必须将所有重言式作为一个整体来讲,公理系统就是这样一个整体.

从一些最简单的概念出发,只承认一些再显然不过的事实(公理),使用极少数的逻辑规则演绎出一些定理,如此形成的演绎系统就叫作公理系统(axiom system).例如,欧几里得几何学就是一个古典的公理系统.它从点、直线、平面等不加定义的原始概念出发,接受一些所谓自明的事实作为公理不予证明,例如"两点确定一条直线",运用很少几条逻辑推理规则,如"三段",推演出平面几何学的全部定理,而由命题逻辑的重言式组成的公理系统则属于现代公理系统,它比古典公理更严谨、更形式化,亦即系统中的每一个演绎过程中,所遵循的公理和推理规则都必须是极其明确的,不允许有任何含混.此外,作为公理,它必须能充分确定所要研究的事物的特征和满足一些必要的条件.

本书所讨论的公理化方法是一种语法方法,即不使用解释,也即不使用真值和真值表,而使用形式推演来证明一些等值公式.

下面给出一个命题逻辑的公理系统 L.

定义 5.5.1　公理系统 L 定义如下.

(1) 字母表(alphabet)

$$P_1, P_2, \cdots, P_n, \cdots, \neg, \to, (\,,\,)$$

(2) 合式公式(well-formed formula):

① P_i 是合式公式,$i = 1, 2, \cdots$;

② 如果 A, B 是合式公式,则 $(\neg A), (A \to B)$ 也是合式公式;

③ 所有合式公式均有限次地使用①~②所得到的符号串.

(3) 公理(axiom):

设 A, B, C 为任意的合式公式.

$$L_1: (A \to (B \to A))$$

$$L_2: ((A \to (B \to C)) \to ((A \to B) \to (A \to C)))$$

$$L_3: (((\neg A) \to (\neg B)) \to (B \to A))$$

（4）推理规则（rule of inference）：从 A 和 $(A \to B)$ 可以推得 B. 称为分离规则，简称 MP 规则，记为

$$r_{mp} \frac{A, A \to B}{B}$$

当规定"$\neg$"的优先级高于"$\to$"时，我们约定，以上公理及合式公式中最外层括号以及 $(\neg A)$ 的括号均可以省略. 例如，公理 L_3 可写成 $(\neg A \to \neg B) \to (B \to A)$.

定义 5.5.2　L 中的证明是一个由合式公式 $A_1, A_2, \cdots, A_n$ 组成的有穷非空序列，使得对于每个 $i (1 \leq i \leq n)$，A_i 或者是公理，或者是由序列中的两个合式公式 $A_j, A_k (j, k < i)$ 应用 MP 规则直接推出的结论. 此序列称作 A_n 在 L 中的证明（proof），并称 A_n 为 L 的定理（theorem），记为 $\vdash A_n$.

定义 5.5.3　设 Γ 是 L 的合式公式集（可空）. $A_1, \cdots, A_n$ 是 L 的一个有穷非空合式公式序列. 如果对每个 $i (1 \leq i \leq n)$，下列之一成立：

（1）A_i 是 L 的公理；

（2）A_i 是 Γ 中的一个合式公式；

（3）A_i 是序列中由 $A_j, A_k (j, k < i)$ 经 MP 规则直接推得.

则称 $A_1, \cdots, A_n$ 是 Γ 的一个推演（deduce），称作在 L 中的一个结论，记作 $\Gamma \vdash A_n$.

【例 5.16】　给出下面定理的证明：

（1）$\vdash (A \to A)$；

（2）$\vdash (\neg B \to (B \to A))$.

解：（1）的证明序列如下：

①　$((A \to ((A \to A) \to A)) \to ((A \to (A \to A)) \to (A \to A)))$　　　　(L_2)

②　$(A \to ((A \to A) \to A))$　　　　(L_1)

③　$((A \to (A \to A)) \to A)$　　　　①，②，MP

④　$(A \to (A \to A))$　　　　(L_1)

⑤　$(A \to A)$　　　　③，④，MP

（2）的证明序列如下：

①　$(\neg B \to (\neg A \to \neg B))$　　　　(L_1)

②　$((\neg A \to \neg B) \to (B \to A))$　　　　(L_3)

③　$(((\neg A \to \neg B) \to (B \to A)) \to (\neg B \to ((\neg A \to \neg B) \to (B \to A))))$　　　　(L_1)

④　$(\neg B \to ((\neg A \to \neg B) \to (B \to A)))$　　　　②，③，MP

⑤　$(\neg B \to ((\neg A \to \neg B) \to (B \to A)))$
　　　$\to ((\neg B \to (\neg A \to \neg B)) \to (\neg B \to (B \to A)))$　　　　(L_2)

⑥　$((\neg B \to (\neg A \to \neg B)) \to (\neg B \to (B \to A)))$　　　　④，⑤，MP

⑦　$(\neg B \to (B \to A))$　　　　①，⑥，MP

从以上两例中可以看出，公理系统中定理的证明往往是冗长的. 为了缩短证明过程，我们引进一些类似于推理规则的"元定理". 首先给出演绎定理，它为公理系统中定理的证明提供了新的途径.

定理 5.5.1（演绎定理）　如果 $\Gamma \cup \{A\} \vdash B$，则 $\Gamma \vdash (A \to B)$. 其中，A, B 为 L 的任意合式公式，Γ 为 L 的合式公式集（可空）.

证明：对 B 的推演长度 k（即推演 B 的序列中命题的个数）作归纳证明.

（1）$k = 1$ 时，推演序列中仅有一个合式公式，即为 B. 由定义，有以下三种情形.

情形 1：B 是 L 的公理. 于是我们有：

① B	L 的公理
② $(B \to (A \to B))$	(L_1)
③ $(A \to B)$	①,②,MP

因此 $\Gamma \vdash (A \to B)$.

情形 2: $B \in \Gamma$. 此时,我们有

① B	Γ 中的合式公式
② $(B \to (A \to B))$	(L_1)
③ $(A \to B)$	①,②,MP

情形 3: B 是 A.

由例 5.16,我们有 $\vdash (A \to A)$,因此 L 中 $(A \to A)$ 的证明可以作为 Γ 中 $(A \to A)$ 的推演,即有 $\Gamma \vdash (A \to A)$,也即 $\Gamma \vdash (A \to B)$.

(2) 设 B 的推演长度为 $k\,(1 \leqslant k \leqslant n)$ 时,结论成立.

(3) 下证 $k = n + 1$ 时,结论也成立.

当 B 为以上三种情形之一时,证明过程与相应情形的过程完全一样.因此只需考虑 B 是由序列中 $A_r, A_s\,(r, s < n)$ 经 MP 规则直接推得.易知,A_r 和 A_s 必分别有 $(C \to B)$ 和 C 的形式.而 $(C \to B)$ 和 C 的证明序列长度 $\leqslant n$.因此,由归纳假设,有 $\Gamma \vdash (A \to (C \to B))$ 及 $\Gamma \vdash (A \to C)$ 成立.于是,有

$$
\begin{array}{ll}
(1) & \\
\vdots & \left.\right\}\text{从 } \Gamma \text{ 中推出}(A \to C) \\
(l)\quad (A \to C) & \\
(l+1) & \\
\vdots & \left.\right\}\text{从 } \Gamma \text{ 中推出}(A \to (C \to B)) \\
(l+m)\quad (A \to (C \to B)) & \\
(l+m+1)\quad (A \to (C \to B)) \to ((A \to C) \to (A \to B)) & (L_2) \\
(l+m+2)\quad (A \to C) \to (A \to B) & (l+m),(l+m+1),\text{MP} \\
(l+m+3)\quad (A \to B) & (l),(l+m+2),\text{MP}
\end{array}
$$

从而　　　　　　　　　　　　 $\Gamma \vdash (A \to B)$

利用演绎定理,我们有

推论 5.5.1　对于 L 的任意合式公式 A, B, C 有

$$\{(A \to B), (B \to C)\} \vdash (A \to C)$$

证明:根据演绎定理,只需证明:

$$\{(A \to B), (B \to C), A\} \vdash C$$

① $(A \to B)$	假设
② $(B \to C)$	假设
③ A	假设
④ B	①,③MP
⑤ C	②,④MP

以上结果又称作"假言二段论"规则,简记为 HS 规则.对 HS 规则再次应用演绎定理,又可得到以下结果:

$$\{(A \to B)\} \vdash ((B \to C) \to (A \to C))$$

以及　　　　　　　 $\vdash ((A \to B) \to ((B \to C) \to (A \to C)))$

这些都可以作为 HS 规则的表达形式. 利用 HS 规则,可得如下定理:

定理 5.5.2 对于 L 的任意合式公式 A 和 B,有

(1) $\vdash (\neg B \rightarrow (B \rightarrow A))$

(2) $\vdash ((\neg A \rightarrow A) \rightarrow A)$

证明:(1) 的证明序列如下:

① $(\neg B \rightarrow (\neg A \rightarrow \neg B)))$ (L_1)

② $(\neg A \rightarrow \neg B) \rightarrow (B \rightarrow A))$ (L_3)

③ $(\neg B \rightarrow (B \rightarrow A)))$ ①,②,HS

此结果在例 5.16 中证过,应用 HS 规则后,证明减少了 4 步.

对于(2),先证 $\{\neg A \rightarrow A\} \vdash A$:

① $(\neg A \rightarrow A)$ 假设

② $(\neg A \rightarrow (\neg \neg (\neg A \rightarrow A) \rightarrow \neg A))$ (L_1)

③ $(\neg \neg (\neg A \rightarrow A) \rightarrow A) \rightarrow (A \rightarrow \neg (\neg A \rightarrow A))$ (L_3)

④ $(\neg A \rightarrow (A \rightarrow \neg (\neg A \rightarrow A)))$ ②,③,HS

⑤ $(\neg A \rightarrow (A \rightarrow \neg (\neg A \rightarrow A)))$
$\rightarrow ((\neg A \rightarrow A) \rightarrow (\neg A \rightarrow \neg (\neg A \rightarrow A)))$ (L_2)

⑥ $(\neg A \rightarrow A) \rightarrow (\neg A \rightarrow \neg (\neg A \rightarrow A))$ ④,⑤,MP

⑦ $(\neg A \rightarrow \neg (\neg A \rightarrow A)$ ①,⑥,MP

⑧ $(\neg A \rightarrow \neg (\neg A \rightarrow A)) \rightarrow ((\neg A \rightarrow A) \rightarrow A)$ (L_3)

⑨ $(\neg A \rightarrow A) \rightarrow A$ ⑦,⑧,MP

⑩ A ①,⑨,MP

从而由演绎定理,得 $\vdash ((\neg A \rightarrow A) \rightarrow A)$.

习 题

1. 试判断下列语句是否为命题,并指出哪些是简单命题,哪些是复合命题.

(1) $\sqrt{2}$ 是有理数.

(2) 计算机能思考吗?

(3) 如果我们学好了离散数学,那么我们就为学习计算机专业课程打下了良好的基础.

(4) 请勿抽烟!

(5) $X + 5 > 0$.

(6) π 的小数展开式中,符号串 1234 出现奇数次.

(7) 这幅画真好看啊!

(8) 2050 年的元旦那天天气晴朗.

(9) 李明与张华是同学.

(10) 2 既是偶数又是素数.

2. 讨论上题中命题的真值,并将其中的复合命题符号化.

3. 将下列命题符号化:

(1) 小王很聪明,但不用功.

(2) 如果天下大雨,我就乘公共汽车上班.

(3) 只有天下大雨,我才乘公共汽车上班.

（4）不是鱼死，就是网破．

（5）李平是否唱歌，将看王丽是否伴奏而定．

4. 求下列命题公式的真值表：

（1）$P \rightarrow (Q \vee R)$；

（2）$P \wedge (Q \vee \neg R)$；

（3）$(P \wedge (P \rightarrow Q)) \rightarrow Q$；

（4）$\neg (P \rightarrow Q) \wedge Q$；

（5）$(P \vee Q) \leftrightarrow (P \wedge Q)$．

5. 用真值表方法验证下列基本等值式：

（1）分配律；

（2）De Morgan 律；

（3）吸收律．

6. 用等值演算的方法证明下列等值式：

（1）$(P \wedge Q) \vee (P \wedge \neg Q) \Leftrightarrow P$；

（2）$((P \rightarrow Q) \wedge (P \rightarrow R)) \Leftrightarrow (P \rightarrow (Q \wedge R))$；

（3）$\neg (P \leftrightarrow Q) \Leftrightarrow ((P \vee Q) \wedge \neg (P \wedge Q))$．

7. 设 A, B, C 为任意命题公式，试判断以下说法是否正确．并简单说明之．

（1）若 $A \vee C \Leftrightarrow B \vee C$，则 $A \Leftrightarrow B$；

（2）若 $A \wedge C \Leftrightarrow B \wedge C$，则 $A \Leftrightarrow B$；

（3）若 $\neg A \Leftrightarrow \neg B$，则 $A \Leftrightarrow B$．

8. 表 5.12 是含两个命题变元的所有命题公式 $F_1 \sim F_{16}$ 的真值表．试写出每个命题公式 F_i $(i=1,2,\cdots,16)$ 的最多含两个命题变元的具体形式．

表 5.12

P	Q	F_1	F_2	F_3	F_4	F_5	F_6	F_7	F_8	F_9	F_{10}	F_{11}	F_{12}	F_{13}	F_{14}	F_{15}	F_{16}
0	0	0	0	0	0	0	0	0	0	1	1	1	1	1	1	1	1
0	1	0	0	0	0	1	1	1	1	0	0	0	0	1	1	1	1
1	0	0	0	1	1	0	0	1	1	0	0	1	1	0	0	1	1
1	1	0	1	0	1	0	1	0	1	0	1	0	1	0	1	0	1

9. 证明命题 5.3.1．

10. 证明命题 5.3.2．

11. 求下列命题公式的析取范式和合取范式：

（1）$(\neg P \wedge Q) \rightarrow R$；

（2）$(P \rightarrow Q) \rightarrow R$；

（3）$(\neg P \rightarrow Q) \rightarrow (\neg Q \vee P)$；

（4）$\neg (P \rightarrow Q) \wedge P \wedge R$．

12. 求下列命题公式的主析取范式和主合取范式：

（1）$(\neg P \vee \neg Q) \rightarrow (P \leftrightarrow \neg Q)$；

（2）$P \vee (\neg P \rightarrow (Q \vee (\neg Q \rightarrow R)))$；

（3）$(\neg P \rightarrow R) \wedge (P \leftrightarrow Q)$．

13. 通过求主析取范式,证明:$P \vee (\neg P \wedge Q) \Rightarrow P \vee Q$.

14. 构造下列推理的证明:

(1) 前提:$\neg(P \wedge \neg Q), \neg Q \vee R, \neg R$

结论:$\neg P$

(2) 前提:$P \rightarrow (Q \rightarrow S), Q, P \vee \neg R$

结论:$R \rightarrow S$

(3) 前提:$P \rightarrow Q$

结论:$P \rightarrow (P \wedge Q)$

(4) 前提:$P \vee Q, P \rightarrow R, Q \rightarrow S$

结论:$S \vee R$

(5) 前提:$P \rightarrow (Q \rightarrow S), \neg R \vee P, Q$

结论:$R \rightarrow S$

(6) 前提:$\neg P \wedge \neg Q$

结论:$\neg(P \wedge Q)$

15. 某公安人员审查一件盗窃案. 已知的事实如下:

(1) 甲或乙盗窃了电视机;

(2) 若甲盗窃了电视机,则作案时间不能发生在午夜前;

(3) 若乙的口供正确,则午夜时屋里灯光未灭.

(4) 若乙的口供不正确,则作案时间发生在午夜之前.

(5) 午夜时屋里灯光灭了.

试利用逻辑推理来确定谁盗窃了电视机.

16. 判断下面的推理是否正确:

(1) 如果 a, b 两数之积为 0,则 a, b 中至少有一个数为 0,a, b 两数之积不为零. 所以,a, b 均不为零.

(2) 若 a, b 两数之积是负的,则 a, b 中恰有一个数为负数. a, b 中不是恰有一个为负数. 所以,a, b 两数之积是非负的.

(3) 如果今天是星期一,则明天是星期三. 今天是星期一. 所以,明天是星期三.

(4) 如果西班牙是一个国家,则北京是一个城市. 北京是一个城市. 所以,西班牙是一个国家.

17. 给出下列定理的证明序列:

(1) $(A \rightarrow (A \rightarrow B)) \rightarrow (A \rightarrow B)$;

(2) $(A \rightarrow B) \rightarrow ((B \rightarrow C) \rightarrow (A \rightarrow C))$.

18. 利用演绎定理证明:

(1) $\vdash (B \rightarrow A) \rightarrow (\neg A \rightarrow \neg B)$

(2) $\vdash ((A \rightarrow B) \rightarrow A) \rightarrow A$

(3) $\vdash \neg(A \rightarrow B) \rightarrow (B \rightarrow A)$

第 6 章
一阶逻辑(first – order logic)

在命题逻辑中,是把简单命题作为基本单位,不再对简单命题的内部结构进行分析.因此,很多思维过程在命题逻辑中不能表达出来.

例如,逻辑学中著名的三段论法:

(1) 凡有理数都是实数.

(2) 1/3 是有理数.

(3) 1/3 是实数.

在命题逻辑中就无法表示这种推理过程.

因为,(1),(2),(3)是三个不同的命题,我们分别用 P,Q,R 表示它们.按照三段论法(假言推理),R 应该是 P 和 Q 的逻辑结果,即有 $P \wedge Q \Rightarrow R$.但在命题逻辑中,$P \wedge Q \rightarrow R$ 并不是一个重言式.例如,当取(1,1,0)时,就弄假它.

问题在于,命题逻辑中描述的三段论,即 $P \wedge Q \rightarrow R$,使 R 成为一个与 P,Q 无关的独立命题.但实际上,R 是与命题 P,Q 有关的,只是这种关系在命题逻辑中得不到反映.因此,必须进一步分析简单命题的内部的逻辑形式.

本章将以命题逻辑为基础,构造一阶谓词逻辑,简称一阶逻辑.在一阶逻辑中,将引进量词,使用联结词和量词构成命题,研究它们之间的推理关系.

§6.1 谓词与量词

任何理论都有它的研究对象,这些对象的全体所构成的非空集合称为论域.在一阶逻辑中,论域中的元素称为个体或个体词,论域也称为个体域.

在一阶逻辑中,为了表示简单命题的内部逻辑形式需要引进谓词的概念.

定义 6.1.1 设 D 是非空个体集合.定义在 D^n 上取值于 $\{0,1\}$ 上的 n 元函数,称为 n 元命题函数(proposition function)或 n 元谓词(predicate).其中 D^n 表示 D 的 n 次笛卡儿乘积.

例如,令 $P(x)$ 表示"x 是素数".于是,$P(x)$ 是一个一元谓词.将 x 代以个体"2",则 $P(2)$ 就是一个命题"2 是素数".又如,令 $H(x,y)$ 表示"x 高于 y".于是,$H(x,y)$ 是一个二元谓词.将 x 代以个体"张三",y 代以个体"李四",则 $H($张三,李四$)$ 就是一个命题"张三高于李四".

注意:$P(x)$ 和 $H(x,y)$ 不是命题,而是命题函数,即谓词,只有当谓词中的变元用确定的个体代入之后,才成为一个具有真假值的命题.

由以上讨论可知,谓词是用来刻画个体性质或者个体之间的关系的.

现在,用谓词的概念将本章开头的三段论法符号化如下:

$A(x)$:x 是有理数.

$B(x)$:x 是实数.

于是,三段论的三句话可表示如下:

P:$A(x)\rightarrow B(x)$

Q:$A(1/3)$

R:$B(1/3)$

那么,在命题逻辑的基础上,仅仅引进谓词是否就可以确切地刻画命题了呢? 下面的分析说明,仅引进谓词是不够的.

在日常生活中,命题 P"凡有理数都是实数"的否定应理解成"有些有理数不是实数". 但是,

$$\neg P\Leftrightarrow\neg(A(x)\rightarrow B(x))$$
$$\Leftrightarrow\neg(\neg A(x)\vee B(x))$$
$$\Leftrightarrow A(x)\wedge\neg B(x)$$

也即,命题 P 的否定被翻译成"所有有理数都不是实数",这与日常生活中的理解相差甚远.

其原因在于,命题 P 的确切意思应该是:"对任意 x,如果 x 是有理数,则 x 是实数". 但是,$A(x)\rightarrow B(x)$ 中并没有确切表达出"对任意 x"这个意思. 这说明,$A(x)\rightarrow B(x)$ 还不是一个命题. 因此,在一阶逻辑中,除引进谓词外,还需要引进语句"对任意 x",以及与之对偶的语句"存在一个 x".

定义 6.1.2　语句"对任意 x"称为全称量词(universal quantifier),记为 $\forall x$;语句"存在一个 x",称为存在量词(existential quantifier),记为 $\exists x$.

设 $G(x)$ 是一个一元谓词,D 是论域. 我们知道,$G(x)$ 不是一个命题,但任取 $x_0\in D$,则 $G(x_0)$ 是一个命题. 于是,$\forall xG(x)$ 是这样一个命题"对任意 $x\in D$,$G(x)$ 均为真". 这样 $\forall xG(x)$ 的真值可自然地作如下规定:

$\forall xG(x)$ 为真,当且仅此当对任意 $x\in D$,$G(x)$ 均为真.

$\forall xG(x)$ 为假,当且仅此当存在 $x_0\in D$,使 $G(x_0)$ 为假.

对偶地,$\exists xG(x)$ 表示命题"存在一个 $x_0\in D$,使得 $G(x_0)$ 为真". 其真值规定如下:

$\exists xG(x)$ 为真,当且仅当存在一个 $x_0\in D$,使 $G(x_0)$ 为真;

$\exists xG(x)$ 为假,当且仅当对任意 $x\in D$,$G(x)$ 均为假.

由上面的讨论可知,下面两式成立:

$$\neg(\forall xG(x))\Leftrightarrow\exists x(\neg G(x))$$
$$\neg(\exists xG(x))\Leftrightarrow\forall x(\neg G(x))$$

这时,三段论法中的命题 P 及其否定 $\neg P$ 就可以确切地符号化如下:

$$P:\forall x(A(x)\rightarrow B(x))$$
$$\neg P:\neg(\forall x(A(x)\rightarrow B(x)))$$
$$\Leftrightarrow\exists x(\neg(A(x)\rightarrow B(x)))$$
$$\Leftrightarrow\exists x(A(x)\wedge\neg B(x))$$

也即,$\neg P$ 表示"存在一个有理数,它不是实数."这确实是命题"凡有理数都是实数"的否定.

特别地,当论域 D 为有限集时,比如 $D=\{a_1,a_2,\cdots,a_n\}$,对于任意一元谓词 $G(x)$,都有

$$\forall xG(x)\Leftrightarrow G(a_1)\wedge G(a_2)\wedge\cdots\wedge G(a_n)$$
$$\exists xG(x)\Leftrightarrow G(a_1)\vee G(a_2)\vee\cdots\vee G(a_n)$$

也即,将一阶逻辑命题中的量词消去了,化成了命题逻辑中等值的命题公式.

下面举例说明如何将日常生活和数学中的命题写成一阶逻辑中的命题.

将命题符号化时,必须明确所涉及的个体集合,即论域.例如,令

$M(x):x$ 是人.

$D(x):x$ 要死.

如果论域是全人类,则命题"人总是要死的"可符号化为 $\forall xD(x)$.但如果论域是世界一切生物,则应该符号化为

$$\forall x(M(x)\rightarrow D(x))$$

我们约定,除非特别说明,所有论域均为由一切对象组成的个体集合.

【例 6.1】 在一阶逻辑中将下列命题符号化.

(1)凡偶数均能被 2 整除.

(2)存在着偶素数.

(3)没有不犯错误的人.

(4)闪光的未必是金子.

解:(1) 令 $E(x):x$ 是偶数.

$D(x):x$ 能被 2 整除.

则有:$\forall x(E(x)\rightarrow D(x))$

(2) $E(x):x$ 是偶数.

$P(x):x$ 是素数.

则有:$\exists x(E(x)\wedge P(x))$

(3) 令 $H(x):x$ 是人.

$M(x):x$ 犯错误.

则有:$\neg(\exists x(H(x)\wedge\neg M(x)))\Leftrightarrow\forall x(H(x)\rightarrow M(x))$

(4) 令:$L(x):x$ 是闪光的.

$G(x):x$ 是金子.

则有:$\neg\forall x(L(x)\rightarrow G(x))\Leftrightarrow\exists x(L(x)\wedge\neg G(x)))$

以上是一些由一元谓词和单个量词构成的命题.下面再举一些较复杂的例子.

【例 6.2】 在一阶逻辑中,将下列命题符号化.

(1) 所有人的指纹都不一样.

(2) 每个自然数都有后继数.

(3) 对平面的任意两点,有且仅有一条直线通过这两点.

解:(1) 令 $M(x):x$ 是人.

$D(x,y):x$ 与 y 相同.

$S(x,y):x$ 与 y 指纹相同.

则有:$\forall x\forall y(M(x)\wedge M(y)\wedge\neg D(x,y)\rightarrow\neg S(x,y))$

(2) 令 $N(x):x$ 是自然数.

$H(x,y):y$ 是 x 的后继数.

则有:$\forall x(N(x)\rightarrow\exists y(N(y)\wedge H(x,y)))$

(3) 令 $P(x):x$ 是一个点.

$L(x):x$ 是一条直线.

$T(x,y,z):z$ 通过 x,y.

$E(x,y):x$ 等于 y.

则有:$\forall x\forall y(P(x)\wedge P(y)\rightarrow\exists z(L(z)\wedge T(x,y,z)\wedge\forall u(L(u)\wedge T(x,y,u)\rightarrow E(u,z))))$

§6.2　合式公式及解释

为了使一阶逻辑中命题符号化更准确和规范,以便正确进行谓词演算和推理,本节引进一阶逻辑中合式公式的概念.

在形式化中,将使用以下四类符号.

（1）常量符号:$a,b,c,\cdots,a_i,b_i,c_i,\cdots,i\geqslant 1$,当论域 D 给出时,它可以是 D 中的某个元素;

（2）变量符号:$x,y,z,\cdots,x_i,y_i,z_i,\cdots,i\geqslant 1$,当论域 D 给出时,它可以是 D 中的任何一个元素;

（3）函数符号:$f,g,h,\cdots,f_i,g_i,h_i,\cdots,i\geqslant 1$,当论域 D 给出时,n 元函数符号 $f(x_1,\cdots,x_n)$ 可以是 D^n 到 D 的任意一个映射;

（4）谓词符号:$P,Q,R,\cdots,P_i,Q_i,R_i,\cdots,i\geqslant 1$,当论域 D 给出时,n 元谓词符号 $P(x_1,\cdots,x_n)$ 可以是 D^n 到 $\{1,0\}$ 的任意一个谓词.

定义 6.2.1　一阶逻辑中的项(item),被递归定义如下:

（1）常量符号是项;

（2）变量符号是项;

（3）若 $f(x_1,\cdots,x_n)$ 是 n 元函数符号,$t_1,\cdots,t_n$ 是项,则 $f(t_1,\cdots,t_n)$ 是项.

（4）只有有限次地使用（1）、（2）、（3）所生成的符号串才是项.

例如 a,b,x,y 是项,$f(x,y)=x+y,g(x,y)=x\cdot y$ 是项,$f(a,g(x,y))=a+x\cdot y$ 也是项.

定义 6.2.2　设 $P(x_1,\cdots,x_n)$ 是 n 元谓词,$t_1,\cdots,t_n$ 是项,则称 $P(t_1,\cdots,t_n)$ 为原子公式,或简称原子.

定义 6.2.3　一阶逻辑中合式公式,被递归定义如下:

（1）原子是合式公式;

（2）若 A 是合式公式,则 $(\neg A)$ 也是合式公式;

（3）若 A,B 是合式公式,则 $(A\land B)$,$(A\lor B)$,$(A\to B)$,$(A\leftrightarrow B)$ 也是合式公式;

（4）若 A 是合式公式,x 是 A 中的变量符号,则 $\forall xA$,$\exists xA$ 也是合式公式;

（5）只有有限次地使用（1）~（4）所生成的符号串才是合式公式.

合式公式,也称谓词公式,简称为公式,为简便起见,公式的最外层括号可以省去. 例如,上一节中,各命题符号化的结果都是公式. 对于一个谓词,如果其中每一个变量都在一个量词作用之下,则它就不再是命题函数,而是一个命题了. 但是,这种命题和命题逻辑中的命题还是有区别的. 因为这种命题中毕竟还有变量,尽管这种变量和命题函数中的变量有所不同. 因此,有必要区分这些变量.

定义 6.2.4　在一个谓词公式中,变量的出现是约束的(bound),当且仅当它出现在使用这个变量的量词作用范围(称为作用域)之内;变量的出现是自由的(free),当且仅当它的出现不是约束的;至少有一次约束出现的变量称为约束变量(bound variable),至少有一次自由出现的变量称为自由变量(free variable).

例如,公式 $\exists x(P(x,y)\to Q(x,z))\lor R(x)$ 中,谓词 $P(x,y)$ 和 $Q(x,y)$ 中的 x 的出现是约束的,而谓词 $R(x)$ 中 x 的出现是自由的. 另外,公式中 y 和 z 的出现也是自由变量,而 y,z 仅仅是自由变量. 由此可知,公式中的某个变量既可以是约束变量,同时也可以是自由变量. 此外,显然有

$$\exists xG(x)\Leftrightarrow \exists yG(y)$$
$$\forall xG(x)\Leftrightarrow \forall yG(y)$$

也即,一阶逻辑中命题的真值,与其约束变量的记号无关.

为了避免公式中有些变量既可以约束出现,又可自由出现的情形,我们可采用以下两条规则.

改名规则:将谓词公式中出现的约束变量改为另一个约束变量.这种改名必须在量词作用域内各处以及该量词符号中进行,并且改成的新约束变量要有别于改名区域中的所有其他变量.

代替规则:对公式中某变量的所有自由出现,用另一个与原公式中的其他变量符号均不同的变量符号去代替.

例如,对于公式 $\forall x P(x,y) \lor Q(x,z)$,可使用改名规则,将约束出现的 x 改成 u,得

$$\forall u P(u,y) \lor Q(x,z)$$

或者使用代替规则,将自由出现的 x 用 u 代替,得

$$\forall x P(x,y) \lor Q(u,z)$$

这样,对一阶逻辑中的任何公式,总可以通过改名规则或代替规则,使该公式中不出现某变量既是约束变量又是自由变量的情形.

由谓词公式的定义可知,若不对其中的常量符号、变量符号、函数符号和谓词符号给以具体解释,则公式是没有实在意义的.

定义 6.2.5 在一阶逻辑中,公式 G 的一个解释 I,是由非空论域 D 和对 G 中常量符号、函数符号、谓词符号按下列规则进行一组指定所组成:

(1) 对每个常量符号,指定 D 中的一个元素;

(2) 对每个 n 元函数符号,指定一个函数,即指定一个 D^n 到 D 的映射;

(3) 对每个 n 元谓词符号,指定一个谓词,即指定一个 D^n 到 $\{0,1\}$ 上的一个映射.

为统一起见,对所讨论的公式作如下规定:公式中无自由变量,或者将自由变量看作常量.于是,每个公式在任何具体解释下总表示一个命题.

例如,给出如下两个公式:

(1) $\exists x(P(f(x)) \land Q(x,f(a)))$;

(2) $\forall x(P(x) \land Q(x,a))$.

并给出如下的解释 I:

$$D = \{2,3\}; a := 2; f(2) := 3; f(3) := 2; P(2) := 0; P(3) := 1, Q(2,2) := 1;$$
$$Q(2,3) := 1; Q(3,2) := 0; Q(3,3) := 1.$$

于是,公式(1)在 I 下取 1 值(为真),公式(2)在 I 下取 0 值(为假).

类似于命题逻辑中公式的分类,我们有,

定义 6.2.6 设 G 是一个谓词公式,

(1) 如果存在解释 I,使 G 在 I 下为真(简称 I 满足 G),则称 G 是可满足的.

(2) 如果所有解释 I 均不满足 G,(简称 I 弄假 G),则称 G 为恒假的,或不可满足的.

(3) 如果 G 的所有解释 I 都满足 G,则称 G 为恒真的.

如果一阶逻辑中的恒真(恒假)公式,要求所有解释 I 均满足(弄假)该公式,而解释 I 依赖一个非空个体集合 D,又集合 D 可以是无穷集合,而集合 D 的"数目"也可以有无穷多个,因此,所谓公式的"所有"解释,实际上是很难考虑的.这就使得一阶逻辑中公式的恒真、恒假性的判定异常困难.Church 和 Turing 分别于 1936 年独立地证明了:对于一阶逻辑,判定问题是不可解的.即不存在一个统一的算法 A,该算法与谓词公式无关,使得对一阶逻辑中的任何谓词公式 G,A 能够在有限步内判定公式 G 的类型.

但是,一阶逻辑是半可判定的,即如果谓词公式 G 是恒真的,有算法在有限步内检验出 G 的恒真性.

§6.3 等值式与范式

定义 6.3.1 设 A,B 是两个谓词公式. 若 $A \leftrightarrow B$ 是恒真公式,则称 A 与 B 是等值,记为 $A \Leftrightarrow B$,否则,记为 $A \not\Leftrightarrow B$. 称 $A \Leftrightarrow B$ 为等值式.

显然,$A \Leftrightarrow B$ 当且仅当对任何解释 I,I 同时满足 A 与 B,或者 I 同时弄假 A 与 B.

下面分类给出一阶逻辑中一些重要的等值式.

1. 命题公式的推广

由于命题逻辑中的公式都可看作特殊的谓词公式,因此,第 5 章 5.2 节中给出的 19 个基本等值式,以及对其中每个等值式中的同一命题变元,用同一谓词公式代入所得的关系式,都是一阶逻辑中的等值式. 例如,由

$$P \rightarrow Q \Leftrightarrow \neg P \vee Q$$
$$(P \wedge Q) \vee R \Leftrightarrow (P \vee R) \wedge (Q \vee R)$$

可得

$$\forall x A(x) \rightarrow \exists x B(x) \Leftrightarrow \neg \forall x A(x) \vee \exists x B(x)$$
$$(\forall x P(x) \wedge Q(y)) \vee \exists x R(z) \Leftrightarrow (\forall x P(x) \vee \exists x R(z)) \wedge (Q(y) \vee \exists x R(z))$$

2. 量词否定等值式

定理 6.3.1 设 $G(x)$ 是恰含一个自由变元 x 的谓词公式,于是有

(1) $\neg(\forall x G(x)) \Leftrightarrow \exists x(\neg G(x))$;

(2) $\neg(\exists x G(x)) \Leftrightarrow \forall x(\neg G(x))$.

证明: 设 D 是论域.

(1) 若 I 满足 $\neg(\forall x G(x))$,则 I 弄假 $\forall x G(x)$. 因此,存在 $x_0 \in D$,使得 $G(x)$ 是假命题,从而 $\neg G(x_0)$ 是真命题. 故 I 满足 $\exists x(\neg G(x))$.

若 I 弄假 $\neg(\forall x G(x))$,则 I 满足 $\forall x G(x)$. 因此,对任意 $x \in D$,得 $G(x)$ 是真命题,从而 $\neg G(x)$ 是假命题. 故 I 弄假 $\exists x(\neg G(x))$.

(2) 同理可证.

3. 量词作用域的收缩与扩张等值式

定理 6.3.2 设 $G(x)$ 是恰含一个自由变元 x 的谓词公式,H 是不含变量 x 的谓词公式. 于是有:

(1) $\forall x(G(x) \vee H) \Leftrightarrow \forall x G(x) \vee H$;

(2) $\exists x(G(x) \vee H) \Leftrightarrow \exists x G(x) \vee H$;

(3) $\forall x(G(x) \wedge H) \Leftrightarrow \forall x G(x) \wedge H$;

(4) $\exists x(G(x) \wedge H) \Leftrightarrow \exists x G(x) \wedge H$.

证明: 设 D 是论域,I 是 $G(x)$ 和 H 的一个解释.

(1) 若 $\forall x(G(x) \vee H)$ 在 I 下为真,则在 I 下,对任意 $x \in D$,$G(x) \vee H$ 都是真命题. 若 H 是真命题,则 $\forall x G(x) \vee H$ 也是真命题;若 H 是假命题,则必然是对每个 $x \in D$,$G(x) \vee H$ 都是真命题,因此 $\forall x G(x) \vee H$ 为真命题,故 $\forall x G(x) \vee H$ 在 I 下为真.

若 $\forall x(G(x) \vee H)$ 在 I 下为假,则必存在一个 $x_0 \in D$,使得 $G(x_0) \vee H$ 在 I 下为假,因此,$G(x_0)$ 为假命题. H 也为假命题. 从而 $\forall x G(x) \vee H$ 为假命题. 故 $\forall x G(x) \vee H$ 在 I 下为假.

其他等值式同理可证.

4. 量词分配等值式

定理 6.3.3 设 $G(x), H(x)$ 是恰含一个变元 x 的谓词公式. 于是有

(1) $\forall xG(x) \wedge \forall xH(x) \Leftrightarrow \forall x(G(x) \wedge H(x))$;

(2) $\exists xG(x) \vee \exists xH(x) \Leftrightarrow \exists x(G(x) \vee H(x))$;

(3) $\forall xG(x) \vee \forall xH(x) \Leftrightarrow \forall x \forall y(G(x) \vee H(y))$;

(4) $\exists xG(x) \wedge \exists xH(x) \Leftrightarrow \exists x \exists y(G(x) \wedge H(y))$.

证明:(1),(2)的证明类似于定理 6.3.2 的证明. 下面证明(3).

$\forall xG(x) \vee \forall xH(x)$

$\Leftrightarrow \forall xG(x) \vee \forall yH(y)$ (改名规则)

$\Leftrightarrow \forall x(G(x) \vee \forall yH(y))$ (定理 6.3.2)

$\Leftrightarrow \forall x(\forall yH(y) \vee G(x))$ (析取词交换律)

$\Leftrightarrow \forall x \forall y(H(y) \vee G(x))$ (定理 6.3.2)

$\Leftrightarrow \forall x \forall y(G(x) \vee H(y))$ (析取词交换律)

同理可证(4).

注意,若将定理中式(1),式(2)中的 $\wedge$ 与 $\vee$ 互换,则一般有

(1) $\forall x(G(x) \vee H(x)) \not\Leftrightarrow \forall xG(x) \vee \forall xH(x)$;

(2) $\exists x(G(x) \wedge H(x)) \not\Leftrightarrow \exists xG(x) \wedge \exists xH(x)$.

例如,取解释 I 如下:

D:自然数集;

$G(x)$:"x 是奇数";

$H(x)$:"x 是偶数".

于是,$\forall x(G(x) \vee H(x))$ 为真,而 $\forall xG(x) \vee \forall xH(x)$ 为假.

同理可证(2).

同命题逻辑类似,在研究一阶逻辑中的谓词公式时,也希望使公式有规范形式.

定义 6.3.2 设 G 为一个谓词公式,如果 G 具有如下形式:

$$Q_1x_1 \cdots Q_nx_nM$$

则称 G 为前束范式. 其中,$Q_i \in \{\forall, \exists\}, i = 1, \cdots, n, M$ 是不含量词的谓词公式,$Q_1x_1 \cdots Q_nx_n$ 称为首标,M 称为母式.

例如,$\forall x \exists y(P(x,y) \rightarrow Q(x,y)), F(x,y), \exists x \exists y \exists zP(x,y,z)$ 都是前束范式. 而 $\forall xP(x) \vee \exists xQ(x,y), \forall x(P(x) \rightarrow \forall x(Q(y) \rightarrow R(x)))$ 都不是前束范式.

定理 6.3.4 对任意谓词公式 G,都存在一个与其等值的前束范式.

证明:对于公式 G,可通过如下步骤得到等值于 G 的前束范式.

(1) 使用基本等值式;

$$(A \leftrightarrow B) \Leftrightarrow (A \rightarrow B) \wedge (B \rightarrow A)$$

$$(A \rightarrow B) \Leftrightarrow \neg A \vee B$$

将公式中的联结词"$\leftrightarrow$"和"$\rightarrow$"消去;

(2) 使用 $\neg(\neg A) \Leftrightarrow A$, De Morgan 律,及定理 6.3.1,将公式中所有否定词 $\neg$ 放在原子公式之前.

(3) 必要的话,将约束变元改名.

(4) 使用定理 6.3.1 ~ 定理 6.3.3,将所有量词都提到公式的最左边.

例如,

$$(\forall x(P(x,y) \wedge \exists yQ(y)) \rightarrow \forall xR(x,y))$$

$$\Leftrightarrow \neg(\forall x(P(x,y) \land \exists yQ(y))) \lor \forall xR(x,y) \qquad (消去"\to")$$

$$\Leftrightarrow (\exists x \neg P(x,y) \lor \forall y \neg Q(y)) \lor \forall xR(x,y) \qquad (将"\neg"放在原子前面)$$

$$\Leftrightarrow (\exists x \neg P(x,y) \lor \forall z \neg Q(z)) \lor \forall xR(x,y) \qquad (约束变量改名)$$

$$\Leftrightarrow \exists x(\neg P(x,y) \lor \forall z \neg Q(z)) \lor \forall xR(x,y) \qquad (定理6.3.2(1))$$

$$\Leftrightarrow \exists x \forall z(\neg P(x,y) \lor \neg Q(z)) \lor \forall xR(x,y) \qquad (定理6.3.2(1))$$

$$\Leftrightarrow \exists x \forall z(\neg P(x,y) \lor \neg Q(z)) \lor \forall uR(u,y) \qquad (约束变量改名)$$

$$\Leftrightarrow \exists x \forall z \forall u(\neg P(x,y) \lor \neg Q(z) \lor R(u,y)) \qquad (定理6.3.2(1))$$

$$\Leftrightarrow \exists x \forall z \forall u(P(x,y) \land Q(z) \to R(u,y)) \qquad (等值演算)$$

注意:在求一个谓词公式的前束范式时,由于进行等值演算时顺序不同,以及有时约束变元改名与否都可以演算下去,因此,该公式的前束范式是不唯一的.

例如,

$$\forall xG(x) \to \exists xH(x)$$

$$\Leftrightarrow \neg \forall xG(x) \lor \exists xH(x)$$

$$\Leftrightarrow \exists x \neg G(x) \lor \exists xH(x)$$

$$\Leftrightarrow \exists x(\neg G(x) \lor H(x)) \qquad (定理6.3.3)$$

$$\Leftrightarrow \exists x(G(x) \to H(x))$$

也可以如下求前束范式:

$$\forall xG(x) \to \exists xH(x)$$

$$\Leftrightarrow \neg \forall xG(x) \lor \exists xH(x)$$

$$\Leftrightarrow \neg \forall xG(x) \lor \exists yH(y) \qquad (改名规则)$$

$$\Leftrightarrow \exists x \neg G(x) \lor \exists yH(y)$$

$$\Leftrightarrow \exists x(\neg G(x) \lor \exists yH(y))$$

$$\Leftrightarrow \exists x \exists y(\neg G(x) \lor H(y))$$

$$\Leftrightarrow \exists x \exists y(G(x) \to H(y))$$

此外,容易验证,$\exists x \exists y(G(x) \to H(y))$ 也是公式 $\forall xG(x) \to \exists xH(x)$ 的前束范式.

还应注意,一个公式的前束范式首标中的变元应该是互不相同的,原公式中自由出现的变元在前束范式中还应该是自由出现的,否则,说明改名规则或代替规则用得不正确.

前束范式对首标中量词的次序没有要求,对母式中公式的形式也没有作什么规定.下面对前束范式作进一步的规范,即保留前束范式中的全称量词而消去存在量词,这种前束范式称为 Skolem 范式.

定义 6.3.3 设 G 是一个谓词公式,$Q_1 x_1 \cdots Q_n x_n M$ 是与 G 等值的前束范式,其中 M 为合取范式.

(1) 若 Q_r 是存在量词($1 \leqslant r \leqslant n$),并且它左边没有全称量词,则取异于出现在 M 中所有常量符号 C,并用 C 代替 M 中所有的 x_r,然后在首标消除 $Q_r x_r$.

(2) $Q_{r_1}, \cdots, Q_{r_m}$ 是所有出现在 $Q_r x_r$ 左边的全称量词,$m \geqslant 1$,则取异于出现在 M 中所有函数符号 m 元函数符号 $f(x_{r_1}, \cdots, x_{r_m})$,用 $(x_{r_1}, \cdots, x_{r_m})$ 代替出现在 M 中的所有 x_r,然后在首标中删除 $Q_r x_r$.

(3) 重复以上过程,直到该前束范式的首标中没有存在量词.

由此得到的前束范式称为 Skolem 范式,其中用来代替 x_r 的那些常量符号和函数符号称为公式 G 的 Skolem 函数.

例如,设 $G = \exists x \forall y \forall z \exists u \forall v \exists wP(x,y,z,u,v,w)$,

(1) 用 a 代替 x;

(2) 用 $f(y,z)$ 代替 u;

（3）用 $g(y,z,v)$ 代替 w.

于是,得公式 G 的 Skolem 范式:

$$\forall y \forall z \forall v P(a,y,z,f(y,z),v,g(y,z,v))$$

注意:一般说来,公式 G 的 Skolem 范式 S 与 G 两者不一定等值.

例如,设 $G = \forall x \exists y P(x,y)$,则 G 的 Skolem 范式 $S = \forall x P(x,f(x))$,令解释 I 为

$$D = \{1,2\}$$
$$P(1,1) : = 0 ; P(1,2) : = 1 ; P(2,1) : = 0 ; P(2,2) : = 1$$
$$f(1) : = 1 ; f(2) : = 2$$

则在解释 I 下有

$$G \Leftrightarrow (P(1,1) \lor P(1,2)) \land (P(2,1) \lor P(2,2))$$
$$\Leftrightarrow 1$$
$$S \Leftrightarrow P(1,f(1)) \land P(2,f(2)) \Rightarrow 0$$

故 $G \not\Leftrightarrow S$.

定理 6.3.5　设 S 是谓词公式 G 的 Skolem 范式. 于是,G 是恒假的当且仅当 S 是恒假的.

证明:由定理 6.3.4,不妨假设 G 是前束范式:

$$G = Q_1 x_1 \cdots Q_n x_n M(x_1,\cdots,x_n)$$

并且首标中至少有一个存在量词.

设 Q_r 是首标中下标最小的存在量词,$1 \le r \le n$,令

$$G_1 = \forall x_1 \cdots \forall x_{r-1} Q_{r+1} x_{r+1} \cdots Q_n x_n M(x_1,\cdots,x_{r-1},f(x_1,\cdots,x_{r-1}),x_{r+1},\cdots,x_n)$$

其中 $f(x_1,\cdots,x_{r-1})$ 是代替 x_r 的 Skolem 函数.

下面证明,G 恒假当且仅当 G_1 恒假。设 G 恒假。若 G_1 可满足,则存在一个解释 I 满足 G_1. 于是,对任意值组 $f(x_1^0,\cdots,x_{r-1}^0) \in D^{r-1}$,都有 $f(x_1^0,\cdots,x_{r-1}^0) \in D$,使得

$$Q_{r+1} x_{r+1} \cdots Q_n x_n M(x_1^0,\cdots,x_{r-1}^0,f(x_1^0,\cdots,x_{r-1}^0),x_{r+1},\cdots,x_n)$$

在 I 下为真. 但此时满足 G_1 的解释 I 也是满足 G 的解释. 此与 G 恒假矛盾,故 G_1 也恒假.

反之,设 G_1 恒假. 若 G 可满足,则存在一个解释 I 满足 G. 于是,对任意值组 $(x_1^0,\cdots,x_{r-1}^0) \in D^{r-1}$,都存在 $x_r^0 \in D$,使得

$$Q_{r+1} x_{r+1} \cdots Q_n x_n M(x_1^0,\cdots,x_r^0,x_{r+1},\cdots,x_n)$$

在 I 下为真. 今扩充解释 I 为 I',使其包含对函数符号 $f(x_1,\cdots,x_{r-1})$ 的如下指定:

$$f(x_1^0,\cdots,x_{r-1}^0) = x_r^0,\text{对任意值组}(x_1^0,\cdots,x_{r-1}^0) \in D^{r-1}$$

于是,I' 满足 G_1. 矛盾. 故 G 也恒假.

设 $G_0 = G$;

$G_k =$ (将 G_{k-1} 中下标最小的存在量词用 Skolem 函数代替所得的公式),$k = 1,\cdots,m$.

易知,G_m 就是公式 G 的 Skolem 范式,即 $S = G_m$.

与上类似地可证明:G_1 恒假当且仅当 G_2 恒假,$\cdots$,G_{k-1} 恒假当且仅当 G_k 恒假,$\cdots$,G_{m-1} 恒假. 因此,G_0 恒假当且仅当 G_m 恒假,也即,G 恒假当且仅当 S 恒假.

推论 6.3.1　设公式 S 是公式 G 的 Skolem 范式,于是,满足 S 的解释必满足 G,但反之不然.

一阶逻辑中公式 Skolem 范式,在定理的机器证明中非常有用. 机器定理证明中著名的归结原理就是建立在 Skolem 范式基础上的.

§6.4　一阶逻辑的推理理论

定义 6.4.1　设 G,H 是两个谓词公式. 如果 $G \to H$ 是恒真的,则称 G 蕴涵 H,或称 H 是 G 的

逻辑结果,记为 $G \Rightarrow H$.

显然,对任意两个公式 $G,H,G \Rightarrow H$ 的充分必要条件是:对任意解释 I,若 I 满足 G,则 I 必满足 H.

定义 6.4.2 设 $G_1,\cdots,G_n,H$ 是谓词公式,$n \geqslant 1$. 如果

$$G_1 \wedge \cdots \wedge G_n \Rightarrow H$$

则称 $G_1,\cdots,G_n$ 共同蕴涵 H,或称 H 是 $G_1,\cdots,G_n$ 的逻辑结果,记为 $G_1,\cdots,G_n \Rightarrow H$.

由于命题公式是谓词公式的特殊情形,又根据上述定义可知,谓词演算的推理方法可看作命题演算的推理方法的扩张. 因此,在推理过程中,命题演算中的前提引入规则、结论引入规则、置换规则,八个基本蕴涵式以及对其中每个蕴涵式的同一命题变元用同一谓词公式代入所得蕴涵式,都可以使用. 但是,由于量词的引入,使得某些前提与结论可能受量词的限制. 因此,还需给出一些谓词演算中所特有的蕴涵式和推理规则.

定理 6.4.1 设 $G(x),H(x)$ 是恰含一个自由变元 x 的谓词公式,于是

(1) $(\forall x G(x) \vee \forall x H(x)) \Rightarrow \forall x(G(x) \vee H(x))$;

(2) $\exists x(G(x) \wedge H(x)) \Rightarrow \exists x G(x) \wedge \exists x H(x)$;

(3) $(\exists x G(x) \rightarrow \forall x H(x)) \Rightarrow \forall x(G(x) \rightarrow H(x))$.

证明:设 D 为论域,I 为解释.

(1) 设 I 满足 $\forall x G(x) \vee \forall x H(x)$. 若 I 弄假 $\forall x(G(x) \vee H(x))$,则存在 $x_0 \in D$,使得 $G(x_0) \vee H(x_0)$ 为假命题. 此时,$G(x_0)$ 与 $H(x_0)$ 均为假命题,从而 $\forall x G(x) \vee \forall x H(x)$ 在解释 I 下为假. 矛盾! 故

$$\forall x G(x) \vee \forall x H(x) \Rightarrow \forall x(G(x) \vee H(x))$$

(2) 设 I 满足 $\exists x(G(x) \wedge H(x))$. 于是,存在 $x_0 \in D$,使得 $G(x_0) \wedge H(x_0)$ 为真命题,从而 $\exists x G(x) \wedge \exists x H(x)$ 在 I 下为真,故

$$\exists x(G(x) \wedge H(x)) \Rightarrow \exists x G(x) \wedge \exists x H(x)$$

(3) 因为

$$\exists x G(x) \rightarrow \forall x H(x) \Leftrightarrow \forall x \neg G(x) \vee \forall x H(x)$$

而由(1)有

$$\forall x \neg G(x) \vee \forall x H(x) \Rightarrow \forall x(\neg G(x) \vee H(x))$$
$$\Leftrightarrow \forall x(G(x) \rightarrow H(x))$$

故

$$\exists x G(x) \rightarrow \forall x H(x) \Rightarrow \forall x(G(x) \rightarrow H(x))$$

下面介绍一阶逻辑中谓词演算所特有的四条推理规则,应注意,它们的使用是有条件的.

1. 全称指定规则(简称 US 规则)

$$\forall x A(x) \Rightarrow A(y) \tag{6.1}$$

$$\forall x A(x) \Rightarrow A(c) \tag{6.2}$$

在推理过程中,(6.1)、(6.2)两种形式可根据需要选用. 两式成立的条件是:

(1) x 是 $A(x)$ 的自由变元;

(2) 在式(6.1)中,y 是不在 $A(x)$ 中约束出现的任何一个变量符号;

(3) 在式(6.2)中,c 为任意的常量符号.

例如,设论域 D 为实数集. 谓词 $F(x,y)$ 表示 $x > y$,则公式 $\forall x \exists y F(x,y)$ 是真命题. 若令

$$A(x) \Rightarrow \exists y F(x,y)$$

则 $\forall x A(x) \Rightarrow A(y)$ 是错误的推理. 因为 $\forall x A(x)$ 是真命题,而 $A(y) = \exists y F(y,y)$ 表示"存在 y,使 $y > y$",是假命题.

其原因在于,y 在 $A(x)$ 中是约束出现的.

2. 全称推广规则(简称 UG 规则)

$$A(y) \Rightarrow \forall x A(x) \tag{6.3}$$

式(6.3)成立的条件是:

(1) y 在 $A(y)$ 中自由出现;

(2) x 不能在 $A(y)$ 中约束出现.

例如,在实数域中仍取 $F(x,y)$ 为 $x > y$. 令

$$A(y) \Rightarrow \exists x F(x,y)$$

则 $A(y)$ 是真命题,但 $\forall x \exists y F(x,x)$ 是假命题. 故

$$A(y) \Rightarrow \forall x A(x)$$

是错误的. 原因是条件(2)不满足.

3. 存在推广规则(简称 EG 规则)

$$A(c) \Rightarrow \exists x A(x) \tag{6.4}$$

式(6.4)成立的条件是:

(1) c 是特定的常量符号;

(2) 取代 c 的 x 在 $A(c)$ 中没有出现过.

例如,在实数集合中,令 $F(x,y):x > y$. 取 $A(2) = \exists x F(x,2)$,则 $A(2)$ 为真命题,且 x 已在 $A(2)$ 中出现. 在使用式(6.4)时,若用 x 代替 2,则得到 $A(2) \Rightarrow \exists x (\exists x F(x,x))$,而 $\exists x (\exists x A(x,x)) \Rightarrow \exists x A(x,x)$ 是一个假命题. 因此,推理

$$A(2) \Rightarrow \exists x A(x)$$

是错误的. 其原因是使用式(6.4)的条件(2)不满足.

4. 存在指定规则(简称 ES 规则)

$$\exists x A(x) \Rightarrow A(c) \tag{6.5}$$

式(6.5)成立的条件是:

(1) c 是使 $A(c)$ 为真的常量符号;

(2) 若推理过程中,在此之前,也使用过该规则,比如,$\exists x B(x) \Rightarrow B(a)$,则 $c \neq a$;

(3) $A(x)$ 中的自由变元只有 x.

例如,设 D 为自然数集,$F(x)$ 表示"x 是奇数".$G(x)$ 表示"x 是偶数",则 $\exists x F(x) \wedge \exists x G(x)$ 是真命题. 若不注意使用条件,则有

① $\exists x F(x) \wedge \exists x G(x)$　　　　　　　前提引入

② $\exists x F(x)$　　　　　　　　　　　　　　化简,根据①

③ $F(c)$　　　　　　　　　　　　　　　　ES 规则,根据②

④ $\exists x G(x)$　　　　　　　　　　　　　　化简,根据①

⑤ $G(c)$　　　　　　　　　　　　　　　　ES 规则,根据④

⑥ $F(c) \wedge G(c)$　　　　　　　　　　　　合取,根据③、⑤

⑦ $\exists x (F(x) \wedge G(x))$　　　　　　　　　EG 规则,根据⑥

于是得出

$$\exists x F(x) \wedge \exists x G(x) \Rightarrow \exists x (F(x) \wedge G(x))$$

的错误推理,因为 $\exists x (F(x) \wedge G(x))$ 假命题,其原因是违背了条件(2),⑤的 c 不能与③中的 c 表示同一个常量.

又如,在实数集中,$\forall x \exists y (x > y)$ 是真命题,若不注意使用条件,则有

① $\forall x \exists y(x > y)$	前提引入;
② $\exists y(z > y)$	US 规则,根据①
③ $z > c$	ES 规则,根据②
④ $\forall x(x > c)$	UG 规则,根据③

于是得到

$$\forall x \exists y(x > y) \Rightarrow \forall x(x > c)$$

的错误推理,因为 $\forall x(x > c)$ 是假命题. 其原因是违背了条件(3),其中 z 是公式中的自由变元. 也即在 $\exists y A(y) = \exists y(z > y)$ 的 $A(y) = z > y$ 中,除 y 是自由变元外,z 也是自由变元. 故不符合条件(3).

【例 6.3】　证明:

$$\forall x(A(x) \rightarrow B(x)) \wedge \exists x(c(x) \wedge A(x))$$
$$\Rightarrow \exists x(B(x) \wedge C(x))$$

证明:推理如下.

① $\forall x(A(x) \rightarrow B(x))$	前提引入
② $A(y) \rightarrow B(y)$	US 规则,根据①
③ $\exists x(c(x) \wedge A(x))$	前提引入
④ $C(a) \wedge A(a)$	ES 规则,根据③
⑤ $C(a)$	化简,根据④
⑥ $A(a)$	化简,根据④
⑦ $B(a)$	假言推理,根据②,⑥
⑧ $B(a) \wedge C(a)$	合取,根据⑤,⑦
⑨ $\exists x(B(x) \wedge C(x))$	EG 规则,根据⑧

在推理过程中,y 被指定为论域中的任一个体,a 被指定为论域中的某一个体. 对于②和⑥,在使用假言推理时,由于 y 是任意个体,因此,可以选为某一个体 a,故得⑦. 本例也可以作如下推理:

① $\exists x(C(a) \wedge A(a))$	前提引入
② $C(a) \wedge A(a)$	ES 规则,根据①
③ $A(a)$	化简,根据②
④ $\forall x(A(x) \rightarrow B(x))$	前提引入
⑤ $A(a) \rightarrow B(a)$	US 规则,根据④
⑥ $B(a)$	假言推理,根据③,⑤
⑦ $C(a)$	化简,根据②
⑧ $B(a) \wedge C(a)$	合取,根据⑥,⑦
⑨ $\exists x(B(x) \wedge C(x))$	EG 规则,根据⑧

【例 6.4】　证明苏格拉底三段论"凡人都是要死的,苏格拉底是人. 所以苏格拉底是要死的."

证明:首先将例题符号化.

$M(x)$:x 是人.

$D(x)$:x 是要死的.

a:苏格拉底.

前提:$\forall x(M(x) \rightarrow D(x))$,$M(a)$

结论:$D(a)$

证明:

① $\forall x(M(x)\rightarrow D(x))$ 　　　　　　　　　前提引入

② $M(a)\rightarrow D(a)$ 　　　　　　　　　　　　US 规则,根据①

③ $M(a)$ 　　　　　　　　　　　　　　　前提引入

④ $D(a)$ 　　　　　　　　　　　　　　　假言推理,②,③

【例 6.5】 　有些病人相信所有的医生,但是病人都不相信一个骗子. 证明:医生都不是骗子.

证明:先将命题符号化.

$P(x):x$ 是病人;

$D(x):x$ 是医生;

$Q(x):x$ 是骗子;

$R(x,y):x$ 相信 y.

前提:$\exists x(p(x)\wedge\forall y(D(y)\rightarrow R(x,y)))$

　　　$\forall x\forall y(P(x)\wedge Q(y)\rightarrow\neg R(x,y))$

结论:$(\forall x)(D(x)\rightarrow\neg Q(x))$

推理:

① $\exists x(p(x)\wedge\forall y(D(y)\rightarrow R(x,y)))$ 　　前提引入

② $P(c)\wedge\forall y(D(y)\rightarrow R(c,y))$ 　　　　ES,①

③ $\forall x\forall y(P(x)\wedge Q(y)\rightarrow\neg R(x,y))$ 　　前提引入

④ $\forall y(P(c)\wedge Q(y)\rightarrow\neg R(c,y))$ 　　　　US,③

⑤ $P(c)\wedge Q(z)\rightarrow\neg R(c,z)$ 　　　　　　US,④

⑥ $\neg P(c)\vee(Q(z)\rightarrow\neg R(c,z))$ 　　　　　蕴涵等值式,⑤

⑦ $P(c)$ 　　　　　　　　　　　　　　　化简,②

⑧ $Q(z)\rightarrow\neg R(c,z)$ 　　　　　　　　　　析取三段论,⑥,⑦

⑨ $R(c,z)\rightarrow\neg Q(z)$ 　　　　　　　　　　等值演算,⑧

⑩ $\forall y(D(y)\rightarrow R(c,y))$ 　　　　　　　　化简,②

⑪ $D(z)\rightarrow R(c,z)$ 　　　　　　　　　　　US,⑩

⑫ $D(z)\rightarrow\neg Q(z)$ 　　　　　　　　　　假言三段论⑨,⑪

⑬ $(\forall x)(D(x)\rightarrow\neg Q(x))$ 　　　　　　UG,⑫

习　　题

1. 设下面所有谓词的论域 $D=\{a,b,c\}$. 试将下面命题中的量词消除,写成与之等值的命题公式.

(1) $\forall xR(x)\wedge\exists xS(x)$;

(2) $\forall x(P(x)\rightarrow Q(x))$;

(3) $\forall x\neg P(x)\vee\forall xP(x)$.

2. 指出下列命题的真值:

(1) $\forall x(P\rightarrow Q(x))\vee R(e)$;

其中,$P:3>2,Q(x):x=3,R(x):x>5,e:5$ 论域 $D=\{-2,3,6\}$;

(2) $\exists x(P(x)\rightarrow Q(x))$;

其中,$P(x):x>3,Q(x):x=4$,论域 $D=\{2\}$.

3. 在一阶逻辑中,将下列命题符号化:

(1) 凡有理数均可表示成分数.

(2) 有些实数是有理数.

(3) 并非所有实数都是有理数.

(4) 如果明天天气好,有一些学生将去公园.

(5) 对任意的正实数,都存在大于该实数的实数.

(6) 对任给 $\varepsilon > 0, x_0 \in (a,b)$,都存在 N,使当 $n > N$ 时,有

$$|f(x_0) - f_n(x)| < \varepsilon$$

4. 指出下列公式中的自由变元和约束变元,并指出各量词的作用域.

(1) $\forall x(P(x) \wedge Q(x)) \rightarrow \forall x R(x) \wedge Q(z)$;

(2) $\forall x(P(x) \wedge \exists y Q(y)) \vee (\forall x(P(x) \rightarrow Q(z)))$;

(3) $\forall x(P(x) \leftrightarrow Q(x)) \wedge \exists y R(y) \wedge S(z)$;

(4) $\forall x(F(x) \rightarrow \exists y H(x,y))$;

(5) $\forall x F(x) \rightarrow G(x,y)$;

(6) $\forall x \forall y(R(x,y) \wedge Q(x,z)) \wedge \exists x H(x,y)$.

5. 设谓词公式 $\forall x(P(x,y) \vee Q(x,z))$. 判定以下改名是否正确.

(1) $\forall u(P(u,y) \vee Q(x,z))$

(2) $\forall u(P(u,y) \vee Q(u,z))$

(3) $\forall x(P(u,y) \vee Q(u,z))$

(4) $\forall u(P(x,y) \vee Q(x,z))$

(5) $\forall y(P(y,y) \vee Q(y,z))$

6. 设 I 是如下一个解释:

$D:\{a,b\}$;　$P(a,a):1$;　$P(a,b):0$;　$P(b,a):0$;　$P(b,b):1$

试确定下列公式在 I 下的真值:

(1) $\forall x \exists y P(x,y)$;

(2) $\forall x \forall y P(x,y)$;

(3) $\forall x \forall y(P(x,y) \rightarrow P(y,x))$;

(4) $\forall x P(x,x)$.

7. 判断下列公式的恒真性与恒假性:

(1) $\forall x F(x) \rightarrow \exists x F(x)$;

(2) $\forall x F(x) \rightarrow (\forall x \exists y G(x,y) \rightarrow \forall x F(x))$;

(3) $\forall x F(x) \rightarrow (\forall x F(x) \vee \exists y G(y))$;

(4) $\neg(F(x,y) \rightarrow F(x,y))$.

8. 设 $G(x)$ 是恰含自由变元 x 的谓词公式, H 是不含变元 x 的谓词公式,证明:

(1) $\forall x(G(x) \rightarrow H) \Leftrightarrow \exists x G(x) \rightarrow H$;

(2) $\exists x(G(x) \rightarrow H) \Leftrightarrow \forall x G(x) \rightarrow H$.

9. 设 $G(x,y)$ 是任意一个含 x,y 自由出现的谓词公式,证明:

(1) $\forall x \forall y G(x,y) \Leftrightarrow \forall y \forall x G(x,y)$;

(2) $\exists x \exists y G(x,y) \Leftrightarrow \exists y \exists x G(x,y)$.

10. 将下列公式化成等价的前束范式:

(1) $\forall x F(x) \wedge \neg \exists x G(x)$;

(2) $\forall xF(x)\rightarrow\exists xG(x)$;

(3) $(\forall xF(x,y)\rightarrow\exists yG(y))\rightarrow\forall xH(x,y)$;

(4) $\forall x(P(x)\rightarrow\exists yQ(x,y))$.

11. 找出下面公式的 Skolem 范式:

(1) $\neg(\forall xP(x)\rightarrow\exists y\forall zQ(y,z))$;

(2) $\forall x(\neg E(x,0)\rightarrow(\exists y(E(y,g(x))\wedge\forall zE(z,g(x)\rightarrow E(y,z)))))$;

(3) $\neg(\forall xP(x)\rightarrow\exists yP(y))$.

12. 假设 $\exists x\forall yM(x,y)$ 是公式 G 的前束范式,其中 $M(x,y)$ 是仅仅包含变量 x,y 的母式,设 f 是不出现在 $M(x,y)$ 中的函数符号. 证明:G 恒真当且仅当 $\exists xM(x,f(x))$ 恒真.

13. 证明:

$$(\forall x)(P(x)\rightarrow Q(x))\wedge(\forall x)(Q(x)\rightarrow R(x))\Rightarrow(\forall x)(P(x)\rightarrow R(x))$$

14. 构造下面推理的证明:

前提:$\neg\exists x(F(x)\wedge H(x))$,$\forall x(G(x)\rightarrow H(x))$

结论:$\forall x(G(x)\rightarrow\neg F(x))$

15. 指出下面两个推理的错误.

(1)

① $\forall x(F(x)\rightarrow G(x))$　　　　　　　前提引入

② $F(y)\rightarrow G(y)$　　　　　　　　　　US 规则,根据①

③ $\exists xF(x)$　　　　　　　　　　　　前提引入

④ $F(y)$　　　　　　　　　　　　　　ES,③

⑤ $G(y)$　　　　　　　　　　　　　　假言推理,②,④

⑥ $\forall xG(x)$　　　　　　　　　　　UG,⑤

(2)

① $\forall x\exists yF(x,y)$　　　　　　　　前提引入

② $\exists yF(z,y)$　　　　　　　　　　　US 规则,根据①

③ $F(z,c)$　　　　　　　　　　　　　ES 规则,根据②

④ $\forall xF(x,c)$　　　　　　　　　　　UG,③

⑤ $\exists y\forall xF(x,y)$　　　　　　　　EG,④

16. 每个学术会的成员都是知识分子并且是专家,有些成员是青年人,证明:有的成员是青年专家.

第二篇　图论与组合数学(Graphic theory & Combinatorial mathematics)

图论是一个古老而又年轻的数学分支，它诞生于18世纪.

由于图论为任何一个包含二元关系的系统提供了一个直观而严谨的数学模型，因此，物理学、化学、生物学、工程科学、管理科学、计算机科学与技术等各个领域都可以找到图论的足迹.

随着科学技术的发展，特别是电子计算机的广泛应用，用图论来解决离散型的应用问题已显示出极大的优越性.同时，图论本身的理论也取得了很大的进展，使它越来越受到数学界、工程技术界以及教育界的重视.目前，图论已成为计算机科学等学科的基础课程之一.

组合数学又叫组合分析、组合论或组合学，它是一个有着悠久历史的数学分支.组合数学所研究的中心问题与"按照一定的规则来安排一些物件"的数学问题有关，即关于符合要求之安排的存在性或不存在性的证明；求出要求之安排的个数；构造出符合要求的安排；寻求出最优的符合要求之安排等.这些问题分别被称为存在性问题、计数问题、构造问题、最优化问题.

我国古代就已开始了对组合学的研究，并对一些有趣的组合问题给出了正确的答案.越来越多的学者认为中国是早期组合数学的发源地.

随着科学技术的发展，组合数学这门古老的学科正在不断地焕发出新的活力.特别是由于电子计算机的出现，以及计算机科学与技术的迅速发展，使组合数学建立在全新的基础之上，成为计算机科学与技术发展的一个重要组成部分，并在国防工业、空间技术、信息编码、遗传工程、人工智能、管理科学等领域中有着重要的应用.

本篇主要介绍图论的基本概念和定理,图论在其他学科的一些应用、组合数学中的计数问题，以及解决计数问题的数学工具，如加法法则、乘法法则、容斥原理、递推关系和母函数等.

第7章 图(graph)与子图(subgraph)

现实世界中,有许多问题都可以用表示两个对象之间的二元关系来描述.最直观的方法就是用图形来描述这种二元关系:用顶点(vertices)表示对象,如果两个对象有关系,则用一条线连接代表这两个对象的两个顶点.例如,世界各国之间的外交关系,城市之间的通信联系等,这些问题都可以用这种图的形式来描述.在这些图中,如果我们感兴趣的只是顶点与顶点之间是否有连线,而不关心这些顶点具体代表什么对象,也不关心连线的长短曲直,那么,这种数学抽象就是图的概念.

本章介绍图的概念、图的同构、顶点的度、子图及图的运算、通路与连通图、图的矩阵表示,以及图的应用.

§7.1 图 的 概 念

定义7.1.1 一个图 G 是一个有序三元组 $G = \langle V, E, \varphi \rangle$. 其中:

(1) V 是非空顶点集合;

(2) E 是边(edge)集合, $E \cap V = \varnothing$;

(3) φ 是 E 到 $\{uv \mid u, v \in V\}$ 的映射,称为关联函数(incidence function)(当 E 为空集时,允许 φ 不存在). $uv = vu$, $u, v \in V$.

【例7.1】 设 $G = \langle V, E, \varphi \rangle$, 其中:

$$V = \{v_1, v_2, v_3\}$$
$$E = \{e_1, e_2, e_3, e_4, e_5\}$$
$$\varphi(e_1) = v_1 v_3, \quad \varphi(e_2) = v_1 v_2, \quad \varphi(e_3) = v_1 v_2$$
$$\varphi(e_4) = v_2 v_3, \quad \varphi(e_5) = v_3 v_3$$

通常用 $V(G), E(G), \varphi_G$ 分别表示图 G 的顶点集、边集和关联函数.

一个图 G 可以用平面上的一个图形(figure)来表示.用平面上的几何点(小圆圈)来代表 $V(G)$ 中的顶点(也称为顶点或简称为点),用平面上连接相应顶点而不经过其他顶点的一条不自交的曲线(也称为边)来表示 $E(G)$ 中的边.例如,图7.1画出了例7.1所定义图的图形.

图形有助于我们理解和说明一个图的性质.我们常将一个图与表示它的图形等同起来.

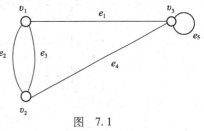

图 7.1

在一个图 G 中，如果 $e \in E(G)$，$\varphi_G(e) = uv$，则称 u 和 v 是 e 的端点(end points)，此时，称 u 和 v 是邻接的(adjacent)，也称 e 与 u,v 关联(incident)。如果两条不同的边 e_i 和 e_j 关联同一个顶点 u，则称 e_i 和 e_j 是邻接的。如果边 e 的两个端点重合，即 $\varphi(e) = uu$，则称 e 为环(ring)，否则称为杆(rod)；不与任何边关联的顶点称为孤立点(isolated vertex)。

例如，在图 7.1 中，v_1 和 v_2 是 e_2 和 e_3 的端点；v_1 与 v_2 邻接；e_1 与 v_1 关联；e_1 与 e_2 邻接；e_5 是环，其他边均为杆。

如果图 G 的 $V(G)$ 和 $E(G)$ 都是有限集，则称 G 为有限图，否则称为无限图。本书中的图，若不特别指明，都是指有限图。

对于有限图 G，$|V(G)|$ 称为 G 的阶。通常用 $G(p,q)$ 表示 p 个点 q 条边的图，用 $p(G)$ 和 $q(G)$ 分别表示图 G 的顶点数和边数。

定义 7.1.2　设 G 是一个图，如果 G 中没有环，而且任意两个顶点之间最多只有一条边，则称 G 为简单图(simple graph)或单图；否则称为伪图(pseudograpg)。

例如，图 7.1 就是一个伪图，无环的伪图称为多重图(multigraph)，其中，两个顶点之间 $r(>1)$ 条边称为重边，r 称为边的重数。

对于简单图 G 而言，由于 G 的任意两个顶点只能确定一条边，因此，有时就用边 e 的两个端点 u 和 v 来表示该边，记为 $e = uv$。

定义 7.1.3　设 G 是一个简单图。如果 G 的任意两个顶点都邻接，则称 G 为完全图(complete graph)，p 个顶点的完全图记为 K_p。

例如，图 7.2 画出了完全图 K_3，K_4 和 K_5。

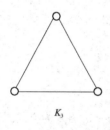 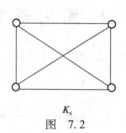 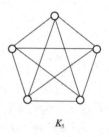

K_3　　　　　　　　K_4　　　　　　　　K_5

图　7.2

定义 7.1.4　设 G 是一个图。如果 G 的顶点集 $V(G)$ 能分成两个不相交的非空子集 V_1 和 V_2，使得 G 的每条边的两个端点分别在 V_1 和 V_2 中，则称 G 为二分图(bipartite graph)。记为 $G = \langle V_1, V_2 \rangle$。

显然，若图 G 中含有环，则 G 不是二分图，若 G 是二分图，则 $V(G)$ 的二划分子集 V_1 和 V_2 可能不唯一。图 7.3 给出了图 G 及其二分图 $\langle V_1, V_2 \rangle$。

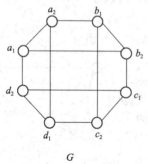 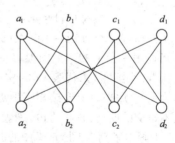

G　　　　　　　　　　　G 的二分图

图　7.3

设简单二分图 $G = \langle V_1, V_2 \rangle$. 如果 V_1 的每个顶点与 V_2 的每个顶点都邻接, 则称 G 为完全二分图, 记为 $K_{m,n}$, 其中 $|V_1| = m$, $|V_2| = n$.

定义 7.1.5 设 G 是简单图. 如果简单图 H 满足:

(1) $V(H) = V(G)$;

(2) 对任意 $u, v \in V$, $u \neq v$, $uv \in E(H)$, 当且仅当 $uv \notin E(G)$.

则称 H 为 G 的补图(complementary graph), 记为 $H = \overline{G}$.

显然, $(\overline{G}) = G$, 即 G 与 $\overline{G}$ 互为补图.

图 7.4 给出了两个互为补图的简单图.

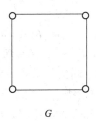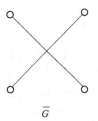

图　7.4

$G(p, 0)$ 称为零图(discrete graph)(无边图), $G(1, 0)$ 称为平凡图(trival graph), 即只有一个孤立点的图.

§7.2　图的同构(isomorphic of graph)

前面曾提到, 常将一个图和它的图形等同起来, 即给出了图形就确定了一个图. 然而, 一个图的图形不是唯一的, 即一个图有许多不同的画法, 从几何角度看, 它们之差异较大, 但它们所表示的图又是同一个. 例如, 图 7.5 给出了同一个图 G 的三种图形.

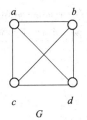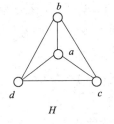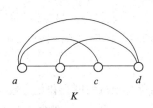

图　7.5

进一步, 考虑图 7.6 所示的两个图 G 和 H, 不难发现, 尽管 $V(G) \neq V(H)$, $E(G) \neq E(H)$, 但 G 和 H 的顶点数及边数均对应相等, 并且如果用其中一个图的顶点适当地标在另一个图的顶点上时, 相应的边也作同样的标记, 则这两个图在结构上完全一样.

定义 7.2.1 设 G 和 H 是两个图. 如果存在两个双射 $\sigma: V(G) \to V(H)$ 和 $\theta: E(G) \to E(H)$, 使得:

$$\varphi_G(e) = uv \text{ 当且仅当 } \varphi_H(\theta(e)) = \sigma(u)\sigma(v) \tag{7.1}$$

则称 G 和 H 是同构的, 记为 $G \stackrel{\sigma}{\cong} H$, σ 有时可省略, 特别, 如果 $V(G) = V(H)$, $E(G) = E(H)$, 且 $\varphi_G = \varphi_H$, 则称 G 和 H 是相等的, 记为 $G = H$.

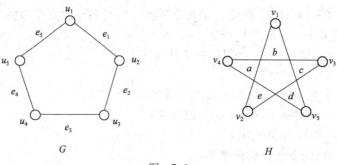

图   7.6

例如，对于图7.6，令 $\sigma(u_i) = v_i, i = 1,2,3,4,5; \theta(e_1) = a, \theta(e_2) = d, \theta(e_3) = b, \theta(e_4) = e,$ $\theta(e_5) = c$，则 σ 和 θ 是满足定义7.2.1中式(7.1)的两个双射，故 $G \cong H$.

相等的两个图显然是同构的，但反之不然．按定义，同构关系是一个等价关系．于是，可以将所有 p 阶图作成的集合按图的同构关系划分成若干等价类．在每个等价类中任选一个图，去掉顶点和边的名称，作为该等价类的一个代表，这种图称为无标记图．当需要区别标记图时，前一节所定义的图就称为标记图或标定图(labeled graph)．

§7.3 顶点的度(degree)

定义7.3.1 设 G 是一个图，$v \in V(G)$，G 中与 v 关联的边的数目称为 v 在 G 中的度数，简称 v 的度，记为 $d_G(v)$ 或 $d(v)$.

顶点 v 上的一条环相当于 v 关联的两条边．在图7.1中，$d(v_1) = 3, d(v_3) = 4$.

在一个图 G 中，度为奇数的顶点称为奇点(odd vertex)，度为偶数的顶点称为偶点(even vertex)，特别地，度为1的顶点称为悬挂点(terminal vertex)．显然，度为0的点即孤立点．

在一个图 G 中，各顶点的最大值和最小值分别称为 G 的最大度和最小度，记为 $\Delta(G)$ 和 $\delta(G)$.

一个简单图 G，如果满足 $\Delta(G) = \delta(G) = k$，则 G 称为 k – 正则图(regular graph)．例如，图7.5是一个3 – 正则图．显然，p 阶完全图 K_p 必是一个 $(p-1)$ – 正则图，但反之不然．

定理7.3.1 对任何 $G(p,q)$，有

$$\sum_{i=1}^{p} d(v_i) = 2q$$

即一个图的所有顶点的度之和是边数的两倍．

推论7.3.1 任何一个图的奇点个数必为偶数．

证明：设 V_1 和 V_2 分别是图 $G(p,q)$ 中奇点集合和偶点集合．显然

$$p = |V(G)| = |V_1| + |V_2|$$

由定理7.3.1有

$$2q = \sum_{i=1}^{p} d(v_i) = \sum_{r_i \in V_1} d(v_i) + \sum_{r_j \in V_2} d(v_j)$$

由于 $\sum_{r_j \in V_2} d(v_j)$ 是偶数，所以 $\sum_{r_i \in V_1} d(v_i)$ 必是偶数．但 $d(v_i)$ 是奇数，$v_i \in V_1$，故 $|V_1|$ 必为偶数．

此推论可用来解决许多实际问题．如"握手问题"：任何一群人中，与奇数个人握过手的人数必为偶数．

用顶点表示人，两个人如果握过手，则表示这两个人的顶点就邻接，反之亦然，于是，该图中的奇点就是代表那些与奇数个人握过手的人，由推论7.3.1即知，结论成立．

§7.4 子图及图的运算

定义 7.4.1 设 G 和 H 是两个图. 如果 $V(H) \subseteq V(G)$ 且 $E(H) \subseteq E(G)$,则称 H 是 G 的子图,G 是 H 的母图,记为 $H \leqslant G$. 如果 $H \leqslant G$,而 $H \neq G$,则称 H 是 G 的真子图,记为 $H < G$. 如果 $H \leqslant G$,且 $V(H) = V(G)$,则称 H 是 G 的生成子图(spanning subgraph).

例如,在图 7.7 中 H_1 和 H_2 是 G 的真子图(proper subgraph),H_3 是 G 的生成子图.

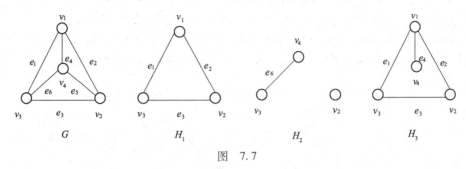

图 7.7

由定义易知,图 G 的真子图就是从图 G 中删除一些顶点或一些边所得的图. 自然地,我们约定,从图 G 中删除一个顶点 v,必须同时删除所有与 v 有关联的边;而删除 G 中一条边 $e = (u,v)$ 则只要删除顶点 u 和 v 之间的连线 e,而保留顶点 u 和 v. 例如,图 7.7 中,从 G 中删除 v_4 就得到子图 H_1;从 G 中删除 v_1,e_3 和 e_5 后得子图 H_2,从 G 中删除 e_5 和 e_6 则得到子图 H_3.

从图 G 删除非空顶点集 $V' \subset V(G)$ 中的顶点所得的子图记为 $G - V'$,特别地,$G - \{v\}$ 简记为 $G - v, v \in V(G)$. 类似地,从图 G 中删除非空边集 $E' \subseteq E(G)$ 中的边所得的子图记为 $G - E'$,特别地,$G - \{e\}$ 简记为 $G - e, e \in E(G)$. 例如,在图 7.7 中,$H_1 = G - v_4, H_3 = G - \{e_5, e_6\}$.

下面定义特殊子图,在后面的章节中将会用到.

定义 7.4.2 设 G 是一个图,$H \leqslant G$.

(1)如果 $e \in E(H)$ 当且仅当存在 $u,v \in V(H)$,使得 $\varphi_G(e) = uv$,则称 H 是 G 的由 $V(H)$ 导出的子图(induced subgraph),记为 $G[V(H)]$,它是 G 的点导出子图;

(2)如果 $u \in V(H)$ 当且仅当 u 是 $E(H)$ 中某条边的一个端点,则称 H 是 G 的由 $E(H)$ 导出的子图,记为 $G[E(H)]$,它是 G 的边导出子图.

例如,在图 7.7 中,$H_1 = G[\{v_1, v_2, v_3\}], H_3 = G[\{e_1, e_2, e_3, e_4\}]$.

由导出子图的定义不难知道,G 的(点、边)导出子图必是 G 的子图,但 G 的子图却不一定是 G 的(点或边)导出子图,例如,$H_3 \neq G[\{v_1, v_2, v_3, v_4\}]$,而 H_2 既不是 G 的点导出子图,也不是 G 的边导出子图.

显然,$G - V' = G[V - V'], V = V(G)$,但是,不一定有 $G - E' = G[E - E'], E = E(G)$. 例如,在图 7.7 中,取 $E' = \{e_1, e_2, e_3, e_4\}$,则 $E - E' = \{e_5, e_6\}$,于是 $G[E - E'] < G - E'$.

像集合一样,我们也可以对图定义几种运算:

定义 7.4.3 设 G_1 和 G_2 是两个图. 若 $V(G_1) \cap V(G_2) = \varnothing$(无公共点),则称 G_1 和 G_2 是互不相交的;若 $E(G_1) \cap E(G_2) = \varnothing$(无公共边),则称 G_1 和 G_2 是边不重的.

显然,互不相交的两个图必是边不重的,但反之却不然.

定义 7.4.4 设 G_1 和 G_2 是两个图.

(1) $G_1 \cup G_2 = \langle V(G_1) \cup V(G_2), E(G_1) \cup E(G_2), \varphi \rangle$ 称为 G_1 与 G_2 的并，其中，对任意 $e \in E(G_1) \cup E(G_2)$，令

$$\varphi(e) = \begin{cases} \varphi_{G_1}(e) & \text{当 } e \in E(G_1) \\ \varphi_{G_2}(e) & \text{当 } e \in E(G_2) \end{cases}$$

特别地，若 G_1 与 G_2 互不相交，则将 G_1 和 G_2 的并记为 $G_1 + G_2$。

(2) 若 $V(G_1) \cap V(G_2) \neq \varnothing$，则 $G_1 \cap G_2 = \langle V(G_1) \cap V(G_2), E(G_1) \cap E(G_2), \varphi \rangle$ 称为 G_1 与 G_2 的交，其中，对任意 $e \in E(G_1) \cap E(G_2)$，$\varphi(e) = \varphi_{G_1}(e) = \varphi_{G_2}(e)$。

(3) 若 $E(G_1) - E(G_2) \neq \varnothing$，则 $G_1 - G_2 = G_1[E(G_1) - E(G_2)]$ 称为 G_1 与 G_2 的差。

(4) 若 $E(G_1) \neq E(G_2)$，则 $G_1 \oplus G_2 = (G_1 - G_2) \cup (G_2 - G_1)$ 称为 G_1 与 G_2 的对称差或环和。

【例 7.2】 设 G_1 和 G_2 如图 7.8 所示，于是，G_1 与 G_2 的并、交、差及对称差如图 7.9 所示。

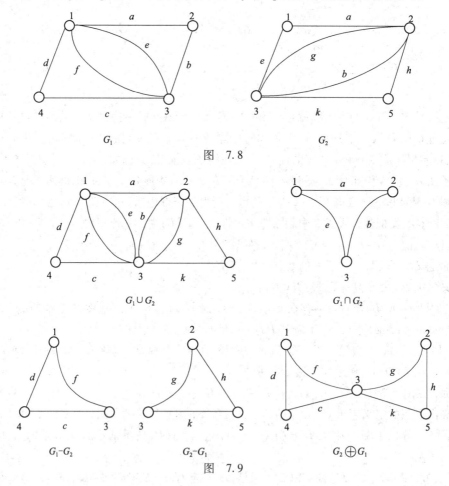

图 7.8

图 7.9

§7.5 通路(path)与连通图(connected graph)

设 G 是一个图，G 中一个顶点和边的非空有限序列 $w = v_0 e_1 v_1 e_2 v_2 \cdots e_n v_n$，称为 G 的一个途径 (approach)。其中 $v_i \in V(G)$，$e_j \in E(G)$，$i = 0, 1, \cdots, n$，$j = 1, \cdots, n$。并且 $\varphi_G(e_i) = v_{i-1}v_i$，$i = 1, 2, \cdots, n$。$v_0$ 和 v_n 分别称为途径的起点(start point)和终点(end point)，$v_1, \cdots, v_{n-1}$ 则称为途径的内顶点，

整数 n 称为途径的长. w 的子序列 $v_ie_{i+1}v_{i+1}\cdots e_jv_j$ 称为 w 的 (v_i,v_j) – 节(segment).

如果 G 是简单图,则两个端点只能确定一条边,故途径 w 可以由它的顶点序列 $v_0v_1\cdots v_n$ 完全确定.

例如,在图 7.10 中,$1a2f5f2g5h3b2$ 就是一条途径.

由定义知,途径 w 中的顶点和边可以重复出现. 如果途径 w 中的边互不相同,则称 w 为链(chain). 例如,在图 7.10 中,$w=1e5f2g5h3b2$ 就是一条链.

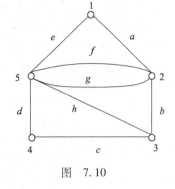

图 7.10

在一条链中,边不重复,但顶点是可以重复出现的,如果途径 w 中的顶点互不相同,则称 w 为通路,例如,在图 7.10 中,$w=1e5f2b3c4$ 就是一条通路.

显然,通路必是链,但反之不然,图中一条起点为 u,终点为 v 的通路记为 (u,v) – 通路.

起点和终点重合的且长度大于 0 的途径称为闭途径;起点和终点重合的链称为闭链;起点和终点重合的通路称为回路(circuit),长度为 k 的回路称为 k – 回路. 设 C 是一条 k – 回路,若 k 为奇数,则称 C 为奇回路;否则称为偶回路,特别,3 – 回路称为三角形.

对于图 G 中的两个顶点 u 和 v,如果存在一条 (u,v) – 通路,则称 u 与 v 是连通的,记为 $u\equiv v$;否则称 u 与 v 不连通,记为 $u\not\equiv v$,如果图 G 的任意两个顶点都是连通的,则称 G 为连通图;否则称为不连通图.

若 $u\equiv v$,则 G 中 (u,v) – 通路可以不唯一,记

$$d(u,v)=\min\{k\,|\,k\text{是}(u,v)\text{ – 通路之长度}\}$$

称 $d(u,v)$ 为 u 与 v 的距离(distance). 例如,在图 7.10 中,$d(1,4)=2$. 若 $u\not\equiv v$,则令 $d(u,v)=\infty$. 图 G 中顶点间的连通关系显然是一个等价关系. 按此关系,可以将 $V(G)$ 中的顶点划分成若干等价关系 $V_1,V_2,\cdots,V_m$,于是,对任意 $u,v\in V(G),u\equiv v$ 当且仅当 $u,v\in V_i,1\leqslant i\leqslant m$. 从而点导出子图 $G[V_1],G[V_2],\cdots,G[V_m]$ 分别是 G 的连通子图,称它们为连通分支. G 的连通分支数目记为 $\omega(G)$. 显然,若 G 是连通图,则 $\omega(G)=1$.

定理 7.5.1 若图 G 不连通,则 $\overline{G}$ 必连通.

证明:设 G 不连通. 任取 $u,v\in V(\overline{G})=V(G)$. 若 u 与 v 在 G 中不邻接,则它们在 $\overline{G}$ 中必邻接;若 u 与 v 在 G 中邻接,则 u,v 必在 G 的某一个连通分支 $G[V_i]$ 中. 于是,在 G 的另一个分支 $G[V_j](i\neq j)$ 中,存在顶点 w 与 u,v 均不邻接. 因此,$\overline{G}$ 中存在通路 uwv. 即 u 与 v 在 $\overline{G}$ 中连通. 总之 u,v 在 $\overline{G}$ 中连通. 故由 u,v 的任意性知,$\overline{G}$ 是连通图.

利用回路的概念,可以判定一个图是否是一个二分图.

定理 7.5.2 一个图 G 是二分图,当且仅当 G 不含奇回路.

证明:设 G 是具有二划分 $\langle V_1,V_2\rangle$ 的二分图. 若 G 有回路,则任取一条 k – 回路 $C=v_0v_1\cdots v_{k-1}v_0$,$k\geqslant 2$. 不妨设 $v_0\in V_1$,则由于 $v_0v_1\in E(G)$ 且 G 是二分图,所以 $v_1\in V_2$,同理 $v_2\in V_1$. 于是,有 $v_{2i}\in V_1$,$v_{2i+1}\in V_2$. 又因为 $v_0\in V_1$,所以 $v_{k-1}\in V_2$. 从而 k 为偶数. 故 C 为偶回路,由 C 的任意性知,G 不含奇回路.

反之,设 G 不含奇回路,不妨设 G 是连通图,任取 $u\in V(G)$. 令

$$V_1=\{x\in V(G)\,|\,d(u,x)\text{是偶数}\}$$

$$V_2=\{y\in V(G)\,|\,d(u,y)\text{是奇数}\}$$

下面证明 $\langle V_1,V_2\rangle$ 就是 G 的一个二划分. 设 v 和 w 是 V_1 的两个顶点. 又设 P 是最短 (u,v) – 通

路，Q 是最短 (u,w) - 通路. 于是，P 和 Q 至少有一个公共顶点 u. 从 u 出发，设 u_1 是 P 和 Q 的最后一个公共顶点. 由 P 和 Q 的性质，P 和 Q 上的两条 (u,u_1) - 通路也是 G 中的最短 (u,u_1) - 通路. 因此它们具有相同的长度. 又因 P 和 Q 的长度均为偶数，所以，P 上的 (u_1,v) - 通路 P_1 的长度与 Q 上的 (u_1,w) - 通路 Q_1 的长度具有相同的奇偶性. 由此推出 (v,w) - 通路 $P_1^{-1}Q_1$ 的长度为偶数(见图 7.11，其中 P_1^{-1} 表示 P 上的 (v,u_1) - 通路，称为 P_1 的逆，而 $P_1^{-1}Q_1$ 表示通路 P_1^{-1} 与 Q_1 的连接). 如果 v 与 w 邻接，则 $P_1^{-1}Q_1wv$ 是 G 的一条奇回路，此与假设矛盾. 故 V_1 中任意两个顶点均不邻接. 同理可证 V_2 中任意两个顶点也不邻接. 故 G 是二分图.

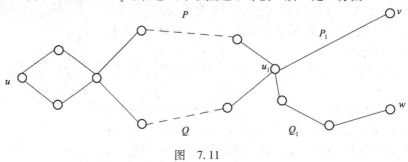

图　7.11

§7.6　图的矩阵表示

一个图由其顶点与边的关联关系唯一确定. 对于图 $G(p,q)$，我们可以用一个 $(p\times q)$ 的矩阵来表示这种关系.

设 $V(G)=\{v_1,v_2,\cdots,v_p\}$，$E(G)=\{e_1,e_2,\cdots,e_q\}$，令 $M(G)=(m_{ij})_{p\times q}$，其中：

$$m_{ij}=\begin{cases} 0 & \text{当 } v_i \text{ 不与 } e_j \text{ 关联} \\ 1 & \text{当 } v_i \text{ 与 } e_j \text{ 关联} \\ 2 & \text{当 } e_j \text{ 是端点为 } v_i \text{ 的环} \end{cases}$$

我们称 $M(G)$ 为图 G 的关联矩阵(incidence matrices). 图 7.12 给出了图 G 以及它的关联矩阵 $M(G)$.

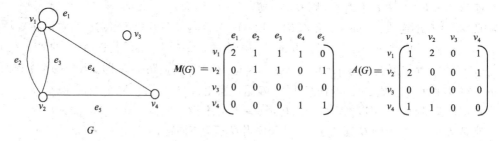

图　7.12

显然，若 G 是无环图，则 $M(G)$ 是一个 $0-1$ 矩阵.

由 $M(G)$ 的定义容易看出，$M(G)$ 中 v_i 所在的第 i 行各元素之和就是 v_i 的度；又 e_j 所在列的非零元素之和均为 2，并且 e_j 的端点就是所在列中非零元素所在行相应顶点.

我们也可以用 $p\times p$ 矩阵 $A(G)=(a_{ij})_{p\times p}$ 来表示图 G 中各顶点的邻接关系，称为 G 的邻接矩阵(adjacent matrices). 其中 a_{ij} 表示 v_i 与 v_j 之间边的数目. 例如，图 7.12 中的 $A(G)$ 就是 G 的邻接矩阵.

容易知道, $A(G)$ 是一个对称矩阵; $A(G)$ 的对角线均为 0 当且仅当 G 中无环;当 G 是简单图时, $A(G)$ 是对角线元素均为 0 的 0 - 1 对称矩阵. 反之,若给定一个对角线元素均为 0 的 0 - 1 的对称矩阵 A,则可以唯一地作出一个简单图 G,使得 $A(G) = A$. 因此,有标记的简单图与这种矩阵 A 一一对应. 利用矩阵的运算结果,可以得出图的许多性质.

定理 7.6.1　设 $A(G)$ 是 p 阶图 G 的邻接矩阵,于是, $A^k(G)$ 的元素 $a_{ij}^{(k)}$ 等于 G 中长度为 k 的 (v_i, v_j) - 途径的数目.

证明:对 k 作归纳证明.

当 $k = 0$ 时, $A^0(G) = I$(单位矩阵). 此时, G 中任一顶点 v_i 到自身有一条长度为 0 的途径,而 v_i 到 $v_j(i \neq j)$ 没有长度为 0 的途径. 结论成立.

假设对 k 结论成立.

由 $A^{k+1}(G) = A(G) \cdot A^k(G)$ 知

$$a_{ij}^{(k+1)} = \sum_{l=1}^{p} a_{il} a_{lj}^{(k)}$$

注意到 a_{il} 表示 G 中长度为 1 的 (v_i, v_l) - 途径数目,而 $a_{lj}^{(k)}$ 是 G 中长度为 k 的 (v_l, v_j) - 途径的数目. 因此, $a_{il} \cdot a_{lj}^{(k)}$ 表示由 v_i 经过一条边到 v_l 再经过长度为 k 的途径到 v_j,总长度为 $k+1$ 的途径数目. 这样,对 l 求和,得到的 $a_{ij}^{(k+1)}$ 是所有长度为 $(k+1)$ 的 (v_i, v_j) - 途径的数目. 从而结论对 $k+1$ 也成立. 由归纳法原理知,结论成立.

推论 7.6.1　若 $A(G) = (a_{ij})_{p \times p}$ 是简单图 G 的邻接矩阵,则

$$a_{ii}^{(2)} = \sum_{j=1}^{p} a_{ij} = \sum_{j=1}^{p} a_{ji} = d(v_i)$$

证明: $a_{ii}^{(2)} = \sum_{j=1}^{p} a_{ij} a_{ji} = \sum_{j=1}^{p} a_{ij}^2 = \sum_{j=1}^{p} a_{ij} = \sum_{j=1}^{p} a_{ji} = d(v_i)$.

§7.7　应用(最短通路问题)

寻找图中顶点间的最短通路是一个应用广泛的重要问题,本节分别讨论单源最短通路问题和求所有顶点对之间的最短通路问题.

设 G 是一个图,对 G 的每一条边 e,相应地赋以一个非负实数 $w(e)$,称为边 e 的权. 图 G 连同它的边上的权称为赋权图.

设 G 是一个赋权图, $H \leqslant G$. 令

$$W(H) = \sum_{e \in E(H)} W(e)$$

称 $W(H)$ 为 H 的权.

在实际应用中,赋权图中各边的权可以表示通信时间、路程、运输费用等.

设 P 是 G 的一条通路,通路上各边的权也称为该边的长度. 通路的长度为 $W(P)$.

1. 单源最短通路问题

给定赋权图 G 中的一个点 u_0,称为源点,求 u_0 到 G 中其他各顶点的最短通路的长度,称为单源最短通路问题.

关于单源最短通路问题,目前公认的最有效的算法是 Dijkstra 算法. 该算法的思想是:

设置并不断扩充一个顶点集合 $S \subseteq V(G)$. 一个顶点属于 S 当且仅当从源到该顶点的通路及距离已求出. 初始时, S 中仅含有源.

设 $v \in V(G)$,我们把从源到 v 且中间只经过 S 中顶点的通路称为源到 v 的特殊通路,并且用数组 D 来记录当前源到每个顶点所对应的最短特殊通路长度. 由于每条边上的权都是非负实数,所以可以求出源到每个顶点的最短特殊通路长. 如果 $v \notin S$ 且 v 是当前 $V(G) - S$ 中具有最短

特殊通路的点,则把 v 添加到 S 中,同时对数组 D 作必要修改. 一旦 $S = V(G)$,则算法结束,这时 D 就记录了从源到每一个其他顶点的最短通路长度.

Dijkstra 算法描述如下:其中输入的赋权图是简图 G, $V(G) = \{1, 2, \cdots, n\}$, 1 是源, $C[i,j]$ 表示边 $e = ij$ 上的权. 当顶点 i 与 j 不邻接时,令 $C[i,j] = \infty$, $D[i]$ 表示当前源到顶点 i 的最短特殊通路的长度.

Procedure Dijkstra;

{计算从顶点 1 到其他每一个顶点的最短通路长度}

begin

(1) $S = \{1\}$;

(2) for $i = 2$ to n do

(3) $D[i] = C[1, i]$; {初始化 D}

(4) for $i = 1$ to $n - 1$ do begin

(5) 从 $V - S$ 中选取一个顶点 w 使得 $D[w]$ 最小;

(6) 将 w 加入到 S 中;

(7) 对每个顶点 $v \in V - S$ 执行;

(8) $D[v] = \min\{D[v], \quad D[w] + c[w, v]\}$

end

end; {Dijkstra}

【例7.3】 将 Dijkstra 算法应用于图 7.13(a). 初始 $S = \{1\}$, $D[2] = 10$, $D[3] = \infty$, $D[4] = 30$, $D[5] = 100$.

在第一遍执行(4)~(8)行的 for 循环时,因为 $D[2]$ 的值最小,所以到 $w = 2$,同时置 $D[3] = \min\{\infty, 10 + 50\} = 60$, 而 $D[4]$ 和 $D[5]$ 的值不变. 每遍执行 for 循环之后所得到的 D 值序列见图 7.13(b).

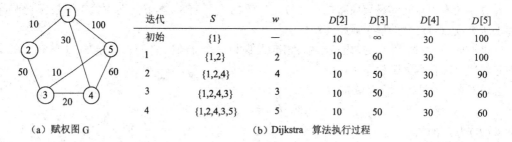

迭代	S	w	$D[2]$	$D[3]$	$D[4]$	$D[5]$
初始	$\{1\}$	—	10	∞	30	100
1	$\{1,2\}$	2	10	60	30	100
2	$\{1,2,4\}$	4	10	50	30	90
3	$\{1,2,4,3\}$	3	10	50	30	60
4	$\{1,2,4,3,5\}$	5	10	50	30	60

(a) 赋权图 G　　　　　　　　　　(b) Dijkstra 算法执行过程

图 7.13

如果还要求出从源到各顶的最短通路,可以设一个一维数组 $P[1..n]$. 定义 $P[i]$ 是从源 1 到 i 的前一个顶点. 初始时,令 $P[i] = 1$, $i = 2, 3, \cdots, n$. 每次执行完 Dijkstra 算法中的第(8)行之后,如果 $D[v] = D[w] + C[w, v]$, 则说明当前从源到 v 的最短特殊通路中最后是经过 w 到达 v 的,此时置 $P[v] = w$. 到算法结束时,就可以根据数组 P 找到从源到 v 的最短通路上每个顶点的前一个顶点. 从而得到从源到 v 的最短通路.

【例7.4】 对于例7.3 中的图 G, 我们有 $P[2] = 1$, $P[3] = 4$, $P[4] = 1$, $P[5] = 3$. 如果要找出从顶点 1 到 3 的最短通路,则根据 P 得到 3 的前一个顶点是 4,而 4 的前一个顶点是 1,因而从顶点 1 到 3 的最短通路是 1, 4, 3. 同理可得,从顶点 1 到 5 的最短通路是 1, 4, 3, 5.

2. 求所有顶点对之间的最短通路

我们可能把每个顶点都看成源，用 Dijkstra 算法去解这类问题．但这并不是最好的办法，Foloyd 发现了更直接的算法．

设顶点集 $V = \{1, 2, \cdots, n\}$，二维数组 C 的意义如前所述．定义 $n \times n$ 矩阵 A 的初始值如下：

$$A[i,j] = \begin{cases} 0 & \text{当 } i = j \\ C[i,j] & \text{当 } i \neq j \text{ 且 } i \text{ 与 } j \text{ 邻接} \\ \infty & \text{当 } i \neq j \text{ 且 } i \text{ 与 } j \text{ 不邻接} \end{cases}$$

在矩阵 A 上做 n 次迭代．第 k 次迭代之后，$A[i,j]$ 的值是从 i 到 j，中间不经过编号大于 k 的顶点的最短通路长度，迭代公式如下：

$$A^{(k)}[i,j] = \min \begin{cases} A^{(k-1)}[i,j] \\ A^{(k-1)}[i,k] + A^{(k-1)}[k,j] \end{cases}$$

其中 $A^{(k-1)}[i,k] + A^{(k-1)}[k,j]$ 表示从 i 到 k，再从 k 到 j，且中间不经过编号大于 k 的顶点的最短通路长度．

算法从 $k = 1$ 开始，i, j 取遍从 1 到 n 的所有值，每迭代一次，k 增加 1，直到 $k = n$ 时算法终止．这时，$A[i,j]$ 就是从 i 到 j 的最短通路长度．

如果需要求出 i 到 j 的最短通路，可以设置一个二维数组 P，当算法中执行了

$$A[i,j] = A[i,k] + A[k,j]$$

时，说明 i 到 j 的最短通路中必经过顶点 k．此时，置 $P[i,j] := k$．而 $P[i,j] = 0$ 表示当前从 i 到 j 的最短通路就是图中的边 (i,j)．下面给出的就是 Floyd 算法：

Procedure Shortest：

｛给定边权矩阵 C，计算最短通路长度矩阵 A 以及"中点"矩阵 P，$P[i,j]$ 是从 i 到 j 的最短通路上的一个顶点｝

```
begin
    for i = 1 to n do
        for j = 1 to n do
            begin
                A[i,j] = C[i,j];
                P[i,j] = 0
            end;
    for k = 1 to n do
        for i = 1 to n do
            for j = 1 to n do
                if A[i,k] + A[k,j] < A[i,j] then
                    begin
                        A[i,j] = A[i,k] + A[k,j];
                        P[i,j] = k
                    end
end; {Shortest}
```

为了求出从 i 到 j 的最短通路，只要调用下面的过程 Path(i,j)．

Procedure Path$(i, j : \text{integer})$；

var k：integer；

```
begin
k = P[i,j];
if k = 0 then return;
path(i,k);
writeln(k);
Path(k,j);
End;{Path}
```

这是一个递归过程.

【例7.5】 求图7.13(a)中 G 的任意两个顶点间的最短通路长度及"中点"矩阵 P.

解:用图 G 知,初始时,矩阵 $A^{(0)}$ 如下:

$$A^0 = \begin{bmatrix} 0 & 10 & \infty & 30 & 100 \\ 10 & 0 & 50 & \infty & \infty \\ \infty & 50 & 0 & 20 & 10 \\ 30 & \infty & 20 & 0 & 60 \\ 100 & \infty & 10 & 60 & 0 \end{bmatrix} \qquad P = \begin{bmatrix} 0 & 0 & 0 & 0 & 0 \\ 0 & 0 & 0 & 0 & 0 \\ 0 & 0 & 0 & 0 & 0 \\ 0 & 0 & 0 & 0 & 0 \\ 0 & 0 & 0 & 0 & 0 \end{bmatrix}$$

以下用 $A^{(k)}$ 表示第 k 次迭代后 A 的结果. 我们有

$$A^{(1)} = \begin{bmatrix} 0 & 10 & \infty & 30 & 100 \\ 10 & 0 & 50 & 40 & 110 \\ \infty & 50 & 0 & 20 & 10 \\ 30 & 40 & 20 & 0 & 60 \\ 100 & 110 & 10 & 60 & 0 \end{bmatrix}, \qquad \begin{aligned} P[2,4] &= 1, \\ P[2,5] &= 1; \end{aligned}$$

$$A^{(2)} = \begin{bmatrix} 0 & 10 & 60 & 30 & 100 \\ 10 & 0 & 50 & 40 & 110 \\ 60 & 50 & 0 & 20 & 10 \\ 30 & 40 & 20 & 0 & 60 \\ 100 & 110 & 10 & 60 & 0 \end{bmatrix}, \qquad P[1,3] = 2;$$

$$A^{(3)} = \begin{bmatrix} 0 & 10 & 60 & 30 & 70 \\ 10 & 0 & 50 & 40 & 60 \\ 60 & 50 & 0 & 20 & 10 \\ 30 & 40 & 20 & 0 & 30 \\ 70 & 60 & 10 & 30 & 0 \end{bmatrix}, \qquad \begin{aligned} P[1,5] &= 3, \\ P[2,5] &= 3, \\ P[4,5] &= 3; \end{aligned}$$

$$A^{(4)} = \begin{bmatrix} 0 & 10 & 50 & 30 & 60 \\ 10 & 0 & 50 & 40 & 60 \\ 50 & 50 & 0 & 20 & 10 \\ 30 & 40 & 20 & 0 & 30 \\ 60 & 60 & 10 & 30 & 0 \end{bmatrix}, \qquad \begin{aligned} P[1,3] &= 4, \\ P[1,5] &= 4; \end{aligned}$$

$$A^{(5)} = \begin{bmatrix} 0 & 10 & 50 & 30 & 60 \\ 10 & 0 & 50 & 40 & 60 \\ 50 & 50 & 0 & 20 & 10 \\ 30 & 40 & 20 & 0 & 30 \\ 60 & 60 & 10 & 30 & 0 \end{bmatrix} \qquad P = \begin{bmatrix} 0 & 0 & 4 & 0 & 4 \\ 0 & 0 & 0 & 1 & 3 \\ 4 & 0 & 0 & 0 & 0 \\ 0 & 1 & 0 & 0 & 3 \\ 4 & 3 & 0 & 3 & 0 \end{bmatrix}$$

习　题

1. 请举出五个日常生活中可以用图来描述的实例.

2. 设 $G(p,q)$ 是简单二分图, 求证: $q \leqslant p^2/4$.

3. 设 $G(p,q)$ 是简单图, 求证: $q \leqslant 1/2p(p-1)$. 在什么情况下, $q = 1/2p(p-1)$?

4. 试画出四个顶点的所有非同构的简单图.

5. 证明图 7.14 中的两个图是同构的, 图 7.15 中的两个图不是同构的. 试问, 图 7.16 中的两个图是否同构?

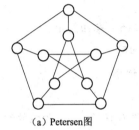 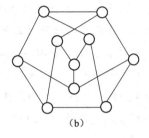

(a) Petersen图　　　　　　　　　　　　　　(b)

图　7.14

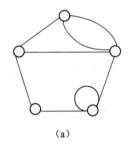 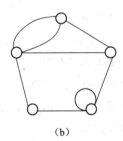

(a)　　　　　　　　　　　　　　(b)

图　7.15

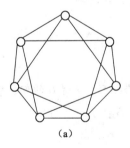 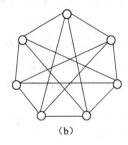

(a)　　　　　　　　　　　　　　(b)

图　7.16

6. 设 $G(p,q)$ 是简单图, 且 $G \cong \overline{G}$, 求证 $p \equiv 0$ 或 $1 (\bmod 4)$.

7. 构造一个简单图 G, 使得 $G \cong \overline{G}$.

8. 求证: 对任何图 $G(p,q)$, 有 $\delta(G) \leqslant 2q/p \leqslant \Delta(G)$.

9. 设 $G(p,q)$ 是简单图, $p \geqslant 4$, 求证, G 中至少有两个顶点的度数相等.

10. 求证: 在图 $G(p,p+1)$ 中, 至少有一个顶点 v, 满足 $d(v) \geqslant 3$.

11. 求证: 在任何有 $n(\geqslant 2)$ 个人的人群中, 至少有两个在其中恰有相同个数的朋友.

12. 求证:每一个 p 阶简单图 G,都与 K_p 的子图同构.

13. 求证:任何完全图的每个点导出子图仍是完全图.

14. 求证:二分图的每个顶点数不小于2的子图仍是二分图.

15. 设 $G(p,q)$ 是简单图,整数 n 满足 $1<n<p-1$,求证:若 $p\geqslant4$,且 G 的所有 n 个顶点的导出子图均有相同的边数,则 $G\cong K_p$ 或 $G\cong \overline{K_p}$.

16. 设 $G(p,q)$ 是连通图,求证:

(1) G 至少有 $p-1$ 条边;

(2) 若 $q>p-1$,则 G 中必含回路.

(3) 若 $q=p-1$,则 G 中至少有两个悬挂点.

17. 求证:若边 e 在图 G 的一条闭链中,则 e 必在 G 的一条回路中.

18. 求证:对于图 $G(p,q)$,若 $\delta(G)\geqslant2$,则 G 必含回路.

19. 设 $G(p,q)$ 是简单图,且 $q>C_{p-1}^2$,求证:G 是连通图.

20. 对于 $p>1$,作一个 $q=C_{p-1}^2$ 的非连通图 $G(p,q)$.

21. 证明:若 $G(p,q)$ 是简单图且 $\delta(G)>\lfloor p/2\rfloor-1$,则 G 连通. 当 p 为偶数时,作一个非连通的 $k-$ 正则简单图,其中 $k=\lfloor p/2\rfloor-1$.

22. 证明:若 $e\in E(G)$,则 $w(G)\leqslant(G-e)\leqslant w(G)+1$.

23. 证明:对图 G 中任意三个顶点 u,v 和 w,

$$d(u,v)+d(v,w)\geqslant d(u,w)$$

24. 设 G 是简单连通的非完全图,求证:G 中存在三个顶点 u, v 和 w,使 $uv,vw\in E(G)$,但 $uw\notin E(G)$.

25. 证明:若 G 是简单图,且 $\delta(G)\geqslant2$,则 G 中有一条长度至少是 $\delta(G)+1$ 的回路.

26. 求图 7.17 所示图的关联矩阵和邻接矩阵.

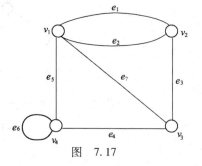

图 7.17

27. 设 G 是一个图,$M(G)$ 和 $A(G)$ 分别是 G 的关联矩阵和邻接矩阵.

(1) 求证:$M(G)$ 中每列各元素之和为2.

(2) $A(G)$ 的各列元素之和是什么?

28. 设 G 是二分图,求证:可以将 G 的顶点和适当排列,使得 G 的邻接矩阵 $A(G)$ 形如

$$A(G)=\begin{bmatrix}\mathbf{0}&\mathbf{A_{12}}\\\mathbf{A_{21}}&\mathbf{0}\end{bmatrix}$$

其中,A_{21} 是 A_{12} 的转置.

29. 设 G 是一个图,$V'\subseteq V(G),E'\subseteq E(G)$.

(1) 如何从 $M(G)$ 得到 $M(G-E')$ 和 $M(G-V')$?

(2) 如何从 $A(G)$ 得到 $A(G-V')$?

30. 在图7.18中,找出 u_1 到各个顶点的最短通路长度,并给出从 u_1 到 u_{11} 的最短通路.

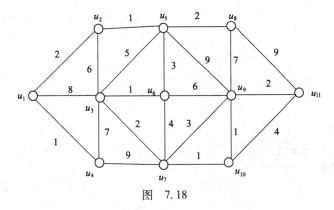

图 7.18

31. 求图 7.19 所示的图 G 中任意两个顶点的最短通路长度,并给出从 v_1 到 v_3 的最短通路.

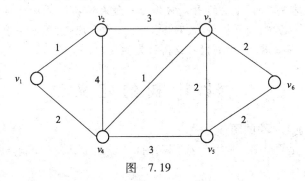

图 7.19

第 **8** 章

树 (tree)

树是一类满足特殊要求的、重要的图. 它作为一种表示各对象具有层次结构关系的数学模型,已广泛应用于化学、物理、计算机科学、网络技术、可靠性理论、管理科学等领域. 本章主要讨论树的各种定义、树的基本特征,生成树以及树的某些应用.

§8.1 树 的 定 义

定义 8.1.1 连通无回路的图称为树.

由定义易知,树必是简单图. 常用 T 表示树,图 8.1 给出了具有 6 个顶点的所有互不同构的树.

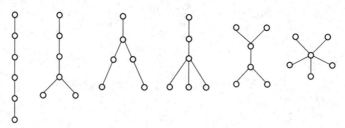

图 8.1

各分支均为树的图称为森林(forest),记为 F.

【例 8.1】 可以将四则运算表达式用树形象地表示出来. 比如, 对表达式

$$(a+b) \times c - d/e$$

它的树表示如图 8.2 所示.

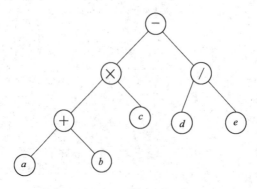

图 8.2

定理 8.1.1 树 T 中任何两个顶点之间恰有一条通路.

证明: 任取 $u, v \in V(T)$. 因为 T 连通, 所以存在 (u, v) – 通路. 下证唯一性.

设 u 和 v 之间有两条不同的通路 P_1 和 P_2. 则必存在边 $xy \in E(P_1)$, 但 $xy \notin E(P_2)$. 显然, $(P_1 \cup P_2) - xy$ 是连通图, 因此, $(P_1 \cup P_2) - xy$ 中存在 (x, y) – 通路 P_{xy}, 于是 $P_{xy} + xy$ 是 T 中的一条回路, 此与 T 是树矛盾.

注意: 定理 8.1.1 的逆定理不一定成立, 例如, 如图 8.3 所示, u 和 v 有唯一的 (u, v) – 通路, 但该图却不是树.

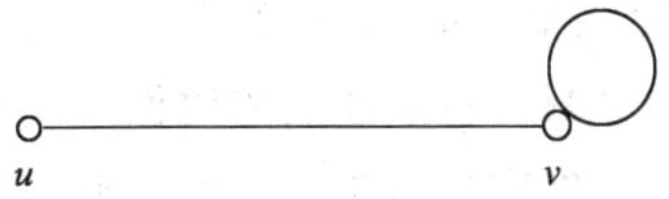

定理 8.1.2 设 $G(p, q)$ 是一个图. 于是, 下列说法相互等价.

图 8.3

（1）G 是树;

（2）G 连通且 $q = p - 1$;

（3）G 无回路且 $q = p - 1$;

（4）G 无回路, 但对任意 $u, v \in V(G)$, 若 $uv \notin E(G)$, 则 $G + uv$ 中恰有一条回路;

（5）G 是连通, 但对任意 $e \in E(G)$, $G - e$ 不连通.

证明:（1）$\Rightarrow$（2）.

因 G 是树, 所以 G 是连通的. 下面对 p 作归纳来证明 $q = p - 1$.

$p = 1$ 时, 显然 $q = 0 = p - 1$.

假设对顶点数少于 p 的树, 结论成立.

对于 p 个顶点的树 G, $p \geqslant 2$, 取 $e = uv \in E(G)$, 由定理 8.1.1 知, e 是唯一的 (u, v) – 通路. 于是, $G - e$ 不连通而恰有两个连通分支 $G_1(p_1, q_1)$ 和 $G_2(p_2, q_2)$, 显然, $p_1 < p$ 且 $p_2 < p$. 由归纳假设.

$$q_1 = p_1 - 1, \quad q_2 = p_2 - 1$$

从而
$$q = q_1 + q_2 + 1 = p_1 + p_2 - 1 = p - 1$$

（2）$\Rightarrow$（3）.

假设 G 有回路, 则显然可以依次从各回路中去掉边而保持 G 的连通性. 设从 G 去掉了 k 条边后得到 G 的一个无回路且连通的生成子图 T. 由定义知 T 是树, 且其边数为 $q - k$, 顶点数为 p. 由（2）知

$$q - k = p - 1$$

但已知 $q = p - 1$, 因此必有 $k = 0$. 这说明 G 本身就无回路.

（3）$\Rightarrow$（4）.

设 G 有 k 个连通分支, 由于 G 无回路, 所以, G 的每个连通分支均是树. 于是

$$q = p - k$$

但已知 $q = p - 1$, 故 $k = 1$, 即 G 连通. 从而 G 是树. 对 G 的任意两个非邻接的顶点 u, v, 由定理 8.1.1, 有唯一的 (u, v) – 通路, 从而 $G + uv$ 也就是唯一的一条回路.

（4）$\Rightarrow$（5）.

任取 $u, v \in V(G)$, 若 $uv \in E(G)$, 则 $u \equiv v$; 若 $uv \notin E(G)$, 则由（4）知, $G + uv$ 有一个唯一的回路 C. 由于 G 中无回路, 所以 u, v 必在回路 C 上. 显然 $C - uv$ 是连通子图, 从而, G 中含 (u, v) – 通路, 即 $u \equiv v$. 故 G 是连通图.

对任意 $e \in E(G)$, 若 $G-e$ 仍连通, 则说明 G 中含有回路, 此与(4)矛盾, 故 $G-e$ 不连通.

(5)$\Rightarrow$(1). 只需证 G 无回路:

若 G 中含回路 C. 取 $e = xy \in E(C)$. 则 $C-e$ 仍连通, 任取 $u, v \in V(G)$, 因 G 连通, 故 G 中有 (u, v)–通路 P. 若 P 不含 e, 则 u, v 在 $G-e$ 中仍连通; 若 P 中含 e, 则 P 中的 e 可以用 $C-e$ 中的 (x, y)–通路代替, 从而 u, v 在 $G-e$ 中仍连通. 总之, u 与 v 在 $G-e$ 中连通, 此与(5)矛盾. 故 G 无回路. 因此, G 是树.

只有一个顶点的树称为平凡树, 每个连通分支都是树的图称为森林.

定理 8.1.3 任何非平凡树 $G(p, q)$ 中至少有两个度数为 1 的顶点.

证明: 由假设知, 对每个 $v \in V(G)$, $d_G(v) \geq 1$. 若 G 中最多只有 1 个度数为 1 的顶点, 则 G 中至少有 $p-1$ 个度数大于或等于 2 的顶点. 于是

$$2q = \sum_{v \in V(G)} d(v) \geq 2(p-1) + 1 > 2(p-1) = 2q$$

此为矛盾. 故结论成立.

§8.2 生成树(spanning tree)

定义 8.2.1 设 G 是一个图. 若 G 的生成子图 T 是树, 则称 T 为 G 的生成树.

例如, 图 8.4 中由粗边导出的子图就是该图的一个生成树. 显然, 如果图 G 有生成树, 则可能不唯一.

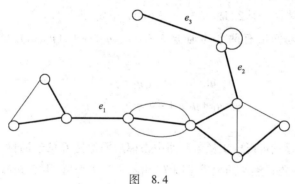

图 8.4

定理 8.2.1 图 G 有生成树当且仅当 G 连通.

证明: 若 G 连通, 则存在一个 G 的生成子图 T 满足 T 连通且从 T 中去掉任何一条边后则 T 不连通. 于是由定理 8.1.2(5)知, G 的生成子图 T 是树, 故 T 是 G 的生成树.

反之, 若 G 不连通, 则 G 的任何生成子图也不连通. 故 G 无生成树.

此定理实际上给出一个求连通图 G 的生成树的方法——去边破回路法:

在连通图 G 中, 逐次去掉回路上的边(如果存在的话), 并保持 G 的连通, 直到无回路. 最后所得 G 的连通无回路生成子图 T 即是 G 的生成树.

下面通过一种称为边的收缩运算来求一个连通图的生成树的数目.

定义 8.2.2 设 G 是连通图, $e \in E(G)$, 将 e 删去, 并使 e 的两端点重合. 此过程称为 e 的收缩(retraction), 所得的图记为 $G°e$.

图 8.5 给出了图 G 以及 $G°e$.

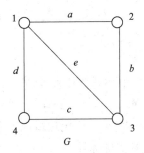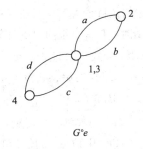

图 8.5

定理 8.2.2 树的任意一条边 e 被收缩后仍为树.

证明: 设 T 是树, 则 $q(T) = p(T) - 1$. 任取 $e \in E(T)$. 显然 $T^\circ e$ 仍连通, 且

$$p(T^\circ e) = p(T) - 1$$
$$q(T^\circ e) = q(T) - 1$$

于是

$$q(T^\circ e) = q(T) - 1 = (p(T) - 1) - 1 = p(T^\circ e) - 1$$

由定理 8.1.2(2) 知, $T^\circ e$ 是树.

以下用 $\tau(G)$ 表示图 G 的不同生成树(包括同构)的数目.

定理 8.2.3 设 $e = xy$ 是图 G 的一条边, $x \neq y$. 于是

$$\tau(G) = \tau(G - e) + \tau(G^\circ e)$$

证明: 将 G 的生成树按含 e 与否分为两类.

显然, 不含 e 的生成树即是 $G - e$ 的生成树; 反之, $G - e$ 的生成树均不含 e, 故 G 的不含 e 生成树共有 $\tau(G - e)$ 个.

设 T 是 G 的含 e 生成树. 由定理 8.2.2 知, $T^\circ e$ 是树, 显然 $T^\circ e$ 是 $G^\circ e$ 的生成树; 反之, 在 $G^\circ e$ 的生成树中将收缩时重合的点按 G 的结构扩展成边 e, 就得到 G 的一棵含 e 的生成树. 故 G 的含 e 的生成树共有 $\tau(G^\circ e)$ 个. 因此

$$\tau(G) = \tau(G - e) + \tau(G^\circ e)$$

图 8.6 说明了怎样用定理 8.2.3 来递推计算 $\tau(G)$. 为简单起见, 用图 G 表示 $\tau(G)$.

$$\tau(G) = \quad = \quad + \quad = \left(\quad + \quad \right) + \left(\quad + \quad \right)$$

$$= \quad + \left(\quad + \quad \right) + \left(\quad + \quad \right) + \left(\quad + \quad \right)$$

$$= \quad + \quad + \quad + \quad + \quad + \quad + \quad$$

$$= 8$$

图 8.6

当图的顶点和边的数目较大时，上述递推方法十分繁杂，不实用，可以用代数的方法来求 $\tau(G)$. 当 G 是完全图时，有一个很简单的计算方式.

定理 8.2.4(Gayley 公式) $\tau(K_n)=n^{n-2},n\geqslant 2$.

证明: 设 $N=V(K_n)=\{1,2,\cdots,n\}$, $S(K_n)$ 是 K_n 的所有生成树之集合，令

$$M(N)=\{i_1,i_2,\cdots,i_{n-2}\mid i_j\in N,j=1,2,\cdots,n-2\}$$

显然, $|M(N)|=n^{n-2}$. 如果能找到一个双射 $\sigma:S(K_n)\to M(N)$, 则定理得证. 下面用树的编码思想来构造 σ. 为方便，称 K_n 中顶点 i 的值(整数)为该顶点的标号.

设 T 是 K_n 的一个生成树，即 $T\in S(K_n)$. 令 $\sigma(T)=(j_1,\cdots,j_{n-2})$, 其中 $j_1,\cdots,j_{n-2}$ 如下确定:

设 i_1 是 T 中标号最小的悬挂点，且与 i_1 邻接的顶点为 j_1, 从 T 中删去 i_1, 显然 $T-i_1$ 仍是树，又设 i_2 是 $T-i_1$ 中标号最小的悬挂点，且与 i_2 邻接的顶点为 $j_2,\cdots$, 如此下去，直到 j_{n-2} 被确定. 此时，得到一个只含两个顶点的树，且得到了一个序列 $(j_1,j_2,\cdots,j_{n-2})$. 由以上过程知, K_n 的任意生成树都有唯一的一个序列与之对应. 而且, K_n 的两棵不同的生成树对应不同的两个序列. 故 σ 是单射. 例如，对图 8.7 中的树 $T,n=6,i_1=3,j_1=2;i_2=4,j_2=1,i_3=1,j_3=2;i_4=2,j_4=5$; 所以, $\sigma(T)=(2,1,2,5)$.

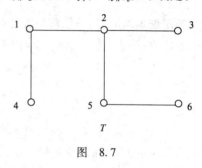

图 8.7

另一方面，对任意 $j_1,\cdots,j_{n-2}\in M(N)$. 下面构造 K_n 的一个生成树 $T\in S(K_n)$, 使得 $\sigma(T)=(j_1,\cdots,j_{n-2})$.

首先注意到, T 中度数为 $d_T(v)$ 的顶点，在对应序列 $(j_1,\cdots,j_{n-2})$ 中共出现 $d_T(v)-1$ 次. 于是, T 中度数为 1 的顶点在 $(j_1,\cdots,j_{n-2})$ 中没有出现. 设 i_1 是 N 中不在 $(j_1,\cdots,j_{n-2})$ 中出现的标号最小的顶点，连接 i_1 与 j_1. 又设 i_2 是 $N-\{i_1\}$ 中不在 $(j_1,\cdots,j_{n-2})$ 中出现的标号最小的顶点，连接 i_2 与 $j_2,\cdots$, 如此下去，直到共连接了 $n-2$ 条边 $i_1j_1,i_2j_2,\cdots,i_{n-2}j_{n-2}$. 最后，再添加一条连接 $N-\{i_1,i_2\cdots,i_{n-2}\}$ 中两个顶点的边，得到 T.

不难验证

$$\sigma(T)=(j_1,\cdots,j_n)$$

因此, σ 是一个满射. 故 σ 是双射. 从而

$$\tau(K_n)=|S(K_n)|=|M(N)|=n^{n-2}$$

注意: n^{n-2} 不是 K_n 的所有互不同构的生成树数目，而是 K_n 的所有不同的生成树数目. 例如, $\tau(K_6)=6^4=1296$, 而 K_6 的互不同构的生成树只有 6 个.

§8.3 应用(最优树问题)

假设要在 n 个城市 $v_1,v_2,\cdots,v_n$ 之间建一个公路网，使得这 n 个城市互通公路，已知连接城市 v_i 和 v_j 的公路造价为 C_{ij}, 要求设计一个总造价最小的公路网，这就是所谓连接问题.

从图论角度看，连接问题可叙述为: 在一个赋权连通图 G 中，找出一个具有最小权的连通子图. 显然，它必是 G 的一个生成树 T, 且权最小. 我们称这种树为最优树.

对于有限赋权图，由于它的生成树数目有限，因此，总可以通过逐个比较最终找到一

个最优树(可能不唯一). 这说明最优树是存在的. 但当顶点和边的数目较大时, 这种方法显然是不切实际的. Kruskal 于 1956 年提出了求最优树的有效算法, 其步骤如下(设 G 的各边权非负且无环):

(1) 选择 $e_1 \in E(G)$, 使权 $w(e_1)$ 最小;

(2) 假设已选好 $e_1, e_2, \cdots, e_i$, 则从 $E(G) - \{e_1, e_2, \cdots, e_i\}$ 中选取 e_{i+1} 满足:

① $G[\{e_1, e_2, \cdots, e_{i+1}\}]$ 无回路;

② $w(e_{i+1})$ 是满足①的尽可能小的权;

(3) 重复(2)直到不存在满足①的边.

例如, 图 8.8 给出了利用上述算法求最优树的过程, 其中, 粗边就是算法所选定的边.

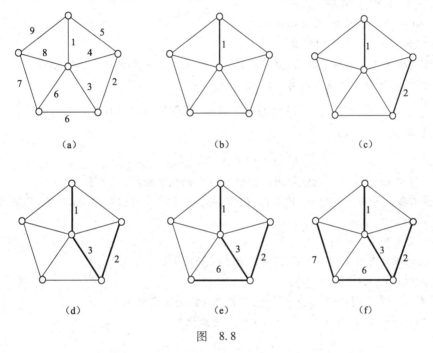

图 8.8

定理 8.3.1 对赋权图 $G(p, q)$, 用 Kruskal 算法得到 G 的子图 T^* 必是最优树.

证明: 首先, 由 Kruskal 算法容易证明 T^* 是 G 的生成树.

设

$$E(T^*) = \{e_1, e_2, \cdots, e_{p-1}\}$$

对 G 的每个不同于 T^* 的生成树 T, 令

$$f(T) = \min\{i \mid e_i \in E(T^*) - E(T)\}$$

假设 T^* 不是最优树. 令 T 是使 $f(T)$ 取最大值的最优树, 设 $f(T) = k$. 于是, $e_1, e_2, \cdots, e_{k-1} \in E(T^*) \cap E(T)$, 但 $e_k \notin E(T)$. 由定理 8.1.2(4) 知, $T + e_k$ 中含唯一的回路 C. 令 e'_k 是 C 中满足 $e'_k \in E(T) - E(T^*)$ 的边. 作 $T' = (T + e_k) - e'_k$, 于是 T' 是一个有 $p - 1$ 条边的连通图. 由定理 8.1.2(2) 知, T' 是 G 的生成树. 显然

$$w(T') = w(T) + w(e_k) - w(e'_k)$$

而由算法知, $w(e_k) \leqslant w(e'_k)$. 从而 $w(T') \leqslant w(T)$, 这说明 T' 也是 G 的最优树. 但 $f(T') > k$. 此与 T 的选取矛盾. 故 T^* 是最优树.

习　题

1. 设 G 是一个无回路的图,求证:若 G 中任意两个顶点间有唯一的通路,则 G 是树.

2. 证明:非平凡树的最长通路的起点和终点均为悬挂点.

3. 证明:恰有两个悬挂点的树是一条通路.

4. 设 G 是树,$\Delta(G) \geqslant k$,求证:G 中至少有 k 个悬挂点.

5. 设 $G(p,q)$ 是一个图,求证:若 $q \geqslant p$,则 G 中必含回路.

6. 设 $G(p,q)$ 是有 k 个连通分支的图,求证:G 是森林当且仅当 $q = p - k$.

7. 画出 K_4 的所有 16 棵生成树.

8. 设 $G(p,q)$ 是连通图,求证:$q \geqslant p - 1$.

9. 递推计算 $K_{2,3}$ 的生成树数目.

10. 通过考虑树中的最长通路,直接验证有标记的 5 个顶点的树的总数为 125.

11. 用 $T(n)$ 表示 n 个顶点的有标记树的个数,求证:

$$2(n-1)T(n) = \sum_{k=1}^{n-1} k(n-k)T(k)T(n-k)C_n^k$$

由此得恒等式

$$\sum_{k=1}^{n-1} k^{k-1}(n-k)^{n-k-1}C_n^k = 2(n-1)n^{n-2}$$

12. 如何用 Kruskal 算法求赋权连通图的权最大的生成树(称为最大树)?

13. 设 G 是一个赋权连通图,$V(G) = \{1, 2, \cdots, n\}, n \geqslant 2$. 求证:按下列步骤(Prim 算法)可以得出 G 的一个最优树.

(1) 置 $U = \{1\}, T = \varnothing$;

(2) 选取满足条件 $i \in U, j \in V(G) - U$ 且 $C(i,j)$ 最小的 (i,j);

(3) $T: T \cup \{i,j\}, U: = U \cup \{j\}$;

(4) 若 $U \neq V(G)$ 则转(2),否则停止,T 中的边就是最优树的边.

14. 按题 13 的 Prim 算法,求出图 8.9 所示的最优树.

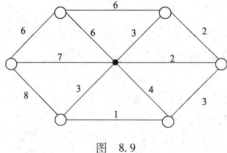

图　8.9

第 9 章

图的连通性（connectivity）

考虑图 9.1 给出的四个连通图．G_1 是树，从 G_1 中去掉任何一条边都使 G_1 不连通；从 G_2 中任意去掉一条边后，所得图仍连通，但 $G_2 - v$ 不连通，而在 G_3 中，任意去掉一个顶点或一条边后，所得图仍连通，但 G_3 的连通程度不如 G_4，G_4 是一个完全图，总之，G_1 到 G_4 的连通程度依次增强．

本章介绍度量图的连通程度的两个指标——点连通度和边连通度，以及它们之间的关系，还有块（block）的概念．

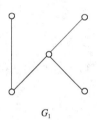 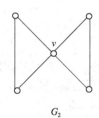 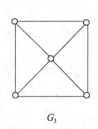 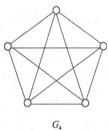

G_1 $\qquad\qquad$ G_2 $\qquad\qquad$ G_3 $\qquad\qquad$ G_4

图　9.1

§9.1　点连通度和边连通度

设 G 是连通图，$V' \subset V(G)$．如果 $G - V'$ 不连通，则称 V' 为 G 的一个顶点割（vertex cut）．特别地，当 $V' = \{v\}$ 时，称 v 为 G 的一个割点（cut point）．

定义 9.1.1　设 G 为连通的非完全图，令

$$\kappa(G) = \min\{\,|V'|\,|\,V' \text{是 } G \text{ 的顶点割}\}$$

称 $\kappa(G)$ 的点连通度，简称为 G 的连通度．

为统一起见，规定 $\kappa(K_n) = n - 1$，当 G 为平凡图或非连通图时，$\kappa(G) = 0$．

在图 9.1 中，$\kappa(G_1) = \kappa(G_2) = 1$，$\kappa(G_3) = 3$，$\kappa(G_4) = 4$．

对于整数 $k \geq 0$，若 $\kappa(G) \geq k$，则称 G 为 k - 连通图．显然，一个 k - 连通图必是一个 $(\kappa - 1)$ - 连通图．所有非平凡的连通图都是 1 - 连通图．

类似地，设 G 是连通图，$E' \subseteq E(G)$，如果 $G - E'$ 不连通，则称 E' 为 G 的一个边割（edge cut），特别地，当 $E' = \{e\}$ 时，称 e 为割边．

如果 G 的边割 E' 的任何真子集均不是 G 的边割，则称 E' 是 G 的割集（cutset）．

定义 9.1.2　设 G 是非平凡连通图，令

$$\lambda(G) = \min\{ |E'| \mid E'\text{ 是 }G\text{ 的边割}\}$$

称 $\lambda(G)$ 为 G 的边连通度,当 G 为平凡图或非连通图时,规定 $\lambda(G) = 0$.

如果 $\lambda(G) \geqslant k$,则称 G 为 k-边连通图.

在图 9.1 中,$\lambda(G_1) = 1, \lambda(G_2) = 2, \lambda(G_3) = 3, \lambda(G_4) = 4$.

定理 9.1.1 对任何图 G,恒有

$$\kappa(G) \leqslant \lambda(G) \leqslant \delta(G)$$

证明: 若 G 不连通,则 $\kappa(G) = \lambda(G) = 0$,结论成立,下面设 G 连通.

先证 $\lambda(G) \leqslant \delta(G)$. 若 G 是平凡图,则 $\lambda(G) = 0 \leqslant \delta(G)$,若 G 是非平凡图,则因为每一顶点所关联的边构成一个边割,故 $\lambda(G) \leqslant \delta(G)$.

再证 $\kappa(G) \leqslant \lambda(G)$.

当 $\lambda(G) = 0$ 时,G 是平凡图,此时,$\kappa(G) = 0$;

当 $\lambda(G) = 1$ 时,G 有一条割边 $e = uv$,显然 $G - u$ 不连通,故 $\kappa(G) = 1$;

当 $G = K_n$ 时,$\lambda(G) = n - 1$,而 $\kappa(G) = n - 1$.

当 $\lambda(G) > 1$ 且 G 不是完全图时,不妨设 $n \geqslant 3$. 注意到若 E_1 是含 $\lambda(G)$ 条边的边割,则由于 E_1 是割集,$G - E_1$ 恰有两个连通分支 $G[V_1]$ 和 $[V_2]$. 于是,存在 $v_i \in V_1, v_j \in V_2$,使得

$$v_i v_j \notin E(G).$$

事实上,若上述 v_i 和 v_j 不存在,设 $|V_1| = m$,则 $\lambda(G) = m(n - m)$. 由于

$$(m - 1)(n - m - 1) \geqslant 0$$

即 $m(n - m) - m - (n - m) + 1 \geqslant 0$,于是

$$\lambda(G) \geqslant m + (n - m) - 1 = n - 1$$

此与 G 是非完全图矛盾.

对 E_1 中 $\lambda(G)$ 条边的每一条边,各取一个异于 v_i, v_j 的端点,从而得到一个至多 $\lambda(G)$ 个顶点的集合 $V_1', v_i, v_j \notin V_1'$,且 $G - V_1' \leqslant G - E_1$,于是,$G - V_1'$ 不连通,故

$$\kappa(G) \leqslant |V_1'| \leqslant \lambda(G)$$

对于图 9.2,我们有 $\kappa(G) = 2, \lambda(G) = 3, \delta(G) = 4$.

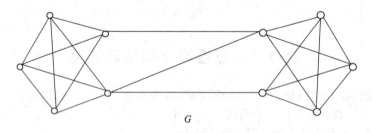

G

图 9.2

定理 9.1.2 对任何 $G(p, q)$ 有

$$\kappa(G) \leqslant \left\lfloor \frac{2q}{p} \right\rfloor, \quad \lambda(G) \leqslant \left\lfloor \frac{2q}{p} \right\rfloor$$

其中,$\lfloor x \rfloor$ 表示不超过 x 的最大整数.

证明: 因为

$$2q = \sum_{i=1}^{p} d(v_i) \geqslant \sum_{i=1}^{p} \delta(G) = p\delta(G)$$

所以 $\delta(G) \leqslant \dfrac{2q}{p}$. 又 $\delta(G)$ 是整数,故由定理 9.1.1

$$\kappa(G) \leqslant \left\lfloor \frac{2q}{p} \right\rfloor$$

$$\lambda(G) \leqslant \left\lfloor \frac{2q}{p} \right\rfloor$$

一个图 G 的最小度 $\delta(G)$ 与 G 的连通性有一定的关系.

定理 9.1.3　设 $G(p,q)$ 是简单图. 若 $\delta(G) \geqslant \left\lfloor \frac{p}{2} \right\rfloor$，则 G 必连通.

证明：假设 G 不连通，则由 $\delta(G) \geqslant \left\lfloor \frac{p}{2} \right\rfloor$ 知，G 的每个连通分支至少有 $\left\lfloor \frac{p}{2} \right\rfloor + 1$ 个顶点，即 $\left\lfloor \frac{p+2}{2} \right\rfloor$ 个顶点，但 $\left\lfloor \frac{p+2}{2} \right\rfloor \geqslant \frac{1}{2}(p+1)$. 于是，$G$ 至少有 $p+1$ 个顶点. 矛盾，故 G 必连通.

设 G 是一个图，$\varnothing \subset V_1, V_2 \subseteq V(G)$，令
$$[V_1, V_2] = \{(u,v) \in E(G) \mid u \in V_1, v \in V_2\}$$
并称 $[V_1, V_2]$ 为 G 的一个断集.

定理 9.1.4　如果简单图 $G(p,q)$ 满足 $\delta(G) \geqslant \left\lfloor \frac{p}{2} \right\rfloor$，则 $\lambda(G) = \delta(G)$.

证明：由定理 9.1.1 知 $\lambda(G) \leqslant \delta(G)$，如果 $\lambda(G) < \delta(G)$，则由 $\delta(G) \geqslant \left\lfloor \frac{p}{2} \right\rfloor$ 及定理 9.1.3 知 G 连通，因此，$\lambda(G) > 0$，于是，存在 $V(G)$ 的非空子集 V_1，使
$$|[V_1, \overline{V_1}]| = \lambda(G) < \delta(G)$$
其中，$\overline{V_1} = V(G) - V_1$.

设 $G[V_1]$ 的边数为 q_1，若 $|V_1| \leqslant \delta(G)$，则 $2q_1 = \sum_{v \in v_1} d(v) - \lambda(G) \geqslant |V_1| \delta(G) - \lambda(G)$，于是
$$q_1 \geqslant \frac{1}{2}(|V_1| \delta(G) - \lambda(G)) > \frac{1}{2}(|V_1| \delta(G) - \delta(G)) = \frac{1}{2}\delta(G)(|V_1| - 1) \geqslant \frac{1}{2}|V_1|(|V_1| - 1)$$
对简单图而言，这是不可能的，所以 $|V_1| > \delta(G)$. 同理可证 $|\overline{V_1}| > \delta(G)$. 从而 $|V_1| \geqslant \delta(G) + 1$，$|\overline{V_1}| \geqslant \delta(G) + 1$. 于是
$$|V(G)| = |V_1| + |\overline{V_1}| \geqslant 2\delta(G) + 2 > 2\delta(G) + 1 \geqslant 2\left\lfloor \frac{p}{2} \right\rfloor + 1 \geqslant p$$
此为矛盾，故 $\lambda(G) = \delta(G)$.

§9.2　块

定义 9.2.1　没有割点的连通图称为不可分图，图 G 的极大不可分子图称为 G 的一个块.

例如，图 9.1 中 G_3 和 G_4 是不可分图，当然也是块，对于图 9.3（a）所示的图，它的块如图 9.3（b）所示.

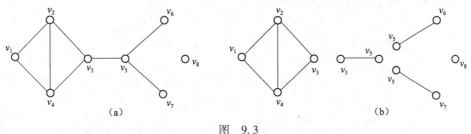

图　9.3

显然，至少有三个顶点的块是 2 - 连通的.

定义 9.2.2　设 P,Q 是图 G 的两条 (u,v) - 通路. 如果除端点 u,v 外，P 和 Q 没有其他公共

顶点,则称 P 和 Q 是内部不相交的,简称内不交的.

定理9.2.1 设 $G(p,q)$ 是一个 $p \geqslant 3$ 的图. 于是, G 是 $2-$ 连通图当且仅当 G 的任意两个顶点至少由两条内部不相交的通路所连通.

证明: 设 G 的任意两个顶点至少由两条内不交的通路所连通,则 G 显然是连通的,并且 G 的每个顶点都不是割点. 故 G 是 $2-$ 连通图.

反之,设 G 是 $2-$ 连通的. 任取 $u,v \in V(G)$. 以下对顶点 u 与 v 的距离 $d(u,v)$ 作归纳证明: G 中至少存在两条内不交的 $(u,v)-$ 通路.

当 $d(u,v) = 1$ 时,即 $e = uv \in E(G)$. 由 G 的假设知, e 不是割边(否则 G 有割点 u 和 v),于是 $G - e$ 仍连通,从而 $G - e$ 中(当然也是 G 中)的 $(u,v)-$ 通路与通路 $e = uv$ 构成 G 中两条内不交的 $(u,v)-$ 通路.

假设对 $d(u,v) < k$,结论成立.

对 $d(u,v) = k \geqslant 2$,考虑一条长为 k 的 $(u,v)-$ 通路 R. 设 $R = u \cdots wv$,则
$$d(u,w) = k - 1$$
由归纳假设, G 中至少有两条内不交的 $(u,w)-$ 通路 P 和 Q. 因为 G 是 $2-$ 连通的,所以 $G - w$ 仍连通. 于是, $G - w$ 中存在 (u,v) 通路 P'. P' 与 P,Q 的关系可分为以下三种情形(见图9.4).

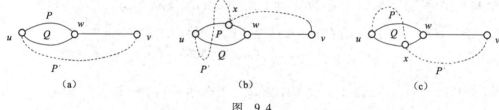

图 9.4

(a) P' 与 $P \cup Q$ (除 u 外)不相交. 此时, P' 与 $P + wv$ 是两条内不交的 (u,v) 通路.

(b) P' 与 $P \cup Q$ 相交,设距 v 最近的交点为 x ,且 x 在 P 上,此时, P 上的 $(u,x)-$ 节,连接 P' 上的 $(x,v)-$ 节,与 $Q + wv$ 就是两条内不交的 $(u,v)-$ 通路.

(c) P' 与 $P \cup Q$ 相交且距 v 最近的交点 x 在 Q 上,类似(b),也有两条内不交的 $(u,v)-$ 通路.

推论9.2.1 若 G 是 $2-$ 连通的,则 G 的任意两个顶点都在 G 的某一条回路上.

证明: 由定理9.2.1,对任意 $u,v \in V(G)$,设 P 和 Q 的两条内不交的 $(u,v)-$ 通路. 显然, $P + Q$ 是 G 的一条回路,且 u 和 v 在其上.

推论9.2.2 若 G 是至少3个顶点的块,则 G 的任意两条边都在 G 的某一条回路上.

证明: 设 $e_1,e_2 \in E(G)$,分别在 e_1 和 e_2 上添加顶点 v_1 和 v_2 ,得到一个新图 G' (见图9.5). 显然 G' 仍是块,且至少是5个顶点. 因此, G' 是 $2-$ 连通的. 由推论9.2.1, v_1 和 v_2 在 G' 的同一条回路上,从而 e_1 和 e_2 和 G 的同一条回路上.

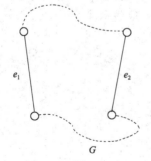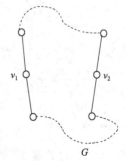

图 9.5

§9.3　应用（构造可靠的通信网络）

假定连通图 G 表示一个通信网络，顶点表示通信站，边表示通信线路．如果网络中某些通信站或通信线路发生故障而使整个网络中至少有两个通信站失去联系，则此时我们称该网络处于中断状态．显然，使网络 G 处于中断状态的出现故障的通信站（通信线路）的最少数目就是 G 的连通度（边连通度）．

容易知道，连通程度越高，系统通信的可靠性就越高．自然，在设计和构造通信网络时，就要求在保证一定的可靠性的前提下，使所需费用最少．此问题反映在图论上，就是更一般的连接问题：对给定的正整数 k 和赋权连通图 G，构造 G 的一个具有最小权的 k – 连通生成子图．

当 $k=1$ 时，即要求出 G 的一棵具有最小权的生成树．这可以用 Kruskal 算法来解决．但这样的通信网络可靠性不高，只要某一通信站（悬挂点除外）或者某一段通信线路发生故障，则网络处于中断状态．

当 $k>1$ 时，这目前还是一个未解决的困难问题．然而，当 G 是一个各边权均为 1 的完全图时，此问题有一简单的解决办法．

对各边权均有 1 的赋权完全图 $G(p,q)$，G 的一个具有最小权的 k – 连通生成子图显然是一个边最少的 k – 连通图 $G'(p,q')$，令 $q'=f(k,p)$，$k<p$．由定理 9.1.1 和定理 7.3.1，不难得

$$f(k,p) \geqslant \lceil kp/2 \rceil \tag{9.1}$$

下面将证明式（9.1）中等式必成立，其方法是通过构造一个 p 个顶点的 k – 连通图 $H_{k,p}$，使得 $H_{k,p}$ 恰有 $\lceil kp/2 \rceil$ 条边，不妨设 $V(H_{k,p})=\{0,1,\cdots,p-1\}$．$H_{k,p}$ 的结构与 k 和 p 的奇偶性有关．

（1）当 k 是偶数时，设 $k=2r$．对任意 $i,j\in V(H_{2r,p})$，i 与 j 邻接当且仅当 $|i-j|\leqslant r$ 或者 $|i'-j'|\leqslant r$，其中 $i'\equiv i(\bmod\ p)$，$j'\equiv j(\bmod\ p)$，即 $i'-i$ 和 $j'-j$ 均被 p 整除．例如，图 9.6(a) 给出了 $H_{4,6}$．

（2）当 k 为奇数，p 为偶数时，设 $k=2r+1$．在图 $H_{2r,p}$ 上添加连接顶点 i 与顶点 $(i+p/2)(\bmod\ p)$ 的边，其中 $1\leqslant i\leqslant p/2$，例如图 9.6(b) 给出了 $H_{5,6}$．

（3）当 k 与 p 均为奇数时，令 $k=2r+1$．在图 $H_{2r,p}$ 上添加连接顶点 0 与 $(p-1)/2$ 和 $(p+1)/2$ 的边，以及顶点 i 与顶点 $i+(p+1)/2(\bmod\ p)$ 的边，其中 $1\leqslant i<(p-1)/2$．例如，图 9.6(c) 给出了 $H_{5,7}$．

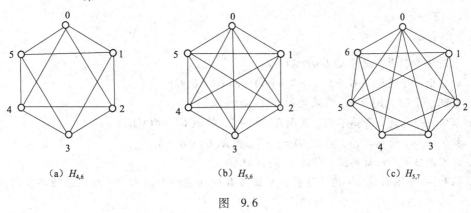

(a) $H_{4,6}$　　　　　(b) $H_{5,6}$　　　　　(c) $H_{5,7}$

图　9.6

定理 9.3.1　（Harary，1962）图 $H_{k,p}$ 是 k – 连通的．

证明：考虑 $k=2r$ 的情形，下面证明 $H_{2r,p}$ 中不存在少于 $2r$ 个顶点的顶点割．

假设 V' 是顶点割且 $|V'| < 2r$，则 $H_{2r,p} - V'$ 至少有两个连通分支 $H[V_1]$ 和 $H[V_2]$. 设 $i \in V_1, j \in V_2$.

令

$$S = \{i, i+1, \cdots, j-1, j\}$$
$$T = \{j, j+1, \cdots, i-1, i\}$$

其中, 加法取模 p.

由于 $|V'| < 2r$, 所以, 不妨假设 $|V' \cap S| < r$. 于是在 $S - V'$ 中存在一个顶点不重复的序列

$$i_1 = i, i_2, \cdots, i_m = j$$

使得 $|i_h - i_{h+1}| \le r$, 其中 $1 \le h \le m - 1$. 但由 $H_{2r,p}$ 的构造, 这样的一个序列是 $H_{2r,p} - V'$ 中的一条 (i, j) - 通路. 此与 i, j 的假设矛盾, 因此, $H_{2r,p}$ 是 $2r$ - 连通的.

同理, 对 $k = 2r + 1$ 的情形, 也可证明 $H_{2r,p}$ 是 k - 连通的.

由 $H_{k,p}$ 的构造不难证明

$$q(H_{k,p}) = \lceil kp/2 \rceil$$

因此, 由定理 9.3.1 知

$$f(k, p) \le \lceil kp/2 \rceil \tag{9.2}$$

于是, 由式 (9.1) 和式 (9.2) 知

$$f(k, p) = \lceil kp/2 \rceil$$

并且, $H_{k,p}$ 是 p 个顶点的边最少的 k - 连通图.

注意到, 对任意图 G, 由于 $\kappa(G) \le \lambda(G)$, 因此, $H_{k,p}$ 也是 k - 边连通图.

习　题

1. 对图 9.7 中的两个图, 各作出两个顶点割.

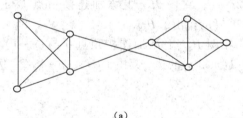 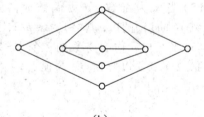

（a）　　　　　　　　　　　　　（b）

图　9.7

2. 求图 9.7 中两个图的 $\kappa(G)$ 和 $\lambda(G)$.

3. 试作出一个连通图 G, 使之满足 $\kappa(G) = \lambda(G) = \delta(G)$.

4. 求证, 若 $G(p, q)$ 是 k - 边连通的, 则 $q \ge kp/2$.

5. 求证, 若 G 是 p 阶简单图, 且 $\delta(G) \ge p - 2$, 则 $\kappa(G) = \delta(G)$.

6. 找出一个 p 阶简单图, 使 $\delta(G) = p - 3$, 但 $\kappa(G) < \delta(G)$.

7. 设 G 为 3 - 正则简单图, 求证 $\kappa(G) = \lambda(G)$.

8. 证明: 一个图 G 是 2 - 边连通的当且仅当 G 的任意两个顶点由至少两条边不重的通路所连通.

9. 举例说明: 若在 2 - 连通图 G 中, P 是一条 (u, v) - 通路, 则 G 不一定包含一条与 P 内部不相交的 (u, v) 通路 Q.

10. 证明: 若 G 中无长度为偶数的回路, 则 G 的每个块或者是 K_2, 或者是长度为奇数的回路

11. 证明：不是块的连通图 G 至少有两个块，其中每个块恰含一个割点.

12. 证明：图 G 中块的数目等于

$$\omega(G) + \sum_{v \in V(G)} (b(v) - 1)$$

其中，$b(v)$ 表示包含 v 的块的数目.

13. 给出一个求图的块的算法.

14. 证明：$H_{2r+1, p}$ 是 $(2r+1)$ - 连通的.

15. 证明：$\kappa(H_{m,n}) = \lambda(H_{m,n}) = m$.

16. 试画出 $H_{4.8}, H_{5.8}$ 和 $H_{5.9}$.

第 10 章
E 图（Euler graph）与
H 图（Hamiltonian graph）

图论中的许多问题是以一些游戏为背景提出来的. 比如, 著名的哥尼斯堡七桥问题、周游世界问题等. 1736 年, 数学家欧拉 Euler 发表了一篇论文, 解决了七桥问题, 通常认为这是图论的第一篇论文.

本章将介绍欧拉图(E 图)和汉密尔顿图(H 图)的基本概念、判定方法及其应用.

§10.1   七桥问题与 E 图

18 世纪的德国哥尼斯堡城中, 有七座桥将普莱格尔(Pregel)河中的两个岛及岛与河岸联系起来, 如图 10.1(a)所示. 问能否从这四块陆地(A,B,C,D)中的任何一块出发, 经过每座桥恰好一次, 最后回到原出发地. 这就是著名的七桥问题.

传说当时许多当地居民试图实地找出这种走去, 但都失败了. 欧拉知道此问题后, 他并没有实地去走, 而是将每一块陆地用一个点来代表, 将每一座桥用联结相应两个点的一条边来代表, 从而得到了图论中的第一个"图", 如图 10.1(b)所示.

这样, 七桥问题就等价于"能否一笔画出图 10.1(b)". 所谓一笔画出, 就是指从图的任意一点开始, 笔尖不离纸地、边不重复地画出该图, 最后回到起点.

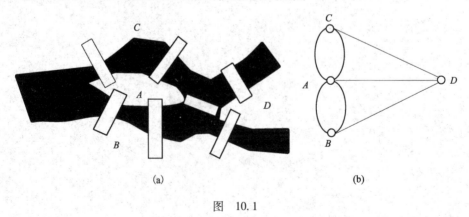

(a)   (b)

图   10.1

对于七桥问题, 欧拉在他的论文中指出, 七桥问题是无解的, 也即图 10.1(b) 不能一笔画出.

定义 10.1.1   设 G 是一个图, 经过 G 的每一条边的链称为 E 链; 闭的 E 链称为 E 闭链. 如

果 *G* 中存在 *E* 链,则称 *G* 为半 *E* 图(semi – Euler raph);如果 *G* 中存在 *E* 闭链,则称 *G* 为 *E* 图.

下面我们仅讨论 *G* 是非平凡连通图的情形.

定理 10.1.1　连通图 *G* 是 *E* 图当且仅当 *G* 中无奇点.

证明:设 *G* 是 *E* 图,*C* 是 *G* 的一条 *E* 闭链.由于 *G* 连通且 *C* 是含 *G* 的每边恰一次的闭链,因此,*C* 中的每个点都可作起点(同时也是终点).于是,从 *C* 上的任意一点 *u* 出发,每经过一个顶点 *v*,就有两条与 *v* 关联的边出现.这样,*C* 上的每个顶点,也即 *G* 的每个顶点的度均为偶数,故 *G* 中无奇点.

反之,设 *G* 是无奇点的连通图.假设 *G* 不是 *E* 图.在所有连通无奇点的非 *E* 图中,选择一个边最少的图 *G*.于是,*G* 的每个顶点的度至少是 2,从而 *G* 必含闭链.设 *C* 是 *G* 中最长的闭链,由假设 *C* 不是 *E* 闭链,于是 *G*—*E*(*C*) 中必含一个非平凡连通分支 *G'* 且 *G'* 中无奇点.显然,$q(G') < q(G)$,因 *G* 连通,所以 *C* 与 *C'* 必有公共点 *v*,将 *v* 作为 $C \cup C'$ 的起点和终点,则 $C \cup C'$ 是 *G* 中的一条闭链.且 $q(C \cup C') > q(C)$,此与 *C* 的假定矛盾,故 *G* 是 *E* 图.

推论 10.1.1　*G* 是半 *E* 图当且仅当 *G* 最多有两个奇点.

证明:设 *G* 是半 *E* 图,*C* 是 *G* 的一条 *E* 链.由定理 10.1.1 的证明知,*C* 中除起点与终点外,每个顶点的度均为偶数,又因 *G* 连通,故 *G* 最多只有两个奇点(即起点与终点).

反之,设 *G* 最多只有两个奇点.若 *G* 无奇点,由定理 10.1.1,*G* 有 *E* 闭链,因此 *G* 是半 *E* 图;否则 *G* 恰有两个奇点,设奇点为 *u* 和 *v*.令 $uv = e$,则 $G+e$ 无奇点.因此,$G+e$ 中含 *E* 闭链 $C = ueve_1 \cdots e_q u$.于是 $\omega = ve_1 \cdots e_q u$ 就是 *G* 中的一条 *E* 链,故 *G* 是半 *E* 图.

由定理 10.1.1 知,图 10.1(b) 不是 *E* 图,它也不是半 *E* 图.

§10.2　周游世界问题与 *H* 图

1856 年,数学家汉密尔顿(Hamilton)发明了一个游戏:用一个正十二面体(见图 10.2(a))的 20 个顶点代表世界上 20 个重要的城市,要求从一个城市出发,沿十二面体的棱走遍所有 20 个城市,且每个城市只经过一次,最后返回到出发点,这就是著名的"周游世界"问题.

正十二面体的顶点与棱的关系可以用图 10.2(b) 表示出来.于是,"周游世界"问题等价于从图 10.2(b) 中找一条含所有顶点的回路.图中由粗线所构成的回路就是该问题的解.

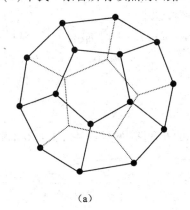
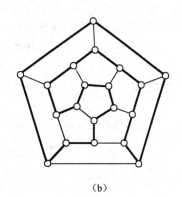

(a)　　　　　　　　　　　　　(b)

图　10.2

定义 10.2.1　设 *G* 是一个图,含 *G* 中每个顶点的通路称为 *H* 通路(*H* – path);起点与终点重合的 *H* 通路称为 *H* 回路(*H* – circuit),如果 *G* 存在 *H* 通路,则称 *G* 为半 *H* 图;如果 *G* 存在 *H* 回路,则称 G 为 H 图.

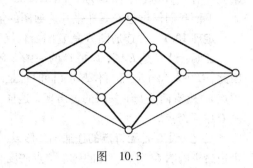

显然,H 图必是半 H 图,反之不然.例如,图 10.2(b)就是一个 H 图.但图 10.3 就只是一个半 H 图而非 H 图,其中粗线构成一个 H 通路.这是因为该图是一个具有奇数个顶点的二分图,故不存在含所有顶点的(奇)回路.

图 10.3

对于 H 图的判定不像 E 图那样简单,到目前为止,还没有一个简单的充分必要条件,这是图论中的一大难题.

定理 10.2.1   如果 G 是一个 H 图,则对 $V(G)$ 的任何非空真子集 S,均成立

$$\omega(G-S) \le |S| \tag{10.1}$$

证明:设 C 是 G 的 H 回路,于是,显然有

$$\omega(C-S) \le |S|$$

其中,$\varnothing \subset S \subset V(G)$. 由于 $C-S$ 是 $G-S$ 的生成子图,因此

$$\omega(G-S) \le \omega(C-S) \le |S|$$

故式(10.1)成立.

利用此定理,有时可证明一个图不是 H 图,如图 10.3 所示的 Herchel 图也可用此定理来说明它是一个非 H 图.

下面讨论图 G 是 H 图的充分条件.

定理 10.2.2   设 G 是 $p \ge 3$ 阶简单图.如果 G 中任何两个不邻接的顶点 u 和 v 均满足

$$d(u) + d(v) \ge p \tag{10.2}$$

则 G 是 H 图.

证明:设满足上述条件的 G 不是 H 图.令 G 是一切满足式(10.2)的 p 阶非 H 图中边数最多的简单图.显然,$G \ne K_p$.设 u,v 是 G 中不邻接的两个顶点.由 G 的假设可知,$G+uv$ 是 H 图,且其中的 H 回路必含 uv. 于是,G 中存在从 u 到 v 的 H 通路 $v_1 v_2 \cdots v_p$,其中 $u=v_1, v=v_p$. 令

$$S = \{v_i \mid v_1 v_i \in E(G)\}$$
$$T = \{v_i \mid v_{i-1} v_p \in E(G)\}$$

由 G 是简单图知,$|S| = d(v_1) = d(u)$,$|T| = d(v_p) = d(v)$. 又由 v_1 与 v_p 不邻接可知 $S \subseteq \{v_2, v_3, \cdots, v_{p-1}\}, T \subseteq \{v_3, v_4, \cdots, v_p\}$,因此,$S \cup T \subseteq \{v_2, v_3, \cdots, v_p\}$. 从而

$$|S \cup T| \le p-1$$

由 S 与 T 的定义,有

$$S \cap T = \varnothing$$

事实上,若 $v_i \in S \cap T$,则 $v_1 v_2 \cdots v_{i-1} v_p v_{p-1} \cdots v_i v_1$ 将是 G 中的 H 回路(见图 10.4),此与 G 的假定矛盾.

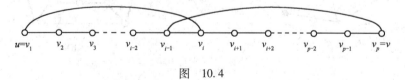

图   10.4

于是有

$$p \le d(v_1) + d(v_p) = |S| + |T| = |S \cup T| + |S \cap T| = |S \cup T| \le p-1$$

此为矛盾,故结论成立.

推论 10.2.1　设 G 是 $p(\geqslant 3)$ 阶简单图. 于是,若 $\delta(G) \geqslant p/2$,则 G 是 H 图.

证明:任取 $u, v \in V(G)$,则有

$$d(u) + d(v) \geqslant \delta(G) + \delta(G) \geqslant p/2 + p/2 = p$$

因此,由定理 10.2.2 知,G 是 H 图.

定义 10.2.2　设 G 为 p 阶图,对 G 中满足

$$d(u) + d(v) \geqslant p/2 + p/2 = p \tag{10.3}$$

的顶点 u, v,若 $uv \notin E(G)$,则将边 uv 加到 G 中,得到 $G + uv$. 如此反复加边,直到满足式(10.3)的两个顶点 u, v 均邻接. 最后所得的图称为 G 的闭包(closure of G),记为 G.

图 10.5 给出了求图的闭包 G 的过程.

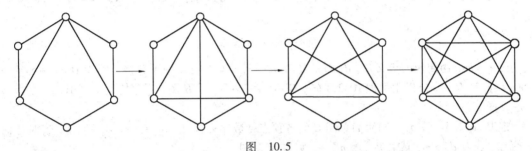

图　10.5

由闭包的定义不难证明,一个图 G 的闭包是唯一的,即求 G 的闭包时,加边的顺序可以任意选取.

引理 10.2.1　设 G 是 p 阶简单图,u 与 v 是 G 中两个不邻接的顶点且满足

$$d(u) + d(v) \geqslant p$$

于是,G 是 H 图当且仅当 $G + uv$ 是 H 图.

证明:设 G 是 H 图,则 $G + uv$ 显然也是 H 图.

反之,假设 $G + uv$ 是 H 图,如果其中一条 H 回路不含 uv,则 G 是 H 图;如果 $G + uv$ 的 H 回路均含 uv 边,设其中一条回路为 C

$$v_1 v_2 v_3 v_4 \cdots v_p v_1$$

其中,$v_1 = u, v_2 = v$,记

$$d'(u) = d_{G+uv}(u) = d_{G(u)} + 1$$
$$d'(v) = d_{G+uv}(v) = d_{G(v)} + 1$$

则有

$$d'(u) + d'(v) = d_{G(u)} + d_{G(v)} + 2 \geqslant p + 2 \tag{10.4}$$

假设在顶点 $v_3, v_4 \cdots, v_{p-1}$ 中有 r 个顶点 $v_{i_1}, v_{i_2}, \cdots v_{i_r}$ 与 u 邻接,则 $d_{G+uv}(u) = r + 2$. 于是,顶点 v_2 与 r 个顶点

$$v_{i_1+1}, v_{i_2+1} \cdots, v_{i_r+1} \tag{10.5}$$

中的某个顶点 v_{j_i+1} 邻接(见图 10.6),从而

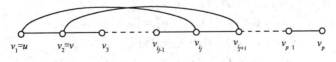

图　10.6

$$C' = v_1 v_{i_j} v_{i_{j-1}} \cdots v_3 v_2 v_{i_j+1} \cdots v_p v_1$$

就是 G 的一个 H 回路.

事实上,如果 v 不与式(10.5)中的任何顶点邻接,则有

$$d_{G+uv}(v) \leqslant (p-1) - r = (p-1) - (d_{G+uv}(u) - 2)$$

因此

$$d_{G+uv}(v) + d_{G+uv}(v) \leqslant p+1$$

此与式(10.4)矛盾. 故 G 是 H 图.

定理 10.2.3 p 阶简单图 G 是 H 图当且仅当 $\bar{G}$ 是 H 图.

证明: 设图 G 是 H 图,则显然 $\bar{G}$ 也是 H 图.

反之,设 $\bar{G}$ 是 H 图. 若 $G = \bar{G}$,则 G 是 H 图;若 $G \neq \bar{G}$,则存在 $e_i \notin E(G)$, $i = 1, \cdots, t$, $t \geqslant 1$,使得

$$G + e_i + \cdots + e_t = \bar{G}$$

设 $e_i = uv$,由闭包的定义知 $d(u) + d(v) \geqslant p$,且 u 与 v 在 G 中不邻接. 因为 $\bar{G} = G + e_1 + \cdots + e_{t-1} + e_t$ 是 H 图,所以由引理 10.2.1 知,$G + e_1 + \cdots + e_{t-1}$ 是 H 图. 反复应用引理 10.2.1,得到 G 是 H 图.

定理 10.2.4 设 $p(\geqslant 3)$ 阶简单图 G 的各顶点度数序列为 $d_1 \leqslant d_2 \leqslant \cdots \leqslant d_p$. 于是,若对任何 $m < p/2$,或者 $d_m > m$,或者 $d_{p-m} \geqslant p - m$,则 G 是 H 图.

证明: 我们将证明 $\bar{G} = K_p$,从而由定理 10.2.3 知,G 是 H 图.

假设 $\bar{G} \neq K_p$. 用 $d'(v)$ 记 $\bar{G}$ 中 v 的度数. 设 u 和 v 是 $\bar{G}$ 中不邻接且度数和为最大的两个顶点. 不妨假设 $d'(u) \leqslant d'(v)$.

由于 $uv \notin E(\bar{G})$,因此 $d'(u) + d'(v) < p$,从而取 $m = d'(u) < p/2$.

设 α 是 $\bar{G}$ 中不与 v 邻接的顶点个数,则

$$d'(v) = (p-1) - \alpha$$

即

$$\alpha = (p-1) - d'(v)$$

由于 $d'(u) + d'(v) \leqslant p-1$,因此

$$\alpha \geqslant d'(u) = m$$

即 $\bar{G}$ 中不与 v 邻接的顶点至少有 m 个,记为

$$v_{i_1}, v_{i_2}, \cdots v_{i_\alpha} \quad (\alpha \geqslant m, u = v_{i_m})$$

其中,由 u 的假定,可设 $d'(v_{i_1}) \leqslant d'(v_{i_2}) \leqslant \cdots \leqslant d'(v_{i_\alpha}) = m$. 由于 $V(G) = V(\bar{G})$,因此 G 中也至少有 m 个顶点的度数不大于 m. 又因为 G 的度序列以递增顺序排列,所以

$$d_m \leqslant m$$

同样,设在 $\bar{G}$ 中不与 u 邻接的顶点个数为 β,于是

$$\beta = (p-1) - d'(u) = (p-1) - m$$

设这些顶点分别为 $v_{j_1}, v_{j_2}, \cdots, v_{j_\beta} (v = v_{j_\beta})$,其中由 v 的假定,可设

$$d'(v_{j_1}) \leqslant d'(v_{j_2}) \leqslant \cdots \leqslant d'(v_{j_\beta}) = d'(v) < p - m$$

因为 $m < p/2$,所以,$m + (m-p) < 0$,即

$$d'(u) < p - m$$

从而 G 中共有 $(p-m-1)+1=p-m$ 个顶点的度数均小于 $p-m$，也即 $d_m \leqslant m$ 和 $d_{p-m} < p-m$ 都成立，此与定理的假设矛盾. 于是 $G = K_p$，从而定理得证.

§10.3　应用（旅行推销员问题）

设有 n 个城市 $C, \cdots, C_n$. 某推销员从 C_1 出发推销商品，每个城市都要走到并只到一次，最后回到 C_1，已知 $C_1, \cdots, C_n$ 中任何两个城市间的距离，问推销员应如何安排，使总路程最短. 这就是所谓旅行推销员问题(Traveling Salesperson Problem)，也叫货郎担问题.

用图论的语言可将货郎担问题叙述为：在赋权完全图 K_n 中求权最小的 H 回路，简称为最优回路(optimum circuit)，对于 $n(\geqslant 4)$ 个顶点的完全图，所有权可能不同的 H 回路共有 $(n-1)!$ 种，当 n 不大时，我们可将这 $(n-1)!$ 个 H 回路的权加以比较，从中找出一条最优回路. 这种方法称为穷举法. 但随着 n 的增大，$(n-1)!$ 的值急剧增大. 因此，穷举法显然不是一个好方法，遗憾的是，目前还没有好方法来解决此问题，下面介绍一种近似解法——逐次改进法.

在赋权完全图 G 中先找一条 H 回路 C. 然后适当修改 C，以便得到具有较小权的另一个回路，修改方法如下：

设 $C = v_1 v_2 \cdots v_n v_1$ 是 G 的一条 H 回路，如果

$$\omega(v_{i-1} v_{j-1}) + \omega(v_i v_j) < \omega(v_{i-1} v_i) + \omega(v_{j-1} v_j) \tag{10.6}$$

则用 H 回路 $C_{ij} = v_1 v_2 \cdots v_{i-1} v_{j-1} v_{j-2} \cdots v_{i+1} v_i v_j v_{j+1} \cdots$ 代替 C（见图 10.7），显然

$$\omega(C_{ij}) < \omega(C)$$

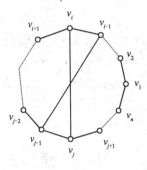

图　10.7

反复使用上述方法，逐次改进 H 回路的权，直到不存在满足式(10.6)的 C_{ij} 为止. 当然，最后所得的不一定是最优回路.

$$\omega(C) = 14 + 15 + 8 + 13 + 1 + 5 = 56$$

由于

$$\omega(v_2 v_5) + \omega(v_1 v_4) < \omega(v_1 v_2) + \omega(v_4 v_3)$$

故用 $C_{14} = v_3 v_2 v_5 v_6 v_1 v_4 v_3$ 代替 C，其中

$$\omega(C_{14}) = 15 + 5 + 1 + 5 + 11 + 8 = 45$$

又因

$$\omega(v_2 v_4) + \omega(v_1 v_3) < \omega(v_1 v_4) + \omega(v_2 v_3)$$

故用 $C_{13} = v_4 v_3 v_1 v_6 v_5 v_2 v_4$ 代替 C_{14}，其中

$$\omega(C_{13}) = 8 + 9 + 5 + 1 + 5 + 7 = 35$$

这时，我们将 C_{13} 作为该问题的近似解.

如何衡量我们所得的解"比较好"的程度呢? 我们可以应用 Kruskal 算法给出一个关于旅行推销员问题的解的下界估计式:任选赋权完全图 K_n 的一个顶点 v,用 Kruskal 算法求出 $K_n - v$ 的最优树 T,设 C 是最优的 H 回路,显然 $C - v$ 也是 $K_n - v$ 的一个生成树,因此

$$\omega(T) \leqslant \omega(C - v)$$

设 e_1 和 e_2 是 K_n 中与 v 关联的边中权最小的两条边,于是

$$\omega(T) + \omega(e_1) + \omega(e_2) \leqslant \omega(C) \tag{10.7}$$

式(10.7)给出一个 $\omega(C)$ 的下界估计式. 以图 10.8 中的 K_6 为例,令 $v_1 = v_2$,则 $K_6 - v_2$ 如图 10.9 所示.

用 Kruskal 算法求出 $K_6 - v_2$ 的最优树 T,即如图 10.9 中粗边所示. T 的权为

$$\omega(T) = 22$$

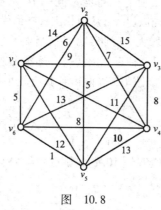

图 10.8

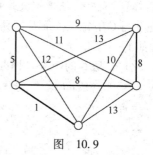

图 10.9

而与 v_2 关联的 5 条边中权最小的两条边是 $v_2 v_5$ 和 $v_2 v_6$. 因此有

$$33 = 22 + 5 + 6 = \omega(T) + \omega(v_2 v_5) + \omega(v_2 v_6) \leqslant \omega(C) \leqslant 35$$

由此可见,上面求出的 H 回路

$$C_{13} = v_4 v_3 v_1 v_6 v_5 v_2 v_4$$

是一个很好的近似解.

习　题

1. 图 10.10 中哪些是 E 图? 哪些是半 E 图?

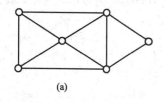
(a)

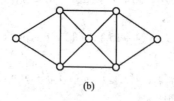
(b)

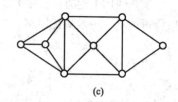
(c)

图 10.10

2. 试作出一个 E 图 $G(p,q)$,使得 p 与 q 均为奇数,能否作出一个 E 图 $G(p,q)$,使得 p 为偶数,而 q 为奇数? 如果 p 为奇数,q 为偶数呢?

3. 求证:若 G 是 E 图,则 G 的每个块也是 E 图.

4. 求证:若 G 无奇点,则 G 中存在边互不重的回路 $C_1, \cdots, C_m$,使得

$$E(G) = E(C_1) \cup E(C_2) \cup \cdots \cup E(C_m)$$

5. 求证：若 G 有 $2k>0$ 个奇点，则 G 中存在 k 个边互不重的链 $Q_1,\cdots,Q_K$，使得

$$E(G)=E(Q_1)\cup\cdots\cup E(Q_K).$$

6. 证明：如果

（1）G 不是 2 - 连通图，或者

（2）G 是二分图 $\langle X,Y\rangle$ 且 $|X|\neq|Y|$

则 G 不是 H 图.

7. 证明：若 G 是半 H 图，则对于 $V(G)$ 的每一个真子集 S，有

$$\omega(G-S)\leqslant|S|+1$$

8. 试述 H 图与 E 图之间的关系.

9. 作一个图，它的闭包不是完全图.

10. 若 G 的任何两个顶点均由一条 H 通路连接着，则称 G 是 H 连通的.

（1）证明：若 G 是 H 连通的，且 $p\geqslant4$，则

$$q\geqslant\left\lfloor\frac{1}{2}(3p+1)\right\rfloor$$

（2）对于 $p\geqslant4$，构造一个具有 $q=\left\lfloor\frac{1}{2}(3p+1)\right\rfloor$ 的 H 连通图 G.

11. 证明：若 G 是一个具有 $p\geqslant2\delta$ 的连通简单图，则 G 有一条长度至少是 2δ 的通路.

12. 设 $p(\geqslant3)$ 阶简单图 G 的度序列为 $d_1\leqslant d_2\leqslant\cdots\leqslant d_p$. 证明：若对任何 $m,1\leqslant m\leqslant(p-1)/2$，均有 $d_m>m$，若 p 为奇数，还有

$$d_{\div(p+1)}>\frac{1}{2}(p-1)$$

则 G 是 H 图.

13. 在图 10.8 中，如果分别去掉 v_3,v_4,v_5，则相应得到的旅行推销员问题的解分别取什么下界估计值？

14. 设 G 是一个赋权完全图，其中对任意 $x,y,z\in V(G)$，均满足

$$\omega(xy)+\omega(yz)\geqslant\omega(xz)$$

证明 G 中最优 H 回路最多具有权 $2\omega(T)$，其中 T 是 G 中的一棵最优树.

第**11**章

匹配 (matching) 与
点独立集 (independent set of vertices)

我们知道,顶点和边是图的基本要素,本章将要介绍的匹配、点独立集、覆盖 (covering) 和团 (clique) 等概念刻画了顶点与顶点、边与边以及顶点与边之间的相互关系,它有助于我们了解图的结构.

§11.1 匹 配

定义11.1.1 设 G 是一个图,$M \subseteq E(G)$. 若 M 中的边都是杆 (即两端点不重合),并且任意两条边均不邻接 (即无公共端点),则称 M 为 G 的一个匹配.

例如,图 11.1(a) 中粗线表示的边集合就是相应图的一个匹配. 显然,一个图 G 的匹配可能不唯一.

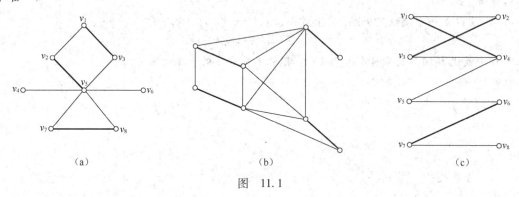

图 11.1

设 M 是 G 的一个匹配,$v \in V(G)$. 若 v 与 M 中的某边关联,则称 v 是 M – 饱和点 (M – saturated vertex),否则称 v 是非 M – 饱和点 (non – M – saturated vertex). 若 $uv \in M$,则称 u 与 v 配对.

G 的边数最多的匹配称为最大匹配 (maximal matching). 最大匹配所含的边数称为最大匹配数 (maximal matching number),记为 $\alpha'(G)$. 易知,$\alpha'(G) \leqslant p/2$,其中 p 是 G 的顶点数.

设 M 是 G 的一个匹配,如果 G 的每一个顶点都是 M – 饱和点,则称 M 为完美匹配 (perfect matching). 例如,图 11.1(b) 中粗线表示的边集就是该图的一个完美匹配.

显然,完美匹配必是最大匹配,但反之不然. 而且,一个图 G 的最大匹配一定存在,但完美匹配就不一定存在. 如图 11.1(a) 中粗线表示的边集是一个最大匹配,但不是完美匹配,实际上,该图不存在完美匹配.

由于任何一个匹配的子集仍是匹配,所以,最大匹配或完美匹配就成了人们感兴趣的研究对象.

按照匹配的定义,不妨设以下所讨论的图都是简单图.

定义 11.1.2　设 M 是 G 的一个匹配,μ 中的边依次交错地属于 M 与 $E(G)-M$,则称 μ 是一条 M-交错路(M-alternating path).

例如,在图 11.1(a)所示的匹配 $M=\{v_1v_3,v_2v_5,v_7v_8\}$ 中,$\mu=v_1v_3v_5v_2$ 就是一条 M-交错路.

定义 11.1.3　设 M 是 G 的一个匹配,μ 是一条 M-交错路.若 μ 的起点和终点都是非 M-饱和点,则称 μ 为 M-可增广路(M-augmentable path).

例如,在图 11.1(c)所示的匹配 $M=\{v_1v_4,v_2v_3,v_6v_7\}$ 中,$\mu=v_8v_7v_6v_5$ 就是一条 M-可增广路. 不难发现,图 11.1(a)所示的匹配(粗线)M 不存在 M-可增广路.

定理 11.1.1　图 G 的匹配 M 是最大匹配当且仅当 G 中不存在 M-可增广路.

证明：设 M 是 G 的一个最大匹配. 如果 G 中存在一个 M-可增广路 μ,则由定义知,μ 的长度必为奇数,且不属于 M 的边比属于 M 的边恰好多一条. 令 $M'=\mu\oplus M$,显然 M' 也是 G 的一个匹配,且 $|M'|=|M|+1>|M|$. 此与 M 的假设矛盾,故 G 中不存在 M-可增广路.

反之,设 G 中不存在 M-可增广路. 若 M 不是最大匹配,则可令 M' 是 G 的一个最大匹配,于是,$|M'|>|M|$.

令 $H=G[M\oplus M']$,即设 H 是由 M 与 M' 的对称差(边集)所导出的子图,任取 $v\in V(H)$,因为 v 最多只能与一条 M 中的边和 M' 中的边关联,所以 $d_H(v)=1$ 或 2. 于是,H 的每个连通分支或者是一条边在 M 和 M' 中交错出现的长度为偶数的回路,或者是一条边在 M 和 M' 中交错出现的通路 P. 由于 $|M'|>|M|$,所以,H 包含 M' 的边多于 M 的边. 显然,P 不可能是回路,故 P 只能是一条通路,而且开始于 M' 的边且终止于 M' 的边. 即 P 是一条 M-可增广路. 此为矛盾,故 M 是最大匹配.

此定理实际上给我们提供了一种找最大匹配的方法:设 G 的任何一个匹配 M,如果不存在 M-可增广路,则 M 就是一个最大匹配;否则将一条 M-可增广路 μ 中不属于 M 的边作成一个集合 M',它也是 G 的一个匹配,且 $|M'|>|M|$. 如此下去,直到不存在可增广路为止.

定义 11.1.4　设 G 是一个图,$V_0\subset V(G)$. G 中与 V_0 的顶点邻接的所有顶点之集合,称为 V_0 的邻集(neighboring set),记为 $N_G(V_0)$.

设 G 是一个具有二划分($\langle X,Y\rangle$)的二分图. 在实际应用中,总希望能找到 G 的一个匹配,使它饱和 X 的每个顶点.

定理 11.1.2(Hall 定理)　设 G 是具有二划分($\langle X,Y\rangle$)的二分图. 于是,G 有饱和 X 中每个顶点的匹配当且仅当对任何 $S\subseteq X$,有

$$|S|\leqslant|N_G(S)| \tag{11.1}$$

证明：设 M 是饱和 X 的所有顶点的匹配,任取 $S\subseteq X$,由于 S 的顶点在 M 中与 $N_G(S)$ 的顶点配对,且这些配对的顶点互相不同. 因此

$$|S|\leqslant|N_G(S)|$$

反之,假设 G 是满足式(11.1)的二分图,但 G 没有饱和 X 的所有顶点的匹配. 设 M^* 是 G 的最大匹配,由假设 M^* 也不饱和 X 的所有顶点.

设 u 是 X 的一个非 M^*-饱和点,并设 Z 是 G 中通过 M^* 交错路与 u 相连接的顶点之集合. 由 M^* 的性质及定理 11.1.1 知,u 是 Z 中唯一的非 M^*-饱和点. 令 $S=Z\cap X,T=Z\cap Y$(见图 11.2)

显然,$S-\{u\}$中的顶点在M^*下与T中的顶点两两相互配对. 因此

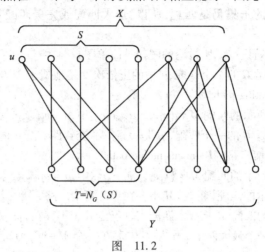

图　11.2

$$|S|-1=|T| \tag{11.2}$$

下证$T=N_G(S)$. 对任意$v\in T$,G中有一条由u到v的M^*交错路P,因为G是二分图,所以P上与v邻接的顶点必是S的顶点,于是$v\in N_G(S)$. 从而$T\subseteq N_G(S)$. 反之,对任意$v\in N_G(S)$,设S中与v邻接的顶点是w,而P是由u到w的一条M^*交错路. 若v在P上,则P上由u到v的一节是一条由u到v的M^*交错路. 因此$v\in Z$;否则,若v不在P上,则因P的长度为偶数,其最后一条边是M^*中的边,于是$wv\notin M^*$,从而$P\cup\{wv\}$是一条由u到v的M^*-交错路,即也有$v\in Z$. 总之,对任意$v\in N_G(S)$,都有$v\in Z$,但因G是二分图,所以$v\in T$. 从而$N_G(S)\subseteq T$,总之有

$$T=N_G(S) \tag{11.3}$$

最后,由式(11.2)与式(11.3)知

$$|N_G(S)|=|T|=|S|-1<|S|$$

此与式(11.1)矛盾. 故G有饱和X的所有顶点的匹配.

完美匹配是特殊的最大匹配,它的判定条件显然比最大匹配的判定条件要强. 为方便起见,我们称有奇(偶)数个顶点连通分支为奇(偶)分支,并且$O(G)$表示图G中奇分支的个数.

定理11.1.3 图G存在完美匹配当且仅当对任意$S\subset V(G)$

$$O(G-S)\leqslant|S| \tag{11.4}$$

证明: 设G有一个完美匹配M. 令S是$V(G)$的一个真子集,并设$G_1,G_1,\cdots,G_n$是$G-S$的所有奇分支. 因G_i是奇分支,所以G_i的某一个顶点u_i必在M下和S的某个顶点v_i配对,即$u_iv_i\in M$(见图11.3).

因为$\{v_1,v_2,\cdots v_n\}\subseteq S$,所以

$$O(G-S)=n=|\{v_1,v_2,\cdots,v_n\}|\leqslant|S|$$

反之,设G满足式(11.4). 下面对$|V(G)|$作归纲纳证明G中存在完美的匹配.

当$|V(G)|$为奇数,则令$S=\varnothing$,于是

$$O(G-S)\geqslant1>0=|S|$$

此与式(11.4)矛盾. 故$|V(G)|$必为偶数.

当$|V(G)|=2$时,由式(11.4)可推出G有完美匹配.

假设$|V(G)|<n$时,G有完美匹配.

对$|V(G)|=n>2$且满足式(11.4)的图,下证G中存在完美匹配.

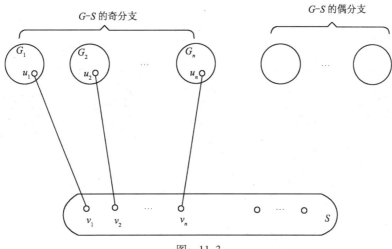

图　11.3

首先证明,存在 $S \subset V(G)$,使式(11.4)中的等式成立. 任取 $v \in V(G)$,令 $S = \{v\}$. 于是 $G - S$ 是奇数个顶点的图,从而 $O(G - S) \geq 1 = |S|$,而由式(11.4)知 $O(G - S) = |S|$.

其次,设 S_0 是使式(11.4)中的等式成立且顶点最多的那个 S,并设 $G_1, G_2, \cdots, G_m$ 是 $G - S_0$ 的所有奇分支,显然 $m = |S_0|$. 又设 $D_1, D_2, \cdots, D_r$ 是 $G - S_0$ 的全部偶分支,$r \geq 0$. 我们有以下事实.

(1)若 $r > 0$,则每个 D_i 都有完美匹配,$i = 1, \cdots, r$.

事实上,设 $S \subset V(D_i)$,则

$$O(G - S_0) + O(D_i - S) = O(G - S_0 \cup S) \leq |S_0 \cup S| = |S_0| + |S|$$

而 $O(G - S_0) = |S_0|$,因此

$$O(D_i - S) \leq |S|$$

显然,$|V(D_i)| < |V(G)|$,又 D_i 满足式(11.4),故由归纳假设知,D_i 有完美匹配.

(2)对每个奇分支 G_i 和任何 $v \in V(G_i)$,$G_i - v$ 有完美匹配,$1 \leq i \leq m$.

事实上,若不然的话,由归纳假设,存在 $S \subset V(G_i - v)$,使得

$$O(G_i - v - S) > |S| \tag{11.5}$$

因 $|V(G_i - v)|$ 是偶数,所以,$|V(G_i - v)| - S$ 与 $|S|$ 同奇偶. 而 $O(G_i - v - S)$ 与 $|V(G_i - v)| - S|$ 又具有相同的奇偶性,从而,$O(G_i - v - S)$ 与 $|S|$ 同奇偶,于是,由式(11.5)知

$$O(G_i - v - S) \geq |S| + 2$$

于是

$$|S_0| + 1 + |S| = |S_0 \cup \{v\} \cup S| \geq O(G - S_0 \cup \{v\} \cup S)$$
$$= O(G - S_0) - 1 + O(G_i - v - S) \geq |S_0| + 1 + |S|$$

这说明

$$O(G - S_0 \cup \{v\} \cup S) = |S_0 \cup \{v\} \cup S|$$

此与 S_0 的最大性矛盾. 故 $G_i - v$ 有完美匹配.

(3)G 包含 m 条形如 $u_i v_i$ 的互不邻接的边. 其中,$u_i \in G_i$,$v_i \in S_0$,$i = 1, 2, \cdots, m$(参见图11.4).

事实上,我们构造一个二分图 $H = \langle X, Y \rangle$,其中 $X = \{G_1, G_2, \cdots, G_m\}$,$Y = S_0$,即在二分图 H 中,将奇分支 G_i 看作一个点,而 G_i 与 $v \in S_0$ 邻接当且仅当 G 中有一条连接 v 与 G_i 中某个顶点的边.

设 $S \subseteq X$,令

$$S' = N_H(S) = \{v \in V(S_0) \mid v \text{ 与 } S \text{ 中某个顶点邻接}\}$$

易知

$$|S| \leqslant O(G - S') \tag{11.6}$$

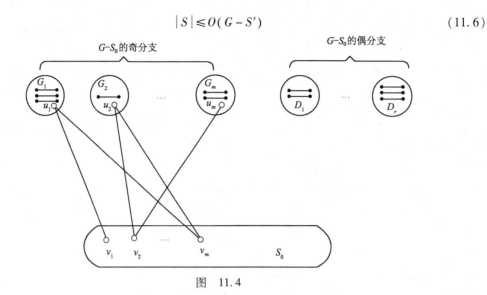

图　11.4

又因为 $S' \subset V(G)$，所以由式(11.4)有

$$O(G - S') \leqslant |S'| = |N_H(S)| \tag{11.7}$$

由式(11.6)与式(11.7)有

$$|S| \leqslant |N_H(S)| \tag{11.8}$$

因此,图 H 满足前面讲的 Hall 定理的条件. 从而,存在一个匹配 M_1,使得 X 中每个顶点都是 M_1-饱和点(这种匹配称为饱和 X 的匹配),即

$$M_1 = \{u_i v_i \mid u_i \in G_i, v_i \in S_0, i = 1, 2, \cdots, m\}$$

结合以上(1)~(3)可知,G 有一个完美匹配(见图 11.4).

§11.2　独立集和覆盖

我们知道,匹配就是一组互不邻接的边的集合. 与此相应,我们有:

定义 11.2.1　设 S 是图 G 的顶点子集合. 如果 S 中任意两个顶点在 G 中均不邻接,则称 S 是 G 的一个点独立集,简称独立集. 特别,若不存在满足 $|S'| > |S|$ 的独立集 S',则称 S 是 G 的最大独立集(maximal independent set),其顶点数称为点独立数(vertex independent number),记为 $\alpha(G)$.

例如,在图 11.5 中,$\{x\}$ 是独立集,$\{u, w\}$ 是最大独立集,$\alpha(G) = 2$.

定义 11.2.2　设 G 是图,$K \subseteq V(G)$. 如果 G 的每条边都至少有一个端点在 K 中,则称 K 是 G 的一个覆盖. 特别,如果没有覆盖 K' 满足 $|K'| < |K|$,则称 K 是 G 的一个最小覆盖(minimal covering),其顶点数称为点覆盖数(vertex covering number),记为 $\beta(G)$.

例如,在图 11.5 中,$\{u, v, y, w, z\}$ 是 G 的一个覆盖,$\{x, y, z, v\}$ 是 G 的最小覆盖,$\beta(G) = 4$.

独立集与覆盖有如下关系:

定理 11.2.1　设 $S \subseteq V(G)$,于是 S 是 G 的独立集,当且仅当 $V(G) - S$ 是 G 的覆盖.

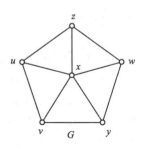

图　11.5

证明: 由定义知,S 是 G 的独立集,当且仅当 G 中每条边的两个端点不同时属于 S,当且仅当 G 中每条边至少有一个端点属于 $V(G) - S$,当且仅当 $V(G) - S$ 是 G 的覆盖.

对于边集合,类似于覆盖有:

定义 11.2.3　设 G 是一个图,$L \subseteq E(G)$. 如果 G 的每个顶点都是 L 中某边的端点,则称 L 为 G 的边覆盖(edge cover). 特别地,如果没有边覆盖 L' 满足 $|L'| < |L|$,则称 L 为最小边覆盖,其边数称为边覆盖数,记为 $\beta'(G)$.

例如,在图 11.5 中,$E(G)$ 是 G 的边覆盖,$L = \{uz, xw, vy\}$ 是 G 的最小边覆盖,$\beta'(G) = 3$.

下面讨论匹配,独立集、覆盖及边覆盖之间的关系.

定理 11.2.2　对任何 G,均成立

$$\alpha'(G) \leqslant \beta(G) \tag{11.9}$$

其中,$\alpha'(G)$ 为 G 的最大匹配数,$\beta(G)$ 为 G 的点覆盖数,特别地,若 G 是二分图,则式(11.9)等号成立.

证明: 设 M 是 G 的任意一个匹配,K 是 G 的任意一个覆盖. 显然,K 包含 M 中每条边至少一个端点,因此,$|M| \leqslant |K|$. 再由 M 和 K 的任意性知,$\alpha'(G) \leqslant \beta(G)$.

设 G 是具有二划分($\langle X, Y \rangle$)的二分图,M^* 是 G 的最大匹配.

用 U 表示 X 的非 M^* – 饱和顶点之集合,Z 表示 G 中由 M^* 交错路连接到 U 顶点的所有顶点之集合. 令 $S = Z \cap X$,$T = Z \cap Y$(见图 11.6).

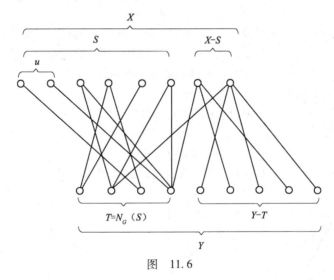

图　11.6

类似于 Hall 定理的证明,可知 T 中每个顶点都是 M^* – 饱和的,并且 $N_G(S) = T$. 令 $\hat{K} = (X - S) \cup T$,则 G 的每条边至少有一个端点在 $\hat{K}$ 中,否则存在边 $e = uv$,使得 $u \in S, v \in Y - T$,此与 $N_G(S) = T$ 矛盾. 于是 $\hat{K}$ 是 G 的一个覆盖. 又 $X - S$ 中的顶点不能通过 M^* 的边与 T 中的顶点邻接,否则,这样的点应属于 S. 这样,$\hat{K}$ 中的每个顶点与 M^* 中的一条边关联,而且 M^* 的一条边只与 $\hat{K}$ 中的一个顶点关联. 从而

$$|M^*| = |\hat{K}| \tag{11.10}$$

而 M^* 是最大匹配,所以 $|M^*| = \alpha'(G)$,又由式(11.9)及式(11.10)知 $\hat{K}$ 是最小覆盖,即 $|\hat{K}| = \beta(G)$. 故

$$\alpha'(G) = \beta(G)$$

当 G 不是二分图时,式(11.9)的等式可能不成立. 例如,图 11.5 中 $\alpha'(G) = 3, \beta(G) = 4$.

定理 11.2.3　设图 G 中 p 个顶点,则

$$\alpha(G) + \beta(G) = p$$

其中,$\alpha(G)$是点独立数,$\beta(G)$是点覆盖数.

证明:设 S 是 G 的最大独立集,K 是 G 的最小覆盖. 由定理11.2.1知,$V(G) - S$ 是 G 的覆盖, 而 $V(G) - K$ 是 G 的独立集,因此

$$p - \alpha(G) = |V(G) - S| \geqslant \beta(G) \tag{11.11}$$

$$p - \beta(G) = |V(G) - K| \leqslant \alpha(G) \tag{11.12}$$

由式(11.11)和式(11.12)可得

$$\alpha(G) + \beta(G) = p$$

定理 11.2.4 设 G 是无孤立点的 p 阶图. 则

$$\alpha'(G) + \beta'(G) = p$$

其中,$\alpha'(G)$是最大匹配数,$\beta'(G)$是边覆盖数.

证明:设 M 是 G 的一个最大匹配,U 是非 M - 饱和顶点之集合,则 $|U| = p - \alpha'(G)$. 由 G 及 M 的假设,存在一个 $|U|$ 条边的边集 E',使得 E' 的每条边都和 U 的一个顶点关联. 因此,$M \cap E' = \varnothing$. 于是 $M \cup E'$ 是 G 的一个边覆盖. 从而

$$\beta'(G) \leqslant |M \cup E'| = \alpha'(G) + (P - 2\alpha'(G)) = p - \alpha'(G)$$

即

$$\alpha'(G) + \beta'(G) \leqslant p \tag{11.13}$$

再设 L 是 G 的一个最小边覆盖. 令 $H = G[L]$,并设 M 是 H 的最大匹配,用 U 表示 H 中非 M - 饱和顶点之集合. 由于 $U \subset V(H)$,所以 U 中的顶点都是 L 中某边的端点. 于是

$$|L| - |M| = |L - M| \geqslant |U| = p - 2|M|$$

显然 M 也是 G 的匹配,因此

$$\alpha'(G) + \beta'(G) \geqslant |M| + |L| \geqslant p \tag{11.14}$$

由式(11.13)和式(11.14),得

$$\alpha'(G) + \beta'(G) = p$$

需要指出的是,对于匹配与边覆盖而言,没有类似定理11.2.1的结论,如图11.7所示.

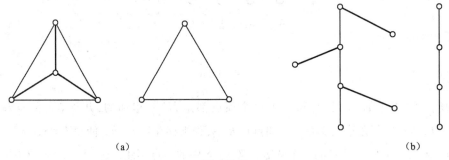

(a)　　　　　　　　　　　　(b)

图　11.7

§11.3　Ramsey 数(Ramsey number)

【例11.1】　在一个完全图 K_6 中,若用任意一种方式将它的边着成红色或蓝色,则在此图中 必存在一个红色的三角形或蓝色的三角形.

事实上,在完全图 K_6 中任取一个顶点 A,则与 A 关联的 5 条边中必有三条边为同一种颜色, 不妨设有三条边为红色,且这三条边的另一端分别为 B,C,D. 在 K_6 中 B,C,D 三个顶点组成的三

角形中,若有一条是红色的,例如 BD,则它与红边 AB,AD 就构成了一个红色三角形 ABD,否则,三角形 BCD 就是一个蓝色三角形. 故结论成立.

例如,图 11.8 是一个 K_6,其中实线表示红边,虚线表示蓝边,其中就有一个蓝色三角形 BCD.

如果把 K_6 改为 K_5,则就不能保证一定存在红色三角形或蓝色三角形,例如图 11.9 所示.

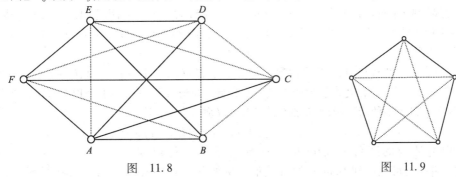

图　11.8　　　　　　　　　　　图　11.9

我们可以把边带红、蓝两色的 K_6 看成一个 6 个顶点的简单图 G. 令 $G = K_6 - E'$,其中 $E' = \{e \in E(K_6) \mid e$ 是蓝色的边 $\}$. 于是,上述结论也可叙述为:在 6 个顶点在任意简单图 G 中,或者有三个顶点互相邻接,或者有三个顶点互不邻接.

定义 11.3.1　设 G 是一个简单图,$S \subseteq V(G)$. 若 $G[S]$ 是完全图,则称 S 是 G 的一个团. k 个顶点的团称为 k 团.

由定义知,S 是 G 的团当且仅当 S 是 $\overline{G}$ 的独立集,其中 $\overline{G}$ 是 G 的补图. k 个顶点的独立集称为 k 独立集.

设 k 和 p 是两个正整数,$k < p$. 若 p 阶图的边较少,则容易产生 k 独立集,否则容易产生 k 团. 1930 年,Ramsey 证明了如下事实:对于任意正整 k,l,总存在一个正整数 p,使得任意一个 p 阶图中,或者含 k 团,或者含 l 独立集.

定义 11.3.2　对任意正整数 k,l,令
$$r(k,l) = \min\{p \mid 任何 p 阶图或含 k 团,或含 l 独立集\}$$
称 $r(k,l)$ 为 Ramsey 集.

由图 11.8 和图 11.9 知,$r(3,3) = 6$. 显然,$r(1,l) = r(k,1) = 1$.

关于 Ramsey 数,有以下基本性质:

定理 11.3.1　对任意整数 $k,l \geq 2$,有

(1) $r(k,l) = r(l,k)$; 　　　　　　　　　　　　　　　　　　　　　　(11.15)

(2) $r(k,2) = k$; 　　　　　　　　　　　　　　　　　　　　　　　　(11.16)

(3) $r(k,l) \leq r(k,l-1) + r(k-1,l)$. 　　　　　　　　　　　　　(11.17)

并且,当 $r(l,k-1)$ 和 $r(k-1,l)$ 都是偶数时,不等式严格成立.

证明:(1) 由定义即得.

(2) 对于 k 个顶点的任意一个图 G,若 G 是完全图 K_k,则它就是一个 k 团,否则 G 中至少有两个顶点不邻接,即存在 2 独立集. 因此,$r(k,2) \leq k$. 又当顶点数 $p < k$ 时,K_p 既不含 k 团,也不含 2 独立集,故 $r(k,2) = k$.

(3) 设 G 是 $r(k,l-1) + r(k-1,l)$ 个顶点的图. 任取 $v \in V(G)$. 设 G 中与 v 不邻接的顶点集为 S,与 v 邻接的顶点集为 T. 于是,以下两种情况总有一个成立:

① $|S| \geq r(k,l-1)$;

② $|T| \geq r(k-1,l)$.

否则,有 $|S| \leq r(k,l-1) - 1$,$|T| \leq r(k-1,l) - 1$,从而

$$|V(G)| = |S \cup T \cup \{v\}| = |S| + |T| + 1$$
$$\leqslant [r(k,l-1)-1] + [r(k-1,l)-1] + 1$$
$$= r(k,l-1) + r(k-1,l) - 1 = |V(G)| - 1$$

此为矛盾.

若①成立,则 $G[S]$ 含 k 团或 $(l-1)$ 独立集. 于是 $G[S \cup \{v\}]$ 含 k 团或 l 独立集,若②成立,则 $G[T]$ 含 $(k-1)$ 团或 l 独立集. 于是 $G[S \cup \{v\}]$ 含 k 团或 l 独立集. 总之,G 中含 k 团或 l 独立集,故式(11.17)成立.

假设 $r(k,l-1)$ 和 $r(k-1,l)$ 都是偶数. 并设 G 是有 $r(k,l-1) + r(k-1,l) - 1$ 个顶点的图. 在 G 的奇数个顶点中,必有度为偶数的顶点 v,v 不能恰好与 $r(k-1,l)-1$ 个顶点邻接. 与上述证明类似,不管①和②哪种情况出现,G 都包含 k 团或 l 独立集,于是

$$r(k,l) \leqslant r(k,l-1) + r(k-1,l) - 1 < r(k,l-1) + r(k-1,l)$$

通过构造适当的图可能得到 Ramsey 数的下界. 再由定理 11.3.1,有时还可能得到 Ramsey 数准确值. 例如,图 11.10 中的 8 阶图既不含 3 团,又不含 4 独立集,所以

$$r(3,4) > 8 \qquad (11.18)$$

注意到 $r(3,3) = 6$ 和 $r(2,4) = 4$ 都是偶数,由定理 11.3.1 有

$$r(3,4) < r(3,3) + r(2,4) = 6 + 4 = 10 \qquad (11.19)$$

由式(11.18)和式(11.19)可得

$$r(3,4) = 9 \qquad (11.20)$$

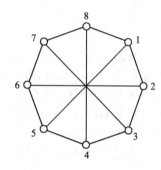

图　11.10

利用式(11.20)又可得

$$r(3,5) \leqslant r(3,4) + r(2,5) = 9 + 5 = 14 \qquad (11.21)$$

而图 11.11 中的 13 阶图既不含 3 团,也不含 5 独立集,因此

$$r(3,5) > 13 \qquad (11.22)$$

由式(11.21)和式(11.22)可得

$$r(3,5) = 14$$

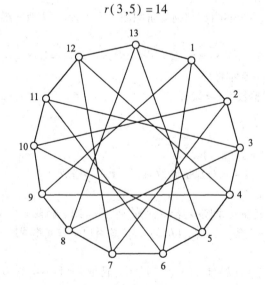

图　11.11

定理 11.3.2　$r(k,l) \leqslant \dbinom{k+l-2}{k-1}$.　　　　　　　　　　　　　　　(11.23)

证明：对 $k+l$ 作归纳证明．由 $r(1,l)=r(k,1)=1$ 以及 $r(2,l)=l$ 和 $r(k,2)=k$ 可知当 $k+l \leqslant 5$ 时，结论成立．

假设式(11.23)对于满足 $5 \leqslant k+l < m+n$ 的一切正整 k,l 成立，则由定理 11.3.1 和归纳假设有

$$r(m,n) \leqslant r(m,n-1)+r(m-1,n) \leqslant \binom{m+n-3}{m-1}+\binom{m+n-3}{m-2} = \binom{m+n-2}{m-1}$$

故式(11.23)对所有正整数 k,l 均成立．

定理 11.3.3　当 $k \geqslant 2$ 时，$r(k,k) \geqslant 2^{k/2}$.

证明：因为 $r(2,2)=2 \geqslant 2^{2/2}$，所以下面设 $k \geqslant 3$．令 Y_p 表示以 $\{v_1,v_2,\cdots,v_p\}$ 为顶点集的简单图的集合．易知，$|Y_p|=2^{\binom{p}{2}}$，又用 Y_p^k 表示 Y_p 中具有 k 团的图之集合．对 $\{v_1,v_2,\cdots,v_p\}$ 中 k 个固定的顶点 $v_{i_1},v_{i_2},\cdots,v_{i_k}$，$Y_p$ 中含 $v_{i_1},v_{i_2},\cdots,v_{i_k}$ 的 k 团的图共有 $2^{\binom{p}{2}-\binom{k}{2}}$ 个，而这样的 k 个顶点之集合共有 $\binom{p}{k}$ 个，因此

$$|Y_p^k| \leqslant \binom{p}{k} 2^{\binom{p}{2}-\binom{k}{2}}$$

于是

$$\frac{|Y_p^k|}{|Y_p|} \leqslant \binom{p}{k} 2^{-\binom{k}{2}} < \frac{p^k 2^{-\binom{k}{2}}}{k!}$$

假设 $p < 2^{k/2}$，则

$$\frac{|Y_p^k|}{|Y_p|} < \frac{2^{k^2/2} \cdot 2^{-\binom{k}{2}}}{k!} = \frac{2^{k/2}}{k!} < \frac{1}{2}$$

这说明 Y_p 中只有不到半数的图含 k 团．又因为 $Y_p=\{\overline{G}\,|\,G \in Y_p\}$，所以 Y_p 中也只有不到半数的图含 k 独立集．于是，Y_p 中必存在某一个图，它既不含 k 团，又不含 k 独立集．注意到此结论对任意 $p < 2^{k/2}$ 都成立，故

$$r(k,k) \geqslant 2^{k/2}$$

此定理的证明所使用的方法"概率方法"，它是一种很有用的非构造性证明的方法．

上述定理所给出的 $r(k,l)$ 的上、下界，一般是比较粗糙的，现在人们借助计算机，通过一些新方法获得了一些结果．但 Ramsey 数的确定仍是一个十分困难的问题．表 11.1 给出了迄今为止对于 $k,l \geqslant 3$ 的某些准确值和估计值．

表　11.1

$r(k,l)$ k＼l	3	4	5	6	7	8	9	10
3	6	9	14	18	23	28	36	40/43
4		18	25	35/41	49/61	56/84	73/115	92/149
5			43/49	58/87	80/143	101/216	126/316	144/442
6				102/165	113/298	132/495	169/780	179/1 171
7					205/540	217/1 031	241/1 713	289/2 826
8						282/1 870	317/3 583	/6 090
9							565/6 588	581/12 677
10								798/23 556

§11.4 应用(人员分配问题)

设某单位有 n 名工作人员 $x_1,\cdots,x_n$ 和 n 项工作 $y_1,\cdots,y_n$。已知 n 个工作人员中每人至少能胜任一项工作,每项工作都至少有一个人能胜任,但不是每人都胜任各项工作。能否给出一个工作安排,使得每人恰好能分配到一项他所能胜任的工作? 这就是所谓人员分配问题。

令 $X=\{x_1,\cdots,x_n\}$ 表示工作人员的集合,$Y=\{y_1,\cdots,y_n\}$ 表示工作的集合。作一个二分图 $G=\langle X,Y\rangle$,规定 x_i 与 y_i 邻接当且仅当 x_i 能胜任 y_i,$1\leqslant i,j\leqslant n$,于是,人员分配问题就转化为求二分图 G 的一个完美匹配。按照 11.1 节介绍的 Hall 定理,若 G 中不存在完美匹配,则必存在 $S\subset X$,使得

$$|N_G(S)|<|S| \tag{11.24}$$

下面介绍一种求解人员分配问题的算法——匈牙利方法。当 G 中有完美匹配时,该算法至少求出一个解,否则,给出满足式(11.24)的 S。

从 G 中任取一个匹配 M(称为初始匹配,它可以是一条边),然后实施下列步骤:

(1)若 M 饱和 X 的每个顶点,则算法停止(M 就是问题的一个解),否则,设 $u\in X$ 是非 $M-$饱和点。令 $S:=\{u\}$,$T:=\varnothing$,转(2);

(2)若 $N_G(S)=T$,则 $|N_G(S)|<|S|$,算法停止(无解),否则,任取 $y\in N_G(S)-T$,转(3);

(3)若 y 是 $M-$饱和的,则令 $S=S\cup\{z\}$,$T=T\cup\{y\}$,其中 $zy\in M$,转(2);否则,可得到一条以 u 为起点,y 为终点的 $M-$可增广路 P,令 $M=M\oplus E(P)$,转(1)。

【例 11.2】 求图 11.12 所示的二分图 G 的完美匹配。

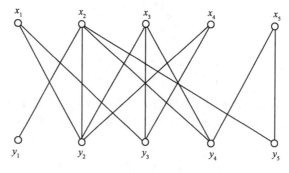

图 11.12

解: 首先取初始匹配 $M=\{x_2y_2,x_3y_3,x_5y_5\}$。执行算法的步骤序列如下:

(1)X 中的存在非 $M-$饱和点。令 $S=\{x_1\}$,$T=\varnothing$。

(2)$N_G(S)=\{y_2,y_3\}\neq T$。取 $y_2\in N_G(S)-T$。

(3)y_2 是 $M-$饱和点。$x_2y_2\in M$。令 $S=S\cup\{x_2\}=\{x_1,x_2\}$,$T=T\cup\{y_2\}=\{y_2\}$。

(4)$N_G(S)=\{y_1,y_2,y_3,y_4,y_5\}\neq T$。取 $y_1\in N_G(S)-T$。

(5)y_1 是非 $M-$饱和点。由 x_1 到 y_1 的 $M-$可增广路 $p=x_1y_2x_2y_1$。令

$$M=M\oplus P=\{x_1y_2,x_2y_1,x_3y_3,x_5y_5\}$$

(6)X 中存在非 $M-$饱和点 x_4,令 $S=\{x_4\}$,$T=\varnothing$。

(7)$N_G(S)=\{y_2,y_3\}\neq T$。取 $y_2\in N_G(S)-T$。

(8)y_2 是 $M-$饱和点,由 $x_1y_2\in M$。令 $S=S\cup\{x_1\}=\{x_1,x_4\}$,$T=T\cup\{y_2\}=\{y_2\}$。

(9)$N_G(S)=\{y_2,y_3\}\neq T$。取 $y_3\in N_G(S)-T$。

(10)y_3 是 $M-$饱和点,$x_3y_3\in M$,令 $S=S\cup\{x_3\}=\{x_1,x_3,x_4\}$,$T=T\cup\{y_3\}=\{y_2,y_3\}$。

（11）$N_G(S) = \{y_2, y_3, y_4\} \neq T$. 取 $y_4 \in N_G(S) - T$.

（12）y_4 是非 M - 饱和点. 由 x_4 到 y_4 的 M - 可增广路 $P = x_4 y_2 x_1 y_3 x_3 y_4$. 令
$$M = M \oplus P = \{x_1 y_3, x_2 y_1, x_3 y_4, x_4 y_2, x_5 y_5\}$$

（13）M 饱和 X 的每个顶点, 停止. 解为 M.

从此例可以看出, G 的完美匹配(若存在的话)并不一定是在初始匹配的基础上添加一些边所形成的.

习　题

1. 证明:任何树最多只有一个完美匹配.

2. 证明:树 G 有完美匹配当且仅当对任意 $v \in V(G)$, 均有 $O(G-v) = 1$.

3. 设 k 为大于 1 的奇数, 举出没有完美匹配的 k - 正则简单图的例子.

4. 设 k 为大于 0 的偶数, 举出有完美匹配的 k - 正则简单图的例子.

5. 两个人在图 G 上对弈, 双方分别执黑子与白子, 轮流向 G 的不同顶点 $v_0, v_1, v_2, \cdots$ 下子, 要求当 $i > 0$ 时, v_i 与 v_{i-1} 邻接, 并规定最后可下子的一方获胜. 若规定执黑子者先下子, 试证明执黑子的一方有取胜的策略当且仅当 G 无完美匹配.

6. 证明:二分图 G 有完美匹配当且仅当对任何 $S \subseteq V(G)$, $|S| \leqslant |N_G(S)|$ 成立. 举例说明若 G 不是二分图, 则上述条件不是充分的.

7. $2n$ 个学生做化学实验, 每两人一组. 如果每对学生只在一起互做一次实验, 试作出一个安排, 使任意两个学生都在一起做过实验.

8. 证明:任何一个 $(0, 1)$ 矩阵中, 包含元素 1 的行或列的最小数目, 等于位于不同行和不同列的 1 的最大数目.

9. 能否用 5 个 1×2 的长方表将图 11.13 中的 10 个 1×1 正方形完全遮盖住?

10. 证明:G 是二分图当且仅当对 G 的每个子图 H 均有 $\alpha(H) \geqslant \frac{1}{2}|V(H)|$.

11. 证明:G 是二分图当且仅当对 G 的每个适合 $\delta(H) > 0$ 的子图 H 均有 $\alpha(H) = \beta'(H)$.

12. 设 G 是具有划分 $\langle X, Y \rangle$ 的二分图. 证明:若对于任何 $u \in X$ 与 $v \in Y$ 均有 $d(u) \geqslant d(v)$. 则 G 有饱和 X 中每一顶点的匹配.

13. 证明(Hall 定理的推广):在以 $\langle X, Y \rangle$ 为二划分的二分图 G 中, 最大匹配数 $\alpha'(G)$ 为
$$\alpha'(G) = \min_{S \subseteq X}(|X - S| + |N_G(S)|)$$

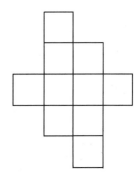

图　11.13

14. 证明:在无孤立点的二分图 G 中, 最大独立集的顶点集 $\alpha(G)$ 等于最小边覆盖数 $\beta'(H)$.

15. 在 9 个人的人群中, 假设有一个人认识另外两个人, 有两个人每人认识另外 4 个人, 有 4 个人认识另外 5 个人, 余下的两个人每人认识另外的 6 个人. 证明:有 3 个人, 他们全部互相认识.

16. 若 $G(p, q)$ 是简单图, 且 $q > p^2/4$, 则 G 中包含三角形, 请证明此结论.

17. 试找出一个简单图 $G(p, q)$, 使得 $q = \lfloor p^2/4 \rfloor$, 但 G 不包含三角形.

18. 将 K_{13} 的边着红或蓝色, 使其中既没有三边红色的 K_3, 也没有 10 条边全着成蓝色的 K_5.

19. 设 $m = \min\{k, l\}$,求证: $r(k, l) \geq 2^{m/2}$.

20. 证明:当 $k \geq 3$ 时, $r(k, k) > k \cdot 2^{\frac{k}{2} - 2}$.

21. 在匈牙利算法的第 3 步中,假如 y 是非 M-饱和的,如何得到一条从 u 到 y 的 M-可增广路?

22. 说明在匈牙利算法的第 3 步中,执行 $M = M \oplus E(P)$ 后,所得到的 M 仍是 G 的一个匹配.

23. 在图 11.12 中,将边 $x_3 y_4$ 去掉,利用匈牙利算法求所得二分图的完美匹配,若不存在,则给出使 $\left| N_G(S) \right| < \left| S \right|$ 成立的 S.

24. 将匈牙利算法稍加修改,使之能用来求二分图中的最大匹配.

第 12 章

图的着色(coloring)

图的着色分为顶点着色、边着色等,它是图论中的一个重要内容.人们最关心的是怎样用最少的颜色种数来对一个图进行正常着色.本章将分别介绍图的顶点着色、边着色、色多项式.

§12.1 顶点着色(vertex coloring)

定义 12.1.1 设 G 是标定图. $S = \{1,2,\cdots,k\}, k \geq 1$. 若存在 $V(G)$ 到 S 的一个满射 r,则称 r 是 G 的一个 k 着色,S 称为色集(color set). 如果对 G 中任何邻接的两个顶点 u,v,均有 $r(u) \neq r(v)$,则称 r 是正常 k 着色(proper k – coloring),并称 G 是 k 可着色的(k – colorable).

显然,p 阶图总是 p 可着色的,并且若 G 是 $k(k < p)$ 可着色的.则 G 必是 $k+1$ 可着色的.

定义 12.1.2 图 G 的正常 k 着色中最小的 k 称为 G 的色数(chromatic number),记为 $\chi(G)$,若 $\chi(G) = k$,则称 G 为 k 色图(k – chromatic graph).

例如,若 G 是 p 阶完全图,则 $\chi(G) = p$;若 G 是零图,则 $\chi(G) = 1$;若 G 是二分图,且 $E(G) \neq \varnothing$,则 $\chi(G) = 2$. 对一般的图,要确定 $\chi(G)$ 是很困难的问题,目前人们只能根据图的最大独立集、最大(小)度等来估计 $\chi(G)$ 的上下界.

显然,含环的图是不存在正常着色的,而多重边与一条边对正常着色是等价的,故以下总设 G 是简单图.

定理 12.1.1 对任何 p 阶图 G,有

$$\frac{p}{\alpha(G)} \leq \chi(G) \leq p - \alpha(G) + 1 \tag{12.1}$$

其中,$\alpha(G)$ 是 G 的最大独立集元素个数.

证明: 设 S 是 G 的一个最大独立集,$|S| = \alpha(G) = \alpha$. 今定义着色 r 如下.任意 $u \in S, r(u) = 1$;对 $v_i \in V(G) - S = \{v_1, \cdots, v_{p-\alpha}\}$,令 $r(v_i) = i + 1$,这样得到 G 的一个正常 $(p - \alpha + 1)$ 着色,因此

$$\chi(G) \leq p - \alpha(G) + 1$$

设 $\chi(G) = k$,则存在划分 $V(G) = V_1 \cup V_2 \cup \cdots \cup V_k$,使得 V_i 中的点均着第 i 种颜色,于是 V_i 是 G 的独立集,从而 $|V_i| \leq \alpha(G), i = 1, \cdots, k$,故

$$p = \sum_{i=1}^{k} |V_i| \leq k \cdot \alpha(G) = \chi(G) \cdot \alpha(G)$$

即

$$\frac{p}{\alpha(G)} \leq \chi(G)$$

总之,式(12.1)成立.

此定理说明,若已知 $\alpha(G)$ 的下(上)界,则就可以确定 $\chi(G)$ 的上(下)界.然而 $\alpha(G)$ 的上(下)界一般也是难以确定的.

下面引进一些新的概念来导出 $\chi(G)$ 的上下界.

定义 12.1.3 设 G 是一个图, $v \in V(G)$. 若

$$\chi(G-v) < \chi(G)$$

则称 v 是临界点(critical vertex).若 G 的每个点都是临界点,则称 G 是临界图(critical graph).

例如,图 12.1 就是一个临界图(其顶点标号就代表该顶点的着色), $\chi(G)=4$,对任意 $v \in V(G)$, $\chi(G-v)=3 < \chi(G)$.

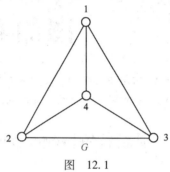

图 12.1

临界点有如下基本性质:

性质 1 图 G 的顶点 v 是临界点当且仅当 $\chi(G-v) = \chi(G)-1$.

证明:若 $\chi(G-v) = \chi(G)-1$,则 $\chi(G-v) < \chi(G)$,即 v 是临界点.

反之,若 v 是临界点,则 $\chi(G-v) < \chi(G)$,即

$$\chi(G-v) \leqslant \chi(G)-1$$

如果 $\chi(G-v) < \chi(G)-1$,则 $\chi(G-v) \leqslant \chi(G)-2$.于是 $G-v$ 有一个正常 $(\chi(G)-2)$ 着色.从而 G 也就有一个正常 $(\chi(G)-1)$ 着色.此与 $\chi(G)$ 的定义矛盾,故

$$\chi(G-v) = \chi(G)-1$$

性质 2 若 v 是图 G 的临界点,则 $d(v) \geqslant \chi(G)-1$.

证明:由性质 1, $G-v$ 有一个正常 $(\chi(G)-1)$ 着色 γ.若 $d(v) < \chi(G)-1$,则 γ 的 $\chi(G)-1$ 种颜色至少有一种颜色 i,使得对任何与 v 邻接的顶点 u,均有 $\gamma(u) \neq 1$.于是,可以在 G 中将 v 着颜色 i,其余顶点着色与 γ 相同,就得到了 G 的一个正常 $(\chi(G)-1)$ 着色,此与 $\chi(G)$ 的定义矛盾.故 $d(v) \geqslant \chi(G)-1$.

定理 12.1.2 若 G 是临界图,则 $\delta(G) \geqslant \chi(G)-1$.

证明:由性质 2 即得.

定理 12.1.3 任何 p 阶图 G 都含有一个临界的导出子图 H,使得 $\chi(H) = \chi(G)$.

证明:对 p 用归纳法. $p=1$ 时显然.设对 $p-1$ 个顶点的图结论成立,而 G 是一个 p 阶图.若对任何 $v \in V(G)$, $\chi(G-v) = \chi(G)-1$,则 G 本身就是一临界图,否则,有 $u \in V(G)$,使 $\chi(G-u) = \chi(G)$.由归纳假设知, $G-u$ 含一个临界的导出子图 H,且 $\chi(H) = \chi(G-u) = \chi(G)$,显然 H 也是 G 的导出子图,故结论对 p 阶图 G 成立.由归纳法原理知定理成立.

推论 12.1.1 任何 k 色图至少有 k 个顶点的度不小于 $k-1$.

证明:设 $x(G)=k$, H 是 G 的一个临界子图. $\chi(H) = \chi(G) = k$.由定理 12.1.2 知, $\delta(H) \geqslant \chi(H)-1 = k-1$.因为 H 是 k 色的,所以 H 中至少有 k 个点,又因为对任意 $v \in V(H)$,有 $d_G(v) \geqslant d_H(v) \geqslant \delta(H) \geqslant k-1$.故结论成立.

现在导出 $\chi(G)$ 的另一个上界.

定理 12.1.4 对任意图 G,有

$$\chi(G) \leqslant \Delta(G) + 1$$

证明:若 $\chi(G) \geqslant \Delta(G) + 2$,则由推论 12.1.1,$G$ 中至少有 $\chi(G)$ 个顶点的度不小于 $k-1 \geqslant \Delta(G) + 1$. 因为 $\chi(G) > 0$,所以 G 中存在度不小于 $\Delta(G) + 1$ 的顶点,此与 $\Delta(G)$ 的定义矛盾. 故结论成立.

进一步,Brooks 证明了点色数达到上界 $\Delta(G) + 1$ 的图只有两类.

定理 12.1.5 若连通图 G 既不是奇回路,也不是完全图,则 $\chi(G) \leqslant \Delta(G)$.

例如,对 Petersen 图(见图 12.2)应用 Brooks 定理,立即得到

$$\chi(G) \leqslant \Delta(G) = 3$$

利用邻接矩阵,可以得到图 G 色数 $\chi(G)$ 的一个下界.

定理 12.1.6 对于图 $G(p, q)$,有

$$\chi(G) \geqslant \left\lceil \frac{2q}{p^2} \right\rceil + 1$$

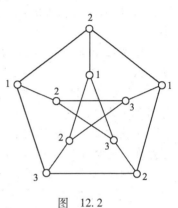

图 12.2

证明:设 G 是 k 可着色的,于是,存在划分 $V(G) = V_1 \cup V_2 \cup \cdots \cup V_k$,使得 V_i 是 G 的独立集,$i = 1, \cdots, k$. 适当地选择顶点编号,可将 G 的邻接矩阵 $A(G)$ 写成如下的分块形式.

$$A(G) = \begin{bmatrix} A_{11} & A_{12} & \cdots & A_{1k} \\ A_{21} & A_{22} & \cdots & A_{2k} \\ \vdots & \vdots & & \vdots \\ A_{k1} & A_{k2} & \cdots & A_{kk} \end{bmatrix}$$

其中,A_{ii} 为零矩阵,$i = 1, \cdots, k$.

设 $|V_i| = p_i$,则 $A(G)$ 中至少有 $\sum\limits_{i=1}^{k} p_i^2$ 个元素为零. 又因 G 有 q 条边,所以 $A(G)$ 中零元素有 $(p^2 - 2q)$ 个,故有 $p^2 - 2q \geqslant \sum\limits_{i=1}^{k} p_i^2$.

对 k 维向量 $(p_1, p_2, \cdots, p_k)$ 和 $(1, 1, \cdots, 1)$ 应用柯西—施瓦兹不等式得

$$k \sum_{i=1}^{k} p_i^2 \geqslant \left(\sum_{i=1}^{k} p_i \right)^2 = p^2$$

故 $p^2 - 2q \geqslant \dfrac{p^2}{k}$,整理得

$$k \geqslant \frac{2q}{p^2} + 1$$

于是

$$\chi(G) \geqslant \left\lceil \frac{2q}{p^2} \right\rceil + 1$$

将此结论用于 Petersen 图(见图 12.2),得

$$\chi(G) \geqslant \left\lceil \frac{30}{100} \right\rceil + 1 = 2$$

§12.2　边着色(edge coloring)

定义 12.2.1　设 G 是一个图. $S = \{1, 2, \cdots, k\}, k \geq 1$. 若存在 $E(G)$ 到 S 的一个满射 α, 则称 α 是 G 的一个 k 边着色(k-edge coloring), S 称为边色集(color set for edges). 如果对 G 中任何两条邻接的边 e_1, e_2, 均有 $\alpha(e_1) \neq \alpha(e_2)$, 则称 α 是正常的 k 边着色(k-edge coloring), 并称 G 是 k 边可着色的(k-edge colorable).

显然, 若图 G 是 k 边可着色的, 则 G 也是 $k + 1$ 边可着色的, 且 q 条边的图 G 必是 q 边可着色的.

定义 12.2.2　图 G 的正常 k 边着色中, 最小的 k 称为 G 的边色数(edge chromatic number), 记为 $\chi'(G)$.

容易知道, 对任何 G, 均有 $\chi'(G) \geq \Delta(G)$. 下面讨论 $\chi'(G)$ 的上界, 为此, 先给出两个引理. 在图 G 的边着色 α 中, 如果 G 的顶点 u 与边 e 关联, 且 $\alpha(e) = i$, 则说颜色 i 在 u 上出现.

引理 12.2.1　设连通图 G 不是长度为奇数的回路. 于是, G 有一个 2 边着色 α, 使得这两种颜色在度至少为 2 的每个顶点上都出现.

证明: 若 G 是一条通路, 则引理显然成立, 故设 G 不是一条通路. 若 G 中有奇点, 则增加一个顶点 w, 使 w 与 G 中所有奇点邻接, 得到一个 E 图 G_1, 若 G_1 是一个长度为偶数的回路, 则引理显然成立, 否则 G_1 不是一条回路, 但 G_1 是一个连通的 E 图, 故必有 $v \in V(G_1)$, 使 $d_{G_1}(v) \geq 4$. 设 G_1 有边 e_1 与 v 关联, 对于 G_1 的一条 E 链, 从 e_1 开始对边交替地着颜色 1 和 2. 这样, 就得到满足引理要求的一个 2 边着色 α.

定义 12.2.3　设 α 是图 G 的一个 k 边着色. 令 $C_\alpha(v)$ 表示在 α 下顶点 v 上所出现的不同颜色的数目. 对于 G 的两个 k 边着色 α 和 β, 若

$$\sum_{v \in V(G)} C_\alpha(v) > \sum_{v \in V(G)} C_\beta(v)$$

则称 α 优于 β. 若不存优于 α 和 k 边着色, 则称 α 是最优 k 边着色(optimal k-edge coloring).

显然, $C_\alpha(v) \leq d_G(v)$, 并且 $C_\alpha(v) = d_G(v)$ 对于任意 $v \in V(G)$ 成立当且仅当 α 是正常 k 边着色.

引理 12.2.2　设 α 是图 G 的一个最优 k 边着色. 若存在 G 中的一个顶点 u 及两种颜色 i 和 j, 使得 i 不在 u 及两种颜色 i 和 j, 使得 i 不在 u 上出现, 而 j 至少在 u 上出现两次. 令 E_i 和 E_j 分别是以 i 和 j 着色的边集合, 则 $G[E_i \cup E_j]$ 中含有 u 的分支 B 是一条长度为奇数的回路.

证明: 若引理不成立, 则由引理 12.2.1, B 有一个 2 边着色 β, 使得 β 的两种颜色在 B 中度至少为 2 的各个顶点都出现. 不妨设 β 的色集为 $\{i, j\}$. 于是, 将 B 的边按上述 β 着色, G 的其他边仍按 α 着色, 得到 G 的一个新的 k 边着色 r, 从而对于顶点 u 有 $C_r(u) = C_\alpha(u) + 1$, 但对任何 $v \neq u$, $C_r(v) \geq C_\alpha(v)$, 即 r 优于 α. 此与 α 的假设矛盾. 故引理成立.

定理 12.2.1　对于任何简单图 G.

$$\Delta(G) \leq \chi'(G) \leq \Delta(G) + 1$$

证明: 只须证右边的不等式. 假设对某个简单图 G, 有 $\chi'(G) > \Delta(G) + 1$. 令 α 是 G 的一个最优 $(\Delta(G) + 1)$ 边着色. 由假设必有一点 u, 使 $C_\alpha(u) < d(u)$. 因此, 有颜色 i_1, 使得 i_1 在 u 上至少出现两次, 又由 $C_\alpha(u) < d(u) < \Delta(G) + 1$, 有颜色 i_0 在 u 上不出现. 设 $\alpha(uv) = \alpha(uv_1) = i_1$(见图 12.3). 因为 $d(v_1) < \Delta(G) + 1$, 所以有颜色 i_2 在 v_1 上不出现. 但 i_2 必在 u 上, 否则就可以将 uv_1 改着颜色 i_2, 得到另一个 $(\Delta(G) + 1)$ 边着色, 其中在 u 上出现的颜色增加而 v_1 上出现的颜色不减少. 从而这个新的边着色优于 α, 此与 α 的假设矛盾.

又设 $\alpha(uv_2) = i_2$. 与上同理, 有颜色 i_3 在 v_2 上不出现, 而在 u 上必出现, 否则可以把 uv_1 改着

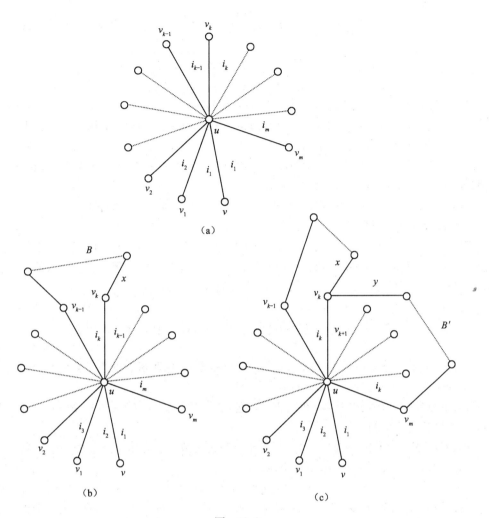

图 12.3

i_2 颜色, uv_2 改着 i_3 颜色. 于是得到另一个 $\Delta(G)+1$ 边着色而优于 α, 得到矛盾.

继续上述过程, 就得到一个顶点序列 $v_1, v_2, \cdots$ 和一个颜色序列 $i_1, i_2, \cdots$. 使得(见图 12.3(a))

(1) v_i 均与 u 邻接, 且 $\alpha(uv_t) = i_t$;

(2) i_{t+1} 不在 v_t 上出现;

(3) 由于 $d(u)$ 有限, 存在最小整数 m, 使得存在 $k < m$, 而 $i_{m+1} = i_k$.

今定义 G 的一个 $(\Delta(G)+1)$ 边着色 β 如下: 令 $\beta(uv_t) = i_{t+1}, t = 1, 2, \cdots, k-1$, 对其他边 $e \in E(G)$, $\beta(e) = \alpha(e)$. 易知对任何 $v \in V(G)$, $C_\beta(v) \geqslant C_\alpha(v)$. 故 β 也是一个最优 $(\Delta(G)+1)$ 边着色. 由引理 12.2.2, 令

$$E_0 = \{e \in E(G) \mid \beta(e) = i_0\}$$
$$E_k = \{e \in E(G) \mid \beta(e) = i_k\}$$

则 $G[E_0 \cup E_k]$ 中含 u 的分支 B 是一条长度为奇数的回路(见图 12.3(b)). 由此可知, 对于边着色 α, 点 v_k 恰与 $G[E_0 \cup E_k]$ 的两条边关联, 即除 uv_k 外, 与 v_k 关联的边中恰有一条边着色 i_0 或者 i_k, 设这条边为 x.

再定义 G 的另一个 $(\Delta(G)+1)$ 边着色 γ 如下: 令 $v(uv_t) = i_{t+1}, t = 1, 2, \cdots, m$. 对其他边 e,

$\gamma(e) = \alpha(e)$. 于是,对 G 的任何顶点 v 显然也有 $C_r(u) \geq C_\alpha(v)$,故 γ 也是一个最优 $(\Delta(G) + 1)$ 边着色. 又令

$$E'_0 = \{e \in E(G) \mid \gamma(e) = i_0\}$$
$$E'_k = \{e \in E(G) \mid \gamma(e) = i_k\}$$

则 $G[E'_0 \cup E'_k]$ 中含 u 的分支 B' 也是一条长度为奇数的回路(见图 12.3(c)).

比较 B 中各边在 β 和 γ 下的着色,只有边 uv_k 改变了颜色. 因此边 x 属于回路 B' 上,即除了 x 外,还有一条边 y 与 v_k 关联,$\gamma(y) = \alpha(y) = i_0$ 或 i_k. 这与对 x 的假设矛盾. 故定理成立.

由此定理,任何图 G 的边色数 $\chi'(G)$ 要么是 $\Delta(G)$,要么是 $\Delta(G) + 1$. 我们称 $\chi'(G) = \Delta(G)$ 的图为第一类图,$\chi'(G) = \Delta(G) + 1$ 的图为第二类图.

目前还没有一般的方法来判断一个图 G 属于哪一类,但对于二分图我们有:

定理 12. 2. 2　二分图属于第一类图.

证明:设 G 为二分图,假定 $\chi'(G) = \Delta(G) + 1$. 设 α 是一个最优 $\Delta(G)$ 边着色,于是必有顶点 u,使得 $C_\alpha(u) < d(u)$. 显然,u 满足引理 12.2.2 的条件,所以 G 含一条长度为奇数的回路. 从而 G 不是二分图,此为矛盾. 故 $\chi'(G) \neq \Delta(G) + 1$. 即 $\chi'(G) = \Delta(G)$.

§12.3　色多项式(chromatic polynomial)

定义 12. 3. 1　设 G 是一个标定图. G 的一个 t 种或不到 t 种颜色的正常着色称为 G 的一个最多 t 色的正常着色(proper coloring at most t – color).

设 α 和 β 是图 G 的两个最多 t 色的正常着色,若对任何 $v \in V(G)$,$\alpha(v) = \beta(v)$,则称 α 与 β 是相同的,否则称为不同的.

令 $f(G, t)$ 表示图 G 的不同的最多 t 色的正常着色之数目. 易知,它是 t 的一个函数.

由定义知,若 $t < \chi(G)$,则 $f(G, t) = 0$,从而

$$\chi(G) = \min\{t \mid f(G, t) > 0\}$$

例如,设 α 是 K_3 的最多 t 色的正常着色,$t \geq 3$. 于是,有 t 种方式对 K_3 的任何一个给定的顶点着色;对 K_3 的第二个顶点,则可用 $t – 1$ 种颜色中的任何一种;剩下的那个顶点可以用 $t – 2$ 种颜色中的任何一种. 从而

$$f(K_3, t) = t(t - 1)(t - 2) \tag{12.2}$$

由此推广到 K_p,有

$$f(K_p, t) = t(t - 1)(t - 2)\cdots(t - p + 1) \tag{12.3}$$

对 $\overline{K_p}$,即 p 个孤立点组成的零图,因为对 $\overline{K_p}$ 的 p 个顶点的每一个都可独立用 t 种颜色的任何一种着色,所以

$$f(\overline{K_p}, t) = t^p \tag{12.4}$$

式(12.3)和式(12.4)都是 t 的多项式. 下面将会知道,对任何图 G,$f(G, t)$ 总是 t 的一个多项式,称为 G 的色多项式. 先讨论 $f(G, t)$ 的求法.

给定图 G,设 $u, v \in V(G)$. $e = uv \in E(G)$. 对于 $G - e$ 进行 t 正常着色,这种着色可分为两类:一类是 u, v 颜色不同,显然,它与图 G 的正常着色一一对应;另一类是 u, v 颜色相同,它与 $G^\circ e$ 的正常着色是一一对应,因此有

$$f(G - e, t) = f(G, t) + f(G^\circ e, t)$$

定理 12. 3. 1　对任何图 G,有

$$f(G, t) = f(G - e, t) - f(G^\circ e, t) \tag{12.5}$$

推论 12.3.1　对任何图 G，有

$$f(G,t) = f(G+e,t) + f(G \circ e,t) \tag{12.6}$$

式（12.5）和式（12.6）给出两种不同的计算图 G 的 $f(G,t)$ 的递推公式：一种是反复使用式（12.5），直到把 $f(G,t)$ 表示成零图 $f(\overline{K_p},t)$ 的线性组合，这种方法称为减边法；另一种是反复使用式（12.6），直到把 $f(G,t)$ 表示完全图的 $f(K_p,t)$ 的线性组合，这种方法称为加边法，$1 \leqslant p \leqslant |V(G)|$．在具体求时，为简便，图 G 的 $f(G,t)$ 用 G 的图形来表示．

【例 12.1】　用减边法求 $f(G,t)$，如图 12.4 所示．

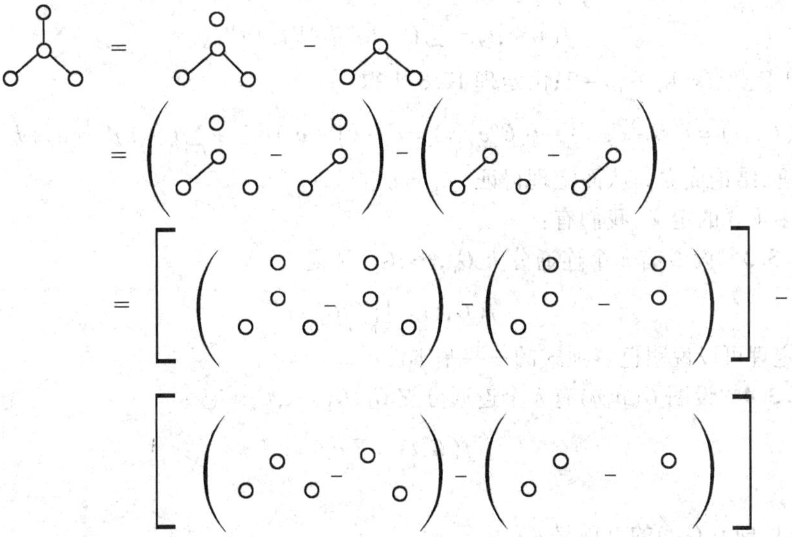

$$= t^4 - 3t^3 + 3t^2 - t = t(t-1)^3$$

图　12.4

【例 12.2】　用加边法求 $f(G,t)$，如图 12.5 所示．

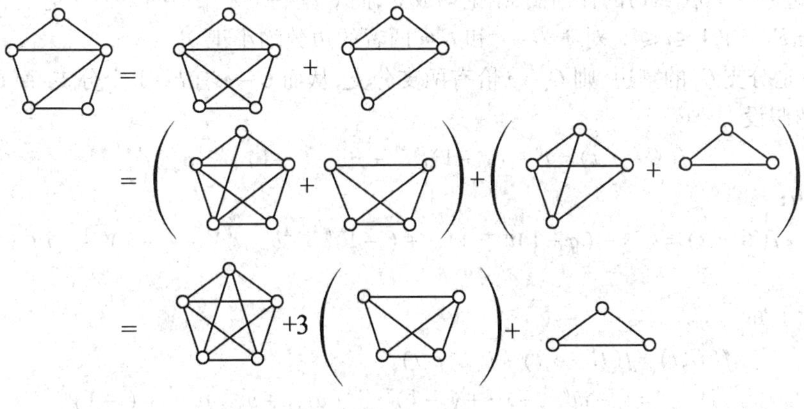

$$= t(t-1)(t-2)(t-3)(t-4) + 3t(t-1)(t-2)(t-3) + t(t-1)(t-2)$$
$$= t(t-1)(t-2)^3$$

图　12.5

定理 12.3.2　对于任何 p 阶图 G，$f(G,t)$ 都是 t 的整系数 p 次多项式，首项为 t^p，常数项为 0．

而且各项系数的符号正负相间.

证明：不妨设 G 为简单图,对其边数 q 进行归纳证明.

当 $q=0$ 时,$G=\overline{K_p}$,$f(G,t)=t^p$,结论成立.

假设对边数少于 $q(q\geqslant1)$ 的任何图,结论成立,而 G 是有 q 条边的图. 任取 $e\in E(G)$,对 $G-e$ 和 $G\circ e$,由归纳假设

$$f(G-e,t)=\sum_{i=1}^{p-1}(-1)^{p-i}a_it^i+t^p$$

其中,a_i 为非负数,$i=1,\cdots,p-1$;

$$f(G\circ e,t)=\sum_{i=1}^{p-2}(-1)^{p-i-1}b_it^i+t^{p-1}$$

其中,b_i 为非负数,$i=1,\cdots,p-2$;由定理 12.3.1 得

$$f(G,\ t)=f(G-e,\ t)-f(G\circ e,\ t)=t^p-(1+a_i)t^{p-1}+\sum_{i=1}^{p-2}(-1)^{p-i}(a_i+b_i)t^i$$

由归纳法原理,结论成立. 从而定理得证.

按照色多项式的定义,我们有:

定理 12.3.3 设 G 有 k 个连通分支 $G_1,\cdots,G_k$. 于是

$$f(G,t)=\prod_{i=1}^{k}f(G_i,t)$$

下面的定理可以说明色多项式的一些基本性质.

定理 12.3.4 设图 $G(p,q)$ 有 k 个连通分支 $G_1,G_2,\cdots,G_K$. 记

$$f(G,t)=\sum_{i=0}^{p}a_it^i$$

于是

(1)$a_p=1$,即 $f(G,t)$ 的首项是 t^p;

(2)$a_{p-1}=-q$;

(3)$a_k\neq0$,但 $a_{k-1}=\cdots=a_0=0$,即有非零系数的最低次幂等于 G 的分支数.

证明：对 G 的边数 q 作归纳证明.

当 $q=0$ 时,$G=\overline{K_p}$,$f(G,t)=t^p$,(1)～(3)均成立.

假设对边数少于 $q(\geqslant1)$ 的任何图,结论均成立,而 G 是一个 q 条边的 k 个分支 $G_1,\cdots,G_k$ 的图.

任取 $e\in E(G_i)$,$1\leqslant i\leqslant k$. 对于 $G-e$ 和 $G\circ e$ 两者的边数均小于 q.

(i)若 e 是分支 G_i 的割边,则 G_i-e 恰有两支分支,从而 $G-e$ 有 $k+1$ 个分支,而 $G\circ e$ 仍是 k 个分支,由归纳假设

$$f(G-e,t)=t^p-(q-1)t^{p-1}+\cdots+(-1)^{p-k-1}a_{k+1}t^{k+1}$$

其中,$a_{k+1}>0$;

$$f(G\circ e,t)=t^{p-1}-(q-1)t^{p-2}+\cdots+(-1)^{p-k-2}b_{k+1}t^{k+1}+(-1)^{p-k-1}b_kt^k$$

其中,$b_k>0$.

由定理 12.3.1 知

$$f(G,t)=f(G-e,t)-f(G\circ e,t)$$
$$=t^p-qt^{p-1}+\cdots+(-1)^{p-k-1}(a_{k+1}+b_{k+1})t^{k+1}+(-1)^{p-k}b_kt^k$$

于是,(1)～(3)均成立.

(ii)若 e 不是 G_i 的割边,则

$$f(G-e,t)=t^p-(q-1)t^{p-1}+\cdots+(-1)^{p-k-1}a_{k+1}t^{k+1}+(-1)^{p-k}a_kt^k$$

其中,$a_k>0$;

$$f(G\circ e,t)=t^{p-1}-(q-1)t^{p-2}+\cdots+(-1)^{p-k-2}b_{k+1}t^{k+1}+(-1)^{p-k-1}b_kt^k$$

其中，$b_k > 0$.

同样由定理 12.3.1 知

$$f(G, t) = f(G - e, t) - f(G \circ e, t)$$
$$= t^p - qt^{p-1} + \cdots + (-1)^{p-k-1}(a_{k+1} + b_{k+1})t^{k+1} + (-1)^{p-k}(a_k + b_k)t^k$$

其中，$a_k + b_k > 0$. 于是，(1) ~ (3) 均成立.

总之，由归纳法原理，定理成立.

定理 12.3.5　p 阶图 T 是树，当且仅当它的色多项式 $f(T, t) = t(t-1)^{p-1}$.

证明：设 T 是 p 个顶点的树. 对 p 作归纳证明.

当 $p = 1, 2$ 时，T 是 K_1 和 K_2. 于是

$$f(K_1, t) = t = t(t-1)^{p-1}, \quad p = 1;$$
$$f(K_2, t) = t(t-1) = t(t-1)^{p-1}, \quad p = 2;$$

假设对顶点数小于 $p(\geqslant 2)$ 的任何树，结论成立，而 T 是一个有 p 个顶点的树. 任取 $e \in E(T)$. 则 $T - e$ 恰有两个分支 T_1 和 T_1，设 T_1 和 T_1 分别有 p_1 和 p_2 个顶点，显然 $p = p_1 + p_2$，且 T_1 和 T_1 仍是树，又 $T \circ e$ 显然是 $p - 1$ 个顶点的树，于是，由归纳假设以及定理 12.3.3，有

$$f(T - e, t) = f(T_1, t)f(T_2, t) = [t(t-1)^{p_1-1}] \cdot [t(t-1)^{p_2-1}] = t^2(t-1)^{p-2}$$
$$f(T \circ e, t) = t(t-1)^{p-2}$$

再由定理 12.3.1 知

$$f(T, t) = f(T - e, t) - f(T \circ e, t) = t^2(t-1)^{p-2} - t(t-1)^{p-2} = (t^2 - t)(t-1)^{p-2} = t(t-1)^{p-1}$$

由归纳法原理知，结论成立.

反之，设 p 阶图 T 有

$$f(T, t) = t(t-1)^{p-1} = t^p - (p-1)t^{p-1} + \cdots + (-1)^{p-1}t$$

由定理 12.3.4，因 $f(T, t)$ 的最低幂是 t 的一次幂，即 T 只有一个连通分支，所以 T 是连通图. 又因 t^{p-1} 的系数为 $-(p-1)$，所以 T 的边数为 $p-1$，故 T 是树.

类似于定理 12.3.5 的证明，我们有：

定理 12.3.6　设 G 是 p 个顶点的回路 $C_p(p \geqslant 3)$，于是

$$f(G, t) = f(C_p, t) = (t-1)^p + (-1)^p(t-1)$$

由色多项式的定义可知，对于一个图 G，若 $f(G, k) > 0$，则 G 存在一个正常 k 着色. 若 $f(G, t_0) > 0$，而 $f(G, t_0 - 1) = 0$，则 $\chi(G) = t_0$. 因此，色多项式是求 $\chi(G)$ 的一个工具. 例如，对树 T 而言，因 $f(T, t) = t(t-1)^{p-1}$，于是 $f(T, 1) = 0$，而 $f(T, 2) > 0, p \geqslant 2$. 故 $\chi(T) = 2$.

遗憾的是，目前还没有找到求任意图 G 的色多项式的好方法，只能通过分析一个图及子图的色多项式之间的联系，来求出某些特殊的色多项式.

§12.4　应　用

1. 储藏问题（storage problem）

某公司生产 n 种化学制品 $P_1, P_2, \cdots, P_n$，其中某些制品是不能放在一起的（不相容），否则会引起爆炸. 作为一种预防措施，要求把仓库分成若干隔间，以便把能引起爆炸的化学制品储藏在不同的隔间里. 试问：这个仓库至少应该分成几个隔间.

此问题可以转换成图的着色问题. 定义一个简单图 $G = (V, E)$，其中 $V(G) = \{v_1, v_2, \cdots, v_n\}$，$v_i v_j \in E(G)$ 当且仅当 P_i 与 P_j 不相容. 容易知道，所需仓库的最小间数等于 G 的色数 $\chi(G)$.

2. 考试安排问题(exams arrange problem)

某学校期末有 n 门课程 $C_1, C_2, \cdots, C_n$ 需要进行考试. 学校规定同一个学生在同一天中不能参加两门课程的考试. 试问:期末考试至少需要几天.

此问题也可以转换成图的着色问题. 构造一个简单图 $G = (V, E)$,其中 $V(G) = \{v_1, v_2, \cdots, v_n\}$,$v_i v_j \in E(G)$ 当且仅当 C_i 与 C_j 被同一位学生选修. 容易知道,考试所需的最小天数等于 G 的色数 $\chi(G)$.

习　　题

1. 证明:若 G 是简单图,则 $\chi(G) \geqslant p^2 / (p^2 - 2q)$.

2. $\chi(G) = k$ 的临界图 G 称为 k 临界图. 证明:唯一的 1 临界图是 K_1,唯一的 2 临界图是 K_2,仅有的 3 临界图是长度为奇数 $k \geqslant 3$ 的回路.

3. 试确定 Petersen 图的色数,该图是临界图吗?

4. 对 $p = 4$ 及所有的 $p \geqslant 6$,试作出 p 个顶点的 4 - 临界图.

5. 证明:若 $G(p, q)$ 是第一类图,则 $q \leqslant \Delta(G) \left\lfloor \dfrac{p}{2} \right\rfloor$.

6. 证明:奇数阶完全图 K_{2n+1} 属于第二类图.

7. 求 Petersen 图的边色数.

8. 证明:若 G 是奇数阶正则简单图,且 $q(G) > 0$. 则 $\chi'(G) = \Delta(G) + 1$

9. 证明:若 G 是二分图,且 $\delta(G) > 0$,则有一个 $\delta(G)$ 边着色,使得所有 $\delta(G)$ 种颜色都在每一个顶点上出现.

10. 计算图 12.6 所示图的色多项式.

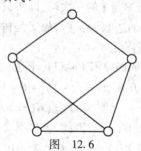

图　12.6

11. 证明:$t^4 - 3t^3 + 3t^2$ 不是任何图的色多项式.

12. 证明定理 12.3.6.

13. 举例说明下面的论断不正确. 图 G 是连通二分图当且仅当 G 的色多项式中一次项的系数之绝对值 1.

14. 证明:$f(G, t)$ 没有大于 p 的实根. 其中,p 是 G 的顶点数.

15. 求 $K_{2,m}$ 的色多项式.

第13章

平面图(planar graph)

在第7章给出的图的定义中,一个图的图形是由平面上的点和线所组成的,且只规定两点之间的线是一条不自交的曲线,至于两条线之间是否可相交并没有作要求. 这就是说,同一个图有不同的图形,这些图形所表示的图是彼此同构的. 例如,图13.1(a)和图13.1(b)就是图K_4的两个图形. 其中,图13.1(b)的任意两条边除端点可能重合外,其余都不相交,这种图称为平面图.

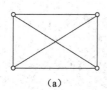 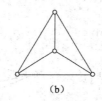 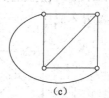

     (a)   (b)   (c)

图 13.1

在许多实际问题,常常涉及图的平面性的研究,比如单面印制电路板和集成电路的布线以及交通设计等问题. 正是由于这些应用问题的推动,使平面图的研究得到了很大的发展.

本章将介绍平面图的有关概念、欧拉公式、图的可平面性判定以及对偶图等内容.

§13.1 平面图的概念

定义13.1.1 设G是平面上由有限个点及以这些点为端点的有限条连续曲线所组成的图形,如果G中任意两条线最多只在它们的端点处相交,则称G为一个平面图,否则,称为非平面图(no planar graph).

例如,图13.1(b)和图13.1(c)就是两个平面图.

如果图G(可以是非平面图)与一个平面图H同构,则称G是一个可平面图,而称H是G的一个平面嵌入(planar embedding);否则称为不可平面图. 例如,图13.1(a)是一个非平面图,但它是一个可平面图,因图13.1(b)与图13.1(c)都是与它同构的平面图. 此时,图13.1(b)和图13.1(c)是图13.1(a)的两个平面嵌入.

定义13.1.2 设G是一个平面图. 平面被G的边所围成的区域称为面(face),这些边称为该面的边界. 其中,有限区域对应的面称为内部面(interior face),无限区域对应的面称为外部面(exterior face).

显然,任何一个平面图恰有一个外部面,一般用f_0表示. 今后,用$r(G)$表示平面图G的面的个数,而用$R(G)$表示G的面的集合;用$G(p,q,r)$表示一个p个顶点、q条边以及r个面的平面图.

一个面 f 所包含的边数称为 f 的次数(degree of a face),记为 $d(f)$. 特别约定,若割边 e 属于平面的面 f,则在计算 $d(f)$ 时,e 要计算两次. 例如,图 13.2 的内部面 f_1 被认为是由闭途径 123421 所围成,于是,$d(f_1)=5$,其中边 $e=(1,2)$ 计算两次.

定理 13.1.1 对任何平面图 $G(p,q,r)$,有

$$\sum_{i=1}^{r} d(f_i) = 2q \qquad (13.1)$$

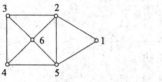

图 13.2

证明:由于 G 的每一条非割边恰属于两个面,因此,在计算这两个面的次数时,该边共计算两次,而割边虽只属一个面,但由规定,也计算了两次. 故式(13.1)成立.

下面定义两个平面图同构的概念.

定义 13.1.3 设 G 和 H 是两个平面图. 如果 $G \overset{\varphi}{\cong} H$,并且 f 是 G 中的一个由途径 $uv \cdots wu$ 围成的面当且仅当 $\varphi(u)\varphi(v) \cdots \varphi(w)\varphi(u)$ 围成 H 的一个面 f',则称 G 与 H 同构,记为 $G \overset{\varphi}{\cong} H$,$\varphi$ 有时可省略.

例如,图 13.1(b)与图 13.1(c)就是两个同构的平面图.

由定义知,对两个平面图 G 和 H,若 $G \cong H$,则必有 $G \cong H$,但反之不然. 例如,图 13.3 中,$G \overset{\varphi}{\cong} H$,其中 $\varphi(i)=i'$,$i=1,2,3,4,5,6$. 但 G 中有一个次数为 5 的(外部)面. 而 H 中都不存在次数为 5 的面,故 $G \cong H$ 不成立.

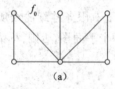

图 13.3

定义 13.1.4 一个图 G 称为外可平面图(outerplanar graph),如果它有一个平面嵌入 H,使得 G 的所有顶点均在 H 的同一个面的边界上. 这时,称 H 为外平面图(outerplanar graph).

例如,图 13.4 是一个外可平面图的三个平面嵌入,其中,图 13.4(a)和图 13.4(b)是外平面图,而图 13.4(c)则不是外平面图,又图 13.4(a)的所有顶点均在外部面 f_0 的边界上,而图 13.4(b)中所有顶点则均在内部面 f_1 的边界上.

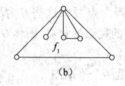

(a)   (b)   (c)

图 13.4

定义 13.1.5 设 G 是一个可平面图. 如果对 G 中任意两个互不邻接的顶点 u,v,$G+uv$ 成为一个不可平面图,则称 G 是一个极大可平面图(maximal planarable graph). 极大可平面图的一个平面嵌入称为极大平面图(maximal planar graph).

例如,图 13.5 所示的就是一个极大平面图.

对于一个不是极大的可平面图,显然可以添加一些边以得到一个极大可平面图.

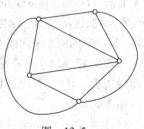

图 13.5

定理 13.1.2 极大简单平面图的任何一个面都是三角形 K_3.

证明:(反证法)设 G 是一个极大简单平面图. G 的某个面 f 不是 K_3,不妨设 f 由闭途径 $v_1 v_2 \cdots v_n v_1$ 围成,用 $d(f) = n \geq 4$. 为简单起见,不妨设 $n = 4$. 于是,关于 f 只有以下三种情况:

(1)若 v_1 与 v_3 不邻接,则 $v_1 v_2 v_3 v_4 v_1$ 所围成的区域是一个内部面,于是,在该面内连接 v_1 与 v_3 显然不破坏 G 的平面性,但此与 G 的假设矛盾;

(2)若 v_1 与 v_3 邻接,而 v_2 与 v_4 不邻接,则 $v_1 v_2 v_3 v_1$ 所围成的区域是一个内部面,所以边 v_1 及顶点 v_4 必在此面之外,故连接 v_2 与 v_4 不破坏 G 的平面性,矛盾;

(3)若 v_1 与 v_3 邻接,且 v_2 与 v_4 邻接,则由于 $v_1 v_2 v_3 v_4 v_1$ 所围成的区域是一个内部面,因此边 v_1, v_3, v_2, v_4 都在此面之外,因而必定相交,此与 G 的可平面性矛盾.

总之,结论成立.

§13.2 欧拉公式(Euler formulas)

欧拉在研究凸多面体时得到了它们的顶点数,棱数和面数之间的一个简单关系. 将这个关系应用到平面图上,就有:

定理 13.2.1(欧拉公式) 任何简单连通平面图 $G(p,q,r)$ 均满足

$$p - q + r = 2 \tag{13.2}$$

证明:对面数 r 作归纳证明.

当 $r = 1$ 时,G 是树,此时 $q = p - 1$,结论成立.

假设对少于 r 个面的所有平面图结论成立,G 是有 r 个面的平面图,而 $r \geq 2$,于是,G 至少有一条回路. 设 e 是 G 中某回路的一条边. 显然 $G - e$ 仍是连通平面图,它有 p 个顶点,$q - 1$ 条边及 $r - 1$ 个面,由归纳假设

$$p - (q-1) + (r-1) = 2$$

整理即得欧拉公式

$$p - q + r = 2$$

由归纳法原理,上式对任何正整数 r 成立.

推论 13.2.1 若简单平面图 $G(p,q,r)$ 的每个面的次数均为 m,则

$$q = m(p-2)/(m-2) \tag{13.3}$$

证明:由定理 13.1.1,$2q = mr$,解出 r,代入欧拉公式,得

$$p - q + \frac{2}{m}q = 2$$

整理上式即得式(13.3).

推论 13.2.2 对任何简单平面图 $G(p,q,r)$,$p \geq 3$

$$q \leq 3p - 6 \tag{13.4}$$

证明:由于极大简单平面的每个面都是 K_3. 故将 $m = 3$ 代入式(13.3)有

$$q = 3(p-2) = 3p - 6$$

故对一般简单平面图有

$$q \leq 3p - 6$$

推论 13.2.3 K_5 是不可平面图.

证明:若 K_5 是可平面图,则由式(13.4)有

$$10 = q \leq 3p - 6 = 3 \times 5 - 6 = 9$$

即 $10 \leqslant 9$，矛盾．故 K_5 是不可平面的．

推论 13.2.4　若简单平面图 $G(p,q,r)$ 的每个面均不是 K_3，则

$$q \leqslant 2p - 4 \tag{13.5}$$

证明：由假设有

$$2q = \sum_{i=1}^{r} d(f_i) \geqslant 4r$$

即 $r \leqslant q/2$，从而由欧拉公式有

$$2 = p - q + r \leqslant p - q + q/2 = p - q/2$$

整理得

$$q \leqslant 2p - 4$$

推论 13.2.5　$K_{3,3}$ 是不可平面图．

证明：因 $K_{3,3}$ 是二分图，故它不含 K_3．如果 $K_{3,3}$ 是可平面图，则由式（13.5）有

$$9 = q \leqslant 2p - 4 = 2 \times 6 - 4 = 8$$

即 $9 \leqslant 8$，矛盾．故 $K_{3,3}$ 是不可平面图．

推论 13.2.6　对任何简单平面图 $G(p,q)$，

$$\delta(G) \leqslant 5 \tag{13.6}$$

证明：若 $\delta(G) \geqslant 6$，则

$$q = \frac{1}{2} \sum_{i=1}^{p} d(v_i) \geqslant \frac{1}{2} p\delta(G) \geqslant \frac{6}{2} p > 3p - 6$$

此与式（13.4）矛盾．故式（13.6）成立．

定理 13.2.2　设 $G(p,q,r)$ 是极大平面图，$p \geqslant 4$．于是

（1）$q = 3p - 6$；

（2）$r = 2p - 4$；

（3）$\kappa(G) \geqslant 3$；

（4）$\delta(G) \geqslant 3$；

（5）G 中至少有 4 个顶点的度不超过 5．

证明：（1）由定理 13.1.2，用 $m = 3$ 代入式（13.3）得（1）．

（2）将（1）代入欧拉公式（13.2），得

$$p - q + r = p - (3p - 6) + r = 2$$

整理得（2）．

（3）因为 G 的每个面都是 K_3，所以 G 是 $2-$连通的．假设 $\kappa(G) = 2$，则有顶点割 $S = \{u,v\}$，u 至少与 $G - S$ 的两个分支中的顶点在 G 中邻接．设在 G 的一个平面嵌入 $\tilde{G}$ 中与 u 邻接的点按环绕 u 的顺序依次为 $u_1, u_2, \cdots, u_t$．由于这些点中除可能有一个点是 v 外，其余的点分别属于 $G - S$ 的至少两个分支，故必有相继的两点 u_i 和 u_{i+1} 分别属于 $G - S$ 的两个不同的分支．但由定理 13.1.2，在 $\tilde{G}$ 中，vu_iu_{i+1} 是一个面，故 u_iu_{i+1} 邻接，从而在 $G - S$ 中 u_i 与 u_{i+1} 邻接，得到矛盾．因此，$\kappa(G) \geqslant 3$．

（4）由定理 9.1.1 及（3）得

$$\delta(G) \geqslant \kappa(G) \geqslant 3$$

（5）设 G 的顶点集 $V = \{v_1 v_2, \cdots v_p\}$．若对 $i = 1, 2, \cdots, p-3$，均有 $d(v_i) \geqslant 6$，则因为（4），有

$$d(v_i) \geqslant \delta(G) \geqslant 3, \quad i = p-2, p-1, p$$

于是

$$6p - 21 = 2q - 9 \geqslant 2q - \sum_{i=p-2}^{p} d(v_i) = \sum_{i=1}^{p-3} d(v_i) \geqslant 6(p-3) = 6p - 18$$

得到矛盾,故结论成立.

§13.3　可平面性(planarity)判定

在上节中,我们给出若干可平面性的必要条件. 寻求一个图成为可平面图的必要且充分条件是平面性理论的最重要的内容之一,此工作曾经持续了几十年. 直到 1930 年,库拉托夫斯基(Kuratowski)给出了可平面图的一个十分简洁的特征.

定义 13.3.1　设 G 是一个图,$e = uv \in E(G)$. 在 $G - uv$ 中增加一个新点 w 有边 wu, wv. 称此过程为对图 G 的一次剖分(subdivision)运算;如果 H 是 G 经有限次剖分运算得到的,则称 H 是 G 的剖分图(cut graph).

直观地说,剖分运算就是在某边上增加一个新的顶点. 例如,图 13.6 给出了 K_4 和 $K_{2,3}$ 的剖分图.

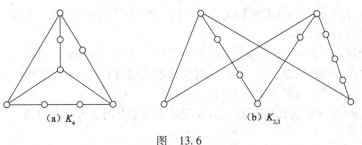

(a) K_4　　　　(b) $K_{2,3}$

图　13.6

定理 13.3.1(Kurtowski 定理)　一个图是可平面图的充分必要条件是它不包含 K_5 或 $K_{3,3}$ 的剖分图.

由于 K_5 和 $K_{3,3}$ 都不是可平面图,因此它们的剖分图也不是平面图. 又因为以非平面图为子图的图一定不是平面图,所以,此定理中条件的必要性是显然的. 但是,充分性的证明相当复杂,要用到若干概念和引理,因此,这里就不叙述了. 有兴趣的读者可参看中译本《图论及其应用》(吴望名等译,科学出版社,1984).

【例1】　Petersen 图不是可平面图,因为它含有一个子图是 $K_{3,3}$ 的剖分,如图 13.7 所示.

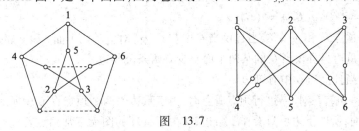

图　13.7

§13.4　平面图的面着色

第 12 章我们讨论了简单图的顶点着色和边着色. 对于平面图,相应地有面着色的问题. 为此,首先需要定义两个面邻接的概念.

定义 13.4.1　设 f_1 和 f_2 是平面图 G 的两个面. 若 f_1 和 f_2 的边界至少有一条公共边,则称 f_1 和 f_2 是邻接的,否则称 f_1 与 f_2 不邻接.

由定义可知,两个面如果在边界上只有一个或有限公共点,则它们是

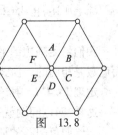

图　13.8

不邻接的,例如,图 13.8 中的 A 与 E,A 与 C 及 A 与 D 等应分别看作互不邻接的面.

定义 13.4.2　设 G 是一个平面图. $S=\{1,2,\cdots,k\}$,$k\geq1$. 若存在面集 $R(G)$ 到 S 的一个满射 γ,则称 γ 是 G 的一个 k 面着色(k - face coloring),S 称为面色集. 如果对 G 中任何两个邻接的面 f_1 和 f_2,均有 $\gamma(f_1)\neq\gamma(f_2)$,则称 γ 是正常 k 面着色(regular k - face coloring),并称 G 是 k 面可着色的(k - face colorable). 图 G 的正常 k 面着色中,最小的 k 称为 G 的面色数(face chromatic number),记为 $\chi^{*}(G)$.

平面图面着色的一个直接应用就是给地图上的国家着色,使得互相邻接的国家着不同的颜色. 1852 年,Francis Cuthrie 提出了四色问题:对任何一张地图上的国家着色,是否只需四种颜色就能使得任何两个互相邻接的国家都着不同的颜色? 一百多年来,此问题一直未能得到解决而成为一个著名的图论难题之一. 直到 1976 年,这个貌似简单的四色问题才被美国的 Appel、Hakent 和 Koch 借助于数字电子计算机所证明. 借助计算机来解决数学难题,这在科学史上是一个创举,它从各方面大大地推动了图论及计算机科学的发展.

历史上,人们将平面 G 的面着色转化为对 G 的对偶图 G^{*} 的顶点着色. 给定一个平面图 G,它的对偶图 G^{*} 可按如下方式构造:

在 G 的每个面 f 内放一上顶点 f^{*},这些顶点就构成了 G^{*} 的顶点集 $V(G^{*})$. 若 G 的两个面 f 和 g 有一条公共边 e,则画一条以 f^{*} 和 g^{*} 为端点的边 e^{*} 仅穿过 e 一次;对于 G 中仅属于一个面 f 的割边 e,则画一条以 f^{*} 为端点的环仅穿过 e 一次.

例如,图 13.9 中,实线及其端点表示 G,而虚线及其端点则表示 G 的对偶 G^{*}.

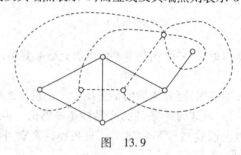

图　13.9

显然,对任何一个平面图 G,G^{*} 是唯一确定的,而且

(1) $p(G^{*})=r(G)$,$q(G^{*})=q(G)$.

(2) G^{*} 中的顶点 f^{*} 和 g^{*} 邻接当且仅当 G 中与 f^{*},g^{*} 对应的两个面 f 和 g 邻接.

(3) G^{*} 有多重边当且仅当 G 的某两个面至少有两条公共边.

(4) G^{*} 有环当且仅当 G 中有割边.

由 G^{*} 的构造可知,在对 G^{*} 进行顶点着色时,由于重边的两个顶点在 G 中所对应的面恰好是两个互相邻接的面,所以重边可只看作一条边;又由于有环的图无正常顶点着色,而 G^{*} 中的环在 G 中的所对应边是恰属于一个面的割边,因此,对 G^{*} 中的环可以不考虑.

综上所述,再由(2)可知,对任意平面图,有

$$\chi(G^{*})=\chi^{*}(G) \tag{13.7}$$

我们将无割边的平面图称为平面地图. 显然,有割边的平面图与去掉其割边的平面图两者的面色数是相同的. 由式(13.7),我们有:

定理 13.4.1　所有平面地图都是 4 面可着色的当且仅当所有平面图都是 4 点可着色的.

这样,四色问题就等价于:对于一个简单平面图 G,是否 $\chi(G)\leq4$?

尽管四色问题的证明十分困难,但若将"四"换成"五",则五色问题的证明却是容易的.

定理 13.4.2　（Heawood,1890）对任何平面图 G,有
$$\chi(G) \leqslant 5$$

证明: 对顶点数 p 用归纳法,在 $p \leqslant 5$ 时,结论显然成立,设对所有顶点数小于 p 的平面图,结论成立,而 G 是一个 p 阶平面图.由推论 13.2.6,$\delta(G) \leqslant 5$.令 $d(v) = \delta(G)$.考虑 $(p-1)$ 阶平图 $G-v$,由归纳假设,$G-v$ 有正常 5 着色 α,若 $d(v) < 5$,易知 α 中至少有一种颜色 i 在 v 的所有邻接点不出现,则令 $\beta(v) = i, \beta(u) = \alpha(u), u \neq v$,于是,$\beta$ 是 G 的一个正常 5 着色,以下设 $d(v) = 5$,并且 α 的 5 种颜色均在 v 的邻接点上出现.不妨设与 v 邻接的 5 个点按环绕 v 的方向依次为 $v_1, v_2, \cdots, v_5$ 且 $\alpha(v_i) = i, i = 1, 2, \cdots, 5$（见图 13.10）.

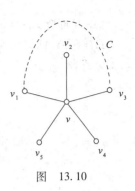

图　13.10

考虑由顶点集
$$V_{1,3} = \{u \mid u \in V(G-v) \text{ 且 } \alpha(u) = 1 \text{ 或 } 3\}$$
所导出的 $G-v$ 的子图 $G_{1,3}$.若 v_1 和 v_3 属于 $G_{1,3}$ 的不同的连通分支,则在 v_1 所在分支中交换颜色 1 和 3,得到 $G-v$ 的另一个正常 5 着色 β.此时,因 $\beta(v_1) = 3, \beta(v_i) = i, i = 2, 3, 4, 5$,所以可令 $\beta(v) = 1$,从而得到 G 的一个正常 5 着色.

若 v_1 和 v_3 属于 $G_{1,3}$ 的同一个连通分支,则存在 $(v_1 v_3)$-通路 μ.于是在 G 中 $vv_1 + \mu + v_3 v$ 作成一个回路 C,使得 v_2 和 v_4 分别在该回路的内部和外部（见图 13.10）.考虑由顶点集
$$V_{2,4} = \{u \mid u \in V(G-v) \text{ 且 } \alpha(u) = 2 \text{ 或 } 4\}$$
所导出的 $G-v$ 的子图 $G_{2,4}$,v_2 和 v_4 必属于 $G_{2,4}$ 的不同分支.作与上面类似的调整,又可得到 G 的一个正常 5 着色.于是有
$$\chi(G) \leqslant 5$$
由归纳法原理知,结论对任何 p 阶平面图均成立.

§13.5　应用（印制电路板的设计）

当设计和制造印制电路板时,首先遇到的问题是判定一个给定的电路图是否能被印制在同一层板上而使导线不发生短路? 若能的话,怎样给出具体的布线方案?

我们可以将所要印制的电路看成一个简单图 G,其中顶点代表电子元件,边则代表导线.于是,上述问题就归结为判定 G 是否是平面图? 若 G 是平面图,则怎样给出它的一个平面嵌入.

习　　题

1. 设 $p \geqslant 11$,证明任何 p 阶图 G 与其补图 $\bar{G}$ 总有一个是不可平面图.
2. 证明或否定:两个 p 阶极大简单平面图必同构.
3. 找出一个 8 阶简单平面图 G,使得 G 的补图 $\bar{G}$ 也是平面图.
4. 证明或否定:每个极大平面图是 H 图.
5. 证明:若平面图 G 的每个平面都是三角形 K_3,则 G 是极大平面图.
6. 设 $G(p, q, r)$ 是有 k 个分支的平面图,证明 $p - q + r = k + 1$.
7. 证明:$K_5 - e$ 是平面图,其中 $e \in E(K_5)$.
8. 证明:$K_{3,3} - e$ 是平面图,其中 $e \in E(K_{3,3})$.
9. 一个图的围长是图中最短回路之长度,若图中无回路,则围长定义为无穷大.证明:如果

$G(p,q,r)$是连通平面图,围长$g \geq 3$且有限,则

$$q \leq g(p-2)/(g-2)$$

10. 利用题 9 证明 Petersen 图是不可平面图.

11. 图 13.11 是可平面图吗? 若是,则请给出平面嵌入,否则说明它是一个包含 K_5 或者 $K_{3,3}$ 的剖分图.

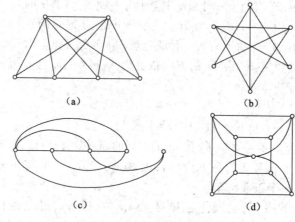

(a)　　　　　　　(b)

(c)　　　　　　　(d)

图　13.11

12. 平面 M 上有 n 条直线将平面 M 分成若干区域,为了使互相邻接的区域着不同的颜色,最少需要几种颜色?

13. 设 G 是一个连通的平面地图. 证明:$\chi^*(G) = 2$ 当且仅当 G 是欧拉图.

14. 将平面分成 r 个区域,使任意两个区域都相邻,问 r 最大为多少?

15. 证明:在平面上画有限个圆所得的地图是两色的,即有一个正常 2 面着色.

16. 设 G 是平面图. 证明:若 G 是二分图,则 G^* 是欧拉图. 又若一个平面图的对偶图是欧拉图,则此平面图是二分图.

17. 若一个平面图与它的对偶图同构,则称此图是自对偶的. 试证明:若 $G(p,q)$ 是自对偶的,则 $q = 2p - 2$.

18. 画一个非简单图的自对偶图.

第14章

有向图（directed graph）

我们知道,图论为任何一个包含了二元关系的系统提供了一种数学模型.本篇目前为止所示的图形就是这种数学模型的一种直观的外形,其中点与点之间的连线表示了相应点所代表的对象之间的联系.这种二元关系有一个明显的特征,即对称性.然而,现实世界中,两个对象之间的关系有的并不具有对称性.例如,各对选手之间的比赛胜负关系等.因此,图形中两个邻接顶点之间的连线能反映出这种次序关系,于是,就产生了有向图的概念.

本章将介绍有向图的基本概念以及在信息科学中的应用.

§14.1 有向图的概念

定义 14.1.1 一个有向图 D 是一个有序三元组 $\langle V(D), A(D), \varphi_D \rangle$,其中,

(1) $V(D)$ 是非空顶点集合,简记为 V;

(2) $A(D)$ 是弧(arc)的集合,简记为 $A, A \cap V = \varnothing$;

(3) φ_D 是 A 到 $V \times V = \{\langle u, v \rangle | u, v \in V\}$ 的一个映射,称为关联函数,简记为 φ.

为方便,有时将 $\langle u, v \rangle$ 简为 uv.易知, $uv = vu$ 当且仅当 $u = v$.

【例 14.1】 设 $V = \{u, v, w, x\}, A = \{\alpha_1, \alpha_2, \cdots, \alpha_9\}, \varphi$ 定义如下:

$$\varphi(\alpha_1) = uv, \quad \varphi(\alpha_2) = vv, \quad \varphi(\alpha_3) = vw$$

$$\varphi(\alpha_4) = xw, \quad \varphi(\alpha_5) = vx, \quad \varphi(\alpha_6) = xv$$

$$\varphi(\alpha_7) = xu, \quad \varphi(\alpha_8) = vw, \quad \varphi(\alpha_9) = xu$$

于是,以上定义的有向图 $\langle V, A, \varphi \rangle$ 的图形如图 14.1 所示.

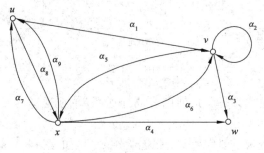

图 14.1

如果 α 是有向图 D 的一条弧,且 $\varphi_D(\alpha) = uv$,则我们称 u 是 α 的尾(tail),v 中 α 的头(head).为了与有向图相区别,第 7 章所定义的图称为无向图.

对应于每个有向图 D,如果不计 D 中每条弧上的方向,则得到一个无向图 G,这时,称 G 为 D 的基础图(underlying graph);反之,给定任意一个无向图 G,对于它的每个连杆(即端点不同的边),给其端点分别规定头和尾,从而确定一条弧,由此得到一个有向图,这时,称 D 为 G 的一个定向图(oriented graph).

在有向图中,头尾相同的弧称为环(loop);两条或两条以上的弧,如果它们的头和尾彼此都相同,则称它们为多重弧(multiple arcs).例如,图 14.1 中,α_7 与 α_9 就是多重弧,而 α_5 与 α_6 都不是多重弧.

类似于无向图中简单图的概念,称无环、无多重弧的有向图为简单有向图.

无向图 G 中的一些概念和记号可以应用于有向图 D 中.例如,有向图的子图,图的运算等概念.又如,$D(p,q)$ 表示一个具有 p 个顶点、q 条弧的有向图等.但有些概念只能在有向图中定义:

在有向图 D 中,以顶点 u 为尾的弧的数目称为 u 的出度(out-degree),记为 $d_D^+(u)$;以 u 为头的弧的数目称为 u 的入度(in-degree),记为 $d_D^-(u)$;而 u 的出度与入度之和,则称为 u 的度(degree),记为 $d_D(u)$.

D 的有向途径是一个有限非空序列:$w = (v_0, \alpha_1 v_1, \cdots, \alpha_k v_k)$,其中 $v_j \in V(D)$,$\alpha_j \in A(D)$,并且弧 α_j 的头是 v_j,尾是 v_{j-1},$i = 0, \cdots, k$,$j = 1, \cdots, k$.一般将有向途径 w 简记为 $v_0 v_1 \cdots, v_k$,弧不重复的有向途径称为有向链(directed chain);顶点不重复的有向途径称为有向通路(directed path),起点与终点重合的有向通路称为有向回路(directed circuit).起点为 u、终点为 v 的有向通路记为有向 (u,v)-通路,通路中弧的数目称为该有向通路之长.

定义 14.1.2 设 D 是有向图.若对 D 中任何两个顶点 u, v,既存在有向 (u,v)-通路,又存在有向 (v,u)-通路,则称 D 是双向连通图,简称双连通图或强连通图(strong connected graph);若对 D 中任何两个顶点 u, v,或者存在有向 (u,v)-通路,或者存在有向 (v,u)-通路,则称 D 是单连通图(single connected graph);若 D 的基础图 G 是连通图,则称 D 是弱连通图(weak connected graph).

例如,图 14.2 分别给出了强连通图、单连通图和弱连通图的示例.

强连通图 D_1　　　　单连通图 D_2　　　　弱连通图 D_3

图　14.2

由定义可知,强连通图必是单连通图和弱连通图,单连通图必是弱连通图,但反之不然(见图 14.2).

有向图 D 的极大强连通子图称为 D 的强连通分支.例如,图 14.3(a)所示的有向图有三个强连通分支,如图 14.3(b)所示.

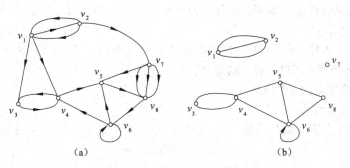

图　14.3

§14.2　有向通路与有向回路

在有向图中，经常要计算有向通路之长，或者要判断有向图中是否存在一条长度至少为 $k>0$ 的有向通路．由于有向通路的"有向"性，因此，有向图的有向通路之长与其基础图中的通路没有必然的联系．但有趣的是，它却与图的色数有紧密的联系．

定理 14.2.1　有向图 D 包含长至少为 $\chi(G)-1$ 的有向通路，其中，G 是 D 的基础图．

证明： 设 $A'\subseteq A(D)$ 是使 $D'=D-A'$ 不含有向回路的极小弧的集合，并设 D' 中最长的有向通路之长为 k．对 D' 进行如下顶点着色 β：当 D' 中以 v 为起点的最长有向通路之长为 $i-1$ 时，令 $\beta(v)=i$．这样，就得到一个 $(k+1)$ - 着色 β．下面证明 β 是 G 的正常 $(k+1)$ - 着色．

先证 D' 中任何一条有向 (u,v) - 通路 $(u\neq v)P$ 均满足 $\beta(u)\neq\beta(v)$．设 $\beta(v)=i$．则 D' 中存在一条有向通路 $Q=(v_1,v_2,\cdots,v_i)$，其中 $v_1=v$．由于 D 不含有向回路，所以 $PQ=(u,\cdots,v,v_2,\cdots,v_i)$ 必是一条以 u 为起点而长至少为 i 的有向通路，于是 $\beta(u)\neq i$．

其次证明 D 的任意一条弧的头、尾均有不同的颜色．由上所证可知，不妨设 $\langle u,v\rangle\in A(D)-A(D')$，由 A' 的极小性，$D'+(u,v)$ 必含有向回路 C，于是 $C-\langle u,v\rangle$ 是 D' 中的有向 (u,v) - 通路，故由上所证，$\beta(u)\neq\beta(v)$．

总之，我们证明了 G 的任何两个邻接的顶点在 β 下颜色均不同．故 $k+1\geqslant\chi(G),k\geqslant\chi(G)-1$．

完全图的定向图称为竞赛图，n 个顶点的竞赛图可用来表示 n 个选手之间进行循环赛的胜负状态．具有四个顶点的竞赛图如图 14.4 所示，其中（a）表示有一个赛手获全胜，而其他三个赛手各胜一次．

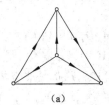　　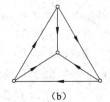

（a）　　　　　　　　　　　　　（b）

图　14.4

有向图 D 的有向 H 通路是指一条含 D 的所有顶点的有向通路．

推论 14.2.1　每个竞赛图都含有向 H 通路．

证明： 设 D 是竞赛图，于是，$\chi(G)=|V(D)|=p,G$ 是 D 的基础图．由定理 14.2.1 知，D 中含长为 $p-1$ 的有向通路，即有向 H 通路．

有向图 D 的顶点子集 S,如果其中任何两点在 D 中都不是弧的头或尾(也叫作不邻接),则称 S 为 D 的一个独立集.

定理 14.2.2 无环有向图 D 中总存在这样一个独立集 S,使得 $V-S$ 中任何一点 v,存在 $u \in S$,从 u 到 v 有长度不超过 2 的有向通路.

证明: 对 D 的顶点数 p 作归纳证明.

$p=1$ 时,结论显然成立.

假设对于顶点小于 p 的所有有向图结论成立. 而 D 是一个有 p 个顶点的有向图. 任取 $v \in V(D)$. 令

$$N_D^+(v) = \{w \mid \langle v,w \rangle \in A(D)\}$$

并称 $N_D^+(v)$ 为 v 的外邻接顶点集.

由归纳假设,在 $D' = D - (\{v\} \cup N_D^+(v))$ 中,存在一个独立集 S',使得结论成立.

若 $v \in N_D^+(u)$,$u \in S'$,则对于 $N_D^+(v)$ 中的任何点 w,从 u 出发,经长度为 2 的有向通路可到达 w. 于是 $S = S'$,即可使结论成立.

若对任何 $u \in S'$,均有 $v \notin N_D'(u)$,则令 $S = S' \cup \{v\}$ 即使结论成立. 由归纳法原理知,定理成立.

推论 14.2.2 竞赛图总含一个顶点,使得从它出发,到其他每个顶点都有一条长度不超过 2 的有向通路.

定理 14.2.3(Moon,1966) 顶点数 $p \geqslant 3$ 的强连通竞赛图 D 的每个顶点都包含在一条有向 $k-$ 回路中,其中 $3 \leqslant k \leqslant p$.

证明: 设 D 是 $p \geqslant 3$ 的强连通图,任取 $u \in V(D)$,令 $S = N^+(u)$,设 $T = N^-(u) = \{w \mid (w,u) \in A(D)\}$. 首先证明 u 在 D 的一条有向 3 - 回路中.

由于 D 是强连通的,因此,S 和 T 均非空,并且同理 $(S,T) = \{(x,y) \in A(D) \mid x \in S, y \in T\}$ 也是非空集(见图 14.5). 于是,在 D 中存在一条弧 (x,y),使得 $x \in S, y \in T$. 从而,u 在有向 3 - 回路 (u,x,y,u) 中.

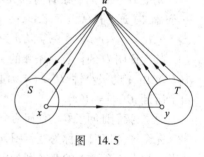

图 14.5

现在对 k 用归纳法来证明定理中的结论. 假设 u 在所有长为 3 和 n 之间的有向回路中,其中 $n < p$. 下证 u 也在有向 $(n+1)$ - 回路中.

设 $C = (v_0, v_1, \cdots, v_n)$ 是有向 n - 回路,其中 $v_0 = v_n = u$. 若 $V(D) - V(C)$ 中存在一个顶点 v,使得 v 既是尾在 C 中一条弧的头,又是头在 C 中一条弧的尾,则 C 中必存在顶点 v_i 和 v_{i+1},使得 $(v_i,v),(v,v_{i+1})$ 都是 D 的弧,此时,u 在有向 $(n+1)$ - 回路 $(v_0, v_1, \cdots v_i, v, v_{i+1}, \cdots v_n)$ 中,否则,令

$$S = \{x \in V(D) - V(C) \mid (u,x) \in A(D), u \in V(C)\}$$
$$T = \{y \in V(D) - V(C) \mid (y,v) \in A(D), v \in V(C)\}$$

见图 14.6. 和前面的理由一样,由于 D 是强连通的,S,T 和 (S,T) 都是非空集,而且在 D 中存在一条弧 (x,y),使得 $x \in S, y \in T$,因此,u 在有向 $(n+1)$ - 回路 $(v_0, x, y, v_2, \cdots, v_n)$ 中.

推论 14.2.3 任何强连通竞赛图都含有向 H 回路.

对一般有向图 D 中是否存在有向 H 回路的判定,可将第 10 章的推论 10.2.1 扩展到有向图的情形.

定理 14.2.4 若 D 是简单有向图,并且

$$\min\{\delta^-, \delta^+\} \geqslant p/2 > 1$$

则 D 中含有向 H 回路.

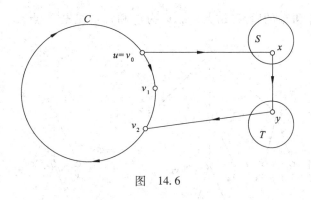

图　14.6

§14.3　有　向　树

树是一种重要的图结构. 在许多实际应用中,表示层次结构的对象之间的关系往往是具有反对称性的. 于是便有了有向树的概念.

定义 14.3.1　若有向图 T 的基础图是树,则称 T 为有向树(directed tree).

例如,图 14.7 给出了两个有向树的图形.

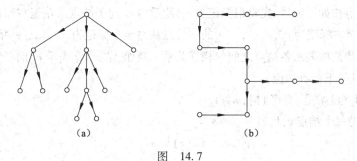

图　14.7

定义 14.3.2　设 T 是一个有向树. 如果 T 中恰有一个顶点入度为 0,其他顶点的入度均为 1,则称 T 为根树(root tree),其中入度为 0 的顶点称为 T 的根(root),记为 V_r 或 V_0;出度为 0 的顶点称为叶(leaf),出度不为 0 的顶点称为分枝点(branch vertex).

例如,图 14.7(a)所示的树是根树,而图 14.7(b)所示的树则不是根树. 以下所提到的有向树,都是指根树,并简称为树. 根树可用于表示许多具有层结构的关系,如指挥系统的控制关系;一个单位的人事关系;社会生活中的家庭关系等等. 在实际应用中,常将根画在最上面,其他顶点 u 按根到 u 的唯一有向通路的次序由上至下画出,即弧的方向一律朝下,这样,箭头就可能省略不画. 此外,按根到各顶点的有向通路的长度,将长度为 i 的顶点画在第 i 层,根在第 0 层,如图 14.8 所示的根树 T 中,从根出发最长的有向通路之长称为 T 的高度,例如,图 14.8 (a)的高度为 3.

设 T 是一个树,u 是 T 的一个分枝点,容易证明,由 u 以及 T 中从 u 出发可到达的所有顶点连同所经过的弧所构成的 T 的子图是一个以 u 为根的根树,称它为 T 的子树. 例如,图 14.8(b)所示的树是一个以 v_2 为根的图 14.8(a)所示的树的子树.

常常将树的顶点称为结点(node),并借用家族中的各种称呼,例如,在图 14.8(a)所示的树中,称 v_1 为 v_4,v_5 的父结点,称 v_4,v_5 为 v_1 的子结点;同一个分枝点的子结点称为兄弟结点,如 v_6,

v_7 和 v_8 ;称 v_9 , v_{10} 为 v_2 和 v_0 的后裔(结点), v_0 , v_2 为 v_9 和 v_{10} 的祖先(结点).

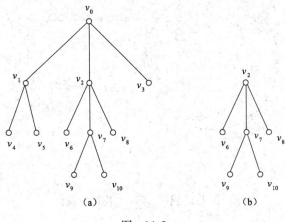

图　14.8

定义 14.3.3　若对一个树的结点(弧)从上至下,同一层结点(弧)从左至右规定了一个次序,则称 T 为有序树(ordered tree).

例如,图 14.8(a)所示的树就是一个有序树,有序树在编码理论和计算机科学中应用较广.常对有序树的结点按如下编号:先将根标记为 v_0 ,然后将 v_0 的子结点从左至右标记为 v_1 , v_2 , $\cdots$,对 v_i 的子结点从左至右标记为 v_{i1} , $v_{i2}\cdots$,对 v_{ij} 的子结点从左至右标记为 v_{ij1} , v_{ij2} , $\cdots$,依此类推,这样的编号可根据下标清楚地表示各结点之间的相互关系.例如,结点 v_{235} 表示 v_{23} 的子结点, v_2 的后裔,并且在树的第三层(下标有三位).

定义 14.3.4　设 T 是(有序)树, $m \geqslant 1$.

(1)若对 T 的每个结点 v ,均有

$$d^+(v) \leqslant m$$

则称 T 为 m 元(有序)树;

(2)若对 T 的每个结点 v ,均有

$$d^+(v) = m \text{ 或 } d^+(v) = 0$$

则称 T 为完全 m 元(有序)树;

(3)若完全 m 元(有序)树的所有叶结都在同一层,则称 T 为正则 m 元(有序)树.

特别,当 $m = 2$ 时,分别称它们为二叉树、完全二叉树和正则二叉树.

二叉树中任何分枝点的子结点总是有左右之分的,因此,它是一种特殊的有序树,例如,图 14.9所示的是两个相同的有序树,但它们是不同的二叉树.

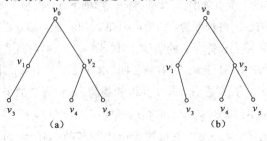

图　14.9

§14.4　应　　用

在有 t 位选手参加比赛的单淘汰赛中，设每组有 m 位选手参加比赛，产生一个分组赛冠军，接着本轮分组赛的冠军又 m 位一组进行淘汰赛，如此下去，最后产生一位总冠军．可将此过程用一棵完全 m 元树 T 来表示，其中有 t 个叶结点，i 个分枝结点，树叶表示选手，分枝点表示每局（分组赛）的冠军，根表示最后的比赛冠军．因为每局比赛共淘汰 $(m-1)$ 位选手，因此 i 局比赛共淘汰 $(m-1)i$ 位选手，最后剩下一位冠军．故 $(m-1)i+1=t$，即 $(m-1)i=t-1$．

【例 14.2】　设某单位计算机房有个人计算机 37 台，公用一个电源插座，假设每台计算机只需一个插座，问需要多少具有四插座的接线板．

解：将四元树的每个分枝点看作具有四插座的接线板，把树叶看作计算机．由上面讨论的结果可知，$m=4$，$t=37$，于是，$i=(t-1)/(m-1)=36/3=12$．即需要 12 个四插座接线板．

二叉树也有很广泛的应用．

在远程通信中常用 0 和 1 组成的字符串（称为 0 - 1 序列，或简称序列）作为英文字母的传送信息．已知英文字母共有 26 个，希望用长度尽量短的序列来表示这 26 个字母，通过计算可知，用长度不超过 4 的序列就可以表示这 26 个字母．比如，用 0 表示 A，1 表示 B，00 表示 C，01 表示 D，…．这时，有两个问题需要解决．

（1）序列与字母如何对应？

（2）如何对接收到的序列译码？即如何将 0 - 1 序列按对应关系翻译成字母序列？

对于第一个问题，为了减少信息量，应该将较短的 0 - 1 序列分配给使用频率高的字母，对于第二个问题，它显然与第一个问题有关，如果分配不当，则会出现译码多义性问题．例如，设字母 A，B，C，D 所对应的 0 - 1 序列分别为

$$0 - A, \quad 1 - B, \quad 01 - C, \quad 10 - D$$

假如接收到的 0 - 1 序列为 0010110，则根据对应关系，既可将它译为 $AABABBA$，也可将它译为 AC-CD 等，这样，就起不到通信的作用了，出现这种情况的原因是有些序列是另一些序列的一部分．

定义 14.4.1　设 $a=b_1 b_2 \cdots b_n$，$b_i \in \{0,1\}$ 是一个 0 - 1 序列，序列 $\beta = b_1 b_2 \cdots b_i (1 \leqslant i \leqslant n)$ 称为 a 的前缀（prefix）．

例如，设 $a=010$，于是 0，01，010 都是 a 的前缀．

定义 14.4.2　设 $Q=\{a_1 a_2, \cdots, a_m\}$ 是一个 0 - 1 序列集合．如果 Q 没有一个序列是另一个序列的前缀．则称 Q 为一个前缀码（prefix code）．

例如，$\{0,10,110\}$ 就是一个前缀码，而 $\{0,10,101\}$ 就不是前缀码．

二叉树与前缀码有着密切的联系．

定理 14.4.1　任何一个二叉树的叶子可以对应一个前缀码．

证明：设 T 是一个二叉树，对 T 的每个分枝 v，将以 v 为尾的（最多两条）弧上标记 0 或 1：以左子结点为头的弧上标 0，以右子结点为头的弧上标为 1．于是，从根结点出发到每个叶子结点的唯一通路各弧上的标记依次连接而组成一个 0 - 1 序列．显然，它们是一组前缀码．

例如，图 14.10(a) 所示的二叉树的叶结点所对应的前缀码为 $\{001,10,110\}$．

定理 14.4.2　任何一个前缀码都对应一个二叉树．

证明：设 $Q=\{a_1, a_2, \cdots, a_m\}$ 是一个前缀码，令 h 是 Q 中最长序列之长度．今构造一个高度为

h 的正则二叉树 T,按定理 14.4.1 的方法给 T 的每条弧上标记 0 或 1. 这样,每个非根结点 v_i 都对应一个 $0-1$ 序列 β_i,即由根到 v_i 通路上各弧上的标号依次连接而成的序列,由 T 的构造易知,Q 中每个序列 a_i 在 T 中恰对应一个结点 v_i,使得 $\beta_i = a_i, i = 1, \cdots, m$. 将 v_i 的子结点及后裔从 T 中删去,使 v_i 变成叶结点,$i = 1, \cdots, m$,再将所有不在根到 v_i 的通路上的结点和弧都删去,最后所得的二叉树即是对应前缀的 Q 的二叉树.

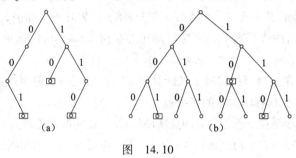

图　14.10

例如,对于前缀码 $\{001, 10, 110\}$. 图 14.10(b) 给出了一个高度为 3 的正则二叉树,(a) 则是经过删剪后得到的对应该前缀码的二叉树.

习　　题

1. 一个简单图 G 有多少个不同的定向图?

2. 简单有向图的基础图一定是简单图吗?

3. 设 $D(p, q)$ 是简单有向图,证明:

(1) 若 D 是强连通图,则 $p \leqslant q \leqslant p(p-1)$;

(2) 若 D 是弱连通图,则 $p-1 \leqslant q \leqslant p(p-1)$.

4. 设 $D(p, q)$ 是有向图,证明:

$$\sum_{i=1}^{p} d_D^+(u_i) = q = \sum_{i=1}^{p} d_D^-(u_i)$$

5. 基础图是完全图的有向图称有向完全图. 证明:对任何有向完全图 $D(p, q)$,有

$$\sum_{i=1}^{p} (d_D^+(u_i))^2 = \sum_{i=1}^{p} (d_D^-(u_i))^2$$

6. 设 D 是单连通图. 证明:若对任意 $u \in V(D)$,均有 $d^+(u) = d^-(u)$,则 D 有一条有向回路.

7. 有向图 D 中各顶点的最大和最小的出度和入度分别用 $\Delta^+(D), \delta^+(D)$ 和 $\Delta^-(D), \delta^-(D)$ 表示,简记为 Δ^+, δ^+ 和 Δ^-, δ^-. 设 D 是一个简单有向图. 证明:

(1) D 中包含长度至少为 $\max\{\delta^+, \delta^-\}$ 的有向通路;

(2) 若 $\max\{\delta^+, \delta^-\} = k > 0$,则 D 中包含长度至少为 $k+1$ 的有向回路.

8. 有向图 D 的有向 E 闭链指 D 中存在一条过每条弧恰好一次的有向闭链. 证明:有向图 D 含有向 E 闭链当且仅当 D 是强连通的,并且对所有 $v \in V(G)$,有 $d_D^+(v) = d_d^-(v)$.

9. 设 D 是不含有向回路的有向图. 证明:

(1) $\delta^+ = 0$;

(2) 存在 $V(D)$ 的一个有序顶点序列 $v_1, v_2, \cdots, v_p$ 使得对于 $1 \leqslant i \leqslant p, D$ 的每条以 v_i 为头的弧在 $\{v_1, v_2, \cdots, v_{i-1}\}$ 中都有它的尾.

10. 证明:若有向完全图 D 中有一条有向回路,则 D 中有一个三角形的有向回路.

11. $d_D^-(v) = 0$ 的顶点称为发点,$d_D^+(v) = 0$ 的顶点称为收点. 证明:如果有一个有向图 D 不含

有向回路，则 D 至少有一个发点和一个收点．

12. 假设在一次有 $n(\geqslant 3)$ 名选手参加的循环赛中，每一对选手赛一局定胜负，没有平局，并且没有一个人是全胜的．证明其中一定有三名选手甲、乙、丙，使得甲胜乙，乙胜丙，丙胜甲．

13. 证明：在完全二叉树中，弧的数目 q 恒为 $q=2(l-1)$．其中 l 是树叶结点数目．

14. 证明：一个完全二叉树必有奇数个结点．

15. 试构造一个与英文字母 b,d,e,g,o,y 对应的前缀码，并画出该前缀码对应的二叉树，再用这六个字母构成一个英文短语，写出此短语的编码信息（0－1 序列）．

第15章

网络最大流
（maximum flow of network）

网络是一类非常重要的图．现代社会可以说在很大程度上是通过各种网络，例如运输网络、通信网络等来进行管理与控制的．网络理论不仅在图论的理论研究中，而且在自然科学、社会科学和工程技术上，都有广泛的应用．

本章以运输网络为例，介绍网络的流（flow）与割（cut – set），最大流与最小割定理及确定最大流的标记法．

§15.1 网络的流与割

定义 15.1.1 设有向图 N 具有两个非空顶点子集 $X, Y, X \cap Y = \varnothing$；并且在弧集 A 上定义了一个非负整数值函数 C，则称 N 为一个网络，记为 $N(X, Y, C)$．

在一个网络 $N(X, Y, C)$ 中，X 中的顶点称为源（source），Y 中的顶点称为汇（sink），其他顶点称为中间点（intermediate node）．函数 C 称为网络的容量函数（capacity function），它在一条弧上的值称为该弧的容量（capacity）．弧 $\alpha = (i, j)$ 的容量记为 $C(\alpha)$ 或 $C(i, j)$．在运输网络中，一条弧的容量可以看作沿着这条弧输送某种物资所能达到的最大速度率或最大运输量．

图 15.1 给出了具有一个源、一个汇、六个中间点的一个网络．

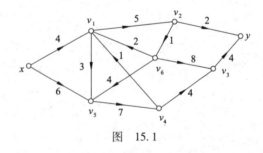

图 15.1

本章主要讨论具有一个源 x 和一个汇 y 的网络，记为 $N(x, y, C)$．下面引进"流"的定义．

设 N 是有一个源 x，一个汇 y 的网络．f 是定义在弧集 $A(N)$ 上的一个实数值函数，V_1, V_2 是 $V(N)$ 的子集．记

$$(V_1, V_2) = \{(u, v) \in A(N) \mid u \in V_1, v \in V_2\}$$

$$f(V_1, V_2) = \sum_{\alpha \in (V_1, V_2)} f(\alpha)$$

特别地,当 $V_1 = \{i\}$ 时,将 $f(V_1, V_2)$ 记为 $f(i, V_2)$.

定义 15.1.2 设 $N(x, y, C)$ 是一个网络,f 是定义在弧集 $A(N)$ 上的一个整数值函数,若 f 满足:

(1) 对任何 $\alpha \in A(N)$

$$0 \leqslant f(\alpha) \leqslant C(\alpha) \tag{15.1}$$

(2) 对任何中间点 i,有

$$f(i, V) = f(V, i) \tag{15.2}$$

则称 f 是网络 N 的一个流,$f(x, V)$ 称为流 f 的值,记作 $f_{x,y}$.

定义中,式(15.1)称为约束条件,式 (15.2)称为守恒条件.$f(i, V)$ 表示流出顶点 i 的流,$f(V, i)$ 表示流入顶点 i 的流.

图 15.2 给出了一个网络及其流,其中每条弧上的第一个数是弧的容量,第二个数是弧的流.

可验证,图 15.2 所示的网络 N 满足约束条件和守恒条件,且 N 的流 f 的值 $f_{x,y} = 8$.

定义 15.1.3 设 f 是网络 N 的一个流,如果不存在 N 的流 f',使 $f'_{x,y} > f_{x,y}$,则称 f 为最大流,记作 $f_{\max}$.

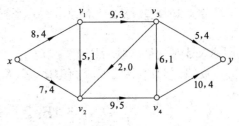

图　15.2

运输网络的一个主要问题就是要找出它的一个最大流 $f_{\max}$,该最大流将表示在尽量满足需要的情况下,网络中各条干线上的最大运输量.

为了解决求网络最大流的问题,还需要引进割的概念.

定义 15.1.4 设 $N = (x, y, C)$ 是一个网络.$V_1 \subseteq V(N)$,$x \in V_1$,$y \in \overline{V}_1 = V(N) - V_1$.称 $(V_1, \overline{V}_1)$ 为 N 的一个割,记为 $K = (V_1, \overline{V}_1)$.

例如,在图 15.2 所示的网络 N 中,若取 $V_1 = \{x, v_1, v_2\}$,$\overline{V}_1 = \{v_3, v_4, y\}$,则

$$K = (V_1, \overline{V}_1) = \{(v_1, v_3), (v_2, v_4)\}$$

由割的定义知,网络 N 的一个割即是分离源和汇的弧之集合.记

$$C(K) = \sum_{\alpha \in K} C(\alpha)$$

称 $C(K)$ 为割 K 的容量.对上面的割有 $C(K) = 18$.

定理 15.1.1 设网络 N 的流 f 的值为 $f_{x,y}$,$(V_1, \overline{V}_1)$ 为 N 的一个割.于是

$$f_{x,y} = f(V_1, \overline{V}_1) - f(\overline{V}_1, V_1) \tag{15.3}$$

证明:由流及流的值之定义有

$$f(x, V) = f_{x,y}$$
$$f(v, V) - f(V, v) = 0, v \neq x, y$$
$$f(V, y) = f_{x,y}$$

因此,对任意的 $S \subseteq V, x \in S, y \in \overline{S}$,有

$$\sum_{v \in S} [f(v, V) - f(V, v)] = f_{x,y}$$

或者

$$f(S, V) - f(V, S) = f_{x,y} \tag{15.4}$$

将 $V = S \cup \overline{S}$ 代入式(15.4),并注意到 $S \cap \overline{S} = \varnothing$,有

$$f_{x,y} = f(S, V) - f(V, S) = f(S, S \cup \overline{S}) - f(S \cup \overline{S}, S)$$

而

$$f(S,S\cup\bar{S})=f(S,S)+f(S,\bar{S})-f(S\cap\bar{S},S)=f(S,S)+f(S,\bar{S})$$

$$f(S\cup\bar{S},S)=f(S,S)+f(\bar{S},S)-f(S\cap\bar{S},S)=f(S,S)+f(\bar{S},S)$$

于是

$$f_{xy}=f(S,S\cup\bar{S})-f(S\cup\bar{S},S)=[f(S,S)+f(S,\bar{S})]-[f(S,S)+f(\bar{S},S)]$$

$$=f(S,\bar{S})-f(\bar{S},S)$$

即

$$f(S,\bar{S})-f(\bar{S},S)=f_{x,y}$$

由 S 的任意性可知,定理成立.

此定理说明,网络中一个从源到汇的流值,等于任何分离源和汇的割中流的净值,即割的自 V_1 到 $\bar{V}_1$ 的弧中的流减去自 $\bar{V}_1$ 到 V_1 的弧中的流的差.

推论 15.1.1　设 $(V_1,\bar{V}_1)$ 是网络 N 的任意一个割. 于是

$$f_{x,y}\leqslant C(V_1,\bar{V}_1) \tag{15.5}$$

定义 15.1.5　设 K 是网络 N 的一个割. 如果不存在 N 的割 K',使得

$$C(K')<C(K)$$

则称 K 是 N 的最小割,最小割记为 $K_{\min}$.

易知,对任何网络 N,均有 $f_{\max}\leqslant C(K_{\min})$

§15.2　最大流最小割定理

由上一节知道,对于任何一个网络 N,有

$$f_{x,y}\leqslant C(K_{\min})$$

如果能找到一个流 f^* 及一个割 K^*,使得 $f_{x,y}^*=C(K^*)$,则 f^* 便是 N 的最大流,而 K^* 也就是 N 的一个最小割了. 这就是网络理论中的一个最主要的问题.

定理 15.2.1(最大流量最小割定理)　任何网络 N 中,最大流的值等于最小割的容量,即

$$f_{\max}=C(K_{\min}) \tag{15.6}$$

证明:设 f 是一个最大流,今按如下方法定义 N 的顶点子集 V_1.

(1) $x\in V_1$;

(2) 若 $v_i\in V_1$ 且 $f(v_i,v_j)<C(v_i,v_j)$,则 $v_j\in V_1$;

(3) 若 $v_i\in V_1$ 且 $f(v_j,v_i)>0$,则 $v_j\in V_1$.

由 V_1 的定义可以证明 $y\in\bar{V}_1$. 事实上,若 $y\in V_1$,则按 V_1 的定义,将有一条从 x 到 y 的"链" μ,这种"链"不一定是有向链. 不妨设 $\mu=xv_{v_i}v_{v_i}\cdots v_{v_j}y$. 若 $(v_i,v_{i_{j+1}})\in A(N)$,则称它为前向弧,若 $(v_{i_{j+1}},v_i)\in A(N)$,则称它为后向弧. μ 上前向弧组成的集合记为 μ^+,后向弧组成的集合记为 μ^-. 于是,对于 μ 上的前向弧 $\alpha\in\mu^+$,有

$$f(\alpha)<C(\alpha)$$

而对 μ 上的后向弧 $\beta\in\mu^-$,有

$$f(\beta)>0$$

取

$$\theta=\min\left\{\min_{\alpha\in\mu^+}[C(\alpha)-f(\alpha)];\min_{\beta\in\mu^-}[f(\beta)]\right\}$$

显然 $\theta>0$,现将 f 修改为 f'

$$f'(\alpha)=\begin{cases}f(\alpha)+\theta,&\alpha\in\mu^+\\f(\alpha)-\theta,&\alpha\in\mu^-\\f(\alpha),&\alpha\in A(N)-(\mu^+\cup\mu^-)\end{cases}$$

今后称这种修改过程为 f 在 μ 上作 θ 平移. 不难验证, f' 仍是 N 的一个流. 但这时有

$$f'_{x,y} = f_{x,y} + \theta, \quad \theta > 0$$

此与 f 是最大流矛盾. 故 $y \in \overline{V}_1$.

由上述可知, $(V_1, \overline{V}_1)$ 是分离 x 和 y 的一个割. 同时, 按 V_1 的定义, 若 $(v, \overline{v}) \in (V_1, \overline{V}_1)$, 则 $f(v, \overline{v}) = C(v, \overline{v})$; 若 $(\overline{v}, v) \in (\overline{V}_1, V_1)$, 则 $f(\overline{v}, v) = 0$, 否则 $\overline{v}$ 将在 V_1 中. 于是, 有

$$f(V_1, \overline{V}_1) = C(V_1, \overline{V}_1), \quad f(\overline{V}_1, V_1) = 0$$

从而, 由定理 15.1.1, 有

$$f_{x,y} = C(V_1, \overline{V}_1)$$

此时必有 $f_{x,y} = f_{\max} = C(K_{\min}) = C(V_1, \overline{V}_1)$. 故定理成立.

上述证明是构造性的, 它给出了一个寻求网络最大流的方法: 任取一个流(如 $f(\alpha) = 0, \alpha \in A(N)$), 然后, 以此为基础, 设法逐渐增大流值. 不妨设弧的容量均为正整数, 若从源 x 到汇 y 有这样一条"链", 其所有前向弧 α 满足 $f(\alpha) < C(\alpha)$(称为未饱和弧), 并且所有后向弧 β 满足 $f(\beta) > 0$, 那么, 就可使这条"链"的前向弧的流增加一个适当的正整数 θ, 所有后向弧的流减去 θ, 而同时保持全部弧的流为正值且不超过弧的容量. 这样做不会破坏流的约束条件和守恒条件, 但流值却增加了 θ. 如此下去, 可以逐次增加流的值, 直到这条"链"上至少有一条前向弧 α 满足 $f(\alpha) = C(\alpha)$(称为饱和弧), 或者有一条后向弧的流为零, 具有这样情况的"链"称为不可增广路, 否则称为可增广路. 当自 x 到 y 的所有"链"都是不可增广路, 流值就不再增大了, 这样就求得了最大流. 由此可见, 一个流 f 是最大流的充要条件是不存在从源到汇的关于 f 的增广路, 因此, 寻求最大流的关键是解决如何寻找增广路的问题.

根据上述构造思想, 可以给出一个求网络最大流的算法, 称为标记法.

标记法分为两个过程: 标记过程和增广过程, 前者主要是寻求可增广路, 后者则使得沿可增广路的流量增加. 其主要步骤是:

1. 标记过程

给每个顶点三种不同的记号 $(i, \delta, \varepsilon(j))$, 其中 i 表示要检查的顶点 v_i 的下标, δ 为"＋"或"－", 若 $C(i,j) - f(i,j) > 0$, 则记为"＋", 若 $f(j,i) > 0$, 则记为"－"; $\varepsilon(j)$ 表示有关弧上能增大的流值.

(1) 源 x 标记为 $(x, +, \varepsilon(x) = \infty)$. 此时, x 称为已标记, 未检查, 其余顶点称为未标记, 未检查.

(2) 任选一个已标记, 未检查的顶点 i, 若顶点(用下标表示)j 与 i 邻接且尚未标记, 则

① 当 $(i,j) \in A(N)$, $C(i,j) > f(i,j)$ 时, 将 j 标上 $(i, +, \varepsilon(j))$, 其中 $\varepsilon(j) = \min\{\varepsilon(i), C(i,j) - f(i,j)\}$, 之后称 j 已标记, 未检查.

② 当 $(j,i) \in A(N)$, $f(j,i) > 0$ 时, 将 j 标上 $(i, -, \varepsilon(j))$, 其中 $\varepsilon(j) = \min\{\varepsilon(i), f(j,i)\}$, 之后称 j 已标记, 未检查.

③ 与顶点 i 邻接的顶点都被标记后, 将 i 的第二个记号"＋"或"－"用一个圆圈圈起来, 表明 i 已标记且被检查.

④ 重复②直到汇 y 被标记或者不再有顶点可被标记, 在后者情况下, 整个算法结束. 在前者情况下, 转入增广过程.

2. 增广过程

(1) 令 $z = y$, 转(2);

(2) 如果 z 的标记为 $(q, +, \varepsilon(y))$, 把 $f(q,z)$ 增加 $\varepsilon(y)$, 如果 z 的标记为 $(q, -, \varepsilon(y))$, 把 $f(z,q)$ 减少 $\varepsilon(y)$;

（3）如果 $q=x$，把全部标记去掉，回到标记过程．否则令 $z=q$，回到增广过程的（2）．

【**例15.1**】 求图15.3所示网络的最大流 f_{max}．

解:（1）标记过程

① 源 x 标记为 $(x,+,\infty)$（见图15.3）．

② 考察与 x 关联的顶点 v_1 和 v_2（以下仍用下标表示顶点）．

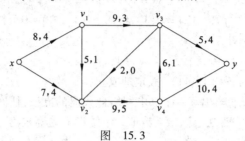

图 15.3

对顶点1，由于 $(x,1)\in A(N)$，且 $C(x,1)=8$，$f(x,1)=4$，所以，$\varepsilon(1)=\min\{\infty,$ $8-4\}=4$，从而顶点1标记为 $(x,+,4)$．

对顶点2，由于 $(x,2)\in A(N)$，且 $C(x,2)=7$，$f(x,2)=4$，所以，$\varepsilon(2)=\min\{\infty,$ $7-4\}=3$，从而顶点2标记为 $(x,+,3)$．

③ 与 x 关联的点均被标记，即 x 已被检查，并在 x 的标记中的记号"$+$"上圈一小圆圈（见图15.4）．

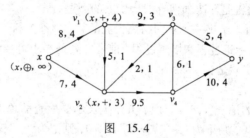

图 15.4

④ 继续上述过程．顶点3标记为 $(1,+,4)$，从而顶点1视为已标记，被检查．顶点4标记为 $(2,+,3)$，顶点2已标记，被检查．汇 y 被标记为 $(4,+,3)$，顶点4已标记，被检查（见图15.5）．

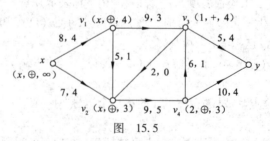

图 15.5

（2）增广过程

由标记过程找到可增广路 (x,v_2,v_4,y)．

① 令 $z=y$．

② y 的标记为 $(4,+,3)$，于是把弧 $(4,y)$ 上的流值增加 $\varepsilon(y)=3$，依次把弧 $(2,4)$，$(x,2)$ 上的流值也增加3．

③ 去掉全部标记,得一网络(见图 15.6),重新开始标记.

对图 15.6 所示的网络,由标记过程找到可增广路(x,v_1,v_2,v_4,y),再由增广过程得图 15.7 所示的网络,对此网络再由标记过程和增广过程得图 15.8 所示的网络,最后得图 15.9 所示的网络.

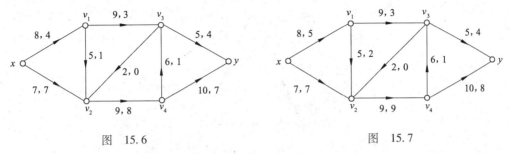

图　15.6　　　　　　　　　　　　　图　15.7

本节定理 15.2.1 证明过程中的顶点集合 V_1,在本例中就是图 15.9 中最后被标记的顶点 x,v_1,v_2,v_3,即 $V_1=\{x,v_1,v_2,v_3\}$.因此 $\overline{V_1}=\{v_4,y\}$.割$(V_1,\overline{V_1})=\{(v_2,v_4),(v_3,y)\}$ 即为最小割,它的容量 $C(V_1,\overline{V_1})=14$,于是,网络 N 的最大流为 14.

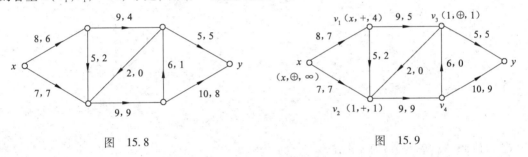

图　15.8　　　　　　　　　　　　　图　15.9

§15.3　应用(中国邮递员问题)

一个邮递员每次投递邮件都要走遍他所负责投递区域内的每条街道,完成投递任务后回到邮局.试问,他应怎样选择线路使他所走的总路程最短? 这就是我国学者管梅谷教授于 1960 年首先提出并进行研究的"中国邮递员问题"(Chinese Postman Problem).

在现实生活中,有许多问题,比如城市里的洒水车、扫雪车、垃圾清扫车和参观展览车等最佳行走线路问题都可归结为"中国邮递员问题".

我们可以将邮递员所负责的投递区域看作一个连通的加权有向图$\langle D,A\rangle$,其中 D 的顶点视为街道的交叉口,街道(单向)视为边,权视为街道的长度(正实数).经过$\langle D,A\rangle$中每条边至少一次的有向闭链称为邮路(post - tour).具有最小权的邮路称为最优邮路(optimal post - tour).解中国邮递员问题就是在连通的加正权有向图$\langle D,A\rangle$中找出一条最优邮路.

习　题

1. 证明:对网络 N 中的任意一个流 f 和 $S\subseteq V(N)$,均有

$$\sum_{v\in S}[f(v,V)-f(V,v)]=f(S,\overline{S})-f(\overline{S},S)$$

2. 设$(S,\overline{S})$和$(T,\overline{T})$都是网络 N 中的最小割,证明:$(S\cup T,\overline{S\cup T})$和$(S\cap T,\overline{S\cap T})$也都是 N 中的最小割.

3. 在图 15.10 所示的网络 N 中:

(1) 求 N 的所有割;

(2) 求最小割的容量.

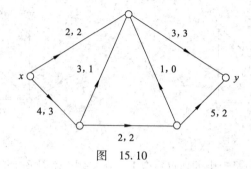

图 15.10

4. 证明推论 15.1.1.

5. 对于 图 15.11 中的(a)和(b),确定所有可能的流以及最大流.

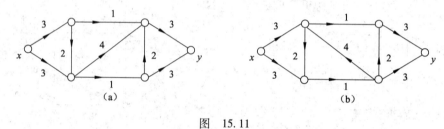

图 15.11

6. 求图 15.12 所示网络的最大流.

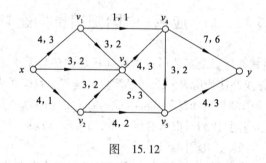

图 15.12

7. 证明:若在网络 N 中不存在有向 (x,y) - 通路. 则最大流的值和最小割的容量都是零.

第16章
排列和组合的一般计数方法

排列与组合是初等代数中的重要内容,它对于解决许多实际问题,以及进一步学习其他数学知识都有着重要作用.

§16.1 两个基本的计数法则

加法法则

若在第 1 个集合中有 r_1 个元素,在第 2 个集合中有 r_2 个元素,$\cdots$,在第 m 个集合中有 r_m 个元素,且这 m 个集合是互不相交的,则从 m 个集合中选取一个元素的方法数为 $r_1 + r_2 + \cdots + r_m$.

乘法法则

假设一个过程能分为 m 个相继(有序)的阶段. 第 1 个阶段中有 r_1 个结果,第 2 个阶段中有 r_2 个结果,$\cdots$,第 m 阶段中有 r_m 个结果,且这些结果彼此不同,则总的过程有 $r_1 \cdot r_2 \cdot \cdots \cdot r_m$ 个不同的结果.

【**例 16.1**】 假设从长沙向北走有 10 条道路;向南走有 12 条道路;向东走有 8 条道路;向西走有 6 条道路,则离开长沙的道路共有 $10 + 12 + 8 + 6 = 36$ 条.

【**例 16.2**】 如果从广州到长沙有 3 条路可以走,从长沙到北京有 5 条路可以走,则从广州经长沙到北京共有 15 条路可以走.

有时,需要将加法法则和乘法法则结合起来运用.

【**例 16.3**】 有 6 本不同的中文书,5 本不同的英文书,7 本不同的日文书. 试问有多少种方式从中挑选两本不同语种的书?

解:由乘法法则,若选取一本中文书和一本英文书,则共有 $6 \times 5 = 30$ 种方式;若选取一本中文书和一本日文书,则共有 $6 \times 7 = 42$ 种方式;若选取一本英文书和一本日文书,则共有 $5 \times 7 = 35$ 种方式. 这 3 种选取类型是互不相同的,故根据加法法则,一共有 $30 + 42 + 35 = 107$ 种方式.

在解决实际问题时,要注意运用以上两个法则的条件. 例如,小于 10 的正偶数共有 4 个,即 2,4,6,8;小于 10 的质数共有 4 个, 即 2,3,5,7. 但是,小于 10 的正偶数或质数的个数是 7 个而不 8 个, 即 2,3,4,5,6,7,8, 这说明在这种情况下不能使用加法法则. 其原因是正偶数集合与质数集合的交集不为空.

§16.2 基本排列组合的计数方法

定义 16.2.1 设 r 为正整数,S 是 n 个元素的集合. 从 S 中取出 r 个元素按次序排列称为 S

的一个 r 排列(permutation),不同的排列总数称为排列数,记作 P_n^r 或者 $P(n,r)$. 若 $r=n$,则称之为 S 的全排列(totally permutation),简称为 S 的排列.

显然,当 $r>n$ 时,$P_n^r=0$,且 $P_n^1=n$.

定理 16.2.1 对于正整数 n 和 $r(\leqslant n)$,恒有

$$P_n^r=n(n-1)\cdots(n-r+1)$$

证明: 从 n 个不同的元素中选取第 1 个元素的方法有 n 种. 当第 1 个元素选好后,只能从剩下的 $n-1$ 个元素中选取第 2 个元素,共有 $n-1$ 种方法,…. 最后 1 个元素只能从剩下的 $n-(r-1)$ 个元素中选取. 共有 $n-(r-1)=n-r+1$ 种方法. 由乘法法则,不同的选取方法是 $n(n-1)\cdots(n-r+1)$.

为简单起见,记

$$n!=n(n-1)\cdots2\cdot1$$

且规定 $0!=1$,则有

$$P_n^r=\frac{n!}{(n-r)!}$$

【例 16.4】 假设从长沙至北京的铁路线上共有 50 个需要停靠的大小车站,问要为这条线准备多少种不同的车票.

解: 因为每张车票都标明起点站和终点站的站名,所以同样两个站之间就有 2 种不同的车票. 从 50 个车站的站名中取出两个车站名,分起点和终点排列起来的不同种数,就是需要准备不同的车票的数目,于是,由定理 16.2.1,该数目为 $50\times49=2\,450$.

如果将集合的元素排成一个环,则排列数将会减少. 例如,排列 1342 与 3421 是不同的两个排列,但首尾相接成环时,就是同一个排列了.

定理 16.2.2 一个 n 元集合 S 的环形 r 排列数是

$$N=\frac{P_n^r}{r}=\frac{n!}{r(n-r)!}$$

证明: 把 S 的所有 r 排列分成若干组,使得同组的任何两个 r 排列均是同一个环排列. 易知,每组中恰含有 r 个这样的 r 排列. 所以 S 的环形 r 排列数 $N=P_n^r/r$.

【例 16.5】 有 20 粒小珠,每粒有一种不同的颜色,问能做成多少串项链?

解: 一串项链中由在一个环上排列的 20 粒小珠组成,这种环排列有 $20!/20=19!$ 种,但同一个项链的顺时钟和反时钟环排列没什么区别,故项链数为 $19!/2$.

定义 16.2.2 从 n 元集合 S 中无序地选取的 r 个元素叫作 S 的一个 r 组合(combination). 不同组合的总数称为组合数,记为 C_n^r 或 $\binom{n}{r}$. 当 $n\geqslant0$ 时,规定 $C_n^0=1$.

当 $r>n$ 时,规定 $C_n^r=0$.

定理 16.2.3 对一切 $r\leqslant n$,有

$$C_n^r=P_n^r/r!=\frac{n!}{r!\,(n-r)!}$$

证明: 先从 n 个元素中选出 r 个元素,有 C_n^r 种选法. 对于每一种选法,将选出的 r 个元素排列起来,有 $r!$ 种排列方法. 每一种排列就对应于 n 元素的一个 r 排列. 由乘法法则

$$P_n^r=r!\,C_n^r.$$

故

$$C_n^r=\frac{P_n^r}{r!}=\frac{n!}{r!\,(n-r)!}$$

【例 16.6】 在平面上给定 25 个点,其中任意 3 点均不共线,过 2 点可以作一条直线,过 3 个

点可作一个三角形. 问这样的直线和三角形有多少个?

解：直线数
$$L = C_{25}^2 = \frac{25!}{2!\ 23!} = 300$$

三角形数
$$T = C_{25}^3 = \frac{25!}{3!\ 22!} = 2300$$

定理 16.2.4　设 S 为 n 元集合, 则 S 的所有不同的子集数目是
$$2^n = C_n^0 + C_n^1 + \cdots + C_n^n$$

证明：对于 $r = 0, 1, \cdots, n$, S 的每个有 r 个元素的子集就是 S 的一个 r 组合, 而 C_n^r 就是 S 的具有 r 个元素的不同子集数目. 由加法法则, S 的所有不同的子集数目是
$$C_n^0 + C_n^1 + \cdots + C_n^n$$

另一方面, 在构成 S 的某个子集时, S 的每个元素要么属于该子集, 要么不属于该子集. 根据乘法法则, n 个元素的选法是 2^n, 即 S 的所有不同的子集有 2^n 个.

§16.3　可重复排列组合的计数方法

我们知道, 集合中的元素是相互可区别的, 为解决可重复排列组合的计数问题, 首先引入多重集的概念.

多重集是元素可以重复出现的集合, 我们将某个元素 a_i 出现的次数 $n_i (n_i = 0, 1, \cdots, \infty)$ 叫作 a_i 的重复度. 如果多重集 S 中含 k 个不同的元素 $a_1, a_2, \cdots, a_k$, 则将 S 记为
$$\{n_1 \cdot a_1, n_2 \cdot a_2, \cdots, n_k \cdot a_k\}$$

例如, $S = \{2 \cdot a, 3 \cdot b, 1 \cdot c\}$ 表示 S 中有 2 个 a, 3 个 b 和 1 个 c.

定义 16.3.1　设多重集 $S = \{n_1 \cdot a_1, n_2 \cdot a_2, \cdots, n_k \cdot a_k\}$, 从 S 中有序地选取 r 个元素, 其中 a_i 至多出现 n_i 次 ($n_i = \infty$ 时, 表示 a_i 可以出现任意多次), 这种选取称为 S 的一个 r 排列 (r - permutation), 当 $r = n_1 + n_2 + \cdots + n_k$ 时称为 S 的一个全排列, 简称 S 的一个排列.

例如, 对 $S = \{3 \cdot a, 2 \cdot b, 1 \cdot c\}$, $abaa$, $abcb$ 均是 S 的 4 排列, 而 $abaacb$ 则是 S 的一个全排列.

定理 16.3.1　设多重集 $S = \{\infty \cdot a_1, \infty \cdot a_2, \cdots, \infty \cdot a_k\}$, 则 S 的 r 排列数是 k^r.

证明：在构造 S 的一个 r 排列时, 第 1 位有 k 种选法, 第 2 位也有 k 种选法, $\cdots$, 第 k 位仍有 k 种选法, 并且排列中每一位的选取都不依赖于前面各位的选取. 由乘法法则, 不同的选法数是 k^r.

【例 16.7】　有 4 种挂历, 每种数量不限, 现在要送 3 幅挂历给 3 位朋友, 问有多少种方法?

解：将 4 种挂历分别记为 a_1, a_2, a_3, a_4. 所求的方法数 N 就是多重集 $S = \{\infty \cdot a_1, \infty \cdot a_2, \infty \cdot a_3, \infty \cdot a_4\}$ 的 3 排列数. 由定理 16.3.1, $N = 4^3 = 64$.

定理 16.3.2　设多重集 $S = \{n_1 \cdot a_1, n_2 \cdot a_2, \cdots n_k \cdot a_k\}$, 且 $n = n_1 + n_2 + \cdots + n_k$, 则 S 的排列数为
$$\frac{n!}{n_1!\ n_2!\ \cdots n_k!}$$

简记为
$$\binom{n}{n_1 n_2 \cdots n_k}$$

证明：因为 S 中有 n_1 个 a_1, 在排列中要占 n_1 个位置, 这些位置的选法是 $C_n^{n_1}$ 种, 在剩下的 $n - n_1$ 个位置中选取 n_2 个 a_2, 选法 $C_{n-n_1}^{n_2}$, 依此类推, 由乘法法则, S 的排列数为
$$N = C_n^{n_1} \cdot C_{n-n_1}^{n_2} \cdot \cdots \cdot C_{n-n_1-\cdots-n_{k-1}}^{n_k} = \frac{n!}{n_1!\ (n-n_1)!} \cdot$$

$$\frac{(n-n_1)!}{n_2!\ (n-n_1-n_2)!}\cdots\frac{(n-n_1-\cdots n_{k-1})!}{n_k!\ \cdot 0!}=\frac{n!}{n_1!\ n_2!\ \cdots n_k!}$$

【例 16.8】 用 2 面红旗,3 面绿旗依次悬挂在一根旗杆上,问可以组成多少种不同的标志?

解: 所求的计数相当于多重集 $\{2\cdot$红旗$,3\cdot$绿旗$\}$ 的排列数 N,由定理 16.3.2 有

$$N=\frac{5!}{2!\ 3!}=10$$

定义 16.3.2 设 $S=\{n_1\cdot a_1,n_2\cdot a_2,\cdots,n_k\cdot a_k\}$,$S$ 的 r 个元素的子多重集称为 S 的 r 组合($r-\text{combination}$).

例如, 设 $S=\{3\cdot a,1\cdot b,2\cdot c\}$ 则 $\{a,a,a\}$,$\{a,b,c\}$,$\{b,c,c\}$ 以及 $\{a,a,c\}$ 都是 S 的 3 组合.

定理 16.3.3 设多重集 $S=\{\infty\cdot a_1,\infty\cdot a_2,\cdots,\infty\cdot a_k\}$,于是,$S$ 的 r 组合数是 C_{k+r-1}^r.

证明: S 的任何一个 r 组合都具有如下的形式

$$\{x_1\cdot a_1,x_2\cdot a_2,\cdots,x_k\cdot a_k\}$$

其中,$x_1,x_2,\cdots,x_k$ 是满足方程

$$x_1+x_2+\cdots+x_k=r \tag{16.1}$$

的任意非负整数. 反之,对于每一组满足方程(16.1)的非负整数解 $x_1,x_2,\cdots,x_k$,$\{x_1\cdot a_1,x_2\cdot a_2,\cdots,x_k\cdot a_k\}$ 就是 S 的一个 r 组合.

因此多重集 S 的 r 组合就等于方程(16.1)的非负整数解的个数. 下面证明这种解的个数就等于多重集 $T=\{(k-1)\cdot 0,r\cdot 1\}$ 的排列数.

给定 T 的一个排列. 在这个排列中,$k-1$ 个 0 把 r 个 1 分成 k 组. 从左往右看,第 1 组中 1 的个数记为 x_1,第 2 组中 1 的个数记为 x_2,$\cdots$,第 k 组中 1 的个数记为 x_k,如此所得到的 $x_1,x_2,\cdots,x_k$ 都是非负数,且其和为 r. 反之,给定方程 $x_1+x_2+\cdots+x_k=r$ 的一组非负整数解 $x_1,x_2,\cdots,x_k$,可以如下构造排列

$$\underbrace{1\cdots\cdots}_{x_1\text{个}1}10\underbrace{1\cdots\cdots}_{x_2\text{个}1}10\underbrace{1\cdots\cdots}_{x_k\text{个}1}1$$

这就是多重集 T 的一个排列. 由定理 16.3.2,T 的排列数

$$N=\frac{(k-1+r)!}{(k-1)!\ \cdot r!}=C_{k+r-1}^r$$

推论 16.3.1 设多重集 $S=\{n_1\cdot a_1,n_2\cdot a_2,\cdots,n_k\cdot a_k\}$,且对一切 $i=1,2,\cdots,k$,有 $n_i\geqslant r$,则 S 的 r 组合数是 C_{k+r-1}^r.

推论 16.3.2 设多重集 $S=\{\infty\cdot a_1,\infty\cdot a_2,\cdots,\infty\cdot a_k\}$,$r\geqslant k$,则 S 中每个元素至少取一个的 r 组合数为 C_{r-1}^{k-1}.

证明: 任取一个所求的 r 组合,从中拿走元素 $a_1,a_2,\cdots,a_k$,就得到 S 的一个 $(r-k)$ 组合,反之,任取一个 S 的 $(r-k)$ 组合,加入元素 $a_1,a_2,\cdots,a_k$,就得到所求的组合. 所以 S 中每个元素至少取一个的 r 组合数就是 S 的 $(r-k)$ 组合数. 由定理 16.3.2,有 $N=C_{k+(r-k)-1}^{r-k}=C_{r-1}^{r-k}=C_{r-1}^{k-1}$.

【例 16.9】 从一堆红球、蓝球和白球中选取 10 个球,共有多少种取法? 如果要求每种颜色的球至少有一个,又有多少种取法?

解 将这 3 个球记为 a_1,a_2,a_3. 则第一种安排相当于多重集 $S=\{\infty\cdot a_1,\infty\cdot a_2,\infty\cdot a_3\}$ 的 10 组合问题,由定理 16.3.3 得

$$N_1=C_{3+10-1}^{10}=C_{12}^{10}=C_{12}^2=66$$

而第二种安排相当于 S 的每种元素至少取 1 个的组合问题. 由推论 16.3.2 得

$$N_2=C_{10-1}^{3-1}=C_9^2=36$$

习　题

1. 用字母 a,b,c,d,e,f 来形成 3 个字母的一个序列, 满足以下条件的方式各有多少种?

(1) 允许字母重复;

(2) 不允许任何字母重复;

(3) 含字母 e 的序列不允许重复;

(4) 含字母 e 的序列允许重复.

2. 由数字 $1,2,3,4,5$ 构成一个 3 位数 a, 满足下列条件的方法各有多少种?

(1) a 是一个偶数;

(2) a 可以被 5 整除;

(3) $a > 300$.

3. 设 A,B,C 是三个城市. 从 A 到 B 可以乘飞机, 火车, 也可以乘船; 从 B 到 C 可以乘飞机和火车; 从 A 不经过 B 到 C 可以乘飞机和火车. 问:

(1) 从 A 到 C 可以有多少种不同的方法?

(2) 从 A 到 C, 最后又回到 A 有多少种方法?

4. 在 5 天内安排 3 门课程的考试.

(1) 若每天只允许考 1 门, 有多少种方法?

(2) 若不限于每天考试的门, 有多少种方法?

5. 排列 26 个字母, 使得 a 和 b 之间正好有 7 个字母, 问有多少种排列法?

6. 10 个男孩与 5 个女孩站成一排. 如果没有两个女孩相邻, 问有多少种方法?

7. 10 个男孩与 5 个女孩站成一个圆圈. 如果没有两个女孩相邻, 问有多少种方法?

8. 从 $1,2,\cdots,300$ 之中任取 3 个数, 使得它们的和能被 3 整除, 问有多少种方法?

9. 证明: 对一切 $r \leqslant n$, 有 $C_n^r = C_n^{n-r}$.

10. 6 个字母 b,a,c,a,c,a 有多少种排列?

11. 由 5 个字母 a 和 8 个字母 b 能组成多少个非空字母排列?

12. 由 $0,1,2$ 三个数字可组成多少个 n 位数字串?

13. 设有 5 种明信片, 每种张数不限, 现分别寄给 2 个朋友, 若给每个朋友只寄 1 张明信片, 有几种方法? 若给每个朋友寄 1 张明信片, 但每个朋友得到的明信片都不相同, 有几种方法? 若给每个朋友寄 2 张不同的明信片, 不同的人可以得到相同的明信片, 有几种方法?

14. 有相同的红球 4 个, 蓝球 3 个, 白球 3 个. 如果将它们排成一条直线, 则有多少方法? 如果是排成一个圆圈又有多少种方法?

15. 求多重集 $S = \{3 \cdot a, 4 \cdot b, 2 \cdot c\}$ 中的所有元素构成的排列数, 要求同类字母的全体不能相邻. 例如排列 $abbbbcaac, baaaabbccb$ 等是不允许的.

第 17 章

容斥原理

（including – excluding principle）

容斥原理又称包含 – 排斥原理. 它是常用的计数工具之一, 可以看作加法法则的推广. 容斥原理利用集合的运算, 来计算满足一定条件的有限个元素的数目.

§17.1 容斥原理概述

定理 17.1.1（容斥原理） 设 S 是事物的有限集合. $p_1, p_2 \cdots, p_m$ 是 S 中的事物可能具有的 m 种性质, $A_1, A_2, \cdots A_m$ 分别表示具有性质 $p_1, p_2, \cdots, p_m$ 的 S 的子集. 于是

（1）（逐步淘汰公式）S 中不具有 $p_1, p_2 \cdots, p_m$ 的任何性质的事物个数为

$$|\bar{A}_1 \cap \bar{A}_2 \cap \cdots \cap \bar{A}_m| = |S| - \sum |A_i| + \sum |A_i \cap A_j| - \sum |A_i \cap A_j \cap A_k| +$$
$$(-1)^m |A_1 \cap A_2 \cap \cdots \cap A_m| \tag{17.1}$$

其中, 各和式分别取遍 $\{1, 2, \cdots, m\}$ 的所有 1 组合, 2 组合, $\cdots$, m 组合.

（2）（容斥公式）S 中至少含有性质 $p_1, p_2 \cdots, p_m$ 之一的事物个数为

$$|A_1 \cup A_2 \cup \cdots \cup A_m|$$
$$= \sum |A_i| - \sum |A_i \cap A_j| + \sum |A_i \cap A_j \cap A_k| - \cdots + (-1)^{m+1} |A_1 \cap A_2 \cap \cdots \cap A_m| \tag{17.2}$$

其中, 各和式含义同上式.

证明:（1）只需证明对任意一个 $x \in S$, 它对公式（17.1）的左右两端参加计数的值都相等即可.

① 若 x 不具有 $p_1, p_2 \cdots, p_m$ 中任何性质, 即 $x \in \bar{A}_1 \cap \bar{A}_2 \cap \cdots \cap \bar{A}_m$. 显然它对左边的参加计数为 1. 而 $x \in S$, 所以它对右边的 $|S|$ 项参加计数为 1. 又因为 $x \notin A_i, i = 1, 2, \cdots, m$, 所以它对 $\sum |A_i|$, $\sum |A_i \cap A_j|, \cdots$, 等和式的计数均为 0, 这样,

$$1 = 1 - 0 + 0 - \cdots 0 \pm 0$$

此说明 x 对公式（17.1）的左右两边的计数相等.

② 若 x 恰具有 $k(1 \leq k \leq m)$ 种性质. 不妨设 x 恰具有 $p_1, p_2 \cdots, p_k$. 显然, x 对公式左边的计数为 0.

对于公式右边, S 对 $|S|$ 的计数为 1. 又因 $x \in A_1 \cap A_2 \cap \cdots \cap A_k$, 因而对和式:

$\sum |A_i|$ 项, x 参加计数 k 次, 每次计数为 1;

$\sum |A_i \cap A_j|$ 项, 设 $\{i, j\}$ 是 $\{1, 2, \cdots, m\}$ 的任何一个 2 组合. 显然, 每当 $\{i, j\}$ 是 $\{1, 2, \cdots, k\}$ 的 2 组合时, x 参加计数为 1, 其余情况计数为 0, 而这样的 2 组合个数为 C_k^2, 于是 x 对 $\sum |A_i \cap A_j|$ 项的计数为 C_k^2. 其余类推. 注意到, 对于多于 k 个集合相交的那些项, x 对其和式的计数均为 0. 从而

x 对公式右边的计数之和为

$$C_k^0 - C_k^1 + C_k^2 - \cdots (-1)^k C_k^k + (-1)^{k+1} C_k^{k+1} + \cdots + (-1)^m C_k^m$$
$$= C_k^0 - C_k^1 + C_k^2 - \cdots + (-1)_k C_k^k = 0 \quad （利用二项公式）$$

总之,公式(17.1)成立.

(2) 因为

$$| A_1 \cup A_2 \cup \cdots \cup A_m | = | S | - \overline{| A_1 \cup A_2 \cup \cdots \cup A_m |} = | S | - | \overline{A}_1 \cap \overline{A}_2 \cap \cdots \cap \overline{A}_m |$$

将公式(17.1)代入上式,即可得到公式(17.2).

【例 17.1】 求 1 ~ 1 000 之间(含 1 和 1 000)不能被 4,6 或 7 整除的整数个数.

解: 设 A_1 , A_2 , A_3 分别表示 1 ~ 1 000 之间能被 4, 6, 7 整除的整数之集合. 于是, 问题变成求 $| \overline{A}_1 \cap \overline{A}_2 \cap \overline{A}_3 |$. 利用逐步淘汰公式,先分别求

$$\sum | A_i | = \left[\frac{1000}{4} \right] + \left[\frac{1000}{6} \right] + \left[\frac{1000}{7} \right] = 250 + 166 + 142 = 558$$

其中,$\left[\dfrac{a}{b} \right]$ 表示对 $\dfrac{a}{b}$ 取整,下同.

$$\sum | A_i \cap A_j | = | A_1 \cap A_2 | + | A_1 \cap A_3 | + | A_2 \cap A_3 |$$
$$= \left[\frac{1000}{[4,6]} \right] + \left[\frac{1000}{[4,7]} \right] + \left[\frac{1000}{[6,7]} \right]$$
$$= 83 + 35 + 23 = 141$$

其中,$[a,b]$ 表示 a 与 b 的最小公倍数.

$$\sum | A_i \cap A_j \cap A_k | = | A_1 \cap A_2 \cap A_3 | = \left[\frac{1000}{[4,6,7]} \right] = \left[\frac{1000}{84} \right] = 11$$

代入公式(17.1)得

$$| \overline{A}_1 \cap \overline{A}_2 \cap \overline{A}_3 | = 1000 - \sum | A_i | + \sum | A_i \cap A_j | - \sum | A_i \cap A_j \cap A_k |$$
$$= 1000 - 558 + 141 - 11 = 572$$

【例 17.2】 求 1 和 250 之间(含 1 和 250)能被 2,3,5 中任何一个整除的整数个数.

解: 设 A_1 , A_2 , A_3 分别表示 1 ~ 250 之间能被 2, 3, 5 整除的整数之集合. 于是, 问题变成求 $| A_1 \cup A_2 \cup A_3 |$. 利用容斥公式,先分别求

$$\sum | A_i | = | A_1 | + | A_2 | + | A_3 | = \left[\frac{250}{2} \right] + \left[\frac{250}{3} \right] + \left[\frac{250}{5} \right] = 125 + 83 + 50 = 258$$

$$\sum | A_i \cap A_j | = | A_1 \cap A_2 | + | A_1 \cap A_3 | + | A_2 \cap A_3 | = \left[\frac{250}{2 \times 3} \right] + \left[\frac{250}{2 \times 5} \right] + \left[\frac{250}{3 \times 5} \right] = 41 + 25 + 16 = 82$$

$$\sum | A_i \cap A_j \cap A_k | = | A_1 \cap A_2 \cap A_3 | = \left[\frac{250}{2 \times 3 \times 5} \right] = 8$$

代入公式(17.2)得

$$| A_1 \cup A_2 \cup A_3 | = \sum | A_i | - \sum | A_i \cap A_j | + \sum | A_i \cap A_j \cap A_k | = 258 - 82 + 8 = 184$$

§17.2 有禁止位的排列

在所讨论的问题中,如果性质 $p_1, p_2, \cdots, p_m$ 是对称的,即具有 k 个性质的事物个数不依赖于这个 k 性质的选取,总是等于同一个数值,则称这个值为公共数,记为 $N(K)$. 例如,假设 $A_1, A_2, \cdots, A_m$ 分别表示具有性质 $p_1, p_2 \cdots, p_m$ 的有限集合,$S = A_1 \cup A_2 \cup \cdots \cup A_m$,且 $p_1, p_2, \cdots, p_m$ 是对称的,于是

$$N(2) = | A_1 \cap A_2 | = | A_1 \cap A_3 | = \cdots | A_{m-1} \cap A_m |$$
$$N(3) = | A_1 \cap A_2 \cap A_3 | = | A_1 \cap A_2 \cap A_4 | = \cdots = | A_{m-2} \cap A_{m-1} \cap A_m | \cdots$$

另外,若记

$$N(0) = |\bar{A}_1 \cap \bar{A}_2 \cap \cdots \cap \bar{A}_m|$$

$$N(1) = |A_1| = |A_2| = \cdots = |A_m|$$

$$N = |S|$$

则上节的逐步淘汰公式(17.1)可写成

$$N(0) = N - N(1)C_m^1 + N(2)C_m^2 - \cdots + (-1)^m N(m)C_m^m \tag{17.3}$$

称此公式为对称筛公式.

定义 17.2.1　设集合 $S = \{1,2,\cdots,n\}$. 如果 S 的排列 $i_1,i_2,\cdots,i_n$ 满足 $i_1 \neq 1, i_2 \neq 2, \cdots, i_n \neq n$, 则称该排列是 S 的一个错置. S 的所有错置个数记作 D_n.

例如,设 $S = \{1,2,3,4\}$,则 2134,3142 都是 S 的一个错置. 但 1342,3241 均不是 S 的错置.

定理 17.2.1　对于 $n \geq 1$

$$D_n = n! \left[1 - \frac{1}{1!} + \frac{1}{2!} - \frac{1}{3!} + \cdots + (-1)^n \frac{1}{n!}\right] = n! \sum_{i=0}^{n} (-1)^i \frac{1}{i!} \tag{17.4}$$

证明:设 $p_1,p_2,\cdots,p_n$ 分别是 $S = \{1,2,\cdots,n\}$ 的排列中 1 在第 1 位,2 在第 2 位,$\cdots$,n 在第 n 位上的性质. 显然这些性质是对称的,各公共数为

$$N(0) = D_n, N(1) = (n-1)!, N(2) = (n-2)!, \cdots, N(n) = 0! = 1, N = n!$$

代入对称筛公式得

$$D_n = n! - (n-1)! \, C_n^1 + (n-2)! \, C_n^2 - \cdots + (-1)^n 0! \, C_n^n$$

$$= n! - \frac{n!}{1!} + \frac{n!}{2!} - \cdots + (-1)^n \frac{n!}{n!}$$

$$= n! \left[1 - \frac{1}{1!} + \frac{1}{2!} - \cdots + (-1)^n \frac{1}{n!}\right]$$

$$= n! \sum_{i=0}^{n} (-1)^i \frac{1}{i!}$$

【例 17.3】　n 个人参加一个晚会,每人寄存一顶帽子,会后各人随便戴其中一顶,求:

(1) 没有任何人戴上自己原来的帽子的概率.

(2) 至少有一个人戴上自己原来的帽子的概率.

解:(1) 因为人和帽子都是有区别的,每个人随便地戴一顶帽子相当于 n 顶帽子的一个重排. 这些重排的个数为 $n!$. 而没有一个人戴上自己原来的帽子恰是错置,错置为 D_n. 因而没有任何人戴上自己原来的帽子的概率是

$$D_n/n! = n! \left[1 - \frac{1}{1!} + \frac{1}{2!} - \cdots + (-1)^n \frac{1}{n!}\right]/n! = 1 - \frac{1}{1!} + \frac{1}{2!} - \cdots + (-1)^n \frac{1}{n!} \approx \frac{1}{e} \approx 37\%$$

(2) 至少有一个戴上自己原来的帽子的概率是

$$1 - \frac{1}{e} \approx 63\%$$

定义 17.2.2　设集合 $S = \{1,2,\cdots,n\}$,如果 S 的一个排列的任何两个相邻位置上不出现 i, $i+1(i=1,2,n-1)$ 的模式,则称这个排列是 S 的一个相邻禁位排列. S 的所有相邻禁位排列的个数记为 Q_n.

例如,设 $S = \{1,2,3,4\}$,则 1324,1432 都是相邻禁位排列;而 1243,1423 都不是相邻禁位排列.

定理 17.2.2　对任何 $n \geq 1$,都有

$$Q_n = n! - (n-1)! \, C_{n-1}^1 + (n-2)! \, C_{n-1}^2 - (n-3)! \, C_{n-1}^3 + \cdots + (-1)^{n-1} 1! \, C_{n-1}^{n-1}$$

$$= \sum_{i=0}^{n-1} (-1)^i (n-i)! \, C_{n-1}^i \tag{17.5}$$

证明:设 $A_1, A_2, \cdots, A_{n-1}$,分别表示 $S = \{1, 2, \cdots, n\}$ 的含有 $12, 23, \cdots, (n-1)n$ 的排列的集合.

易知, $|A_1| = (n-1)!$,这是因为当 12 在排列中出现时,可把 1, 2 合起来看作一个数,和其他 $n - 2$ 个数作排列. 同理

$$|A_1| = |A_2| = \cdots = |A_{n-1}| = (n-1)!$$

类似地

$$|A_1 \cap A_2| = |A_1 \cap A_3| = \cdots = |A_{n-2} \cap A_{n-1}| = (n-2)!$$

如此分析可知, $A_1, A_2, \cdots A_{n-1}$ 这 $n-1$ 个集合所具有的性质是对称的,各公共数为

$$N(1) = (n-1)!$$
$$N(2) = (n-2)!$$
$$\cdots\cdots$$
$$N(n-1) = 1!$$

而 $N(0) = Q_n, N = n!$ 代入对称筛公式得

$$Q_n = n! - (n-1)! \, C_{n-1}^1 + (n-2)! \, C_{n-1}^2 - \cdots + (-1)^{n-1} 1! \, C_{n-1}^{n-1}$$

【例17.4】 5 个小学生放学回家排路队. 假设每个学生只能看到他(她) 前面的一个同学(第一位除外). 问有多少种变换队形的方法,使得每个学生不再看到他(她)当初看到的那个同学?

解 将这 5 个学生按初始队形顺序地编号为 $1, 2, \cdots, 5$. 于是,问题等价于求 $\{1, 2, \cdots, 5\}$ 的排列中没有 $12, 23, \cdots$ 形式出现的排列数. 所以,变换队形的方法共有 Q_5 种. 即

$$Q_5 = 5! - 4! \, C_4^1 + 3! \, C_4^2 - 2! \, C_4^3 + 1! \, C_4^4 = 120 - 24 \times 4 + 6 \times 6 - 2 \times 4 + 1 \times 1$$
$$= 120 - 96 + 36 - 8 + 1 = 53$$

定理 17.2.3 对任何自然数 n,有

(1) $D_n = (n-1)(D_{n-2} + D_{n-1})$;

(2) $D_n = nD_{n-1} + (-1)^n$

证明:(1) 因为 D_n 表示 $S = \{1, 2, \cdots, n\}$ 的排列中,数 i 不排在第 i 位的排列个数. 下面计算这些排列的个数.

设 S 的一个错置排列为

$$a_1 a_2 \cdots a_i \cdots a_n$$

因为 $a_1 \neq 1$,所以 a_1 可取 $2, 3, \cdots, n$ 这 $n-1$ 个数中的任意一个. 因此 a_1 共有 $n-1$ 种取法. 当 $a_1 = i (2 \leq i \leq n)$ 时,又可分成下列两种情况.

① $a_i = 1$. 这时, $a_1 = i, a_i = 1$ 已定,剩下 $n-2$ 个数作排列,而且每个数都不能在它的自然位置上. 由 D_n 的定义,这样的排列数为 D_{n-2}.

② $a_i \neq 1$. 这时, $a_1 = i$ 已定,而 a_i 又不能等于 1,这相当于把 1"看成"i,对 $\{2, 3, \cdots, i, \cdots, n\}$ 这 $n-1$ 个数作错置,所以这样的排列个数为 D_{n-1}.

根据加法法则,得

$$D_n = (n-1)(D_{n-2} + D_{n-1})$$

(2) 因为 $D_0 = 1, D_1 = 0$(表示 $\{1\}$ 无法错置),由(1)

$$D_n = (n-1)(D_{n-2} + D_{n-1}) = (n-1)D_{n-2} + nD_{n-1} - D_{n-1}$$

所以 $D_n - nD_{n-1} = -[D_{n-1} - (n-1)D_{n-2}]$,依此得

$$D_{n-1} - (n-1)D_{n-2} = -[D_{n-1} - (n-2)D_{n-3}]$$

如此下去,有

$$D_n - nD_{n-1} = -[D_{n-1} - (n-1)D_{n-2}] = (-1)^2[D_{n-2} - (n-2)D_{n-3}] = \cdots$$
$$= (-1)^{n-1}[D_1 - (n-1)/D_0] = (-1)^{n-1}(0-1) = (-1)^n$$

整理得

$$D_n = nD_{n-1} + (-1)^n$$

习　题

1. 某年级有100个学生,其中40个学生学英语,40个学生学俄语,40个学生学日语. 若分别有21个学生学习上述三种语言中的任何两种语言,有10个学生所有3种语言. 问不学任何语言的学生有多少个.

2. 有多少个小于70且与70互素的正整数?

3. 在由7个数字位组成的三进制序列中,0,1和2都出现的数字共有多少?

4. 某班级有学生25人,其中有14个会西班牙语,12人会法语,6人会法语和西班牙语,5人会德语和西班牙语,还有2人这三种语言都会说,而6个会德语的人都会说另一种语言(指西班牙语). 求不会以上三种语言的人数.

5. 求 $S = \{1, 2, \cdots, 8\}$ 的没有偶整数在它的自然位置上,即 i 不在第 i 位置上的排列个数.

6. 求 $S = \{1, 2, \cdots, 8\}$ 的恰有4个整数在其自然3位置上的排列个数.

7. 试用组合推理解释恒等式

$$n! = D_n C_n^0 + D_{n-1} C_n^1 + \cdots + D_1 C_n^{n-1} + D_0 C_n^n$$

8. 试证: D_n 是一个偶数当且仅当 n 是一个奇数.

9. n 个人参加一晚会,每人寄存一顶帽子和一把雨伞,会后各人任取一顶帽子和一把雨伞,有多少种可能使得没有人能拿回他原来的任何一件物品?

第 **18** 章
递推关系与生成函数

在组合数学中，递推关系和生成函数是解决计数问题的两个有密切联系的重要工具.

本章主要讨论两方面的问题. 一是递推关系式的建立及求解；二是若干高级计数法.

§18.1 递推关系及其解法

定义 18.1.1 给定一个数的序列 $H(0),H(1),\cdots,H(n),\cdots$，将 $H(n)$ 和若干 $H(i)(0\leqslant i<n)$ 联系起来的等式叫作一个递推关系(recurrence relation).

定义 18.1.2 递推关系

$$H(n)+a_1H(n-1)+a_2H(n-2)+\cdots+a_kH(n-k)=0 \tag{18.1}$$

称为常系数线性齐次递推关系，其中 $n\geqslant k,a_i(i=1,2,\cdots,k)$ 是常数，且 $a_k\neq 0$；而方程

$$x^k+a_1x^{k-1}+a_2x^{k-2}+\cdots+a_k=0 \tag{18.2}$$

称为式(18.1)的特征方程.

设 $q_1,q_2,\cdots,q_k$ 是式(18.1)的特征方程的根，

(1) 若 $q_i\neq q_j,i\neq j$，则

$$H(n)=C_1\cdot q_1^n+C_2\cdot q_2^n+\cdots+C_k\cdot q_k^n$$

是递推关系式(18.1)的通解，其中 $C_i=(i=1,2,\cdots,k)$ 是任意常数；

(2) 若 q_i 是 r_i 重根，$i=1,2,\cdots,t$，则其通解为

$$\begin{aligned}H(n)=&(C_{11}+C_{12}\cdot n+\cdots+C_{1r_1}\cdot n_1^{r-1})\cdot q_1^n+\\&(C_{21}+C_{22}\cdot n+\cdots+C_{2r_2}\cdot n_2^{r-1})\cdot q_2^n+\cdots+\\&(C_{t1}+C_{t2}\cdot n+\cdots+C_{tr1}\cdot n_t^{r-1}\cdot q_t^n)\end{aligned}$$

其中，$C_{11},C_{12},\cdots,C_{1r_1};C_{21},C_{22},\cdots,C_{2r_2};C_{t1},C_{t2},\cdots,C_{tr_1}$ 为任意常数.

【例 18.1】 解下列递推关系.

$(1)\begin{cases}H(n)=4H(n-1)-4H(n-2) &\text{当 }n\geqslant 2\\H(0)=0,H(1)=1\end{cases}$

$(2)\begin{cases}H(n)=H(n-1)+9H(n-2)-9H(n-3)\\H(0)=0,H(1)=1,H(2)=2 &\text{当 }n\geqslant 3\end{cases}$

解：(1) 特征方程 $x^2-4x+4=0$，解此方程得 $x_1=x_2=2$，所以 $H(n)=(C_1+C_2\cdot n)\cdot 2^n$，代入初值得

$$C_1=0,(C_1+C_2)\cdot 2=1$$

解得 $C_1 = 0$, $C_1 = 1/2$. 从而得

$$H(n) = \frac{1}{2} \cdot n \cdot 2^n = n \cdot 2^{n-1}$$

（2）特征方程 $\qquad x^3 - x^2 - 9x + 9 = 0$

解得 $x_1 = 1$, $x_2 = 3$, $x_3 = -3$, 所以有

$$H(n) = C_1 + C_2 \cdot 3^n + C_3 \cdot (-3)^n$$

代入初值得

$$\begin{cases} C_1 + C_2 + C_3 = 0 \\ C_1 + 3C_2 - 3C_3 = 1 \\ C_1 + 9C_2 + 9C_3 = 2 \end{cases}$$

解得 $C_1 = -\dfrac{1}{4}$, $C_2 = \dfrac{1}{3}$, $C_3 = -\dfrac{1}{12}$, 从而

$$H(n) = -\frac{1}{4} + \frac{1}{3} \cdot 3^n - \frac{1}{12} \cdot (-3)^n = -\frac{1}{4} + 3^{n-1} - \frac{1}{4} \cdot (-3)^n$$

也可以利用 $H(n)$ 的定义来求解递推关系.

【例18.2】 解下列递推关系.

（1）$\begin{cases} H(n) = (n+2)H(n-1) & \text{当 } n \geq 1 \\ H(0) = 2 \end{cases}$

（2）$\begin{cases} H(n) = H(n-1) - n + 3 & \text{当 } n \geq 1 \\ H(0) = 2 \end{cases}$

解：（1）由 $H(n)$ 的定义，有

$$\begin{aligned} H(n) &= (n+2)H(n-1) = (n+2)(n+1)H(n-2) = \cdots \\ &= (n+2)(n+1)\cdots 3 \cdot H(0) \\ &= (n+2) \cdot (n+1)\cdots 3 \cdot 2 \\ &= (n+2)! \end{aligned}$$

（2）$\begin{aligned} H(n) &= H(n-1) - n + 3 = H(n-2) - (n-1) - n + 3 + 3 = \cdots \\ &= H(n-n) - (n-(n-1)) - \cdots - (n-1) - n + 3 + \cdots + 3 + 3 \\ &= H(0) - [1 + 2 + \cdots + (n-1) + n] + 3n \\ &= -\frac{n(n+1)}{2} + 3n + 2 \end{aligned}$

下面通过实例来讨论递推关系的建立及求解,因为实际问题的满足要求的递推关系目前还没有固定的程式可循,主要是通过分析问题中对应于前后几个变元的函数值之间的关系得出.

【例18.3】 兔子问题(Fibonacci).

在一年开始之际买来一对新兔子放入栏中,已知每月每对栏中的兔子生出一对新的兔子,满二个月后的每对新兔子也生出一对兔子,问一年以后栏中有多少对兔子?

解：设第 n 个月初时栏中的兔子有 F_n 对. 可将 F_n 分成两部分,一部分是 $n-1$ 个月初时已经在围栏中的兔子,有 F_{n-1} 对;另一部分是第 n 个月初出生的小兔,有 F_{n-2} 对,于是有

$$F_n = F_{n-1} + F_{n-2}, \quad n \geq 3 \tag{18.3}$$

显然, $F_1 = 1$, $F_2 = 1$. 按题意,要求 F_{13},可将初始值 $F_1 = F_2 = 1$ 逐步进行迭代,最后求出 $F_{13} = 233$.

对于式(18.3)的一般解 F_n,可以用求特征根的方法求得

$$F_n = \frac{1}{\sqrt{5}} \left[\left(\frac{1+\sqrt{5}}{2} \right)^n - \left(\frac{1-\sqrt{5}}{2} \right)^n \right], \quad n \geqslant 0$$

F_n 称为第 n 个斐波那契(Fibonacci)数,它在数学上十分重要,很多计数问题都将归结为求 Fibonacci 数.

【例 18.4】　集合 $\{1,2,3,\cdots,n\}$ 的一个子集称为交替的,如果将该子集的元素按递增次序列出时,它们是奇、偶、奇、偶……交替序列. 例如 $\{3,4,7,10\}$,$\{1,4,5\}$ 都是交替的. 空集也看作交替的. 但 $\{2,3,4,5\}$,$\{1,3,4\}$ 就不是交替的.

设 $f(n)$ 表示交替子集的数目. 试证:
$$f(n) = f(n-1) + f(n-2)$$

证明:显然 $f(1)=2$,其交替子集为 $\{1\}$,$\varnothing$;$f(2)=3$,其交替子集为 $\varnothing$,$\{1\}$,$\{1,2\}$.

将 $\{1,2,3,\cdots,n\}$ 的所有子集分为两部分,一部分为 $\{1,2,3,\cdots,n-1\}$ 的所有子集,另一部分是由 $\{1,2,3,\cdots,n-1\}$ 的每一个子集加进元素 n 以后得到的子集. 第一部分的交替子集为 $f(n-1)$,第二部分中的交替子集正好同 $\{1,2,\cdots,n-2\}$ 的交替子集是对应的. 事实上,定义 $\{1,2,3,\cdots,n-2\}$ 的交替子集到第二部分中的交替子集之间映射 g 如下:

$$g(\varnothing) = \begin{cases} \{n\} & \text{当 } n \text{ 为奇数} \\ \{n-1,n\} & \text{当 } n \text{ 为偶数} \end{cases}$$

$$g(s) = g(\{i_1,i_2,\cdots i_k\})$$
$$= \begin{cases} S \cup \{n\} & \text{当 } n \text{ 为奇数但 } i_k \text{ 为偶数} \\ S \cup \{n-1,n\} & \text{当 } n \text{ 为奇数但 } i_k \text{ 为奇数} \\ S \cup \{n-1,n\} & \text{当 } n \text{ 为偶数但 } i_k \text{ 为偶数} \\ S \cup \{n\} & \text{当 } n \text{ 为偶数但 } i_k \text{ 为奇数} \end{cases}$$

显然 g 是单射,又对第二部分中的任何一个交替子集 $S' = \{j_1,j_2,\cdots,j_{r-1},j_r\}$ $j_1 < j_2 < \cdots < j_{r-1} < j_r$. 由 S' 的定义知 $j_r = n$,若 $j_{r-1} = n-1$,则 $S = S' - \{j_{r-1} \cdot j_r\}$ 就是与 S' 对应的 $\{1,2,\cdots,n-2\}$ 中的交替子集,若 $j_{r-1} < n-1$,则 $S = S' - \{j_r\}$ 就是与 S 对应的 $\{1,\cdots,n-2\}$ 中的交替子集,即 g 是满射,故 g 是双射,从而第二部分中的交替子集数为 $f(n-2)$. 由加法原理得
$$f(n) = f(n-1) + f(n-2)$$

§18.2　生 成 函 数

生成函数是可重复排列和组合问题中处理特殊问题的一个方便工具.

定义 18.2.1　设 $a_0,a_1,a_2,\cdots,a_n,\cdots$ 是一个序列. 作幂级数
$$f(x) = a_0 + a_1 x^1 + a_2 x^2 + \cdots + a_n x^n + \cdots$$
称 $f(x)$ 为序列 $a_0,a_1,a_2,\cdots,a_n,\cdots$ 的生成函数(generating function).

生成函数只是一种形式幂级数,其中 x^i 仅看作 a_i 的指示符,$i = 0,1,2,\cdots$.

例如,$1 + 2x + 2^2 x^2 + \cdots + 2^n x^n + \cdots$ 就是 $a_0 = 1,a_1 = 2,a_2 = 2^2,\cdots,a_n = 2^n,\cdots$ 的生成函数.

【例 18.5】　确定下列数列的一般生成函数.

(1) $1,-1,1,\cdots,(-1)^n,\cdots$;

(2) $\dfrac{1}{0!},\dfrac{(-1)}{1!},\dfrac{1}{2!},\cdots,(-1)^n \dfrac{1}{n!},\cdots$;

(3) $1,2,3\cdots,(n+1),\cdots$.

解: (1) $f(x) = 1 - x + x^2 - x^3 + \cdots + (-1)^n x^n = \dfrac{1}{1+x}$;

(2) $f(x) = \dfrac{1}{0!} - \dfrac{1}{1!} + \dfrac{1}{2!}x^2 - \cdots + (-1)^n \dfrac{1}{n!}x^n + \cdots = e^{-x}$;

(3) $f(x) = 1 + 2x + 3x^2 + \cdots + nx^{n-1} + \cdots$.

注意到

$$\frac{1}{1-x} = 1 + x + x^2 + x^3 + \cdots x^n + \cdots$$

上式两边对 x 微分得

$$\frac{1}{(1-x)^2} = 1 + 2x + 3x^2 + \cdots + nx^{n-1} + \cdots$$

于是

$$f(x) = \frac{1}{(1-x)^2}$$

定义 18.2.2 设 $\{a_k\}, \{b_k\}, \{c_k\}$ 是已知的序列,它们的生成函数分别为 $A(x), B(x), C(x)$.

(1) 若 $b_k = \alpha a_k, \alpha$ 为常数,则 $B(x) = \alpha \cdot A(x)$ 称为 $A(x)$ 的常数倍.

(2) 若 $c_k = a_k + b_k$,则 $C(x) = A(x) + B(x)$ 称为 $A(x)$ 与 $B(x)$ 的和.

(3) 若 $c_k = \sum\limits_{i=0}^{k} a_i \cdot b_{k-i}$,则 $C(x) = A(x)B(x)$ 称为 $A(x)$ 与 $B(x)$ 的乘积.

【例 18.6】 设 $S = \{\infty \cdot a_1, \infty \cdot a_2, \cdots, \infty \cdot a_k\}$, b_r 为 S 的 r 组合数,试确定 b_r 的生成函数,并由此求出 b_r.

解: 考虑下面 k 个形式幂级数的乘积

$$(1 + x + x^2 + \cdots + x^n + \cdots) \cdot (1 + x + x^2 + \cdots + x^n + \cdots) \cdots \cdot (1 + x + x^2 + \cdots + x^n + \cdots)$$

它的展开式中每一项 x^r 有如下形式

$$x^{r_1} \cdot x^{r_2} \cdot \cdots \cdot x^{r_k} = x^r, \quad r_1 + r_2 + \cdots + r_k = r$$

其中,$x^{r_1} \cdot x^{r_2} \cdots x^{r_k}$ 分别取自上面 k 个幂级乘积的第一个,第二个,$\cdots$,第 k 个因子. 如果将第一个因子与 a_1 对应;第二个因子与 a_2 对应;$\cdots$,第 k 个因子与 a_k 对应. 把第 i 个因子中取出项 x^{r_i} 理解成 a_i 被取了 r_i 次,由于 $r_1 + r_2 + \cdots + r_k = r$,所以,$x^r$ 的系数表示 S 的 r 的组合 b_r,因而序列 $\{b_r\}$ 的生成函数为

$$f(x) = (1 + x + x^2 + \cdots + x^n + \cdots)^k$$

而

$$1 + x + x^2 + \cdots + x^n + \cdots = \frac{1}{1-x}$$

所以

$$f(x) = \frac{1}{(1-x)^k} = 1 + kx + \frac{k(k+1)}{2!}x^2 + \cdots + \frac{k(k+1)\cdots(k+r-1)}{r!}x^r + \cdots$$

从而

$$b_r = \frac{k(k+1)\cdots(k+r-1)}{r!} = \frac{(r+k-1)!}{r!(k-1)!} = C_{k+r-1}^r$$

这正好与定理 16.3.3 的结果一致.

【例 18.7】 设 $S = \{\infty \cdot a_1, \infty \cdot a_2, \cdots, \infty \cdot a_k\}$, b_r 是 S 的 r 组合数,在这些 r 组合中,S 的每一个元素出现偶数次,试确定序列 $\{b_r\}$ 的生成数,并由此求出 b_r.

解: 令 $\{b_r\}$ 的生成函数是 $f(x)$,类似于例 18.6,

$$f(x) = (1 + x^2 + x^4 + \cdots + x^{2r} + \cdots)^k$$

而 $1 + x^2 + x^4 + \cdots + x^{2r} + \cdots = \dfrac{1}{1-x^2}$,所以

$$f(x) = \frac{1}{(1-x^2)^k} = 1 + kx^2 + \frac{k(k+1)}{2!}x^4 + \cdots + \frac{k(k+1)\cdots(k+r-1)}{r!}x^{2r} + \cdots$$

从而有

$$b_{2r} = C_{k+r-1}^r$$

显然 $b_{2r-1} = 0, r = 1, 2, 3, \cdots$.

【例 18.8】 设口袋中有白球 5 个,红球 3 个,黑球 2 个,每次从中取 5 球,问有多少种不同的取法?

解: 问题等价于求多重集 $S = \{5 \cdot 白, 3 \cdot 红, 2 \cdot 黑\}$ 的 5 组合数.

设 S 的 r 组合数为 a_r,由序列 $\{a_r\}$ 的生成函数为

$$f(x) = (1 + x + x^2 + x^3 + x^4 + x^5) \cdot (1 + x + x^2 + x^3) \cdot (1 + x + x^2)$$
$$= 1 + 3x + 6x^2 + 9x^3 + 11x^4 + 12x^5 + 11x^6 + 9x^7 + 6x^8 + 3x^9 + x^{10}$$

由 x^5 的系数为 12 知,每次取 5 个球的不同取法有 12 种.

习　题

1. 解下列递推关系.

(1) $\begin{cases} H(n) = H(n-1) + n^3 & 当 n \geq 1 \\ H(0) = 0 \end{cases}$

(2) $\begin{cases} H(n) + 5H(n-1) + 6H(n-2) = 3n^2 & 当 n \geq 2 \\ H(0) = 0, H(1) = 1 \end{cases}$

2. 证明下列各恒等式(其中 F_n 表示第 n 个 Fibonacci 数).

(1) $F_1 + F_2 + \cdots + F_n = F_{n+2} - 1$;

(2) $F_1 + F_3 + \cdots + F_{2n-1} = F_{2n}$;

(3) $F_2 + F_4 + \cdots + F_{2n} = F_{2n+1} - 1$.

3. 有 n 级台阶,某人从下向上走,若每次只能跨一级或两级,问他从地面走到第 n 级有多少种不同的方法.

4. 有多少个长度为 n 的 0 与 1 的序列,其中既不含子序列 010,也不含子序列 101?

5. 设 $f(n, k)$ 是从集合 $\{1, 2, \cdots, n\}$ 中能够选择的没有两个连续整数的 k 个元素的子集之数目.

(1) 试建立 $f(n, k)$ 的递推关系.

(2) 利用(1)证明: $f(n, k) = C_{n-k+1}^k$.

6. 设 $S = \{\infty \cdot a_1, \infty \cdot a_2, \infty \cdot a_3, \infty \cdot a_4\}$, b_r 是具有下列附加条件的 S 的 r 组合数,试确定序列 $\{b_r\}$ 的一般生成函数.

(1) 每一个 a_i 出现奇数次;

(2) 每一个 a_i 出现 3 的倍数次;

(3) 每一个 a_i 至少出现 10 次.

7. 设口袋中放着 12 个球,其中 3 个红球,3 个白球,6 个黑球.从中取出 r 个球,问有多少种不同的取法.

8. 设有 1 g 的砝码一枚,3 g 的砝码 3 枚,7 g 的砝码 2 枚.用这 6 枚砝码能称哪几种质量的物体?

9. 把正整数 8 写成三个非负整数 n_1, n_2, n_3 的和,要求 $n_1 \leq 3, n_2 \leq 3, n_3 \leq 6$. 问有多少种不同的写法.

第三篇 代数结构与初等数论
(Algebraic structure & Elementary number theory)

在初等代数中，计算的对象是数，其运算有加、减、乘、除.随着科学的不断发展，计算的对象在不断扩展.例如，在高等代数中，可以对向量、矩阵等进行运算；在集合论中，可以对集合、关系和映射等进行运算；等等，这些都可分别看作在某个集合上定义了若干运算.这种带有运算的集合，称为代数系统，其主要特点是，集合中的元素可以代表任何一个数学对象，而定义在集合之上的运算是封闭的，即集合中的任何两个元素，经运算后其结果仍在该集合中.

对这种代数系统的研究，形成了近代数学的一个分支——近世代数（或抽象代数）的主要内容.

本篇主要介绍近世代数中的基本代数结构——群、环、域；以及与计算机科学密切相关的系统——布尔代数.作为与群、环、域联系较密切的知识，首先介绍数论中整数的一些最基本内容，数论是计算机密码学的重要基础.

第 **19** 章

整数(integer)

整数是数论中最基本的研究对象,本章主要介绍初等整数论中的一些基本知识,一方面为下一章作准备;另一方面,这些内容与计算机密码学有密切的关系.本章中出现的数,除非特别指明,都是整数,另外,用 **N** 表示整数集合,用小写英文字母表示整数,用 ab 表示 a 与 b 的乘积.

§19.1 整除性(divisibility)

定义19.1.1 设 $a,b \in \mathbf{Z}$,若存在 $q \in \mathbf{Z}$,使得

$$a = cb \tag{19.1}$$

则称 b 是 a 的约数(factor)或因数,a 是 b 的倍数,并称 b 整除 a,或者 a 被 b 整除,记为 $b \mid a$. 若对任意的 $c \in \mathbf{Z}$,式(19.1)均不成立,则记为 $b \nmid a$.

定义19.1.2 设 $b \mid a$,若 $b \neq \pm a$ 且 $b \neq \pm 1$,则称 b 为 a 的真约数(proper factor).

定义19.1.3 设 $d \mid a, d \mid b$,于是,称 d 是 a 和 b 的公因数(common factor),记为 $d = (a,b)$

例如,$3 = (6,9), 4 = (8,12), 2 = (8,12)$.

下面是关于整除的基本定理.

定理19.1.1 设 $a,b \in \mathbf{Z}, b \neq 0$. 于是,存在唯一的 $q,r \in \mathbf{Z}$,使得

$$a = qb + r \qquad 0 \leqslant r < |b|$$

证明: 存在性. 将 $|b|$ 的倍数由小到大顺序出

$$\cdots, -3|b|, \quad -2|b|, \quad -|b|, \quad 0, \quad |b|, \quad 2|b|, \quad 3|b|, \cdots$$

用 a 与之比较,于是

(1) 若 $a = q'|b|$. 则令 $r = 0$,进而,

① 若 $b > 0$,则令 $q = q'$,从而 $a = qb$.

② 若 $b < 0$,则令 $q = -q'$,从而

$$a = q'(-b) = (-q) \cdot (-b) = qb$$

(2) 若 a 满足

$$q'|b| < a < (q'+1)|b|$$
$$0 < a - q'|b| < |b|$$

令

$$r = a - q'|b|$$

即

$$0 < r < |b|$$

于是

$$a = q'\,|\,b\,| + r$$

① 若 $b > 0$ 则令 $q = q'$，从而

$$a = qb + r, 0 < r < b$$

② 若 $b < 0$，则令 $q = -q'$，从而

$$a = q'(-b) + r = (-q) \cdot (-b) + r = qb + r$$
$$0 < r < |b|$$

唯一性. 设有 $a = qb + r$ 和 $a = q'b + r', 0 \leqslant r, r' < |b|$. 于是，$r' - r = (q - q')b$，从而

$$|r' - r| = |q - q'| \cdot |b|$$

因为 $0 \leqslant r, r' < |b|$，所以，$|r' - r| < |b|$，即

$$0 \leqslant |q - q'| \cdot |b| < |b|$$

于是，必有 $|q - q'| = 0$，即 $q = q'$，从而 $r = r'$.

由整除的定义，我们有

性质1 设 $a \in \mathbf{Z}$，于是

(1) $\pm 1 \,|\, a$ （± 1 整除任意整数）；

(2) $a \,|\, 0$ （任意整数整除零）；

(3) $a \,|\, a$ （任意整数整除自身，特别地，有 $0 \,|\, 0$）.

性质2 设 $a, b, c \in \mathbf{Z}$，于是

(1) 若 $a \,|\, b, b \,|\, c$，则 $a \,|\, c$ （传递性）；

(2) 若 $a \,|\, b$，则 $ac \,|\, bc$ （保序性）；

(3) 若 $a \,|\, b$,，则 $a \,|\, bc$；

(4) 若 $a \,|\, b, a \,|\, c$，则对任意 $p, q \in \mathbf{Z}$，有

$$a \,|\, pb \pm qc$$

因为 $a \,|\, b, a \,|\, c$，所以有 $d, e \in \mathbf{Z}$，使 $b = da, c = ea$，从而，$pb \pm qc = (pd \pm qe)a$. 但 $pd \pm qe$ 是整数，故 $a \,|\, pb \pm qc$.

(5) 若 $a \,|\, b_i, b_i \in Z, i = 1, \cdots, n$，则

$$a \,\Big|\, \sum_{i=1}^{n} e_i b_i$$

其中，$e_i \in Z, i = 1, \cdots, n$.

由 (3)(4) 即知 (5) 成立.

(6) 若在一个等式中，除某项外，其余各项都是 a 的倍数，则此项也是 a 的倍数，即若

$$\sum_{i=1}^{m} b_i = \sum_{j=1}^{n} c_j, c_j, b_i, c_i \in \mathbf{Z}, i = 1, \cdots, m, i = 1, \cdots, n$$

且 $a \,|\, b_1, \cdots, a \,|\, b_{i-1}, a \,|\, b_{i+1}, \cdots, a \,|\, b_m, a \,|\, c_j, j = 1, \cdots, n$

则有 $a \,|\, b_i \; 1 \leqslant i \leqslant m$.

证明：因为 $\sum_{i=1}^{m} b_i = \sum_{j=1}^{n} c_j$，所以 $b_i = \sum_{j=1}^{n} c_j - \sum_{k=1}^{m} b_k$，又由假设及 (5) 知，$a \,\Big|\, \sum_{j=1}^{n} c_j, a \,\Big|\, \sum_{\substack{k=1 \\ k \neq i}}^{m} b_k$，再由 (4) 知

$$a \,\Big|\, \sum_{j=1}^{n} c_j - \sum_{\substack{k=1 \\ k \neq i}}^{m} b_k,$$

即

$$a \,|\, b_i$$

(7) 若 $a \,|\, b, b \,|\, a$，则 $b = \pm a$.

因为 $a|b,b|a$,所以有 $d,e \in \mathbf{Z}$,使

$$b = da \tag{19.2}$$

$$a = eb \tag{19.3}$$

① 若 $a = b = 0,b = \pm a$.

② 若 $a \neq 0$,则由式(19.2)和式(19.3),有

$$a = e(da) = (ed)a$$

消去 a 得

$$ed = 1$$

因此,$e = d = \pm 1$,故

$$b = \pm a$$

③ 若 $b \neq 0$,则同理可证得 $b = \pm a$.

(8) 设 $a = qb + c$,于是,a,b 的公因数就是 b,c 的公因数,反之亦然.

事实上,设 d 是 a,b 的公因数,则由 $a = qb + c$ 及(6)知,$d|c$ 于是 d 也是 b,c 的公因数.

反之,设 e 是 b,c 的公因数,同理可得 $e|a$,故 e 也是 a,b 的公因数.

今后用 $\{(a,b)\}$ 表示 a,b 的所有公因数组成的集合.

定义 19.1.4　设 $d = (a,b)$. 若对任何 $e = (a,b)$,都有 $e|d$,则称 d 是 a,b 的最大公因数(maximal common factor),记为

$$d = \gcd(a,b)$$

由此定以及性质 2 之(7)知,若两个整数最大公因数存在,则除符号外是唯一的.

又显然,若 $b|a$,则 $b = \gcd(a,b)$,若 $a|b$,则 $a = \gcd(a,b)$.

现在设 $a \nmid b$ 且 $b \nmid a$,我们来讨论 $\gcd(a,b)$ 的存在性.

由于 $a \nmid 0,b \nmid 0$ 故 $a \neq 0,b \neq 0$. 作下列各式:

$$a = q_1 b + r_1 \quad (用\ b\ 除\ a\ 余\ r_1)$$

$$b = q_2 r_1 + r_2 \quad (用\ r_1\ 除\ b\ 余\ r_2)$$

$$r_1 = q_3 r_2 + r_3 \quad (用\ r_2\ 除\ r_1\ 余\ r_3)$$

$$\cdots\cdots$$

$$r_{k-2} = q_k r_{k-1} + r_k \quad (用\ r_{k-1} 除\ r_{k-2} 余\ r_k)$$

$$\cdots\cdots$$

因 $b > r_1 > r_2 > \cdots > r_k \cdots$. 所以必有

$$r_{n-2} = q_n r_{n-1} + r_n (用\ r_{n-1} 除\ r_{n-2} 余\ r_n)$$

$$r_{n-1} = q_{n+1} r_n (r_n\ 除\ r_{n-1})$$

由性质 2 之(8)及 $a = q_1 b + r_1$ 知

$$\{(a,b)\} = \{(b,r_1)\}$$

又由(8)及 $b = q_2 r_1 + r_2$ 知

$$\{(b,r_1)\} = \{(r_1,r_2)\}$$

$$\cdots\cdots$$

由(8)及 $r_{n-2} = q_n r_{n-1} + r_n$ 知

$$\{(r_{n-2},r_{n-1})\} = \{(r_{n-1},r_n)\}$$

最后,由 $r_{n-1} = q_{n+1} r_n$ 知,$r_n | r_{n-1}$,于是

$$r_n = \gcd(r_{n-1}, r_n)$$
$$= \gcd(r_{n-2}, r_{n-1})$$
$$= \cdots$$
$$= \gcd(r_1, r_2)$$
$$= \gcd(b, r_1)$$
$$= \gcd(a, b)$$

综上所述,我们有:

定理 19.1.2 对任意 $a, b \in \mathbf{Z}, a \neq 0$ 或 $b \neq 0$,有 $d \in \mathbf{Z}$,使 $d = \gcd(a, b)$.

此定理的证明中所提供的求最大公因数的方法称为辗转相除法或欧几里得算法.

下面的定理给出了两个整数与它们的最大公因数的关系式.

定理 19.1.3 设 $d = \gcd(a, b)$,于是,存在 $s, t \in \mathbf{Z}$,使 $d = sa + tb$.

证明:(1)若 $a \mid b$,则有 $d = \gcd(a, b) = a$,于是,可令 $s = 1, t = 0$,满足 $d = 1 \cdot a + 0 \cdot b$.

(2)若 $b \mid a$,则类似于(1),有

$$d = 0 \cdot a + 1 \cdot b$$

(3)若 $a \nmid b$ 且 $b \nmid a$,则由定理 19.1.2 的证明过程,有

$$\begin{pmatrix} a \\ b \end{pmatrix} = \begin{pmatrix} q_1 & 1 \\ 1 & 0 \end{pmatrix} \begin{pmatrix} b \\ r_1 \end{pmatrix}$$

$$\begin{pmatrix} b \\ r_1 \end{pmatrix} = \begin{pmatrix} q_2 & 1 \\ 1 & 0 \end{pmatrix} \begin{pmatrix} r_1 \\ r_2 \end{pmatrix}$$

$$\cdots\cdots$$

$$\begin{pmatrix} r_{k-2} \\ r_{k-1} \end{pmatrix} = \begin{pmatrix} q_k & 1 \\ 1 & 0 \end{pmatrix} \begin{pmatrix} r_{k-1} \\ r_k \end{pmatrix}$$

于是

$$\begin{pmatrix} a \\ b \end{pmatrix} = \begin{pmatrix} q_1 & 1 \\ 1 & 0 \end{pmatrix} \begin{pmatrix} q_2 & 1 \\ 1 & 0 \end{pmatrix} \cdots \begin{pmatrix} q_k & 1 \\ 1 & 0 \end{pmatrix} \begin{pmatrix} r_{k-1} \\ r_k \end{pmatrix}$$

令

$$\begin{pmatrix} T_k & V_k \\ S_k & U_k \end{pmatrix} = \begin{pmatrix} q_1 & 1 \\ 1 & 0 \end{pmatrix} \begin{pmatrix} q_2 & 1 \\ 1 & 0 \end{pmatrix} \cdots \begin{pmatrix} q_k & 1 \\ 1 & 0 \end{pmatrix}$$

则

$$\begin{pmatrix} a \\ b \end{pmatrix} = \begin{pmatrix} T_k & V_k \\ S_k & U_k \end{pmatrix} \begin{pmatrix} r_{k-1} \\ r_k \end{pmatrix}$$

显然

$$\begin{vmatrix} q_1 & 1 \\ 1 & 0 \end{vmatrix} = \begin{vmatrix} q_2 & 1 \\ 1 & 0 \end{vmatrix} = \cdots = \begin{vmatrix} q_k & 1 \\ 1 & 0 \end{vmatrix} = -1$$

从而

$$\begin{vmatrix} T_k & V_k \\ S_k & U_k \end{vmatrix} = (-1)^k$$

于是

$$\begin{pmatrix} T_k & V_k \\ S_k & U_k \end{pmatrix}^{-1} = \begin{pmatrix} \dfrac{U_k}{(-1)^k} & \dfrac{-V_k}{(-1)^k} \\ \dfrac{-S_k}{(-1)^k} & \dfrac{T_k}{(-1)^k} \end{pmatrix}$$

$$= \begin{pmatrix} (-1)^k U_k & (-1)^{k-1} V_k \\ (-1)^{k-1} S_k & (-1)^k T_k \end{pmatrix}$$

因此,$\begin{pmatrix} r_{k-1} \\ r_k \end{pmatrix} = \begin{pmatrix} T_k & V_k \\ S_k & U_k \end{pmatrix}^{-1} \begin{pmatrix} a \\ b \end{pmatrix} = \begin{matrix} (-1)^k U_k & (-1)^{k-1} V_k \\ (-1)^{k-1} S_k & (-1)^k T_k \end{matrix} \begin{pmatrix} a \\ b \end{pmatrix}$

解得

$$r_k = (-1)^{k-1} S_k a + (-1)^k T_k b$$

若取 $k = n$,则由于 $r_n = \gcd(a,b)$,故

$$d = \gcd(a,b) = (-1)^{n-1} S_n a + (-1)^n T_n b$$

再令 $s = (-1)^{n-1} S_n, t = (-1)^n T_n$,最后得

$$d = sa + tb$$

【例 19.1】 试证:若一数的末尾两位数是 4(或 25)的倍数,则此数也是 4(或 25)的倍数.

证明:设此数为 $a(n$ 位),且

$$a = a_{n-1} a_{n-2} \cdots a_2 a_1 a_0$$
$$a_i \in \{0,1,\cdots,9\}, i = 0,1,\cdots,n-1.$$

于是

$$a = a_{n-1} a_{n-2} \cdots a_2 \times 100 + a_1 a_0$$
$$= a_{n-1} a_{n-2} \cdots a_2 \times 4 \times 25 + a_1 a_0$$

因 $a_1 a_0$ 是 4(或 25)的倍数,故由性质 2 之(4)知,a 也是 4(或 25)的倍数.

【例 19.2】 一个自然数 a 的各位数码之和是 9 的倍数,当且仅当此数也是 9 的倍数.

证明:设 $a = a_{n-1} a_{n-2} \cdots a_2 a_1 a_0$,于是

$$a = (a_{n-1} \times 10^{n-1} + a_{n-2} \times 10^{n-2} + \cdots + a_2 10^2 + a_1 \times 10^1 + a_0$$
$$= a_{n-1} \times (\underbrace{9\cdots9}_{n-1} + 1) + a_{n-2} \times (\underbrace{9\cdots9}_{n-2} + 1) + \cdots + a_2 \times (99+1) + a_1 \times (9+1)1 + a_0$$
$$= 9 \times (a_{n-1} q_{n-1} + a_{n-2} q_{n+2} + \cdots + a_2 q_2 + a_1 q_1) + (a_{n-1} + a_{n-2} + \cdots + a_2 + a_1 + a_0)$$

因此,由性质 2 之(6)知,若 $9 | (a_{n-1} + a_{n-2} + \cdots + a_2 + a_1 + a_0)$,则 $9 | a_{n-1} a_{n-2} \cdots a_2 a_1 a_0$.

§19.2　素因数分解(decomposition)

定义 19.2.1 设 $a,b \in \mathbf{Z}$,若 $\gcd(a,b) = 1$,则说 a 和 b 互素(coprime).

由定义可知,± 1 和任意整数互素.

定理 19.2.1 若 a 和 b 互素,而 $a | bc$,则必有 $a | c$.

证明:因为 a,b 互素,故有 $s,t \in \mathbf{Z}$,使

$$1 = sa + tb$$

从而

$$c = sac + tbc$$

又因 $a | bc$ 且 $a | a$,故 $a | c$.

定理 19.2.2 若 b 和 $a_1, a_2, \cdots, a_n$ 都互素,则 b 和 $\prod_{i=1}^{n} a_i = a_1 a_2 \cdots a_n$ 互素.

证明:由假设,存在 $s_i, t_i \in \mathbf{Z}$,使得

$$s_i b + t_i a_i = 1 \qquad i = 1, \cdots, n$$

将这个 n 个式子乘起来,右边为1,左边共 2^n 项,其中恰有一项含 $a_1 a_2 \cdots a_n$,而其他项均含 b,故可写成

$$Sb + Ta_1 a_2 \cdots a_n = 1 \tag{19.4}$$

其中,$S, T \in \mathbf{Z}$.

设 d 是 b 和 $a_1 a_2 \cdots a_n$ 的最大公因数,于是,$d \mid b$,$d \mid a_1 a_2 \cdots a_n$. 由式(19.4)式及性质2之(4)即知,$d$ 必整除1,故 $d = 1$,即

$$\gcd(b, a_1 a_2 \cdots a_n) = 1$$

从而 b 和 $a_1 a_2 \cdots a_n$ 互素.

定理 19.2.3 若 $m_1 m_2, \cdots, m_k$ 两两互素,且都整除 a,则 $m_1 m_2 \cdots m_k \mid a$

证明:假设对某个 i,$1 \leqslant i < k$,有

$$m_1 m_2 \cdots m_i \mid a \tag{19.5}$$

下证

$$m_1 m_2 \cdots m_i m_{i+1} \mid a \tag{19.6}$$

由式(19.5)知,存在 q,使得

$$a = m_1 m_2 \cdots m_i q \tag{19.7}$$

因 $m_1 m_2, \cdots, m_i, m_{i+1}$ 两两互素,也即 m_{i+1} 与 $m_1 m_2, \cdots, m_i$ 均互素,所以,由定理 19.2.2 知,m_{i+1} 与 $m_1 m_2 \cdots m_i$ 互素,又因 $m_{i+1} \mid a$,故由定理 19.2.1 知,

$$m_{i+1} \mid q$$

于是,存在 $S \in \mathbf{Z}$,使得 $q = Sm_{i+1}$,将此式代入式(19.7),有

$$a = m_1 m_2 \cdots m_i m_{i+1} S$$

故 $m_1 m_2 \cdots m_i m_{i+1} \mid a$ 即式(19.6)得证.

由于 $m_1 \mid a$,故由上面所证,$m_1 m_2 \mid a$,如此下去,有 $m_1 m_2 m_3 \mid a, \cdots, m_1 m_2 m_3 \cdots m_k \mid a$.

定义 19.2.2 设 $p \in \mathbf{N}$ 且 $p \geqslant 2$. 若 p 的正约数只有 1 及它自己,则称 p 为素数或素数(prime),否则称为合数(composite number).

例如,$2, 3, 5, 7, 11, \cdots$ 等都是素数,而 $4, 6, 8, 10, \cdots$ 等都是合数. 偶数中 2 是素数,其余都是合数;而素数中也只有 2 是偶数,其余都是奇数.

由定义易知,任何合数 a 至少有一个素因数 p,$p < a$.

定理 19.2.4 素数 p 和 a 互素当且仅当 $p \nmid a$.

证明:设 p 和 a 互素. 若 $p \mid a$,则显然有 $\gcd(p, a) = p > 1$,此与 $\gcd(p, a) = 1$ 矛盾. 故 $p \nmid a$. 反之,设 $p \nmid a$,于是 $\gcd(p, a) \neq p$,而 p 是素数,故 $\gcd(p, a) = 1$. 因此 p 与 a 互素.

定理 19.2.5 若素数 p 整除 $a_1 a_2 \cdots a_n$,则存在 a_i,$1 \leqslant i \leqslant n$,使得 $p \mid a_i$.

证明:反证法. 若对任意 i,有 $p \nmid a_i$,$i = 1, 2, \cdots, n$. 则由定理 19.2.4 知,p 和 a_i 互素,$i = 1, 2, \cdots, n$. 则由定理 19.2.3 知,p 和 $a_1 a_2 \cdots a_n$ 互素,再由定理 19.2.4 知,$p \nmid a_1 a_2 \cdots a_n$,此为矛盾,故结论成立.

下面是关于整数的算术基本定理,其中素数在整除性理论中起着重要作用.

定理 19.2.6(算术基本定理) 任意大于1的正整数 a 除因数的顺序外,可唯一地分解为素因数的乘积,即

$$a = p_1 p_2 \cdots p_r, p_i \text{ 是素数}, i = 1, \cdots, r$$

如果

$$a = q_1 q_2 \cdots q_s, q_j \text{ 是素数}, j = 1, \cdots, s$$

则
$$\{p_1, p_2, \cdots p_s\} = \{q_1, q_2, \cdots, q_s\}$$

证明： 若 a 是素数，则令 $a = p_1$，结论成立．若 a 是合数，则令 p_1 是 a 的最小素因数，于是，$a = p_1 a_1, 1 < a_1 < a$．若 a_1 是素数，则令 $a_1 = p_2$，结论成立．若 a_1 是合数，则令 p_2 是 a_1 的最小素因数，于是 $a_1 = p_2 a_2$，从而，$a = p_1 p_2 a_2$，如此继续进行，由于 $a > a_1 > a_2 > \cdots$，所以，经过有限次后．必有 $a = p_1 p_2 \cdots p_r, p_i$ 是素数，$i = 1, 2 \cdots, r$．

下面对 r 用归纳法证明分解的唯一性．

当 $r = 1$ 时，$a = q_1 q_2 \cdots q_s$，因 p_1 是素数，所以必有 $s = 1$，因此 $\{p_1\} = \{q_1\}$．

假设 $r - 1$ 时成立．

因为
$$a = p_1 p_2 \cdots p_r = q_1 q_2 \cdots q_s$$

所以，$p_1 | q_1 q_2 \cdots q_s$．由定理 19.2.5 知，p_1 整除 $a = q_1 q_2, \cdots, q_s$ 中的某一数，不妨设 $p_1 | q_1$，于是 $p_1 = q_1$，从而有
$$p_2 \cdots p_r = q_2 \cdots q_s$$

由归纳假设有 $\{p_2, \cdots, p_r\} = \{q_2, \cdots, q_s\}$，又因 $p_1 = q_1$，故
$$\{p_1, p_2, \cdots, p_r\} = \{q_1, q_2, \cdots, q_s\}$$

定理证毕．

例如，$12 = 2 \cdot 3 \cdot 2 = 2 \cdot 2 \cdot 3$．

如果将 a 的素因数中相同的素数归在一起，则有
$$a = p_1^{r_1} p_2^{r_2} \cdots p_k^{r_k}$$

其中，$p_1, \cdots, p_k$ 是互异素数．这种表示式称 a 的标准分解式．

例如，$5775 = 3 \cdot 5^2 \cdot 7 \cdot 11$．

定理 19.2.7 素数有无穷多个．

证明： 设 p 是任一素数．令 $a = p! + 1$，设 q 是 a 的素约数，即 $q | p! + 1$．易证 $q \nmid p!$，从而 $q > p$．这说明对任给的素数，还有比它大的素数，故素数有无穷多个．

§19.3　同　余

定义 19.3.1 设 $a, b, m \in \mathbf{Z}, m \neq 0$，若 $m | (a - b)$，则说 a 与 b 模 m 同余(congruence)，记为
$$a \equiv b (\bmod m)$$

否则，说 a 与 b 模 m 不同余，记为
$$a \not\equiv b (\bmod n)$$

例如，$16 \equiv 23 (\bmod 7), 31 \not\equiv 9 (\bmod 10)$．

关于模 m，一般总设 m 为正整数．

定理 19.3.1 设
$$a = q_1 m + r_1 \qquad 0 \leqslant r_1 < m \tag{19.8}$$
$$b = q_2 m + r_2 \qquad 0 \leqslant r_2 < m \tag{19.9}$$

于是，$a \equiv b (\bmod m)$ 当且仅当 $r_1 = r_2$．

证明： 由式(19.8)，(19.9)知
$$a - b = (q_1 - q_2) m + (r_1 - r_2) \tag{19.10}$$

$a \equiv b (\bmod m)$，则由同余定义知，$m | (a - b)$，于是由式(19.10)知，$m | (r_1 - r_2)$．但 $|r_1 - r_2| < m$，因

此，$|r_1 - r_2| = 0$，即 $r_1 = r_2$.

反之，若 $r_1 = r_2$，则由式(19.10)知，$m \mid (a-b)$，故 $a \equiv b \pmod m$.

由此定理知，a 与 b 模 m 同余，当且仅当 m 除 a, b 所得的余数相同.

同余作为两个整数之间的一种二元关系，具有很多性质.

性质 1 同余关系是等价关系：

(1)自反性： 对任意 $a \in z$，有 $a \equiv a \pmod m$；

(2)对称性： 若 $a \equiv b \pmod m$，则 $b \equiv a \pmod m$；

(3)传递性： 若 $a \equiv b \pmod m$，$b \equiv c \pmod m$，则 $a \equiv c \pmod m$.

以上(1)~(3)由定义可以立即推得.

性质 2 若 $a \equiv b \pmod m$，$c \equiv d \pmod{,m}$，则
$$(a \pm c) \equiv (b \pm d) \pmod m, \quad ac \equiv bd \pmod m.$$

证明：由假设，有 $r, s \in \mathbf{Z}$，使
$$a - b = rm, \quad c - d = sm$$

于是 $(a \pm c) - (b \pm d) = (r \pm s)m$，从而 $(a \pm c) \equiv (b \pm d) \pmod m$.

又 $ac = (b+rm)(d+sm) = bd + rdm + bsm + rsm^2 = bd + (rd+bs+rsm)m$

于是 $ac - bd = (rd+bs+rsm)m$，从而 $ac \equiv bd \pmod m$.

性质 2 说明，同余式可以像普通等式一样，进行移项，例如，由 $a + b \equiv c \pmod m$，可推出 $a \equiv c - b \pmod m$，因为由自反性有 $b \equiv b \pmod m$. 同理，由 $a \equiv b \pmod m$ 可推出 $ac \equiv bc \pmod m$.

普通等式两边可以用同一非零数来除，但同余不一定如此，例如，$5 \equiv 10 \pmod 5$，且 $5 \neq 0$，但不能推得 $1 \equiv 2 \pmod 5$.

性质 3 若 $c \neq 0$ 且 $ac \equiv bc \pmod{mc}$，则 $a \equiv b \pmod m$.

证明：由假设有 q，使得 $ac - bc = qmc$，于是 $a - b = qm$，因而 $a \equiv b \pmod m$.

性质 4 若 c 和 m 互素，则由 $ac \equiv bc \pmod m$ 可推出 $a \equiv b \pmod m$.

证明：由假设，有 $m \mid (a-b)c$，但 m 与 c 互素，因此 $m \mid (a-b)$，即 $a \equiv b \pmod m$.

性质 5 设 p 是素数. 若 $c \not\equiv 0 \pmod p$ 而 $ac \equiv bc \pmod p$ 则 $a \equiv b \pmod p$.

证明：因为 $c \not\equiv 0 \pmod p$ 而表示 $ac \equiv bc \pmod p$ 则 $p \nmid c$，而 p 又是素数，故 p 与 c 互素，于是，由性质 4 可知，$a \equiv b \pmod p$.

应用同余式的性质，可以简单地处理某些整除问题.

【例 19.3】 令
$$A = 2\,000^n + 855^n - 572^n - 302^n$$

试证明：对任意自然数 n，$1981 \mid A$.

证明：我们有 $1981 = 7 \times 283$，并且 7 和 283 互素，因为
$$2000 \equiv 5 \pmod 7$$
$$855 \equiv 1 \pmod 7$$
$$572 \equiv 5 \pmod 7$$
$$302 \equiv 1 \pmod 7$$

所以
$$A = 2000^n + 855^n - 572^n - 302^n \equiv 5^n + 1^n - 5^n - 1^n \pmod 7$$
$$\equiv 0 \pmod 7$$

即 $A \equiv 0 \pmod 7$，也即 $7 \mid A$.

又因为

$$2000 \equiv 19(\bmod\ 283)$$
$$855 \equiv 6(\bmod\ 283)$$
$$572 \equiv 6(\bmod\ 283)$$
$$302 \equiv 19(\bmod\ 283)$$

所以
$$A = 2000^n + 855^n - 572^n - 302^n$$
$$= 19^n + 6^n - 6^n - 19^n (\bmod\ 283)$$
$$\equiv 0(\bmod\ 283)$$

即　$A \equiv 0(\bmod\ 283)$,也即 $283 \mid A$. 由定理 19.2.3 即知 $7 \times 283 \mid A$,即 $1981 \mid A$.

类似于普通等式的一元一次方程,我们有:

定理 19.3.2　若 a 和 m 互素,则方程

$$ax \equiv b(\bmod\ m)$$

在同余意义下恰有一个解.

证明:因为 a 和 m 互素,所以存在 $s,t \in z$,使得 $as + mt = 1$,于是 $asb + mtb = b$,从而

$$asb \equiv b(\bmod\ m)$$

令 $x = sb$,则有 $ax \equiv b(\bmod\ m)$.

若另有 $ay \equiv b(\bmod\ m)$,则由同余的性质 $ax \equiv ay(\bmod\ m)$,又因 a 与 m 互素,因此

$$x \equiv y \quad (\bmod\ m)$$

推论 19.3.1　设 p 为素数. 若 $a \not\equiv 0(\bmod\ p)$,则方程

$$ax \equiv b \quad (\bmod\ p)$$

在同余意义下恰有一个解.

【例 19.4】　解同余方程 $3x \equiv 8(\bmod\ 7)$.

解　显然,3 与 7 互素. 将它们表示为倍数代数和,有

$$3 \cdot 5 - 7 \cdot 2 = 1$$

再由定理 19.3.2,得解 $x = 5 \times 8 = 40$.

§19.4　孙子定理·Euler 函数

形如

$$\begin{cases} x \equiv a_1 & (\bmod\ m_1) \\ \cdots \\ x \equiv a_k & (\bmod\ m_k) \end{cases} \tag{19.11}$$

的一组同余式称为一次同余方程组,简称同余方程组.

关于式(19.11)的解,我国早在 5 世纪就有著名的孙子定理,国外称该定理为中国剩余定理.

定理 19.4.1(孙子定理)　若 $m_1, m_2, \cdots, m_k$ 两两互素,则同余方程组(19.11)对于模 $m = m_1 \cdots m_k$ 有唯一解.

$$x \equiv \frac{m}{m_1}c_1 a_1 + \cdots + \frac{m}{m_k}c_k a_k(\bmod\ m)$$

其中,$\frac{m}{m_i}c_i \equiv 1(\bmod\ m_i)$,$i = 1, \cdots, k$.

证明:因为 $m_1, \cdots, m_k$ 两两互素,所以,由定理 19.2.2 知,$\frac{m}{m_i}$ 与 m_i 互素. 从而方程

$$\frac{m}{m_i} x \equiv 1 \pmod{m_i}$$

同余意义下有唯一 c_i，满足

$$\frac{m}{m_i} c_i \equiv 1 \pmod{m_i}, \quad i = 1, \cdots, k.$$

令

$$\alpha = \frac{m}{m_1} c_1 a_1 + \cdots \frac{m}{m_k} c_k a_k$$

于是，注意到 $\frac{m}{m_i} c_i \equiv 0 \pmod{m_j}$，$i \neq j$，有

$$\alpha \equiv a_i \pmod{m_i}, \quad i = 1, \cdots, k.$$

故 $x \equiv \alpha \pmod{m}$ 是(19.4)的解.

若 $\beta \equiv a_i \pmod{m_i}$ 也是式(19.11)的解，则有

$$\alpha - \beta \equiv 0 \pmod{m_i}$$

即 $\alpha \equiv \beta \pmod{m_i}$，$i = 1, \cdots, k$. 由于 $m_1, \cdots, m_k$ 两两互素，所以由定理 19.2.3 知

$$\alpha \equiv \beta \pmod{m}$$

这说明，在同余的意义下，对模 m，(19.4)只有唯一解.

【例 19.5】(孙子算经)　今有物不知其数，三三数之剩二，五五数之剩三，七七数之剩二，问物几何?

解: 由题意，需解同余方程组

$$\begin{cases} x \equiv 2 & \pmod{3} \\ x \equiv 3 & \pmod{5} \\ x \equiv 2 & \pmod{7} \end{cases}$$

令 $m_1 = 3, m_2 = 5, m_3 = 7, m = m_1 m_2 m_3 = 105$. 先分别解同余方程

$$\frac{m}{m_i} c_i \equiv 1 \pmod{m_i}, \quad i = 1, 2, 3$$

即解

$$35 c_1 \equiv 1 \pmod{3}, \quad 21 c_2 \equiv 1 \pmod{5}, \quad 15 c_3 \equiv 1 \pmod{7}$$

解得

$$c_1 \equiv 2 \pmod{3}, \quad c_2 \equiv 1 \pmod{5}, \quad c_3 \equiv 1 \pmod{7}$$

于是，所求解为

$$x = 35 \cdot 2 \cdot 2 + 21 \cdot 1 \cdot 3 + 15 \cdot 1 \cdot 2 = 233$$

$$\equiv 23 \pmod{105}$$

【例 19.6】　解同余方程组

$$\begin{cases} 2x \equiv 1 \pmod{5} \\ 3x \equiv 4 \pmod{7} \end{cases} \tag{19.12}$$

解: 先将式(19.12)化成式(19.11)的形式.

由 $2x \equiv 1 \pmod{5}$ 解得 $x \equiv 3 \pmod{5}$；由 $3x \equiv 4 \pmod{7}$ 解得 $x \equiv 6 \pmod{7}$. 于是式(19.12)化为

$$\begin{cases} x \equiv 3 \pmod{5} \\ x \equiv 6 \pmod{7} \end{cases} \tag{19.13}$$

可以用孙子定理中的方法解式(19.13)，也可以如下求解.

由同余的定义，可令 $x = 3 + 5y$，于是有 $3 + 5y \equiv 6 \pmod{7}$，即 $5y \equiv 3 \pmod{7}$，解得

$$y \equiv 2 \pmod 7$$

故所求解为

$$x = 3 + 5y \equiv 3 + 5 \cdot 2 \equiv 13 \pmod{35}$$

由于模 m 同余关系是一个等价关系，因此可按此类关系将整数集 z 划分为 m 个等价类，称为模 m 的同余类，即

$$z = [0]_m \cup [1]_m \cup \cdots \cup [m-1]_m \qquad m > 0$$

其中，$[i]_m = \{a \mid a \equiv i \pmod m\}$，且 $[i]_m \cap [j]_m = \varnothing, i \neq j, i, j = 0, 1, \cdots, m-1$.

定义 19.4.1　称 $a_0, a_1, \cdots, a_{m-1}$ 为模 m 的完全剩余系，简称完全剩余系（complete system of residues），其中 $a_i \in [i]_m, i = 0, 1, \cdots, m-1$.

由定义知，$m > 1$ 时模 m 完全剩余系有无限多个，例如，$0, 1, 2$ 和 $0, 1, -1$ 都是模 3 的完全剩余系.

显然，在模 m 的完全剩余系 $a_0, a_1, \cdots, a_{m-1}$ 中，有的 a_i 与 m 互素，有的则不然.

定义 19.4.2　设 $a_0, a_1, \cdots, a_{n-1}$ 是一组模 m 的完全剩余系，其中所有与 m 互素的元素称之为模 m 的简化剩余系（reduce system of residues）.

例如，对于模 $m = 6$ 而言，$0, 1, 2, 3, 4, 5$ 是模 6 的完全剩余系，而 $1, 5$ 则是模 6 的简化剩余系；又 $6, 7, 8, 9, 10, 11$ 也是模 6 的完全剩余系，而 $7, 11$ 则是模 6 的简化剩余系.

命题 19.4.1　设 $a, m \in \mathbf{Z}, m > 0$，于是 a 与 m 互素当且仅当 a 所在同余类中所有数均与 m 互素.

证明：设 $a \in [i]_m$. 若 a 与 m 互素，则存在 $s, t \in z$，使得 $sa + tm = 1$. 任取 $b \in [i]_m$，则 $a \equiv b \pmod m$，于是有 $r \in z$，使 $a - b = rm$，即 $a = rm + b$，从而 $sb + (t + sr)m = 1$，故 b 与 m 互素.

反之，任取 $b \in [i]_m$，若 b 与 m 互素，则存在 $p, q \in z$，使得 $pb + qm = 1$. 因 $a \equiv b \pmod m$，所以存在 $r \in \mathbf{Z}$，使得 $a - b = rm$，即 $b \equiv a - rm$. 于是 $pa + (q - pr)m = 1$，故 b 与 m 互素.

此命题说明，模 m 的简化剩余系中元素的个数与所取的完全剩余系无关，仅由 m 唯一决定.

定义 19.4.3　设 $n \in \mathbf{N}, n > 0$. 所有不大于 n 并且与 n 互素的正整数的个数称为 Euler 函数，记为 $\varphi(n)$.

例如，$\varphi(1) = 1, \varphi(2) = 1, \varphi(3) = 2, \varphi(4) = 2, \varphi(5) = 4, \varphi(6) = 2, \cdots$.

显然，若 p 是素数，则 $\varphi(p) = p - 1$.

下面通过讨论简化剩余系数的性质，来得出求 $\varphi(n)$ 的一般计算公式.

定理 19.4.2　k 个整数 $a_1, a_2, \cdots, a_k$ 是模 m 的简单化剩余系的充分必要条件是：

（1）$k = \varphi(m)$；

（2）$a_i \not\equiv a_j \pmod m, i \neq j$；

（3）a_i 与 m 互素，$i = 1, \cdots, k$.

证明：由定义知，必要性成立.

充分性. 因为 $a_i \not\equiv a_j \pmod m$，所以 $a_1, a_2, \cdots, a_k$ 各属于不同的同余类；再由 $k = \varphi(m)$ 及 a_i 与 m 互素知，$a_1, a_2, \cdots, a_k$ 是模 m 的完全剩余系中所有与 m 互素数，因此它是模 m 的简化剩余系.

定理 19.4.3　设 $a_1, a_2, \cdots, a_{\varphi(m)}$ 是模 m 的简化剩余系. 且 a 与 m 互素. 于是 $aa_1, aa_2, \cdots, aa_{\varphi(m)}$ 也是模 m 的简化剩余系.

证明：由假设及定理 19.4.2 可知，$a_i \not\equiv a_j \pmod m$. 又因 a 与 m 互素，所以 $aa_i \not\equiv aa_j \pmod m, i \neq j$. 再因 a_i 与 m 互素，故得 aa_i 与 m 互素，$i = 1, 2, \cdots, \varphi(m)$. 于是由定理 19.4.2 知，$aa_1, aa_2, \cdots, aa_{\varphi(m)}$ 是模 m 的简化剩余系.

利用简化剩余系的性质，不难证明数论中一个广泛应用的重要定理.

定理 19.4.4（Euler 定理）　若 a 与 m 互素，则

$$a^{\varphi(m)} \equiv 1 \quad (\bmod\ m)$$

证明:设 $r_1, r_2, \cdots, r_{\varphi(m)}$ 是模 m 的简化剩余系. 因为 a 与 m 互素,故由定理19.4.3 知,$ar_1, ar_2,$ $\cdots, ar_{\varphi(m)}$ 是模 m 的简化剩余系. 于是 $r_1, r_2, \cdots, r_{\varphi(m)}$ 中任意一个数必恰与 $ar_1, ar_2, \cdots, ar_{\varphi(m)}$ 中某一个数模 m 同余. 即

$$r_1 \equiv ar_{i_1} \quad (\bmod\ m)$$

$$r_2 \equiv ar_{i_2} \quad (\bmod\ m)$$

$$\cdots\cdots$$

$$r_{\varphi(m)} \equiv ar_{\varphi(m)} \quad (\bmod\ m)$$

从而有

$$r_1 r_2 \cdots r_{\varphi(m)} \equiv a^{\varphi(m)} r_{i_1} r_{i_2} \cdots r_{\varphi(m)} \quad (\bmod\ m)$$

又因 $r_1 r_2 \cdots r_{\varphi(m)}$ 均与 m 互素,故由上式得

$$a^{\varphi(m)} \equiv 1 \quad (\bmod\ m)$$

推论 19.4.1(Fermat 小定理)   若 p 为素数,且 $p \nmid a$,则 $a^{p-1} \equiv 1 (\bmod\ p)$

【例 19.7】   计算 $1984^{2000} \equiv ? \ (\bmod\ 29)$

解:$1984^{2000} = (68 \times 29 + 12)^{2000}$

$$= 12^{28 \times 71 + 12} \quad (\bmod\ 29)$$

$$\equiv (12^2)^6 \quad (\bmod\ 29)$$

$$\equiv 144^6 \quad (\bmod\ 29)$$

$$\equiv (-1)^6 \quad (\bmod\ 29)$$

$$\equiv 1 \quad (\bmod\ 29)$$

定理 19.4.5   若 a 与 b 互素,则

$$\varphi(ab) = \varphi(a)\varphi(b) \tag{19.14}$$

证明:设 $x_1, \cdots, x_{\varphi(a)}; y_1, \cdots y_{\varphi(b)}$ 分别是模 a 和 b 的简化剩余系. 考虑以下 $\varphi(a)\varphi(b)$ 个数;

$$bx_i + ay_j, i = 1, \cdots, \varphi(a), j = 1, \cdots, \varphi(b) \tag{19.15}$$

下面证明,式(19.15)就是模 ab 的简化剩余系. 从而式(19.14)成立.

先证式(19.15)中的任意两数模 ab 不同余. 如果有 $bx_i + ay_j \equiv bx_r + ay_s (\bmod\ ab)$,则必有 $bx_i + ay_j \equiv bx_r + ay_s (\bmod\ a)$,从而 $bx_i \equiv bx_r (\bmod\ a)$;又因 a 与 b 互素,故 $x_i \equiv x_r (\bmod\ a)$. 但 x_i 和 x_r 同在 a 的简化剩余系中,于是必有 $x_i = x_r$. 从而 $i = r$. 同理可证 $j = s$. 这说明,若 $bx_i + ay_j \equiv bx_r + ay_s (\bmod\ ab)$,则必有 $bx_i + ay_j = bx_r + ay_s$. 故式(19.15)中的数模 ab 互不同余.

再证式(19.15)中每一个数均与 ab 互素. 因为 x_i 与 a 互素,且 b 与 a 互素,所以 bx_i 与 a 互素,从而 $bx_i + ay_i$ 与 a 互素. 同理可证 $bx_i + ay_i$ 与 b 互素. 于是 $bx_i + ay_i$ 与 ab 互素. 从而式(19.15)中每一数与 ab 互素.

最后证,任意与 ab 互素的数必与式(19.15)中某个数模 ab 同余. 设 w 与 ab 互素. 因为 a 与 b 互素,所以有 $bx_0 + ay_0 = 1$,于是,两边同乘以 w,并令 $x = x_0 w, y = y_0 w$,则有 $w = bx + ay$. 易知 w 与 a 互素,即 $bx + ay$ 与 a 互素,从而 bx 与 a 互素,因此 x 与 a 互素. 于是 $x \equiv x_i (\bmod\ a), 1 \le i \le \varphi(a)$;同理有 $y \equiv y_i (\bmod\ b), 1 \le i \le \varphi(b)$. 故得 $bx \equiv bx_i (\bmod\ ab), ay \equiv ay_i (\bmod\ ab)$,这样就有

$$w = bx + ay \equiv bx_i + ay_i \quad (\bmod\ ab)$$

综上所述,由定理19.4.2 知,式(19.15)是模 ab 的简化剩余系.

定理 19.4.6   设 $n = p_1^{r_1} p_2^{r_2} \cdots p_k^{r_k}$ 是 n 的素因数分解式,$p_1, \cdots, p_k$ 是 k 个互异的素数. 于是

$$\varphi(n) = n\left(1 - \frac{1}{p_1}\right)\left(1 - \frac{1}{p_2}\right)\cdots\left(1 - \frac{1}{p_k}\right)$$

证明：先设 p 为素数而求 $\varphi(p^r)$. 易知，在模 p^r 的完全剩余系中，与 p^r 不互素的数只有那些 p 的倍数，即

$$p, 2p, \cdots, p^{r-1}p$$

共 p^{r-1} 个，而其余 $p^r - p^{r-1} = p^r\left(1 - \dfrac{1}{p}\right)$ 个都与 p^r 互素. 因此，$\varphi(p^r) = p^r\left(1 - \dfrac{1}{p}\right)$.

对于 $n = p_1^{r_1} p_2^{r_2} \cdots p_k^{r_k}$，由定理 19.2.2 容易证明 $p_1^{r_1}, p_2^{r_2}, \cdots, p_k^{r_k}$ 两两互素. 于是，反复使用定理 19.4.5 就有

$$
\begin{aligned}
\varphi(n) &= \varphi(p_1^{r_1})\varphi(p_2^{r_2})\cdots\varphi(p_k^{r_k}) \\
&= p_1^{r_1}\left(1 - \frac{1}{p_1}\right)p_2^{r_2}\left(1 - \frac{1}{p_2}\right)\cdots p_k^{r_k}\left(1 - \frac{1}{p_k}\right) \\
&= p_1^{r_1}p_2^{r_2}\cdots p_k^{r_k}\left(1 - \frac{1}{p_1}\right)\left(1 - \frac{1}{p_2}\right)\cdots\left(1 - \frac{1}{p_k}\right) \\
&= n\left(1 - \frac{1}{p_1}\right)\left(1 - \frac{1}{p_2}\right)\cdots\left(1 - \frac{1}{p_k}\right)
\end{aligned}
$$

例如，$\varphi(100) = \varphi(2^2 \cdot 5^2) = (2^2 \cdot 5^2)\left(1 - \dfrac{1}{2}\right)\left(1 - \dfrac{1}{5}\right) = 40$

§19.5　数论在计算机密码学中的应用

人类已经进入信息社会. 如何对信息资源进行安全的保护和管理，是人们所面临的重要课题，采用密码技术是保护信息安全的主要手段之一. 研究密码技术的密码学在古代就已经出现，计算机的出现，使古老的密码技术从外交和军事领域走向公开.

密码学包括密码编码学和密码分析学. 密码体制的设计是密码编码学的主要内容，而密码体制的破译则是密码分析学的主要内容. 密码编码技术和密码分析技术是相互依存、相互支持、密不可分的两个方面.

加密过程可表示为 $c = E(m, d)$，其中 m 为明文，d 为加密密钥，E 为加密算法，c 为密文；解密过程可表示为 $m = D(c, d')$，其中，D 为解密算法，d' 为解密密钥，E 和 D 可以相同，也可以不同.

从密码体制方面而言，有对称密钥密码体制（传统体制）和非对称密钥密码体制（公开密钥密码体制）.

本节主要介绍数论在公开密钥密码中的应用.

在公开密钥密码中，比较有代表性的密码有 RSA 密码、ElGamal 密码.

1. RSA 密码

RSA 密码是 1978 年美国三位密码学者 R. L. Rivest、A. Shamir 和 L. M. Adleman 提出的基于大合数因子分解困难性的公开密钥密码. RSA 密码已成为目前应用最广泛的公开密钥密码.

RSA 密码的加解密算法：

(1) 随机的选取两个大素数 p 和 q，且保密.

(2) 令 $n = pq$，将 n 公开.

(3) 计算 n 的欧拉函数 $\varphi(n) = (p-1)(q-1)$，$\varphi(n)$ 保密.

(4) 选取加密密钥 d，使得 $(d, \varphi(n)) = 1$ 且 $d \in [\max(p, q) + 1, n - 1]$.

(5) 根据 $ed = 1 \bmod \varphi(n)$，求出 e，e 为公开密钥.

(6) 加密运算：$C = M^e \bmod n$.

（7）解密运算：$M = C^d \bmod n$.

【例 19.8】 在 RSA 方法中，令 $p = 5, q = 7$，取 $d = 11$，试计算公开密钥 e 并加密 $M = 2$，并验证.

解 $n = pq = 35$，$\varphi(n) = (p-1)(q-1) = 24$，$ed = 1 \bmod (\varphi(n))$，可以求得 $e = 11$. 于是 $C = M^e \bmod n = 2^{11} \bmod 35 = 18$，$M = C^d \bmod n = 18^{11} \bmod 35 = 2$.

由于在 RSA 算法中要用到 $ed = 1 \bmod \varphi(n)$，即当 e 已知的时候，求出 e^{-1}. 具体的求法可以用扩展的欧几里得算法.

Euclid$[m, b]$ 函数如下：

（1）$[A_1, A_2, A_3] \leftarrow [1, 0, m]$；$\quad [B_1, B_2, B_3] \leftarrow [0, 1, b]$；

（2）if $B_3 = 0$ $\quad$ return $A_3 = \gcd[m, b]$; no inverse （无逆元）

（3）if $B_3 = 1$ $\quad$ return $B_3 = \gcd[m, b]$; $B_2 = b^{-1} \bmod m$

（4）$Q = \left\lfloor \dfrac{A_3}{B_3} \right\rfloor$

（5）$[T_1, T_2, T_3] \leftarrow [A_1 - Q \times B_1, A_2 - Q \times B_2, A_3 - Q \times B_3]$；

（6）$[A_1, A_2, A_3] \leftarrow [B_1, B_2, B_3]$；

（7）$[B_1, B_2, B_3] \leftarrow [T_1, T_2, T_3]$；

（8）goto 2.

【例 19.9】 试求 $550x = 1 \bmod 1759$ 中的 x.

解：列表如表 19.1 所示.

表 19.1

Q	A_1	A_2	A_3	B_1	B_2	B_3
$-$	1	0	1759	0	1	550
3	0	1	550	1	-3	109
5	1	-3	109	-5	16	5
21	-5	16	5	106	-339	4
1	106	-339	4	-111	355	1

所以 $x = 355$.

注 2 由于在 RSA 算法中要用到 $x^y \bmod n$ 的情形，可以用下面的公式求得.

（1）$[(a \bmod n) + (b \bmod n)] \bmod n = (a + b) \bmod n$.

（2）$[(a \bmod n) - (b \bmod n)] \bmod n = (a - b) \bmod n$.

（3）$[(a \bmod n) \times (b \bmod n)] \bmod n = (a \times b) \bmod n$.

上述公式的证明留作习题.

下面举例说明公式的运用.

【例 19.10】 求 $11^7 \bmod 13$.

解：由于 $11^2 \bmod 13 = 121 \bmod 13 = 4$，

$\quad 11^4 \bmod 13 = (11^2)^2 \bmod 13 = 4 \times 4 \bmod 13 = 3 \bmod 13$.

$\quad 11^7 \bmod 13 = (11 \times 11^4 \times 11^2) \bmod 13 = (11 \times 4 \times 3) \bmod 13 = 2 \bmod 13$

2. ElGamal 密码

ElGamal 密码是除 RSA 密码之外的最具代表性的公开密钥密码. ElGamal 密码的安全性是建立在离散对数困难之上.

（1）离散对数问题

设 p 为素数，如存在一个正整数 α，使得 $\alpha, \alpha^2, \alpha^3, \cdots, \alpha^{p-1}$ 关于模 p 互不同余，则称 α 为模 p

的本原元. 显然, 如果 α 为模 p 的本原元, 则对于任意 $i \in \{1,2,3,\cdots,p-1\}$, 一定存在一个正整数 k, 使得 $i \equiv \alpha^k \bmod p$.

设 p 为素数 α, α 为模 p 的本原元, α 的幂乘运算为 $Y \equiv \alpha^X \bmod p$, $1 \leqslant X \leqslant p-1$, 则称 X 为以 α 为底的模 p 的对数, 求解对数 X 的运算为 $X \equiv \log_\alpha Y, 1 \leqslant X \leqslant p-1$, 由于上述运算是定义在模 p 有限域上的, 所以称为离散对数运算. 从 X 计算 Y 是容易的, 至多需要 $2 \times \log_2 p$ 次乘法运算. 可是, 由 Y 计算 X 就非常困难, 利用现在最好的方法, 将至少需要 $p^{1/2}$ 次以上的运算, 如果 p 足够大, 求解离散对数问题是相当困难的, 这便是著名的离散对数问题.

（2）ElGamal 密码加解密过程

随机的选择一个大素数 p, 且要求 $p-1$ 有大素数因子. 再选择一个模 p 的本原元 α, 将 p 和 α 公开.

① 密钥生成. 用户随机地选择一个整数 d 作为自己的私人密钥, $1 \leqslant d \leqslant p-2$, 计算 $y \equiv \alpha^d \bmod p$, 取 y 为自己的公开加密密钥. 由公开密钥 y 计算私钥 d, 必须求解离散对数, 这是非常困难的.

② 加密. 将明文 $M(0 \leqslant M \leqslant p-1)$ 加密成密文的过程如下:

a. 随机选择一个整数 k, $1 \leqslant k \leqslant p-2$.

b. 计算 $U = y^k \bmod p$

$\qquad C_1 = \alpha^k \bmod p$

$\qquad C_2 = UM \bmod p$

c. 取 (C_1,C_2) 作为密文.

③ 解密. 解密过程如下:

a. 计算 $V = C_1{}^d \bmod p$

b. 计算 $M = C_2 V^{-1} \bmod p$.

【例 19.11】 设 $p = 2579$, 取 $\alpha = 2$, 私人密钥 $d = 765$, 计算出公开密钥 $y = 2^{765} \bmod 2579 = 949$, 设明文 $M = 1299$, 随机数 $k = 853$, 则 $C_1 = 2^{853} \bmod 2579 = 435$, $C_2 = 1299 \times 949^{853} \bmod 2579 = 2396$, 所以密文为 $(C_1,C_2) = (435,2396)$, 解密时计算 $M = 2396 \times ((435)^{765})^{-1} \bmod 2579 = 1299$.

习　题

1. 请推导出本节定理 19.1.3 中计算 S_k 和 T_k 的递推公式.

2. 求 1331 和 5709 的最大公因数, 并表为它们的倍数之和.

3. 求证: 任意奇数的平方减 1 必是 8 的倍数.

4. 试证: 若一个数的奇数位上的数码之和与偶数位上的数码之和两者之差是 11 的倍数, 则此数也是 11 的倍数.

5. 试证: 将一个 n 位数 a, 任意颠倒其各位数字, 所得之数 b 与 a 之差 c 是 9 的倍数.

6. 试证: 任意整数 $a > 1$, 至少有一个素约数.

7. 设 a 是合数, q 是 a 的最小正约数, 试证 $q \leqslant \sqrt{a}$.

8. 试证: 形如 $4n-1$ 的素数有无穷多个.

9. 证明: 若 $3 \mid (a^2+b^2)$, 则 $3 \mid a, 3 \mid b$.

10. 设 $n > 2$ 试证: n 与 $n!$ 之间至少有一个素数.

11. 设素数 $p \geqslant 5$, 求证 $p^2 \equiv 1 (\bmod 24)$.

12. 解同余方程 $35x \equiv 1 (\bmod 97)$

13. 设 p 为素数, 求证:

$$(a+b)^p \equiv a^p + b^p \pmod{p}$$

14. 试证明：正整数 n 是 3 的倍数必要而且只要 n 的各位数码之和是 3 的倍数.

15. 试找出正整数 n 能被 7 整除的必要充分条件.

16. 解同余方程组

$$\begin{cases} x \equiv 1 & \pmod{4} \\ x \equiv 3 & \pmod{5} \\ x \equiv 2 & \pmod{7} \end{cases}$$

17. 解同余方程组

$$\begin{cases} 5x \equiv 7 & \pmod{11} \\ 6x + 9 = 0 & \pmod{19} \end{cases}$$

18. 求 $13^{1956} \equiv ? \pmod{60}$

19. 证明：若 $n > 2$，则 $\varphi(n)$ 为偶数.

20. 设 $n = md, n \geq 1$，试证：在模 n 的完全剩余系 $1, 2, \cdots, n$ 中，满足 $\gcd(x, n) = d$ 的 x 共有 $\varphi(m)$ 个

21. 证明：若正整数 n 的所有正约数为 $d_1, d_2, \cdots, d_{T(n)}$ 则 $n = \sum\limits_{i=1}^{T(n)} \varphi(d_i)$.

22. 设 d 是满足 $a^x \equiv 1 \pmod{m}$ 的所有正整数 x 中的最小数，证明：$d \mid x$.

23. 设 $a^{m-1} \equiv 1 \pmod{m}$ 并且对 $m-1$ 的任意真约数 $n, a^n \not\equiv 1 \pmod{m}$. 试证：$m$ 是素数.

24. 在 RSA 方法中，令 $p = 3, q = 11$，取 $d = 11$，试计算出加密密钥. 设每个明码文区组只含一个字符，使用的代码为 $A = 01, B = 02, \cdots, Z = 26$. 试加密明码文 $SUZANNE$，并进行验算.

25. 请给出破解 RSA 密码的步骤.

26. 设 $p = 2357$，取 $\alpha = 2$，私人密钥 $d = 1751$，计算出公开密钥 $y = 2^{1757} \bmod 2357 = ?$，设明文 $M = 2035$，随机数 $k = 1520$，试计算 C_1 和 C_2，并解密 M.

第20章

群（group）

群是由一个非空集合与一个定义在该集合上的二元运算所组成的基本而重要的代数系统，本章将介绍群、子群、同态、正规子群、商群等基本概念，讨论它们的基本性质．

§20.1 群 的 概 念

定义 20.1.1 设 G 是一个非空集合，在该集合上有一个二元运算"·"．如果该运算满足：

(1) 对任意 $a,b \in G$，有 $a \cdot b \in G$；（封闭性）

(2) 对任意 $a,b,c \in G$，有 $(a \cdot b) \cdot c = a \cdot (b \cdot c)$；（结合性）

(3) 存在 $e \in G$，使得对任意 $a \in G$，有 $e \cdot a = a \cdot e = a$；（存在单位元）

(4) 对任意 $a \in G$，存在 $a^{-1} \in G$，使得 $a \cdot a^{-1} = a^{-1}a = e$．（存在逆元）

则称 G 为一个群（group），其中 e 称为 G 的单位元（identity element），a^{-1} 称为 a 的逆元（inverse element）．

由于群只有一种运算，因此，为简便起见，在不致混淆的情况下，将 $a \cdot b$ 写成 ab，并把此运算叫作乘法．

【例 20.1】 设 $G = \{a\}$，乘法规则是

$$aa = a$$

于是，G 是一个群，称为单位元群，这是因为：

(1) $aa = a \in G$；

(2) $(aa)a = aa = a(aa)$；

(3) 由(1)知，G 中的单位元即是 $e = a$；

(4) 由(1)知，a 的逆元就是 a，即 $a^{-1} = a$．

【例 20.2】 设 G 是全体整数的集合，于是，G 对于普通加法构成一个群，这是因为，

(1) 对任意 $m,n \in G$，有 $m + n \in G$；

(2) 对任意 $m,n,l \in G$，有 $(m+n)+l = m+(n+l)$；

(3) 存在单位元 $0 \in G$，使对任意 $m \in G$，有

$$0 + m = m + 0 = m$$

(4) 对任意 $m \in G$，使得

$$m + (-m) = (-m) + m = 0$$

【例 20.3】 设 $G = \{1, 2, 3, \cdots\}$，则 G 对于普通乘法不构成群．因为若 G 是群，则 G 的单位元必是 1，但当 $a \in G$ 且 $a > 1$ 时，G 中不存在 a 的逆元．

对于一个群 G,若 G 是有限集,则称 G 为有限群(finite group),否则称为无限群(infinite group),若 $|G|=n$,则称 G 为 n 阶群. 例如,上面例 20.1 中的 G 是一个有限群,而例 20.2 中的 G 则是无限群.

由于群对乘法运算满足结合律,因此

$$a_1 a_2 \cdots a_n, \quad n \geqslant 3$$

是有意义的,计算时可以任意加括号而求其结果,从而,也可能将 n 个相同的元素 a 作乘法运算,n 个 a 的连乘所得的积称为 a 的 n 次方幂,记为 a^n. 规定 $a^0 = e$;$a^{-n} = (a^n)^{-1}$,容易验证

$$a^m a^n = a^{m+n} \quad (\text{第一指数律})$$
$$(a^m)^n = a^{mn} \quad (\text{第二指数律})$$

若群 G 的乘法还满足交换律,即对任意 $a, b \in G$,有

$$ab = ba$$

则称 G 为 Abel 群或交换群(commutative group).

对于交换群 G,我们有

$$(ab)^m = a^m b^m, a, b \in G \quad (\text{第三指数律})$$

定理 20.1.1　任何群的单位元是唯一的;群中每个元素的逆元也是唯一的.

证明: 设 G 是群,e 是单位元,于是,对任意 $a \in G$,有

$$ae = ea = a \tag{20.1}$$

若另有 e' 满足,对任意 $a \in G$,有

$$ae' = e'a = a \tag{20.2}$$

则由 a 的任意性,分别在式(20.1)和式(20.2)中令 $a = e'$ 和 $a = e$,有

$$e' = ee' = e$$

故

$$e = e'$$

设 $a \in G$,则存在 $a^{-1} \in G$,使

$$aa^{-1} = a^{-1}a = e$$

设 $b \in G$ 也满足

$$ab = ba = e$$

则

$$b = be = b(aa^{-1}) = (ba)a^{-1} = ea^{-1} = a^{-1}$$

故

$$b = a^{-1}$$

定理 20.1.2　群定义中的条件(3)和(4)可减弱为

(3′) G 中有左单位元 e,使对任意 $a \in G$,有

$$ea = a$$

(4′) 对任意 $a \in G$,有左逆元 $a^{-1} \in G$,使

$$a^{-1}a = e$$

证明: 先证 a 的左逆元 a^{-1} 也是其右逆元,即 $aa^{-1} = e$.

因为 $a^{-1} \in G$,所以由(4′)知,存在 $b \in G$,使

$$ba^{-1} = e$$

于是

$$(ba^{-1}) = (aa^{-1}) = e(aa^{-1})$$

从而

$$b(a^{-1}a)a^{-1} = aa^{-1}$$

即

$$b(ea^{-1}) = aa^{-1}$$

也即

$$ba^{-1} = aa^{-1}$$

因此,得

$$e = aa^{-1}$$

这说明,由(4′)可推出(4).

再证 e 也是 G 的右单位元,对任意 $a \in G$,因为

$$ae = a(a^{-1}a) = (aa^{-1})a = ea = a$$

所以, e 是 a 的右单位元,这说明,由(3′)可推出(3).

定理 20.1.3　群定义中(3),(4)等价于可除条件(divisibility condition):对任意 $a,b \in G$,均有 $x,y \in G$,使 $xa = b,ay = b$.

证明: 设 G 是群,对任意 $a,b \in G$,令

$$x = ba^{-1}, \quad y = a^{-1}b$$

则有 $xa = (ba^{-1})a = b(a^{-1}a) = be = b$,即 $xa = b$;以及

$$ay = a(a^{-1}b) = (a^{-1}a)b = eb = b$$

即 $ay = b$.

反之,设可除条件成立,任取 $c \in G$,由假设有 $x \in G$ 满足 $xc = c$. 令 $x = e \in G$. 又对任意 $a \in G$,由假设又有 $y \in G$,使 $cy = a$,于是

$$ea = ecy = cy = a$$

即 e 是 G 的左单位元,由定理 20.1.2 知, e 就是 G 的单位元.

再证 G 中每个元素均有逆元,设 $a \in G$,由假设有 $x \in G$,使 $xa = e$,令 $x = a^{-1}$,即 a^{-1} 是 a 的左逆元,又由定理 20.1.2 知, a^{-1} 就是 a 的逆元.

设 G 是群, $a,b,c \in G$,若 $ab = ac$ 或 $ba = ca$,则用 a^{-1} 左乘 $ab = ac$ 的两端,右乘 $ba = ca$ 的两端,就有 $b = c$,这说明群的运算是满足消去律的.

定理 20.1.4　设 G 是有限集,于是,群 G 定义中的(3),(4)可以用消去律代替.

证明: 设 $G = \{a_1, a_2, \cdots, a_n\}$, $a \in G$. 由群定义的(1)知

$$\{aa_1, aa_2, \cdots, aa_n\} \subseteq G$$

又由消去律知,当 $i \neq j$ 时, $aa_i \neq aa_j$,因此,

$$G = \{aa_1, aa_2, \cdots, aa_n\}$$

于是, G 中任意元 b 均可以写成

$$b = aa_i$$

的形式,即 $x = a_i$ 是方程 $ax = b$ 在 G 中的解.

同理可证, $b = xa$ 在 G 中也有解. 因此,可除条件成立. 故由定理 20.1.3 知本定理成立.

对于有限集上定义的二元运算,可用一个二维表格来表示其运算法则,称为乘法表,将有限群的乘法表称为群表.

例如,设 $G = \{e, a, b\}$,其运算法则为

$$ee = e, ea = ae = a, eb = be = b$$
$$aa = b, bb = a, ab = ba = e$$

则 G 的群表如表 20.1 所示.

表 20.1

	e	a	b
e	e	a	b
a	a	b	e
b	b	e	a

由群的运算满足消去律可知,任何群表中不同的两行(列)对应元素均不相同,而且每个元素在群表中的每行(列)恰好出现一次. 这个性质可以作为构成有限群的必要条件,但不是充分的.

§20.2 子群(subgroup)

定义 20.2.1 设 G 是一个群,H 是 G 的非空子集. 如果 H 对 G 的运算构成一个群,则称 H 是 G 的子群,记为 $H \leqslant G$.

显然,任何群 G 至少有两个子群,即 $H = \{e\}$ 以及 $H = G$,称它们为 G 的平凡子群集(trivial subgroup).

例如,所有整数构成的集合 **Z**,对于普通加法作成一个群,称为加法群(additive group),**Z** 的子集——由偶整数组成的集合 E 对于加法作成加法群 **Z** 的子群.

定理 20.2.1 设 G 是群,$H \leqslant G$,于是 H 的单位元就是 G 的单位元 e;H 中 a 的逆元也就是 a 在 G 中的逆元.

证明:设 e' 是 H 的单位元. 于是对任意 $a \in H \subseteq G$,有 $e'a = a = ea$,即 $e'a = ea$,由消去律知,$e' = e$.

又设 $a \in H$,a 的逆元为 b,则有 $ab = e = aa^{-1}$,于是,$b = a^{-1}$.

定理 20.2.2 设 G 是一个群,H 是 G 的非空有限子集. 于是,若 H 对 G 的乘法运算是封闭的,则 H 必是 G 的子集.

证明:由 $H \subseteq G$ 知,H 关于 G 的运算满足结合律.

任取 $a \in H$,由运算在 H 中的封闭性知,$a, a^2, a^3, \cdots$ 都在 H 中,但由于 H 是有限集,所以必存在正整数 i, j,不妨设 $i < j$,使得 $a^i = a^j$,$i < j$,于是有

$$a^i = a^i a^{j-i}$$

因 $a \in H \subseteq G$ 且 $i > 0$,故由消去律得

$$a = aa^{j-i} = a^{j-i}a$$

这说明 a^{j-i} 是 H 的单位元.

下证 a 的逆元在 H 中.

若 $j - i > 1$,则由 $a^{j-i} = aa^{j-i-1}$ 知,a 的逆元 $a^{j-i-1} \in H$;

若 $j - i = 1$,则 $a = a^{j-i}$ 是单位元,此时,a 以自身为逆元.

总之,由群的定义,H 是群,故 H 是 G 的子群.

当群 G 的子集 H 是无限集时,我们有如下判别条件.

定理 20.2.3 设 G 是群,H 是 G 的非空子集. 如果对任何 $a, b \in H$ 有 $ab^{-1} \in H$,则 H 是 G 的子群.

证明:(1) 由 H 非空,必有 $a \in H \subseteq G$,再由假设,$e = aa^{-1} \in H$,故 G 中的单位元 e 也在 H 中.

(2) 对任意 $a \in H$,因 $e \in H$,故由假设有

$$a^{-1} = ea^{-1} \in H$$

即 H 中元素的逆元均在 H 中.

(3) 对任意 $a,b \in H$,由(2)知,$b^{-1} \in H$,又 $(b^{-1})^{-1} = b$,因此,由假设有

$$ab = a(b^{-1})^{-1} \in H$$

即 G 的运算在 H 中封闭.

(4)由于 $H \subseteq G$,因此,G 的运算在 H 中也满足结合律.

以上说明,H 是 G 的子群.

【例 20.4】 设 H 和 K 都是 G 的子群,证明:$H \cap K$ 也是 G 的子群.

证明:由假设知,$e \in H \cap K$,故 $H \cap K$ 非空. 任取 $a,b \in H \cap K$,因 H,K 是 G 的子群,所以,$b^{-1} \in H,b^{-1} \in K$,于是,$ab^{-1} \in H$ 且 $ab^{-1} \in K$,从而 $ab^{-1} \in H \cap K$,由定理 20.2.3 知,$H \cap K$ 是 G 的子群.

由例 20.4 不难证明,群 G 的任意多个子群的交集仍是 G 的子群. 但 G 的两个子集之并集不一定是 G 的子群.

定理 20.2.4 设 G 是群,$a \in G$,令

$$H = \{a^n \mid n \in \mathbf{Z}(整数集)\}$$

于是,H 是 G 的子群,记为 $H = (a)$,并称 H 为由 a 生成的子群.

证明:因为 $e = a^0 \in H$,所以 H 非空,任取 $a^s(a^t)^{-1} = a^s a^{-t} = a^{s-t} \in H$,故由定理 20.2.3 知,$H = (a)$ 是 G 的子集.

定义 20.2.2 设 G 是一个群,若有 $a \in G$,使得

$$(a) = G$$

则称 G 是由 a 生成的循环群(cyclic group),a 称为 G 的一个生成元(generator).

由定义知,循环群中的每一个元素都能表示为生成元的方幂.

显然,循环群是交换群.

循环群在群中是构造最简单的,也是最基本的,下面讨论循环群的构造.

设 G 是群,$a \in G$,考虑 (a) 的所有元素:

$$\cdots, a^{-3}, a^{-2}, a^{-1}, a^0, a^1, a^2, a^3, \cdots \tag{20.3}$$

其中,$a^0 = e$. 关于式(20.3)中的元素有两种情形:

① 所有元素互不相等,即 $s \neq t$ 时 $a^s \neq a^t$,这时我们称 a 的周期(或阶)为无穷大,并称 (a) 是无限循环群.

② 存在整数 s,t,不妨设 $s < t$,使得 $a^s = a^t$,于是,$a^{t-s} = a^0 = e, t - s > 0$,若 n 是使 $a^n = e$ 成立的最小正整数,则称 a 的周期(或阶)为 n,并称 (a) 为 n 阶循环群.

定理 20.2.5 若群 G 中元素 a 的周期为 n,则:

(1) $e,a,a^2,a^3,\cdots,a^{n-1}$ 为 n 个互不相同的元素.

(2) $a^m = e$ 当且仅当 $n \mid m$.

(3) $a^s = a^t$ 当且仅当 $n \mid (s-t)$.

证明:先证(2). 设 $m = qn + r$, $0 \leqslant r < n$,于是,$a^m = a^{qn} a^r = (a^n)^q a^r = e^q a^r = ea^r = a^r$. 因为 $0 \leqslant r < n$,所以由周期的定义知,$a^r = e$ 当且仅当 $r = 0$. 当且仅当 $n \mid m$,故 $a^m = e$ 当且仅当 $n \mid m$.

又由(2)知,$a^s = a^t$,当且仅当 $a^{s-t} = e$ 当且仅当 $n \mid (s-t)$,故 $a^s = a^t$,当且仅当 $n \mid (s-t)$,于是(3)得证,最后,由(3)知,(1)是成立的.

【例 20.5】 整数集 $\mathbf{Z}$ 对加法形成的加法群中,1 和 -1 都是 $\mathbf{Z}$ 的生成元,即

$$\mathbf{Z} = (1) = (-1)$$

而且,这两个生成元的周期均为无穷大. 因此,$\mathbf{Z}$ 对于加法来说是一个无限循环群.

【例 20.6】 设群 $G = \{e,a,b,c\}$ 的群表如表 20.2 所示.

表　20.2

	e	a	b	c
e	e	a	b	c
a	a	e	c	b
b	b	c	a	e
c	c	b	e	a

从群表可知,$b^2 = a, b^3 = c, b^4 = e$,另外,$c^2 = a, c^3 = b, c^4 = e$. 于是,$G = (b) = (c)$,即 G 是循环群,b 和 c 是它的两个生成元.

定理 20.2.6　循环群的子群仍是循环群.

证明: 设循环群 $G = (a)$,H 是 G 的子群. 不妨设 H 是 G 的非平凡子群. 于是,必存在 $a^m \in H$,其中,$m > 0$. 因为若 $m < 0$,则 a^m 的逆元 $a^{-m} \in H$,此时 $-m > 0$.

令 a^m 是 H 中关于 a 的最小正幂. 下证 $H = (a^m)$.

任取 $a^s \in H$. 设 $s = tm + r, 0 \leqslant r < m$,于是

$$a^r = a^{s-tm} = a^s \left(a^m \right)^{-t} \in H$$

由 m 的假定 $0 \leqslant r < m$. 知 $r = 0$. 因此

$$a^s = \left(a^m \right)^t$$

故 H 中的每个元素都能表成 a^m 的方幂,即

$$H = (a^m)$$

定理 20.2.7　无限循环群有无限个子群,而且除单位元群 $\{e\}$ 是一阶循环群外,所有子群均是无限循环群;n 阶循环群的子群的个数等于 n 的正因数的个数.

证明: 设 $G = (a)$,H 是 G 的子群,于是由定理 20.2.6,H 可写成 $H = (a^m)$,其中 m 是 H 中 a 的最小正幂.

① 设 G 是无限循环群,则 a 的周期为无穷大,从而 a^m 的周期为无穷大. 于是 H 由以下无穷多个元素组成

$$\cdots a^{-3m}, a^{-2m}, a^{-m}, (a^m)^0 = e, \quad a^m, a^{2m}, a^{3m}, \cdots$$

因此,H 是无限循环群.

任取 $a^i \in G, i = 1, 2, 3, \cdots$,由定理 20.2.4 知

$$H_1 = (a^1) = G, H_2 = (a^2)$$
$$= \cdots, a^{-6}, a^{-4}, a^{-2}, a^0, a^2, a^4, a^6, \cdots$$
$$H_3 = (a^3)$$
$$= \cdots, a^{-9}, a^{-6}, a^{-3}, a^0, a^3, a^6, a^9, \cdots$$

都是 G 的无限循环子集,而且由于 a 的周期为无穷大,因此,$H_i \neq H_j, i \neq j, i, j = 1, 2, 3, \cdots$,故 G 有无穷多个无限循环子群.

② 设 G 为 n 阶循环群,则 a 的周期为 n,因为 m 是 $H = (a^m)$ 中 a 的最小正幂,又 $a^n = e \in H$,$n > 0$,所以,$m \leqslant n$. 令 $n = qm + t, 0 \leqslant t < m$,于是 $e = a^n = a^{qm} \cdot a^t$,从而 $a^t = (a^{-m})^q \in H$,但 $0 \leqslant t < m$,故必有 $t = 0$,因此,$n = qm, q \geqslant 1$,于是得知 a^m 的周期为 q,由定理 20.2.5 知,H 由以下 q 个互异的元素组成

$$a^m, a^{2m}, \cdots, a^{(q-1)m}, a^{qm} = e$$

即 $H = (a^m)$ 是一个 q 阶有限群.

下证 G 中只有一个 q 阶子群 $H = (a^m), n = mq$.

设 G 另有一个 q 阶子群 $H' = (a^{m'})$,其中 m' 是 H' 中 a 的最小正幂. 于是,从上面的证明可知,$n = m'q$,因此 $m'q = mq$,即 $m' = m$. 故 $a^{m'} = a^m$,即 $H' = H$.

以上说明,对于 n 的任意一个因子 $q,q \geqslant 1$,$(a^{n/q})$ 就是 (a) 的唯一的一个 q 阶子群. 因此,n 阶循环的子群的个数等于 n 的正因数个数.

例如,已知对于加法来说,整数集 $\mathbf{Z}$ 是一个无限循环群. $\mathbf{Z}$ 的子群中,除了单位元群 $\{0\}$ 以外,其余都是无限循环子群,如 $\mathbf{Z},2\mathbf{Z},3\mathbf{Z},\cdots,n\mathbf{Z},\cdots$,其中

$$n\mathbf{Z} = \{nm \mid m \in \mathbf{Z}\} = \{\cdots,-3n,-2n,-n,0,n,2n,3n,\cdots\}, \quad n \geqslant 1$$

又如,对 12 阶循环群 $G = (a) = \{e,a,a^2,a^3,\cdots,a^{11}\}$,12 的正因数有 $1,2,3,4,6,12$,于是 G 的子群有

$$\begin{aligned}
(a^{\frac{12}{1}}) &= (e) = \{e\} & \text{(1 阶子群)} \\
(a^{\frac{12}{2}}) &= (a^6) = \{e,a^6\} & \text{(2 阶子群)} \\
(a^{\frac{12}{3}}) &= (a^4) = \{e,a^4,a^8\} & \text{(3 阶子群)} \\
(a^{\frac{12}{4}}) &= (a^3) = \{e,a^3,a^6,a^9\} & \text{(4 阶子群)} \\
(a^{\frac{12}{6}}) &= (a^2) = \{e,a^2,a^4,a^8,a^{10}\} & \text{(6 阶子群)} \\
(a^{\frac{12}{12}}) &= (a) = G & \text{(12 阶子群)}
\end{aligned}$$

定理 20.2.8 设群 $G = (a)$,于是

(1) 若 a 的周期为无穷大,则 G 的生成元只有 a 和 a^{-1}.

(2) 若 a 的周期为 n,则 a^t 是 G 的生成元当且仅当 t 与 n 互质.

于是 n 阶循环群共有 $\varphi(n)$ 个生成元,其中 $\varphi(n)$ 是 Euler 函数.

证明:(1) 因 $G = (a)$,所以 a 是 G 的生成元. 又因为

$$\begin{aligned}
a^{-1} &= \{\cdots,(a^{-1})^{-2},(a^{-1})^{-1},(a^{-1})^0,(a^{-1})^1,(a^{-1})^2,\cdots\} \\
&= \{\cdots,(a^{-2}),(a^{-1}),(a^0),(a^1),(a^2),\cdots\} = G
\end{aligned}$$

故 a^{-1} 也是 G 的生成元.

设 b 也是 G 的生成元,即 $G = (b) = \{\cdots,(b^{-2}),(b^{-1}),(b^0),(b^1),(b^2),\cdots\}$,由 $G = (a) = (b),a,b \in G$ 知,存在整数 s,t,使得 $b = a^s,a = b^t$,于是

$$a = b^t = (a^s)^t = a^{st}$$

由于 a 的周期为无穷大,因此,必有 $st = 1$. 故 $s = \pm 1$. 从而 $b = a$ 或者 $b = a^{-1}$.

(2) 设 a 的周期为 n,若 a^t 是 G 的生成元,则有 $G = (a) = (a^t)$ 与(1)相似地有整数 m,使得

$$a = (a^t)^m = a^{tm}$$

由定理 20.2.5 知,$n \mid (tm - 1)$,即 $tm - 1 = nq$,也即 $tm - nq = 1$,这说明 t 与 n 互素.

反之,若 t 与 n 互素,则存在整数 u,v,使得

$$tu + nv = 1$$

于是,$(a^t)^u = a^{1-nv} = a(a^n)^{-v} = a$. 这说明 a 可以表示为 a^t 的方幂,从而 $G = (a)$ 中的任何元素也都能表示成 a^t 的方幂,即 a^t 是 G 的一个生成元,故 G 共有 $\varphi(n)$ 个生成元.

例如,循环群 $G = (a) = \{e,a,a^2,a^3,\cdots,a^{11}\}$,因 a 的周期为 12,而 $\varphi(12) = 4$,因此,G 中共有 4 个生成元;a,a^5,a^7 和 a^{11}.

*§20.3 置 换 群

定义 20.3.1 设 M 是一个非空有限集,$|M| = n$,M 到 M 的一个双射 σ 称为 M 上的一个 n 元置换,简称为置换(permutation).

为简单起见,常设 $M = \{1,2,\cdots,n\}$,将 M 上的一个 n 元置换 σ 表示成

$$\sigma\begin{pmatrix} 1 & 2 & \cdots & n \\ \sigma(1) & \sigma(2) & \cdots & \sigma(n) \end{pmatrix}$$

由于 σ 是一个双射,因此,$\sigma(1),\sigma(2),\cdots,\sigma(n)$ 是 $1,2,\cdots,n$ 的一个排列. 容易知道,n 元集合 M 上一共有 $n!$ 个 n 元置换,一般用 S_n 表示由这个 $n!$ 个置换所作成的集合.

【例 20.7】 $n=3$ 时,一共 6 个 3 元置换:

$$\sigma_1 = \begin{pmatrix} 123 \\ 123 \end{pmatrix}, \quad \sigma_2 = \begin{pmatrix} 123 \\ 132 \end{pmatrix}, \quad \sigma_3 = \begin{pmatrix} 123 \\ 321 \end{pmatrix}$$

$$\sigma_4 = \begin{pmatrix} 123 \\ 213 \end{pmatrix}, \quad \sigma_5 = \begin{pmatrix} 123 \\ 231 \end{pmatrix}, \quad \sigma_6 = \begin{pmatrix} 123 \\ 312 \end{pmatrix}$$

于是,$S_3 = \{\sigma_1, \sigma_2, \sigma_3, \sigma_4, \sigma_5, \sigma_6\}$.

我们可以定义 S_n 上的乘法运算为:对任意 $\sigma, \tau \in S_n$ 以及 $i \in M$,$\sigma\tau(i) = \sigma(\tau(i))$. 显然 $\sigma\tau$ 仍是 M 上的 n 元置换,即乘法满足封闭性.

例如,设

$$\sigma = \begin{pmatrix} 1234 \\ 2134 \end{pmatrix}$$

$$\tau = \begin{pmatrix} 1234 \\ 3241 \end{pmatrix}$$

$$\sigma\tau = \begin{pmatrix} 1 & 2 & 3 & 4 \\ \sigma\tau(1) & \sigma\tau(2) & \sigma\tau(3) & \sigma\tau(4) \end{pmatrix}$$

$$= \begin{pmatrix} 1 & 2 & 3 & 4 \\ \sigma(3) & \sigma(2) & \sigma(4) & \sigma(1) \end{pmatrix}$$

$$= \begin{pmatrix} 1234 \\ 3142 \end{pmatrix}$$

而

$$\tau\sigma = \begin{pmatrix} 1 & 2 & 3 & 4 \\ \tau\sigma(1) & \tau\sigma(2) & \tau\sigma(3) & \tau\sigma(4) \end{pmatrix}$$

$$= \begin{pmatrix} 1 & 2 & 3 & 4 \\ \tau(2) & \tau(1) & \tau(3) & \tau(4) \end{pmatrix} = \begin{pmatrix} 1234 \\ 2341 \end{pmatrix}$$

这说明,置换的乘法运算不满足交换律.

置换的乘法运算有以下性质.

(1) 满足结合律

$(\sigma\tau)\rho = \sigma(\tau\rho)$,对任意 $\sigma, \tau, \rho \in S_n$.

这是因为,对任意 $i \in M$,有

$$(\sigma\tau)\rho(i) = (\sigma\tau)(\rho(i)) = \sigma(\tau(\rho(i)))$$

$$\sigma(\tau\rho)(i) = \sigma(\tau\rho(i)) = \sigma(\tau(\rho(i)))$$

因此,$(\sigma\tau)\rho = \sigma(\tau\rho)$.

(2) n 元恒等置换

$$e = \begin{pmatrix} 12\cdots n \\ 12\cdots n \end{pmatrix}$$

是 S_n 的单位元,即

$$e\sigma = \sigma e = \sigma, \quad 对任意 \sigma \in S_n$$

这是因为,对任意 $i \in M$,有 $e(i) = i$,因此,

$$e\sigma(i) = e(\sigma(i)) = \sigma(i)$$

$$\sigma e(i) = \sigma(e(i)) = \sigma(i)$$

故 $e\sigma = \sigma e = \sigma$.

(3)对任意 $\sigma \in S_n$,存在 $\sigma^{-1} \in S_n$,使得

$$\sigma\sigma^{-1} = \sigma^{-1}\sigma = e \quad (恒等置换)$$

事实上,对任意 $\sigma \in S_n$,令 σ 的逆映射为 σ^{-1} ,则对任意 $i \in M$,有

$$\sigma^{-1}\sigma(i) = \sigma^{-1}(\sigma(i)) = i$$

$$\sigma\sigma^{-1}(i) = \sigma(\sigma^{-1}(i)) = i$$

因此, $\sigma\sigma^{-1} = \sigma^{-1}\sigma = e$.

由以上讨论,有

定理 20.3.1　 n 元集合 M 上的全体 n 元置换所组成的集合 S_n 对置换的乘法作成一个阶为 $n!$ 的群.

S_n 称为 n 元对称群(symmetric group).

【**例 20.8**】　 $S_2 = \{\sigma_1, \sigma_2\}$ 是一个 2 阶变换对称群,其中,

$$\sigma_1 = e = \begin{pmatrix} 1 & 2 \\ 1 & 2 \end{pmatrix}, \quad \sigma_2 = \begin{pmatrix} 1 & 2 \\ 2 & 1 \end{pmatrix}$$

【**例 20.9**】　 $S_2 = \{\sigma_1, \sigma_2, \cdots, \sigma_6\}$ 是一个 6 阶非交换对称群,其中 σ_i 同例 20.7 中所定义, $i = 1, 2, \cdots, 6, \sigma_1 = e$.

对称群是一类很重要的有限群.历史上研究群首先是从研究对称群开始的.

定义 20.3.2　对称群 S_n 的子群统称为置换群(permutation group).

为了讨论置换群,我们首先讨置换的另一种表示法——轮换表示法.

由例 20.7 知道,在 S_3 中, σ_6 将 1 映射到 3.3 映射到 2,2 映射到 1,于是,我们可以将 σ_6 表示成(132);又 σ_2 将 1 保持不变,将 2 映射到 3.3 映射到 2,于是,我们可以将 σ_2 表示(1)(23),或简单地表示成(23),一般地,我们有:

定义 20.3.3　设 $M = \{1, 2, \cdots, n\}$, σ 是 M 上的一个置换,若存在 $r(1 < r \leqslant n)$ 使得

$$\begin{cases} \sigma(i_j) = i_{j+1} & j = 1, \cdots, r-1 \\ \sigma(i_r) = i_1 \\ \sigma(i_s) = i_s & s = r+1, \cdots, n \end{cases}$$

则称 σ 为一个轮换(cyclic permutation),记为 $\sigma = (i_1 i_2 \cdots i_r)$; r 称为该轮换的长度(length),记为 $|\sigma| = r$;特别地,用(1)表示恒等置换 e .

由定义知,若 $\sigma = (i_1 i_2 \cdots i_r)$,则

$$\sigma = (i_2 i_3 \cdots i_r i_1) = (i_j i_{j+1} \cdots i_r i_1 i_2 \cdots i_{j-1}), \quad i < j \leqslant r$$

长度为 2 的轮换称为对换,例如

$$\sigma = \begin{pmatrix} 12345 \\ 13245 \end{pmatrix} = (23)$$

定义 20.3.4　设 $\sigma = (i_1 i_2 \cdots i_r)$, $\tau = (j_1 j_2 \cdots j_s)$ 是 M 的两个轮换.若

$$(i_1 i_2 \cdots i_r) \cap (j_1 j_2 \cdots j_s) = \varnothing$$

则称 σ 和 τ 不相交(disjoint).

前面讲过,置换的乘法不满足交换律,即存在 σ, τ ,使 $\sigma\tau \neq \tau\sigma$,但我们有

命题 20.3.1　若 σ 和 τ 是 M 上的两个不相交的轮换,则 $\sigma\tau = \tau\sigma$.

证明:设 $\sigma = (i_1 \cdots i_r)$, $\tau = (j_1 \cdots j_s)$,且 σ 与 τ 不相交,任取 $k \in M$.

(1)若 $k \in \{i_1 \cdots i_r\}$,则 $k \notin \{j_1 \cdots j_s\}$,不妨设 $k = i_t, 1 \leqslant t \leqslant r$,于是,

$$\sigma\tau(k) = \sigma\tau(i_t) = \sigma(i_t) = i_{t+1}$$
$$\tau\sigma(k) = \tau\sigma(i_t) = \tau(i_{t+1}) = i_{t+1}$$

当 $t = r$ 时, $i_{t+1} = i_1$ 故有 $\sigma\tau(k) = \tau\sigma(k)$.

(2) 若 $k \in \{j_1 \cdots j_s\}$, 则类似地有

$$\sigma\tau(k) = \tau\sigma(k)$$

(3) 若 $k \notin \{i_1 \cdots i_r\}$ 且 $k \notin \{j_1 \cdots j_s\}$, 则

$$\sigma\tau(k) = \sigma(k) = k$$
$$\tau\sigma(k) = \tau(k) = k$$

综上所述, $\sigma\tau(k) = \tau\sigma(k)$. 故 $\sigma\tau = \tau\sigma$.

设置换

$$\sigma = \begin{pmatrix} 1 & 2 & 3 & 4 & 5 \\ 3 & 5 & 4 & 1 & 2 \end{pmatrix}$$

如何将 σ 表示成轮换? 显然, 由定义 σ 不能表示成一个轮换, 我们可以首先将 σ 写成两个置换的乘积, 即

$$\sigma = \begin{pmatrix} 1 & 2 & 3 & 4 & 5 \\ 3 & 2 & 4 & 1 & 5 \end{pmatrix}\begin{pmatrix} 1 & 2 & 3 & 4 & 5 \\ 1 & 5 & 3 & 4 & 2 \end{pmatrix}$$

再按轮换的定义, 得

$$\sigma = (134)(25) = (25)(134)$$

一般地, 我们有:

命题20.3.2 任何置换 σ 可表示成一些互不相交的轮换的乘积, 而且除轮换的次序外, 表示法是唯一的.

证明: 设 σ 是 M 上的一个置换, $|M| = n$, 先证 σ 可写成不相交的轮换之乘积.

任取 $i_1 \in M$. 若 $\sigma(i_1) = i_1$, 则令 $\sigma_1 = (i_1)$; 若 $\sigma(i_1) = i_2$, $\sigma(i_2) = i_3$, ⋯. 由于 M 有限, 且 σ 是双射, 故必存在 $i_r \in M$, $1 < r \leqslant n$ 使得 $\sigma(i_{r-1}) = i_r$, $\sigma(i_r) = i_1$. 于是得到轮换 $\sigma_1 = (i_1 \cdots i_r)$.

若 $r = n$, 则显然 $\sigma = \sigma_1\sigma_2$, 否则必有 $j_1 \notin \{i_1, \cdots, i_r\}$, $1 < j_r \leqslant n$. 类似地, 又可得到一个轮换 $\sigma_2 = (j_1 \cdots j_s)$. 因为 σ 是双射, 所以 σ_1 与 σ_2 不相交.

若 $r + s = n\sigma = \sigma_1\sigma_2$, 否则如上又可得到一个轮换. 如此下去, 由于 M 有限, 最后必得

$$\sigma = \sigma_1\sigma_2 \cdots \sigma_m = (i_1 \cdots i_r)(j_1 \cdots j_s) \cdots (k_1 \cdots k_t) \qquad (20.4)$$

即 σ 表示成了互不相交的轮换之乘积.

再证除轮换次序外, 表示法唯一.

设
$$\sigma = \sigma_1'\sigma_2' \cdots \sigma_{m'}' = (i_{1'} \cdots i_{r'})(j_{1'} \cdots j_{s'}) \cdots (k_{1'} \cdots k_{t'}) \qquad (20.5)$$
其中, σ_1', σ_2', ⋯, $\sigma_{m'}'$ 互不相交.

任取式(20.4)中的某个轮换, 比如 $\sigma_1 = (i_1 \cdots i_r)$, 则 i_1 必出现在式(20.5)中的某个轮换之内, 比如 $\sigma_1 = (i_{1'} \cdots i_{1'}')$, 于是 $i_2 = \sigma(i_1) = \sigma(i_{1'}') = i_{2'}'$, $i_3 = \sigma(i_2) = \sigma(i_{2'}') = i_{3'}'$, ⋯, 依此类推, 故 $\sigma_1 = \sigma_1'$. 这说明式(20.4)中的任意轮换必出现在式(20.5)中. 同理可证式(20.5)中的任意轮换必出现在式(20.4)中, 于是式(20.4)和式(20.5)一样, 只是排列的次序不同.

设 $\sigma = (i_1 i_2 \cdots i_r)$ 是一个轮换, 不难验证

$$(i_1 i_2 \cdots i_r) = (i_1 i_r)(i_1 i_{r-1}) \cdots (i_1 i_3)(i_1 i_2) = (i_1 i_2)(i_2 i_3) \cdots (i_{r-1} i_r) \qquad (20.6)$$

于是我们有:

命题20.3.3 任何置换均可表示成一些对换的乘积, 但表示法不唯一.

例如:

$$\sigma = \begin{pmatrix} 12345 \\ 23154 \end{pmatrix} = (123)(45) = (13)(12)(45) = (12)(23)(45) = (12)(13)(45)(13)(23)$$

尽管这种表示不唯一,但我们有:

命题 20.3.4 将 n 元置换 σ 表示成对换的乘积之后,其对换个数奇偶性由 σ 唯一决定.

证明:设 σ 是一个 n 元置换,且

$$\sigma = \sigma_1 \sigma_2 \cdots \sigma_r$$

其中,$\sigma_1,\sigma_2,\cdots,\sigma_r$ 互不相交,$\sum_{i=1}^{r}|\sigma_i| = \sum_{i=1}^{r} l_i = n$,于是 $\sum_{i=1}^{r}(l_i - 1) = n - r$.

若 $n - r$ 为奇数,则称 σ 为奇置换,否则称为偶置换,由命题 20.3.2 及式(20.6)可知,σ 可表示成 $\sum_{i=1}^{r}(l_i - 1) = n - r$ 个对换的乘积,于是奇置换要表示为奇数个对换之乘积,偶置换可表示为偶数个对换的乘积. 下面证明奇置换只能表示为奇数个对换之乘积,偶置换只能表示为偶数个对换之乘积.

首先定义一个 n 元置换 σ 的符号 $\mathrm{sgn}(\sigma)$ 如下:

$$\mathrm{sgn}(\sigma) = (-1)^{n-r}$$

其中,$\sigma = \sigma_1 \sigma_2 \cdots \sigma_r$,$\sigma_1,\sigma_2,\cdots,\sigma_r$ 为互不相交的轮换,且 $\sum_{i=1}^{r}|\sigma_i| = n$. 进而证明,对任意两个 n 元置换 σ 和 τ

$$\mathrm{sgn}(\sigma\tau) = \mathrm{sgn}(\sigma)\mathrm{sgn}(\tau) \tag{20.7}$$

事实上,设 σ,τ 可分别表示成 r 个和 h 个互不相交的轮换之乘积. 于是 σ,τ 还分别表示成 $n-r$ 和 $n-h$ 个对换之乘积. 不妨设

$$\sigma = (i_1 i_2)(i_3 i_4) \cdots (i_s i_t)$$

其中,$i_1,i_2,i_3,i_4,\cdots,i_s,i_t$ 中可以有相同的元素.

用对换 $(i_s i_t)$ 左乘置换 τ,若将 τ 的 h 个不相交的轮换适当调整次序,则有以下两种情形:

(1)若 $\tau = (i j_1 \cdots j_l)(i_t k_1 \cdots k_m)\cdots$,则

$$(i_s i_t)\tau = (i j_1 \cdots j_l i_t k_1 \cdots k_m)\cdots$$

因为 $\mathrm{sgn}(\tau) = (-1)^{n-h}$,而 $(i_s i_t)\tau$ 恰比 τ 少一个轮换,所以

$$\mathrm{sgn}((i_s i_t)\tau) = (-1)^{n-h+1} = (-1)\mathrm{sgn}(\tau).$$

(2)若 $\tau = (i j_1 \cdots j_l i_t k_1 \cdots k_m)\cdots$,则

$$(i_s i_t)\tau = (i j_1 \cdots j_l)(i_t k_1 \cdots k_m)\cdots$$

从而也有

$$\mathrm{sgn}((i_s i_t)\tau) = (-1)\mathrm{sgn}(\tau).$$

总之,用一个换乘 τ 则使 $\mathrm{sgn}(\tau)$ 变号;又因 σ 乘 τ 则将 $\mathrm{sgn}(\tau)$ 变号 $n-r$ 次,即

$$\mathrm{sgn}(\sigma\tau) = (-1)^{n-r}\mathrm{sgn}(\sigma)\mathrm{sgn}(\tau)$$

于是式(20.7)得证.

由式(20.7)知,σ 和 τ 的奇偶性与其乘积 $\sigma\tau$ 的奇偶性的关系如下:

$$偶 \times 偶 = 偶, \quad 奇 \times 奇 = 偶$$
$$奇 \times 偶 = 奇, \quad 偶 \times 奇 = 奇$$

再因为对换是奇置换,所以奇数个对换之乘积是奇置换,偶数个对换之乘积是偶置换,从而,奇置换只能表示成奇数个对换之乘积,偶置换只能表示成偶数个对换之乘积.

命题 20.3.5 设 M 是非空有限集,$|M| = n > 1$,于是,M 的 $n!$ 个 n 元置换中,奇置换的个数和偶置换的个数相等,都等于 $\dfrac{n!}{2}$.

证明：设

$$\tau_1,\tau_2,\cdots,\tau_m \tag{20.8}$$

为 M 的所有偶置换,由于 $n>1$,故存在一个对换 ρ,使得

$$\rho\tau_1,\rho\tau_2,\cdots,\rho\tau_m \tag{20.9}$$

为 M 的 m 个奇置换,又易知,当 $i\neq j$ 时,$\rho\tau_i\neq\rho\tau_j,1\leq i,j\leq m$,否则将导致 $\tau_i=\tau_j(i\neq j)$ 矛盾,这说明 M 的奇置换不少于偶置换,若 σ 为 M 的任意一个奇置换,则 $\rho^{-1}\sigma$ 为偶置换,则必有 $\tau_i=\rho^{-1}\sigma$, $1\leq i\leq m$,从而 $\sigma=\rho\tau_i$,这说明 M 的任意一个奇置换必在式(20.9)中,即式(20.9)就是 M 的所有奇置换,故 M 的奇置换不多于偶置换,两者数目相等,各占置总数 $n!$ 的一半,即各为 $\dfrac{n!}{2}$.

显然,恒等置换是偶置换,因而,偶置换的逆元素也是偶置换,奇置换的逆元素也是奇置换.于是,我们有:

定理 20.3.2   设 S_n 为 n 元对称群,$n>1$,令

$$A_n=\{\sigma_i\in S_n\mid\sigma_i \text{ 为偶置换}\}$$

则 A_n 是 S_n 的子群,称为 n 元交错群或交代群,其阶为 $\dfrac{n!}{2}$.

【例 20.10】   设 $G=\{e,(123),(132)\}$,则 G 是一个 3 元置换群,而且是 3 元交错群,即 A_3,其阶为 3.

【例 20.11】   设 $K=\{e,(12)(34),(13)(24),(14)(23)\}$,则 K 是一个 4 阶的 4 元置换群,称为 Klein 四元群,它是 S_4 的子群.

【例 20.12】   设 $G=\{e,(12),(34),(12)(34),(13)(24),(14)(23),(1234),(1423)\}$,则 G 是一个 8 阶的 4 元置换群,S_4 的子群.

置换群的计算在代数学中占有很重要的地位,对一个给定的 n,找出对称群 S_n 的所有子群(置换群)是置换理论中一个重要的问题,对于 $n\leq 11$,S_n 的所有子群已全部找出;而当 $n>11$ 时,只能找出一些具有特殊性质的置换群.

§20.4   陪集(coset)与 Lagrange 定理

我们知道,可以按某种等价关系将一个非空集合划分成一些互不相交的子集(等价类)之并集,对于一个群 G,我们可以用 G 的两个非空子群 H 进行划分.

定义 20.4.1   设 A,B 是群 G 的两个非空子集,集合

$$AB=\{ab\mid a\in A,b\in B\}$$

称为 A 与 B 的乘积(product).

特别地,当 $A=\{a\}$,即 A 中含一个元素时,AB 简记为 aB;同样当 $B=\{b\}$ 时,AB 简记为 Ab.

由定义不难验证 $(AB)C=A(BC)$,其中 A,B,C 是群 G 的子群.

定义 20.4.2   设 H 是群 G 的子群,$a\in G$,集合 $aH(Ha)$ 由 a 确定的 H 在 G 中的左(右)陪集,简称为 H 的左(右)陪集,a 称为 $aH(Ha)$ 的代表元素.

【例 20.13】   在整数加群 $\mathbf{Z}$ 中,所有 5 的倍数组成 $\mathbf{Z}$ 的一个群

$$5\mathbf{Z}=\{\cdots,-15,-10,-5,0,5,10,15,\cdots\}$$

于是对加法而言,以 2 为代表元素的 $5\mathbf{Z}$ 在 $\mathbf{Z}$ 中的左陪集为

$$\begin{aligned}2+5\mathbf{Z}&=\{\cdots,-13,-8,-3,2,7,12,17,\cdots\}\\&=\{x\mid x\equiv 2(\bmod 5),x\in\mathbf{Z}\}\\&=[2]_5\end{aligned}$$

即 $2+5\mathbf{Z}$ 是一切被 5 除余数为 2 的整数所组成的 $\mathbf{Z}$ 的子集, 当然, 它已不是 $\mathbf{Z}$ 的子群了.

下面讨论左陪集的一些性质, 设 H 是群 G 的子群,

性质 1　aH 的元素与 H 的元素一样多.

证明: 作 H 到 aH 的映射 φ 如下:

$$\varphi(x) = ax \quad 对任意 \; x \in H$$

当然, φ 是一个双射, 故 aH 的元素与 H 的元素一样多.

性质 2　$aH = H$ 当且仅当 $a \in H$.

证明: 设 $aH = H$, 因为 H 是 G 的子群, 所以 $a = ae \in aH = H$, 故 $a \in H$.

反之, 设 $a \in H$, 任取 $b \in aH$, 则有 $h \in H$, 使 $b = ah$, 但 $ah \in H$, 在此 $b \in H$, 这说明 $aH \subseteq H$. 又任取 $b \in H$, 因 H 是群, 且 $a \in H$, 所以 $ax = b$ 在 H 中唯一解 $x \in H$, 于是 $b \in aH$, 这说明 $H \subseteq aH$. 总之, 有 $aH = H$.

性质 3　若 $b \in aH$, 则 $aH = bH$.

说明: 因为 $b \in aH$, 所以有 $h \in H$, 使 $b = ah$, 于是 $bH = (ah)H = a(hH)$, 又由性质 2 知, $hH = H$, 故 $bH = aH$.

性质 4　$bH = aH$ 当且仅当 $a^{-1}b \in H, a, b \in G$.

证明: 设 $a^{-1}b \in H$, 则有 $h \in H$, 使 $a^{-1}b = h$, 从而 $b = ah \in aH$, 由性质 3 知, $bH = aH$.

反之, 设 $bH = aH$, 因为 $b \in aH$, 所以有 $h \in H$ 使 $ah = b$, 从而 $h = a^{-1}b \in H$.

性质 5　任意两个左陪集 aH 和 bH 或者相等, 或者不相交.

证明: 若 $aH \cap bH \neq \varnothing$, 则有 $c \in bH$, 且 $c \in aH$, 于是由性质 3, 得 $aH = cH$ 且 $bH = cH$, 故 $aH = bH$.

从以上证明过程可看出, 左陪集的这些性质对右陪集同样成立.

设 H 是群 G 的子群, 取 $a_1 = e \in G$, 则 $H = a_1 H$ 是 H 在 G 中的一个左陪集; 若 $a_1 H \subset G$, 则又在 G 中取 $a_2 \notin a_1 H$, 由性质 3 ~ 性质 5 知 $a_1 H \cap a_2 H = \varnothing$; 若 $a_1 H \cup a_2 H \subset G$, 则再在 G 中取 $a_3 \notin a_1 H \cup a_2 H$, 于是 $a_3 H \cap a_i H = \varnothing, i = 1, 2$. 如此下去, 我们有

$$G = a_1 H \cup a_2 H \cup \cdots \cup a_n H \cup \cdots \tag{20.10}$$

其中, $a_i H \cap a_j H = \varnothing, i \neq j, i, j = 1, 2, \cdots$. 称式 (20.10) 为 G 对 H 的 (左) 陪集的分解式.

定义 20.4.3　群 G 对其子群 H 的 (左) 陪集的分解式中 (左) 陪集的个数称为 H 在 G 中的指数 (index), 记为 $|G:H|$ 或者 $(G:H)$.

由定义知, $|G:H|$ 可以是有穷也可以是无穷. 当 G 是有限群时, $|G:H|$ 必是有穷的; 当 G 是无限群时, $|G:H|$ 是有穷还是无穷与 H 有关.

例如, $|\mathbf{Z}:n\mathbf{Z}| = n, n\mathbf{Z} = \{\cdots, -3n, -2n, -n, 0, n, 2n, 3n, \cdots\}$. 于是

$$\mathbf{Z} = n\mathbf{Z} \cup (1+n\mathbf{Z}) \cup (2+n\mathbf{Z}) \cup \cdots \cup ((n-1)+n\mathbf{Z})$$

又如, 设 $\mathbf{Q}$ 是全体有理数对加法形成的加群, H 是所有偶数形成的 $\mathbf{Q}$ 的子群, 于是, $|\mathbf{Q}:H|$ 是无穷的. 这是因为 $\frac{1}{2}$ 恰好在 H 的左陪集 $\frac{1}{2^i} + H$ 中, $i = 0, 1, 2, \cdots$. 因此由性质 5 知, $\frac{1}{2^i} + H$ 是互不相交的左陪集, $i = 0, 1, 2, \cdots$.

当 G 是有限群时, 我们有下面关于子群的阶的重要定理.

定理 20.4.1 (Lagrange 定理)　有限群 G 的子群 H 的阶是 G 的阶的因数, 且

$$|G| = |G:H| \cdot |H|$$

证明: 设 G 对 H 的陪集分解式为

$$G = a_1 H \cup a_2 H \cup \cdots \cup a_m H$$

由性质 1 知, $|a_i H| = |H|, i = 1, \cdots, m$. 又 $a_i H \cap a_j H = \varnothing, i \neq j$. 于是

$$|G| = \sum_{i=1}^{m} |a_i H| = \sum_{i=1}^{m} |H| = m \cdot |H| = |G:H| \cdot |H|$$

由此定理,即可得出一些有用的推论.

推论 20.4.1 设 G 为有限群,$|G| = n$. 于是,对任意 $a \in G, a$ 的周期必为 n 的因数,且

$$a^n = e$$

证明:设 $a \in G$ 的周期为 m,于是 $H = (a)$ 是 G 的一个 m 阶(循环)子群. 由 Lagrange 定理,有 $m | n$. 令 $n = qm$, 于是

$$a^n = a^{qm} = (a^m)^q = e^q = e$$

故 $a^n = e$.

推论 20.4.2 任何素数阶的群只有平凡子群.

推论 20.4.3 素数阶的群必是循环群.

若 G 是交换群,则对 G 的子群 H 及 $a \in G$,有

$$aH = Ha \tag{20.11}$$

若 G 不是交换群,则式(20.11)不一定成立.

定义 20.4.4 设 H 是群 G 的子群,若对任意 $a \in G$,有

$$aH = Ha$$

则称 H 为 G 的正规子群(normal subgroup)或不变子群(invariant subgroup),记为 $H \triangleleft G$.

例如,对称群 S_3 的子群 $H_1 = \{e, (123), (132)\}$ 是 S_3 的正规子群;但子群 $H_2 = \{e, (12)\}, H_3 = \{e, (13)\}, H_4 = \{e, (23)\}$,都不是 S_3 的正规子群.

显然,群 G 的平凡子群是 G 的正规子群.

定理 20.4.2 H 是群 G 的正规子群当且仅当对任意 $a \in G$,有

$$aHa^{-1} \subseteq H$$

证明:设 H 是群 G 的正规子群,于是对任意 $a \in G$,有

$$aH = Ha$$

从而对任意 $h \in H$,必有 h' 使得

$$ah = h'a$$

即 $aha^{-1} = h' \in H$. 由 h 的任意性知

$$aHa^{-1} \subseteq H$$

反之,设对任意 $a \in G$,有

$$aHa^{-1} \subseteq H$$

于是,对 $a^{-1} \in G$ 也有

$$a^{-1}H(a^{-1})^{-1} \subseteq H$$

即 $a^{-1}Ha \subseteq H$. 于是上式两边左乘 a,右乘 a^{-1} 得 $H \subseteq aHa^{-1}$,因此 $aHa^{-1} = H$,从而得

$$aH = Ha$$

故 H 是 G 的正规子群.

【例 20.14】 交错群 A_n 是 S_n 的正规子群.

证明:任取置换 $\sigma \in S_n$. 因为奇(偶)置换的逆元素也是奇(偶)置换,又奇偶不同的两个置换之乘积为奇置换;奇偶相同的两个置换之乘积为偶置换,因此 $\sigma A_n \sigma_{-1}$ 中都是偶置换,即

$$\sigma A_n \sigma^{-1} \subseteq A_n$$

故由定理 20.4.2 知,A_n 是 S_n 的正规子群.

§20.5 同态(homomorphism)与同构(isomorphism)

我们知道,映射是两个集合之间的一种特殊的二元关系,而代数系统又是一个带运算的特殊集合.因此,在讨论两个代数系统之间的结构关系时,自然需要讨论与运算有联系的映射.

定义 20.5.1 设 A 和 B 分别是两个带二元运算的代数系统.σ 是一个 A 到 B 的映射.如果对任意的 $x,y \in A$,有

$$\sigma(xy) = \sigma(x)\sigma(y)$$

则称 σ 是 A 到 B 的同态,$\sigma(A)$ 称为 A 的同态象(homomorphism image),其中

$$\sigma(A) = \{b \mid b \in B \text{ 且存在 } a \in A, \text{ 使 } \sigma(a) = b\} \subseteq B$$

特别地,若 $\sigma(A) = B$,即 σ 是满射,则称 A 与 B 同态,记为 $A \overset{\sim}{\approx} B$ 或 $A \sim B$.

【**例 20.15**】 设整数 $\mathbf{Z}$ 上定义了普通乘法运算,集合 $S = \{-1,0,1\}$ 上的乘法运算表如表 20.3 所示.

表 20.3

	-1	0	1
-1	1	0	-1
0	0	0	0
1	-1	0	1

令定义映射 $\sigma: \mathbf{Z} \to S$ 如下:

$$\sigma(m) = \begin{cases} 1 & \text{当 } m > 0 \\ 0 & \text{当 } m = 0 \\ -1 & \text{当 } m < 0 \end{cases}$$

不难验证,对任意 $x,y \in \mathbf{Z}$,有

$$\sigma(xy) = \sigma(x)\sigma(y)$$

于是,σ 是 $\mathbf{Z}$ 到 S 的同态映射,而且 $\mathbf{Z} \overset{\sim}{\approx} S$.

在例 20.15 中,注意到 $\mathbf{Z}$ 是一个无限集,S 是一个仅含三个元素的有限集,它们之间的同态说明,如果我们要研究 $\mathbf{Z}$ 中两个数相乘后的符号特征,则可以用 S 中元素的运算结果来描述,也即可以将 $\mathbf{Z}$ 中的所有正整数"浓缩"成一个元素"1";所有负整数"浓缩"成一个元素"-1";而 0 则作为特殊的一类,仍用"0"表示.这样,$\mathbf{Z}$ 中任何两数相乘的符号等于它们各自被"浓缩"的元素运算的结果:若结果为"1",则表示这两个数相乘得正数;若结果为"-1",则表示这两个数相乘得负数;若结果为"0",则表示这两个数相乘得零,即两个数中至少有一个为 0.

以上说明,同态是研究两个代数系统之间的结构关系的重要工具.

定义 20.5.2 设 σ 是 A 到 B 的同态.若 σ 是双射,则称 σ 为 A 到 B 的同构,并记为 $A \overset{\sigma}{\cong} B$ 或 $A \cong B$.

【**例 20.16**】 在实数集 $\mathbf{R}$ 上定义普通加法运算,在正实数集 $\mathbf{R}_+$ 上定义乘法运算,并规定映射 $\sigma: \mathbf{R} \to \mathbf{R}_+$ 如下:

$$\sigma(x) = e^x, x \in \mathbf{R}$$

显然,σ 是 $\mathbf{R}$ 到 $\mathbf{R}_+$ 的双射,并且对任意 $x,y \in \mathbf{R}$,有

$$\sigma(x+y) = e^{x+y} = e^x \cdot e^y = \sigma(x)\sigma(y)$$

于是,σ 是 $\mathbf{R}$ 到 $\mathbf{R}_+$ 的一个同构映射,$\mathbf{R} \overset{\sigma}{\cong} R_+$.

不难验证,代数系统之间的同构关系$\cong$是一个等价关系.

定义 20.5.3　设σ是A到B的同态,若$B\subseteq A$,则称σ为A的自同态(endomorphism).特别地,A到A的同构称为A的自同构(automorphism).

下面将代数系统具体到群,来讨论同态及同构的一些基本性质.

定理 20.5.1　设G是一个群,H是一个代数系统,σ是G到H的同态,则G的同态像$G'=\sigma(G)$是一个群.G'的单位元是$\sigma(e)$,e是G的单位元;$\sigma(a)$的逆元就是$\sigma(a^{-1})$,$a\in G$.

证明:因为G是群,所以G非空,从而G'非空.

先证G'对乘法封闭,任取$a',b'\in G'$,则$a,b\in G$,使$\sigma(a)=a'$,$\sigma(b)=b'$.由σ的同态性得
$$a'b'=\sigma(a)\sigma(b)=\sigma(ab)$$
因此,$a'b'\in G'$.故封闭性成立.

再证G'中结合律成立,设$a',b',c'\in G'$,则有$a,b,c\in G$,使$\sigma(a)=a'$,$\sigma(b)=b'$,$\sigma(c)=c'$,由于G是群,所以$(ab)c=a(bc)$.于是,由σ的同态性得
$$\begin{aligned}
(a'b')c' &= (\sigma(a)\sigma(b))\sigma(c)=\sigma(ab)\sigma(c)\\
&= \sigma((ab)c)=\sigma(a(bc))\\
&= \sigma(a)\sigma(bc)=\sigma(a)(\sigma(b)\sigma(c))\\
&= a'(b'c')
\end{aligned}$$
故$(a'b')c'=a'(b'c')$.

现证G'有单位元$\sigma(e)$,其中e是G的单位元,任取$a'\in G'$,由有$a\in G$,使$\sigma(a)=a'$,由σ'的同态性得
$$\sigma(e)a'=\sigma(e)\sigma(a)=\sigma(ea)=\sigma(a)=a'$$
$$\sigma(e)a'=a'$$
同理可得$a'\sigma(e)=a'$.

再证G'中的任意元有逆元.任取$a'\in G'$,则有$a\in G$,使$\sigma(a)=a'$,由σ'的同态性得
$$\sigma(a^{-1})a'=\sigma(a^{-1})\sigma(a)=\sigma(a^{-1}a)=\sigma(e)$$
即$\sigma(a^{-1})a'=\sigma(e)$.同理可得$a'\sigma(a^{-1})=\sigma(e)$.因此,$a'$在$G'$中有逆元$\sigma(a^{-1})$,其中$\sigma(a)=a'$.

总之,由群的定义知,G'是一个群.

我们知道,若$G\cong G'$,则对任意$a'\in G'$,至少有一个$a\in G$,使得$\sigma(a)=a'$,记
$$I(a')=\{a\in G\mid\sigma(a)=a'\}$$
我们称集合$I(a')$为a'的像源(source of image).于是,G'可以看作G的浓缩或缩影.

定义 20.5.4　设群$G\sim G'$,e'是G'的单位元,e'的像源称为σ的核(kerner),$\mathrm{Ker}(\sigma)$,即
$$\mathrm{Ker}(\sigma)=\{a\in G\mid\sigma(a)=e'\}$$

定理 20.5.2(第一同态定理)　设G是群,$G\cong G'$,于是

(1)σ的核$\mathrm{Ker}(\sigma)$是G的正规子群;

(2)G'中任意元素a'的像源是$\mathrm{Ker}(\sigma)$在G中的一个陪集,并且G'中的元素与$\mathrm{Ker}(\sigma)$在G中的陪集一一对应.

证明:记$K=Ker(\sigma)$.

(1)先证K是G的子群,由K是σ的核知,$e\in K$,故K非空,任取$a,b\in K$.由定义有
$$\sigma(a)=\sigma(b)=e'$$
于是,由σ的同态性及定理20.5.1有
$$\sigma(ab^{-1})=\sigma(a)\sigma(b^{-1})=\sigma(a)(\sigma(b))^{-1}=e'(e')^{-1}=e'$$
这说明$ab^{-1}\in K$,故K是G的子群.

再证 K 是正规子群,任取 $a \in G$,由于
$$\sigma(aKa^{-1}) = \sigma(a)\sigma(K)\sigma(a^{-1}) = \sigma(a)e'\sigma(a^{-1}) = \sigma(a)\sigma(a^{-1}) = \sigma(a)(\sigma(a))^{-1} = e'$$
因此,$aKa^{-1} \subseteq K$,故 K 是 G 的正规子群.

(2) 任取 $a' \in G'$. 设 $I(a')$ 是 a' 的像源,下证 $I(a') = aK$. 其中 $\sigma(a) = a'$.

设 $b \in I(a')$,则 $\sigma(b) = a'$,于是
$$\sigma(a^{-1}b) = \sigma(a^{-1})\sigma(b) = (\sigma(a))^{-1}\sigma(b) = a'^{-1}a' = e'$$
故 $a^{-1}b \in K$,从而 $b \in aK$. 这说明 $I(a') \subseteq aK$.

反之,设 $b \in aK$,则有 $k \in K$ 使 $b = ak$,于是
$$\sigma(b) = \sigma(ak) = \sigma(a)\sigma(k) = a'e' = a'$$
即 $b \in I(a')$. 这说明 $aK \subseteq I(a')$.

总之有 $I(a') = aK$.

最后证 G' 的元素与 K 在 G 中的陪集一一对应.

设 $a', b' \in G'$,$a' \neq b'$,它们分别对应陪集 aK 和 bK,$\sigma(a) = a'$,$\sigma(b) = b'$. 由陪集的性质以及上面所证知,$aK \neq bK$ 当且仅当 $b \notin aK$ 当且仅当 $b \notin I(a')$ 当且仅当 $\sigma(b) \neq a'$ 当且仅当 $b' \neq a'$. 故 G' 的元素与 K 在 G 中的陪集一一对应.

此定理说明,通过群 G 的同态 σ,可以找到 G 的一个正规子群 K(同态核). 现在反过来问,若已知 H 是群 G 的一个正规子群,是否存在群 G' 及同态 σ,使得 $G \approx G'$,而且 H 就是 σ 的核? 下面的定理回答了此问题.

定理 20.5.3(第二同态定理) 设 H 是群 G 的正规子群. 于是,H 的所有陪集作成一个群 $\overline{G}$,而且 $G \approx \overline{G}$. 其中 $\sigma(a) = aH$,$a \in G$,σ 的核为 H. 称 σ 为自然同态(natural homomorphism),称 $\overline{G}$ 为 G 对于 H 的商群(quotient group),记为 G/H.

证明: 令
$$\overline{G} = \{aH \mid a \in G\}$$
先证 $\overline{G}$ 对陪集的乘法封闭,任取 $A, B \in \overline{G}$,不妨设 $A = aH$,$B = bH$. 因为 H 是正规子群,所以
$$AB = (aH)(bH) = abHH = abH$$
故 $AB \in \overline{G}$.

再证 $G \approx \overline{G}$. 由定义,σ 是 G 到 $\overline{G}$ 的映射,而且对任意 $a, b \in G$,有
$$\sigma(ab) = abH = abHH = aHbH = \sigma(a)\sigma(b)$$
又显然 σ 是满射,故 $G \approx \overline{G}$.

由定理 20.5.1 知,$\overline{G}$ 是群.

下证 σ 的核就是 H,即 $\mathrm{Ker}(\sigma) = H$. 显然,H 就是 $\overline{G}$ 的单位元,于是
$$\mathrm{Ker}(\sigma) = \{a \in G \mid \sigma(a) = H\} = \{a \in G \mid aH = H\} = \{a \in G \mid a \in H\}$$
$$= \{a \in G \cap H\} = \{a \mid a \in H\} = H$$

综合以上两个定理,我们有

定理 20.5.4(第三同态定理) 设 G 是群,$G \approx \overline{G}$,$\mathrm{Ker}(\sigma) = K$,则
$$G' \cong G/K$$

证明: 由定理 20.5.2 知,G' 的元素与 G/K 的一一对应,不妨设 τ 是 G' 到 G/K 的一个双射,而且对任意 $a', b' \in G'$,有
$$\tau(a') = aK \quad \tau(b') = bK$$
其中,$a' = \sigma(a)$,$b' = \sigma(b)$,于是
$$\tau(a'b') = abK = aKbK = \tau(a')\tau(b')$$

这说明 $G' \cong G/K$.

此定理又称为同态基本定理. 该定理说明群 G 的任何缩影和 G 的一个商群是同构的, 也就是说, 在同构映射下, 对应元素在各自的运算元下有着相同的关系. 因此, 如果我们抽象地研究一个群, 即不考虑群的元素是什么, 也不考虑群中的运算是如何定义的, 那么同构的群可以不加区别.

例如, 设 $\mathbf{Z}$ 为整数加法群, $m\mathbf{Z}$ 为 m 的所有倍数构成的 $\mathbf{Z}$ 的子群, 于是 $m\mathbf{Z}$ 的陪集就是模 m 的同余类. 由定理 20.5.3, 这些同余按加法作成一个群, 即 $\mathbf{Z}$ 对于 $m\mathbf{Z}$ 的商群 $\mathbf{Z}/m\mathbf{Z}$.

显然, $1 + m\mathbf{Z}$ 是一个生成元. 因此, 该商群是一个 m 阶加法循环群.

我们知道, 若群 $G \cong G'$, 且 H 是 G 的子群, 则由定理 20.5.1 知, $H' = \sigma(H)$ 也是 G' 的子群, 又设 H' 是 G' 的子群, 令

$$H = \{ a \mid \sigma(a) \in H' \} \subseteq G$$

称 H 为 H' 的像源, 试问 H 是 G 的子群吗? 我们有:

命题 20.5.1 设群 $G \cong G'$, 若 H' 是 G' 的子群, 则 H' 的像源 H 也是 G 的子群, 并且

$$\sigma(H) = H'.$$

证明: 因为 H' 也是 G' 的子群, 所以 H 非空.

任取 $a, b \in H$, 则 $\sigma(a), \sigma(b) \in H'$, 又因 H' 是子群, 故

$$\sigma(ab^{-1}) = \sigma(a) ab^{-1} = \sigma(a)(\sigma(b))^{-1} \in H'$$

从而 $ab^{-1} \in H$, 这说明 H 是 G 的子群.

至于 $\sigma(H) = H'$ 是显然成立的.

此命题说明, G' 中子群不比 G 中的子群多.

反之, 设 H 是群 G 的子群, 试问 $\sigma(H)$ 的像源还是 H 吗? 我们有:

命题 20.5.2 设群 $G \cong G'$, K 是同态核, H 是 G 的子群, $\overline{H}$ 是 $\sigma(H)$ 的像源, 于是

$$\overline{H} = HK$$

证明: 任取 $a \in H, k \in K$, 因为

$$\sigma(ak) = \sigma(a)\sigma(k) = \sigma(a)$$

所以 $\sigma(HK) = \sigma(H)$. 故 $HK \subseteq \overline{H}$.

反之, 设 $a \in \overline{H}$, 则 $\sigma(a) \in \sigma(H)$, 而 $\sigma(H)$ 是 H 的同态像, 故必有 $h \in H$, 使 $\sigma(h) = \sigma(a)$. 从而

$$\sigma(e) = (\sigma(h))^{-1}\sigma(a) = \sigma(h^{-1}a)$$

这说明 $h^{-1}a \in K$, 即 $a \in HK$, 故 $\overline{H} \subseteq HK$.

总之 $\overline{H} \subseteq HK$.

注意到 $e \in K$, 故 $H \subseteq HK$. 当 $K \subseteq H$ 时, 显然有 $HK = H$, 此时说明 G 与 K 之间的子群不比 G' 的子群多; 当 $K \nsubseteq H$ 时, 则 $\sigma(H)$ 的像源 HK 就真包含 H.

综合以上两个命题, 我们有:

定理 20.5.5 设 $G \cong G'$, K 是同态核, 于是, G 与 K 之间的子群和 G' 的子群一一对应: 大群对大群, 小群对小群, 正规子群对应正规子群.

证明: 由命题 20.5.1 和命题 20.5.2 知, G 与 K 之间的子群同 G' 与 $\{e'\}$ 之间的子群一一对应: G 对应 $\sigma(G) = G'$; K 对应 $\sigma(K) = \{e'\}$; $H(K \subset H \subset G)$ 对应 $\sigma(H) = H'(\{e'\} \subset H' \subset G')$. 又因为 $a'H'a'^{-1} \subseteq H'$, 其中 $\sigma(a) = a', \sigma(H) = H'$, 因此, 正规子群对应正规子群.

【例 20.17】 设 $G = S_4$, $H = \{e, (12)(34), (13)(24), (14)(23)\}$, 已知 H 是 G 的正规子群, 求商群 G/H, 并且证明 $G/H \cong S_3$.

解:由定义,G 对 H 的商群 G/H 是由 H 的所有陪集按陪集的乘法所构成的集合,再由 G 对 H 的陪集分解,得

$$G/H = \{H,(12)H,(13)H,(23)H,(123)H,(132)H\}$$

而 $S_3 = \{e,(12),(13),(23),(123),(132)\}$,作映射 $\sigma:S_3 \to G/H$ 如下:

$$\sigma(a) = aH, \quad a \in S_3$$

显然,σ 是双射,且对任意 $a,b \in S_3$,由 H 的正规性

$$\sigma(ab) = abH = abHH = aHbH = \sigma(a)\sigma(b)$$

故 $G/H \stackrel{g}{\cong} S_3$.

§20.6 群在计算机科学与技术中的应用

设 $X = \{1,2,3,\cdots,n\}$,G 是 X 上的一个置换群,任取 $g \in G$ 和 $x \in X$,称 $g(x)$ 为群元素 g 对 x 的作用,并称 G 作用在集合 X 上,X 称为目标集.可以把置换群对目标集作用的概念推广到一般群上.

定义 20.6.1 设 G 是一个群,Ω 是一个集合.若对任给的 $g \in G$ 都对应 Ω 上的一个 $1-1$ 映射 $\bar{g}:\Omega \to \Omega$ 满足:

(1) 对单位元素 $e \in G$ 和任意 $x \in \Omega$,有 $\bar{e}(x) = x$;

(2) 对任意 $g_1,g_2 \in G$,有 $\overline{g_1 g_2}(x) = \bar{g_1}(\bar{g_2}(x))$.

则称 G 作用于 Ω 上,并简记为 $\bar{g}(x)$.在不致混淆下,进一步简记 $g(x)$.

【**例 20.18**】 (1) 设 G 是一个群,$\Omega = G$,定义 $g \in G$ 对 $x \in \Omega$ 的作用为 $g(x) = gx$.显知,它满足定义 20.6.1 的条件,可将其称为 G 对它本身的左平移作用.

(2) 设 G 是一个群,$\Omega = G$.定义 $g \in G$ 对 $x \in \Omega$ 的作用为 $g(x) = gxg^{-1}$.显然这是 Ω 上的一个 $1-1$ 映射,$e(x) = exe^{-1} = x$,满足定义 20.6.1 中的条件(1),且对任意 $g_1,g_2 \in G$,有

$$g_1 g_2(x) = g_1 g_2 x (g_1 g_2)^{-1} = g_1(g_2 x g_2^{-1})g_1^{-1} = g_1(g_2(x))$$

故满足定义 20.6.1 中的条件(2).

(3) 设 G 是一个群,Ω 为 G 的全体子群的集合.定义 $g \in G$ 对 $H \in \Omega$ 的作用为 $g(H) = gHg^{-1}$,于是,由

$$g(H_1) = g(H_2) \Rightarrow gH_1 g^{-1} = gH_2 g^{-1} \Rightarrow H_1 = H_2$$

可知 g 是 Ω 上的单射,又显然 g 是满射.故 g 是 Ω 上的一个 $1-1$ 映射,用类似于(2)的方法容易证明它满足定义 20.6.1 中的条件(1)和(2).

定义 20.6.2 设 X 为目标集,群 G 作用于 X 上,$a \in X$.于是集合

$$\Omega_a = \{g(a) \mid g \in G\}$$

称为 X 在 G 作用下的轨道(orbit),a 称为轨道的代表元(representative element).

由轨道的定义,可得以下性质:

(1) 若在 X 上定义二元关系 $\sim$ 为:

$$a \sim b \Leftrightarrow 存在 g \in G,使得 g(a) = b$$

则 $\sim$ 是 X 上的一个等价关系,且每一个等价类就是一个轨道 Ω_a;

(2) $b \in \Omega_a \Leftrightarrow \Omega_a = \Omega_b$,即轨道上的任一元素都是代表元;

(3) $\{\Omega_a \mid a \in X\}$ 构成 X 的一个划分,因而有

$$|X| = \sum_{a \in x} |\Omega_a|,$$

其中,和式是对轨道的代表元求和.

可以看到,目标集 X 在群 G 的作用下被划分为轨道的并,反过来,可用轨道来研究群 G 的结

构,并解决轨道长度与轨道数的问题.

设 $g \in G, a \in X$,若 $g(a) = a$,则称 a 为 g 的一个不动点(fixed point). 以 a 为不动点的所有群元素的集合记为

$$G_a = \{g \mid g \in G, g(a) = a\}$$

任给 $g_1, g_2 \in G_a$,有 $g_1(a) = a, g_2(a) = a$,及 $g_2^{-1}(a) = a$,因而 $g_1 g_2^{-1}(a) = g_1(a) = a$,即 $g_1 g_2^{-1} \in G_a$,所以 G_a 是 G 的子群.

定义 20.6.3 设群 G 作用于集合 X 上,$a \in X$,于是,子群

$$G_a = \{g \mid g \in G, g(a) = a\}.$$

称为 a 的稳定子群(stable subgroup),记为 $\mathrm{Stab} G_a$.

关于稳定子群及其和轨道的关系有以下性质:

性质 1 轨道公式: $|\Omega_a| = [G : G_a]$.

性质 2 由轨道公式和 Lagrange 定理可得

$$|G| = |\Omega_a \cdot G_a|,$$
$$|X| = \sum_{a \in X} [G : G_a],$$

其中,和式是对轨道的代表元求和.

利用性质 2,可以确定某个置换群 G 的元素个数. 由于 G_a 是 G 的子群,元素比 G 的元素少,容易确定,例如在确定某个几何体的旋转群时,保持某点 a 不动的旋转比较容易确定,如果 G_a 也可确定,则 $|G|$ 就可求出.

伯恩赛德(Burnside)引理 设有限群 G 作用于有限集合 X 上,则 X 在 G 作用下的轨道数目为

$$N = \frac{1}{|G|} \sum_{g \in G} \chi(g)$$

其中,$\chi(g)$ 为元素 g 在 X 上的不动点数目,和式是对每一个群元素求和.

利用伯恩赛德引理,可解决许多工程技术中的实际问题.

开关线路的计数问题

一个具有两种状态的电子元件称为一个开关,它可由普通的一个开关或联动开关组成,每一个开关的状态由一个开关变量来表示,例如,用 A 表示一个开关变量,用 0,1 表示一个开关的两种状态,则开关变量 A 的取值是 0 或 1.

由若干个开关 $A_1, A_2, \cdots, A_n$ 组成的一个线路称为开关线路(switching circuit),一个开关线路也有两种状态,接通用 1 表示,断开用 0 表示,它的状态由各个开关 $A_i (i = 1, 2, \cdots, n)$ 的状态决定,因而可用一个函数 $f(A_1, A_2, \cdots, A_n)$ 来表示,f 的取值是 0 或 1,称 f 为开关函数(switching function),每一个开关线路对应一个开关函数.

设 $S = \{0, 1\}$,则开关函数是 $S \times S \times \cdots \times S$ 到 S 的一个映射,不难得出:k 个开关变量的开关函数共有 2^{2^k},例如,当 $k = 2$ 时,共有 16 个开关函数,如表 20.4 所示.

表 20.4

开关		开关函数 $f(A_1, A_2)$															
A_1	A_2	f_1	f_2	f_3	f_4	f_5	f_6	f_7	f_8	f_9	f_{10}	f_{11}	f_{12}	f_{13}	f_{14}	f_{15}	f_{16}
0	0	0	0	0	0	0	0	0	0	1	1	1	1	1	1	1	1
0	1	0	0	0	0	1	1	1	1	0	0	0	0	1	1	1	1
1	0	0	0	1	1	0	0	1	1	0	0	1	1	0	0	1	1
1	1	0	1	0	1	0	1	0	1	0	1	0	1	0	1	0	1

但是不同的开关函数可能对应于相同的开关线路．因此，我们的问题是由 n 个开关可组成多少种本质上不同的开关线路？

设 $X = \{A_1, A_2, \cdots A_n\}$，$G = S_n$ 是 X 上的对称群，令 $\Omega = \{f_1, f_2, \cdots, f_m\}$，$m = 2^{2^n}$ 是 X 上的所有开关函数的集合，定义 $\sigma \in G$ 对 $f \in \Omega$ 的作用为 $\sigma(f) = f\sigma$．对任何 $A_i \in X$，有 $\sigma(f)(A_i) = f(\sigma(A_i))$，于是，由 $\sigma(f_1) = \sigma(f_2)$ 可得 $f_1 = f_2$，故 G 是作用在 Ω 上的置换群．f_1 和 f_2 对应于本质上相同的开关线路的充分必要条件是它们在 G 的作用下在同轨道上，因此，我们有

$$\text{本质上不同的开关线路的数目} = \text{在 } G \text{ 作用下的轨道数}$$

下面用一个具体的例子来说明用 Burnside 引理解决上述问题的计算方法．

【例 20.19】 求 $n = 3$ 的开关线路的数目．

解： $G = S_3$．首先，我们来看如何计算 G 中元素 g 的不动点数 $\chi(g)$．

例如，要求 $g_1 = (1\ 2)$ 的不动点数 $\chi(g_1)$，即满足 $g_1(f) = f$ 的开关函数数目，这时要求 f 附加以下条件

$$f(0, 1, A_3) = f(1, 0, A_3)$$

共有 6 个函数值 $f(0,0,0), f(0,0,1), f(0,1,0), f(0,1,1), f(1,1,0), f(1,1,1)$ 可任意取数值，因而共有 2^6 个函数 g_1 的作用下不动，所以 $\chi(g_1) = 2^6$，类似可求得其他元素的不动点数，列表计算如表 20.5，因此

$$N = \frac{1}{|G|} \sum_{g \in G} X(g) = \frac{480}{6} = 80$$

即共有 80 种开关线路．

表 20.5

元素类型	$\chi(g)$	此类元素个数	每类元素的不动点数
1^3 型	$2^{2^3} = 256$	1	256
$1^1 2^1$ 型	$2^6 = 64$	3	192
3^1 型	$2^4 = 16$	2	32
		$|G| = 6$	$\sum \chi(g) = 480$

习　题

1. 设 G 是群，$a, b \in G$．试证：
$$(a^{-1})^{-1} = a$$
$$(ab)^{-1} = b^{-1} a^{-1}$$

2. 试举一个只有两元素的群．

3. 设 $A = \{1, 2, 3, 4\}$ 的乘法表如表 20.6 所示．

表 20.6

	1	2	3	4
1	2	1	4	3
2	4	2	3	1
3	1	3	2	4
4	3	4	1	2

问：A 是否成为群？若不是群，结合律是否成立？A 有无单位元？

4. 设 G 是群. 试证:若对任何 $a,b \in G$,均有 $a^3b^3 = (ab)^3$,$a^4b^4 = (ab)^4$,$a^5b^5 = (ab)^5$,则 G 是交换群.

5. 设 G 是群. 试证:若对任何 $a \in G$,有 $a^{-1} = a$,则 G 是交换群.

6. 设 G 是群,$|G| = 2n$,n 是正整数. 试证:存在 $a \in G$,$a \neq e$,使 $aa = e$.

7. 试证:1 阶群,2 阶群,3 阶群和 4 阶群都是交换群,并构造一个不是交换群的 6 阶群.

8. 设 G 是群,$a,b \in G$,试证:

(1) a,a^{-1},$b^{-1}ab$ 有相同的周期;

(2) ab 与 ba 有相同的周期.

9. 设 G 是群,令

$$Z(G) = \{a \in G \mid ax = xa,\text{对任意 } x \in G\}$$

试证:$Z(G)$ 是 G 的子群. $Z(G)$ 称为 G 的中心,$Z(G)$ 的元素称为 G 的中心元素.

10. 设 G 是一个群,$a,b \in G$ 且 $ab = ba$,a 和 b 的周期分别为 m 和 n,m 与 n 互素,证明:ab 的周期等于 mn.

11. 设 a 是群 G 的一个元素,其周期为 n,H 是 G 的子群,试证:如果 $a^m \in H$,且 n 与 m 互素. 则 $a \in H$.

12. 设 G 是群,$a,b \in G$ 且 $ab = ba$,a 和 b 的周期分别为 s 和 t. 试证:若 $(a) \cap (b) = \{e\}$,则 ab 的周期等于 s 与 t 的最小公倍数.

13. 设 G 是一个群,$a,b \in G$ 且 $ab = ba$,a 和 b 的周期为素数 p,且 $a \notin (b)$. 试证:$(a) \cap (b) = \{e\}$.

14. 写出 S_3 的群表.

15. 证明:任何对换都是一个奇置换,又恒等置换是偶置换.

16. 设 n 元置换 $\sigma = \sigma_1\sigma_2\cdots\sigma_r$,其中 $\sigma_1\sigma_2\cdots\sigma_r$ 互不相交,且 $|\sigma_i| = l_i$,$i = 1,\cdots,r$. 试证:σ 的周期(即满足 $\sigma^n = e$ 的最小正整数 n)等于 $l_1,\cdots,l_r$ 的最小公倍数.

17. 设 $\sigma = \begin{pmatrix} 1 & 2 & 3 & 4 & 5 & 6 \\ 5 & 6 & 3 & 1 & 4 & 2 \end{pmatrix}$ $\tau = \begin{pmatrix} 1 & 2 & 3 & 4 & 5 & 6 \\ 3 & 4 & 6 & 2 & 5 & 1 \end{pmatrix}$ 是 S_6 的两个置换.

(1) 写出 σ,τ 的轮换表示,并求出 σ 和 τ 的周期.

(2) 计算 $\sigma\tau$,$\tau\sigma$,σ^{-1},σ^2,σ^3,$\tau^{-1}\sigma\tau$.

18. 试找出 S_3 的所有子群.

19. 设 $G_1 = \{e,(14),(23),(12)(34),(13)(24),(14)(23),(1243),(1342)\}$

$\quad\quad G_2 = \{e,(13),(24),(12)(34),(13)(24),(14)(23),(1234),(1432)\}$

试判断 G_1 和 G_2 是否是 S_4 的子群,并说明理由.

20. 设 A 和 B 是群 G 的子群,试证:AB 是 G 的子群当且仅当 $AB = BA$.

21. 设 H 是群 G 的子群,$|G:H| = 2$,试证:H 是 G 的正规子群.

22. 求 A_4 对子群 $K = \{e,(12)(34),(13)(24),(14)(23)\}$ 的左陪集分解. K 称为 Klein 四元群.

23. 证明:Klein 四元群是 A_4 的正规子群.

24. 设 H 是群 G 的子群. 试证:H 在 G 中的所有左陪集中恰有一个子群,即 $eH = H$.

25. 设 G 是有限群,K 是 G 的子群,H 是 K 的子群. 试证:$|G:H| = |G:K| \cdot |K:H|$.

26. 设 p 是素数,试证:p^m 阶群中必含一个 p 阶子群,其中 m 是正整数.

27. 设 G 是群,$G \overset{\sigma}{\cong} G'$,$G' \overset{\tau}{\cong} G''$. 试证:$G \overset{\tau\sigma}{\cong} G''$.

28. 设 G 是群,$a \in G$,映射 $\sigma : G \to G$ 定义如下:

$$\sigma(x) = axa^{-1}, \qquad x \in G$$

试证:σ 是 G 到 G 的一个自同构.

29. 证明:循环群的同态像必是循环群.

30. 设群 $G \overset{\sigma}{\sim} G'$，$K'$ 是 σ 的核，H 是 G 的正规子群，并且 $K \subseteq H$，$H' = \sigma(H)$. 试证明:
$$G/H \cong G'/H' \qquad (\text{第一同构定理})$$

31. 设 H 和 K 都是群 G 的正规子群，$H \supseteq K$. 由第一同构定理证明 $G/H \cong \dfrac{G/K}{H/K}$.

32. 设 K 是群 G 的正规子群，H 是 G 的任意子群，试证:
$$HK/K \cong H/H \cap K \qquad (\text{第二同构定理})$$

第21章

环(ring)与域(field)

在第 20 章我们已经知道，群是只有一种二元运算的代数系统．这一章，我们讨论有两种二元运算的代数系统——环与域．

§21.1　环 与 子 环

定义 21.1.1　设 R 是一个非空集合，其中定义了加法和乘法两种封闭运算．如果对任意 a，$b,c \in R$，有

（1）$a + b = b + a$；

（2）$a + (b + c) = (a + b) + c$；

（3）存在元素 $0 \in R$，使 $a + 0 = a$，称 0 为零元；

（4）存在元素 $-a \in R$，使 $a + (-a) = 0$，称 $-a$ 为 a 的负元；

（5）$a(bc) = (ab)c$；

（6）$a(b + c) = ab + ac,(a + b)c = ac + bc$．

则称 R 是一个环．

由定义知，环 R 是这样一个代数系统：对于加法，R 构成的一个交换群；对于乘法，R 满足结合律，而且乘法对加法满足分配律（乘法不一定满足交换律，故分配律有两个）．

【例 21.1】　整数集 $\mathbf{Z}$，有理数集 $\mathbf{Q}$，实数集 $\mathbf{R}$ 以及复数集 $\mathbf{C}$ 对于普通加法和乘法作成相应的环，其中 $\mathbf{Z}$ 称为整数环．

【例 21.2】　设 S 为集合，则幂集 $\rho(S)$ 对于集合的对称差运算 $\oplus$ 和交运算 $\cap$ 作成一个环，称为 S 的子集环．

【例 21.3】　所有实数 n 阶方阵作成的集合，对于矩阵的加法和乘法构成一个环．

在环中，将加法与乘法结合起来讨论，有

定理 21.1.1　设 R 是环，则对任意的 $a,b,c \in R$，有：

（1）$0a = a0 = 0$；

（2）$a(-b) = (-a)b = -(ab)$；

（3）$(-a)(-b) = ab$；

（4）$a(b - c) = ab - ac$，其中 $-ac$ 是 $-(ac)$ 的简写；

（5）$(b - c)a = ba - ca$，其中 $-ca$ 是 $-(ca)$ 的简写．

其中，0 是加法群 R 的单位元，即零元；$a - b$ 是 $a + (-b)$ 的简写．

证明：（1）因为 $0a = (0 + 0)a = 0a$ 所以，由消去律得 $0a = 0$；同理可得 $a0 = 0$．

（2）因为 $a(-b)+ab=a((-b)+b)=a(0)=0$,所以, $a(-b)$ 与 ab 互为逆元,故 $a(-b)=-(ab)$;同理可得 $(-a)b=-(ab)$.

（3）因为 $a(-b)+(-a)(-b)=[a+(-a)](-b)=0(-b)=0$ 并且
$a(-b)+ab=a[(-b)+b]=a(0)=0$,比较两式得 $a(-b)+(-a)(-b)=a(-b)+ab$ 再由消去律得 $(-a)(-b)=ab$.

（4） $a(b-c)=a[b+(-c)]=ab+a(-c)=ab+[-(ac)]=ab-(ac)$

（5）仿(4)之证明可得 $(a-b)c=ac-bc$.

用数学归纳法,不难将分配律推广如下:
$$a(b_1+\cdots+b_n)=ab_1+\cdots+ab_n$$
$$(a_1+\cdots+a_m)b=a_1b+\cdots+a_mb$$
$$(a_1+\cdots+a_m)(b_1+\cdots+b_n)=\sum_{\substack{i+j=2\\1\leqslant i\leqslant m\\1\leqslant j\leqslant n}}^{m+n}a_ibj$$

设 R 是环, $a,b\in R$,对任意正整数 m ,令
$$ma=a+\cdots+a=\sum_{i=1}^{m+n}a$$
$$mb=b+\cdots+b=\sum_{i=1}^{m+n}b$$
则
$$a(mb)=(ma)b=m(ab)=mab$$

而对于乘法,我们有
$$a^{m+n}=a^ma^n \qquad （第一指数律）$$
$$(a^m)^n=a^{mn} \qquad （第二指数律）$$

根据 R 中乘法的性质,我们可分别定义一些特殊的环.

定义 21.1.2(交换环) 设 R 是环.若 R 的乘法满足交换律: $ab=ba$, $a,b\in R$,则称 R 是一个交换环(commutative ring).

比如,例 21.1 和例 21.2 中的环都是交换环,而例 21.3 中的环则不是交换环.

显然,在交换环 R 中,对任意 $a,b\in R$, $n\geqslant1$
$$(ab)^n=a^nb^n \qquad （第三指数律）$$

而且由数学归纳法可以证明二项式定理:
$$(a+b)^n=a^n+na^{n-1}b+\frac{n(n-1)}{2}a^{n-2}b^2+\cdots+b^n$$

定义 21.1.3(含幺环) 设 R 是环, $|R|>1$.若存在元素 $1\in R$,使得对任意 $a\in R$, $1a=a1=a$,则称 R 是含幺环(ring with an identity),其中 1 称为幺元(identity).

比如,例 21.1 中的环都是含幺环,其中幺元的整数为 1,例 21.2 中 S 的子集环也是含幺环,幺元为 n 阶单位方阵.

定义 21.1.4(无零因子环) 设 R 是环.如果对任意 $a,b\in R$,由 $a\neq0$, $b\neq0$ 必有 $ab\neq0$,则称 R 为无零因子环(ring without zero divisor).

所谓环 R 的零因子即是满足 $a\neq0$, $b\neq0$ 但 $ab=0$ 的元素 $a,b\in R$.

比如,例 21.1 中的环都是无零因子环;在例 21.2 中,若 S 的非空且 $|S|>1$,则 S 的子集环含零因子,即互不相交的两个 S 的非空子集;例 21.3 中环也含零因子,例如,令 $n=2$,则因为
$$\begin{pmatrix}0&1\\0&1\end{pmatrix}\begin{pmatrix}1&1\\0&0\end{pmatrix}=\begin{pmatrix}0&0\\0&0\end{pmatrix}$$

故 $\begin{pmatrix}0&1\\0&1\end{pmatrix}\begin{pmatrix}1&1\\0&0\end{pmatrix}$ 都是零因子.

如何判定环 R 有无零因子? 我们有:

命题 21.1.1 环 R 无零因子,当且仅当 R 中的乘法满足消去律.

证明:设 R 无零因子. 若 $ab = ac$,且 $a \neq 0$,则 $a(b-c) = 0$,而 R 无零因子 $a \neq 0$,故必有 $b-c = 0$,即 $b = c$;若 $ac = bc$ 且 $c \neq 0$,则同理可证 $a = b$. 故消去律成立.

反之,设消去律成立. 假设 $a \neq 0, b \neq 0$. 若 $ab = 0$,则有 $ab = a0$,由 $a \neq 0$,及消去律即得 $b = 0$,矛盾. 故 $ab \neq 0$. 从而 R 中无零因子.

无零因子环又称消去环.

定义 21.1.5(整环) 含幺无零因子的交换环,称为整环(integral ring).

例 21.1 中的环都是整环.

定义 21.1.6(体、域) 设 R 是环. 如果 $R - \{0\}$ 对乘法作成一个群,则称 R 为体(sfield). 如果体 R 对乘法可交换,则称 R 为域(field).

例如,所有有理数,所有实数,所有复数分别作成的环都是域. 但所有整数作成的环不是域,因为 $\mathbf{Z} - \{0\}$ 不是群.

这说明,整环不一定是域,但反过来有:

定理 21.1.2 域必是整环.

证明:只需证域中无零因子,而由命题 21.1.1,只需证域对乘法满足消去律. 设 R 是域,$a, b, c \in R$, 若 $ab = ac, a \neq 0, b = 1b = (a^{-1}a)b = a^{-1}(ab) = a^{-1}(ac) = (a^{-1}a)c = 1c = c$ 即 $b = c$.;因此,消去律成立. 故域必是整环.

定理 21.1.3 有限整环必是域.

证明:设 R 是有限整环. 由域之定义,只需证 $R - \{0\}$ 中的元素都有逆元. 任取 $a \in R, a \neq 0$. 则由 R 的有限性及消去律知,

$$Ra = R$$

又因 $1 \in R$,所以存在 $b \in R$,使 $ba = 1$. 再由乘法的可交换性知,$ab = ba = 1$,即 b 是 a 的逆元. 故结论成立.

定义 21.1.7 设 R 是环,S 是 R 的非空子集. 如果 S 对于 R 中的加法和乘法也作成一个环. 则 S 称为 R 的子环(subring),R 称为 S 的扩环(extention ring).

类似地,可定义体的子体、域的子域.

定理 21.1.4 S 是环 R 的子环,必要而且只要

(1) S 是 R 的非空子集;

(2) 若 $a, b \in S$,则 $a - b \in s$;

(3) 若 $a, b \in S$,则 $ba \in S$.

证明:必要性显然成立.

充分性. 由(1)和(2)知,S 是 R 的加法子群,由(3)知,乘法时 S 是封闭性. 又因 $S \subseteq R$,所以乘法结合律和乘法对加法的分配律在 S 中均成立. 故 S 是 R 的子环.

我们知道,群 G 的子群 H 的单位元就是 G 的单位元. 对于 R 的子环 S 而言,S 的零元显然就是 R 的零元;若 R 是含幺环,则 S 不一定含幺元. 例如,整数环含幺元1,所有偶数作成整数环的一个子环,但无幺元. 即便 S 有幺元,也不一定与扩环 R 的幺元一致,例如,任意域 F 上的所有 $(n > 1)$ 阶方阵作成的环 R,其幺元为单位方阵.

$$I_n = \begin{bmatrix} 1 & 0 & \cdots & 0 \\ 0 & 1 & \cdots & 0 \\ \vdots & \vdots & & \vdots \\ 0 & 0 & \cdots & 1 \end{bmatrix}$$

第 21 章 环(ring)与域(field) 209

又易知,所有形如

$$\begin{bmatrix} a & 0 & \cdots & 0 \\ 0 & 0 & \cdots & 0 \\ \vdots & \vdots & & \vdots \\ 0 & 0 & \cdots & 0 \end{bmatrix} a \in F$$

的 n 阶方阵作成 R 的一个子环,其幺元为

$$\begin{bmatrix} 1 & 0 & \cdots & 0 \\ 0 & 0 & \cdots & 0 \\ \vdots & \vdots & & \vdots \\ 0 & 0 & \cdots & 0 \end{bmatrix} \neq I_n$$

§21.2 环同态

作为代数系统,像群一样,环与环之间的结构关系可以通过同态(同构)来反映. 类似于正规子群,本节将定义理想,类似于商群,将定义剩余环.

定义 21.2.1 设 R 是一个环. N 是 R 的非空子集. 如果

(1) 对任意 $a,b \in N$,有 $a - b \in N$;

(2) 对任意 $a \in N, x \in R$,有 $ax \in N, xa \in N$.

则称 N 为 R 的理想(ideal).

由定义易知,理想一定是子环,但反之不一定.

若 R 是环,则 R 是自身的理想,称为单位理想;$\{0\}$ 也是 R 的理想,称为零理想.

【例 21.4】 设 R 是含幺交换环,$a \in R$,令

$$aR = \{ar \mid r \in R\}$$

则 aR 是 R 的理想,且 $a \in aR$. 我们称这种理想为由 a 生成的主理想,记为 (a).

显然,$(0) = \{0\}$,$(1) = R$,而 $(a) = aR$ 可以说是包含 a 的所有"倍元素"的子环. 例如,在整数环 Z 中,$(m) = mZ$ 就是 m 的所有倍数作成的理想,由 m 生成的主理想.

【例 21.5】 在由系数是整数的多项式构成的环 $Z[x]$ 中,令 N 是常数项为偶数的所有多项式之集合. 于是,N 是 $Z[x]$ 的理想,但不是主理想.

证明: 由定义易证 N 是 $Z[x]$ 的一个理想. 若 N 是主理想,则有 $f(x) \in Z[x]$,使 $N = f(x) Z[x]$. 因为 $2 \in N$,所以有 $g(x) \in Z[x]$,使 $2 = f(x)g(x)$. 从而 $f(x)$ 与 $g(x)$ 均是零次多项式. 不妨设 $f(x) = m \in Z$. 又因为 $x \in N$,所以有 $h(x) \in Z[x]$. 使 $x = f(x)h(x)$. 由 $f(x) = m$ 知 $h(x)$ 必为一次多项式. 不妨设 $h(x) = ax + b$. 于是 $x = m(ax + b)$. 比较 x 的系数得 $ma = 1$. 因此,$m = \pm 1$,但 $m = f(x) = f(x)1 \in f(x)Z[x] = N$,即 $m \in N$,这说明 N 包含 1 或 -1,此与 N 的定义矛盾. 故 N 不是主理想.

由于环 R 的理想 N 是 R 的加法正规子群,因此可将 R 分解为 N 的陪集. N 的一个陪集叫作 N 的一个剩余类,记包含 $a \in R$ 的陪集为 $a + N$.

定义 21.2.2 设 N 是环 R 的理想,$a,b \in R$. 如果 $a - b = n \in N$,或 $a = b + n, n \in N$,则称 a 与 b 模 N 同余(congruent),记为 $a \equiv b \bmod N$.

命题 21.2.1 设 N 是环 R 的理想,$a,b \in R$. 于是,a 和 b 在 N 的同一个剩余类,当且仅当 $a \equiv b \bmod N$.

证明: 设 a 和 b 在 N 的一个形如 $c + N$ 的剩余类中,则存在 $n_1, n_2 \in N$,使 $a = c + n_1, b = c + n_2$.

于是,有 $a - b = n_1 - n_2 \in N$. 因此,$a \equiv b \bmod N$. 反之,设 $a \equiv b \bmod N$,则 $a - b = n \in N$. 令 $a \in c + N$,即 $n' \in N$,使 $a = c + n'$. 于是,有 $b = c + n' - n$,显然 $n' - n \in N$ 故 a 和 b 在 N 的同一个剩余类中.

显然,上述同余关系是一个等价关系.

定理 21.2.1 设 N 是环 R 的理想. 对任意 $a,b,c,d \in R$. 若 $a \equiv b, a \equiv d$,则

（1）$a \pm c \equiv b \pm d$(加法同态性)

（2）$ac \equiv bd$(乘法同态性)

证明:因为 $a \equiv b, c \equiv d$,所以存在 $n_1, n_2 \in N$,使得 $a = b + n_1, c = b + n_2$,于是 $a \pm c \equiv (b \pm d) + (n_1 + n_2), n_1 \pm n_2 \in N$,而且 $ac = bd + bn_2 + n_1 d + n_1 n_1$. 由于 N 是理想,所以 $bn_2 \in N, n_1 d \in N, n_1 n_2 \in N$. 从而 $bn_1 + n_d + n_1 n_2 \in N$. 综上所述,有 $a \pm c \equiv b \pm d, ac \equiv bd$.

定义 21.2.3 设 R 是环,S 是有加法和乘法的代数系统. σ 是 R 到 S 的一个映射. 若对任意 $a, b \in R$,有

$$\sigma(a + b) = \sigma(a) + \sigma(b)$$
$$\sigma(ab) = \sigma(a)\sigma(b)$$

则称 σ 是环 R 到 S 的一个同态;$\sigma(R) \subseteq S$ 称为 R 的同态像. 特别地,若 σ 是满射,则称 R 与 S 同态记为 $R \stackrel{\sim}{\approx} S$;若 σ 是双射,则称 R 与 S 同构,记为 $R \cong S$.

定理 21.2.2 设 R 是环,S 是有加法和乘法的代数系统. 若 σ 是 R 到 S 的同态映射,则 $R' = \sigma(R)$ 也是一个环. 其中,$\sigma(0)$ 就是 R' 的零 $0'$;对任意 $a \in R, -\sigma(a) = \sigma(-a)$;若 R 有幺元 1,且 $|R'| > 1$,则 R' 也有幺元 $1' = \sigma(1)$;若 $a \in R$ 有逆元,则 $\sigma(a)$ 在 R' 中的逆元 $\sigma(a)^{-1} = \sigma(a^{-1})$.

证明:仿照定理 20.5.1 的证明即知结论成立.

定义 21.2.4 设 R 是环,且 $R \stackrel{\sim}{\approx} R'$. 令 R' 中零元 $0'$ 的像源为 $k = \{a \in R | \sigma(a) = 0'\}$ 称为 K 为 σ 的核.

定理 21.2.3 设环 $R \stackrel{\sim}{\approx} R'$. 于是,$\sigma$ 的核 N 是 R 的一个理想. 并且,对任意 $a' \in R', a'$ 的像源.

$$I(a') = \{a \in R | \sigma(a) = a'\}$$

对应 N 的一个剩余类,且这种对应是一一对应的.

证明:由假设知,N 非空,任取 $a, b \in N, x \in R$,有 $\sigma(a - b) = \sigma(a) - \sigma(b) = 0' - 0'$,故 $a - b \in N$.

又 $\sigma(ax) = \sigma(a)\sigma(x) = 0'\sigma(x) = 0'$,故 $ax \in N$. 同理可证 $ax \in N$.

总之任取 $a' \in R'$,设 $\sigma(a) = a'$,且包含 a 的剩余类为 $a + N$. 下证 $I(a') = a + N$.

设 $b \in a + N$,则有 $n \in N$,使 $b = a + n$,于是

$$\sigma(b) = \sigma(a + n) = \sigma(a) + \sigma(n) = a' + 0' = a'$$

这说明 $b \in I(a')$. 故 $a + N \subseteq I(a')$.

反之,设 $b \in I(a')$,则有 $\sigma(b) = a'$,但 $\sigma(a) = a'$,所以 $\sigma(b - a) = \sigma(b) - \sigma(a) = a' - a' = 0$. 于是 $b - a \in N$ 即 $b \equiv a \bmod N$. 从而由命题 21.2.1 知 $b \in a + N$,故 $I(a') \subseteq a + N$.

总之,a' 的像源对应着 N 的一个剩余类. 仿定理 20.5.2 的证明可知这种对应是一一对应的.

现在讨论定理 21.2.3 的反面. 即对于环 R 的任意理想 N,是否有一个环 R',而且有一个 R 到 R' 的满同态 σ,使 N 恰好就是 σ 的核呢? 回答是肯定的.

由于环 R 对加法而言是一个群,因此,若 N 是 R 的理想,则模 N 的所有剩余类按照剩余类的加法 $\oplus$ 作成的一个加法群,即 R 对 N 的商群 R/N. 其中 $(a + N) \oplus (b + N) = (a + b) + N, a, b \in R$. 由定理 21.2.1 之(1)易知,此加法 $\oplus$ 与剩余类中元素的选取无关. 事实上,设 $c \in a + N, d \in b + N$ 则 $a = c, b = d$. 于是 $a + b \equiv c + d$,即 $c + d \in (a + b) + N$.

为了使 R/N 成为一个环,定义剩余类的乘法⊙如下:
$$(a + N) \odot (b + N) = ab + N$$
由定理 21.2.1 之(2)易知,剩余类的乘法与其中元素的选取无关. 事实上,任取 $c \in a + N, d \in b + N$,则 $a \equiv c, b \equiv d$,于是,$ab \equiv cd$,即 $cd \equiv ab + N$.

定理 21.2.4 按剩余类的加法⊕和乘法⊙,环 R 对于理想 N 的所有剩余类的集合 R/N 是一个环. 若规定 $\sigma(a) = a + N, a \in R$,则 $R \overset{g}{\cong} R/N$,其中 σ 的核即是 N.

证明:显然,σ 是 R 到 R/N 的满射. 而且对任意 $a, b \in R$,有
$$\sigma(a + b) = (a + b) + N = (a + N) \oplus (b + N)$$
$$= \sigma(a) \oplus \sigma(b)$$
$$\sigma(ab) = ab + N = (a + N) \odot (b + N)$$
$$= \sigma(a) \odot (\sigma)b$$
因此,由定理 21.2.2 知 R/N 是一个环.

又因为 R/N 的零元素显然是 N. 而 $a \in N$ 当且仅当 $a + N = N$ 当且仅当 $\sigma(a) = N$. 故 N 是 σ 的核.

我们称 R/N 为 R 对 N 的剩余环(residue class ring).

【例 21.6】 若取整数环 **Z** 的主理想(4). 则剩余环 **Z**/(4)由以下 4 个元素组成:
$$0 + (4) = [0]_4$$
$$1 + (4) = [1]_4$$
$$2 + (4) = [2]_4$$
$$3 + (4) = [3]_4$$

定理 21.2.5 设 R 是环,且 $R \overset{g}{\cong} R'$,其核为 N,于是,$R \cong R/N$.

证明:任取 $a' \in R'$. 定义 R' 到 R/N 的映射 τ 如下:
$$\tau(a') = a + N', \sigma(a) = a$$
由定理 21.2.3 知,τ 是双射,下证 τ 的同态性.

任取 $a', b' \in R$. 设 $\tau(a') = a + N, \tau(b') = b + N$,其中 $\sigma(a) = a', \sigma(b) = b'$. 由于 $\sigma(a + b) = \sigma(a) + \sigma(b) = a' + b', \sigma(ab) = \sigma(a)\sigma(b) = a'b'$,所以有
$$\tau(a' + b') = (a + b) + N = (a + N) + (b + N) = \tau(a') + \tau(b')$$
$$\tau(a'b') = ab + N = (a + N)(b + N) = \tau(a')\tau(b')$$
故 $R \cong R/N$.

此定理说明:若把 R 的同态环看作 R 的缩影,则只需取 R 的所有理想 N 而作 R/N. 这样便可找到 R 的所有可能的缩影.

完全和群论中的结论相对应,我们有:

定理 21.2.6 设环 $R \sim R'$,其核为 N. 于是,R 与 N 之间的子环和 R' 的子环一一对应,大环对应大环,小环对应小环,理想对应理想.

【例 21.7】 已知整数集 **Z** 在普通加法和乘法下作成一个环. 令 $m \in \mathbf{Z}, m > 0$,在 $\mathbf{Z}_m = \{[0]_m, [1]_m, \cdots, [m-1]_m\}$ 中规定加法⊕和乘法⊗如下:
$$[X]_m \oplus [y]_m = [x + y]_m$$
$$[X]_m \otimes [y]_m = [xy]_m$$
注意到 $[X]_m = [y]_m$ 当且仅当 $x \equiv y \pmod{m}$,得知运算⊕和⊗是 $\mathbf{Z}_m$ 中封闭运算.

现定义 **Z** 到 $\mathbf{Z}_m$ 的映射为:$\sigma(x) = [x]_m, x \in \mathbf{Z}$,不难验证,$\mathbf{Z} \overset{g}{\cong} \mathbf{Z}_m$,其核 $N = m\mathbf{Z} = \{mn \mid n \in \mathbf{Z}\}$. 于是,**Z** 与 $\mathbf{Z}_m$ 对应,N 与 $\{[0]_m\}$ 对应. 对任何 $\mathbf{Z}_m$ 的子环

$\{[a_0]_m, [a_1]_m, \cdots, [a_{r-1}]_m\}$, 与之对应的 **Z** 与 N 之间的子环为
$$[a_0]_m \cup [a_1]_m \cup \cdots \cup [a_{r-1}]_m$$

定义 21.2.5 一个环 R 称为单纯环(simplicial ring), 如果 R 除 R 自己和(0)外没有别的理想. 环 R 的一个理想 N 说是一个极大理想(maximal ideal), 如果 $N \subset R$, 且 R 与 N 之间没有别的理想.

【**例 21.8**】 设 p 为素数, 则 $(p) \subset K$. 于是, 存在 $q \in K$, 使得 $q \in (p)$. 这说明 $p \nmid q$. 从而 p 与 q 互素, 即存在 $s, t \in \mathbf{Z}$, 使得 $sp + tq = 1$. 由假设有 $p, q \in K$, 于是 $1 = s \cdot p + t \cdot q \in K$, 即 $1 \in K$. 任取 $x \in \mathbf{Z}$, 有 $x = x \cdot 1 \in K$. 故 $K = \mathbf{Z}$. 这就证明了 (p) 与 **Z** 之间无任何理想, 即 (p) 是极大理想.

利用单纯环的概念, 可得:

定理 21.2.7 设 N 是环 R 的理想, 且 $N \subset R$. 于是, N 是 R 的极大理想当且仅当 R/N 是单纯环.

证明: 由定理 21.2.4 知, $R \sim R/N$. 又由定理 21.2.6 知, R 与 N 之间无理想当且仅当 R/N 与 $\{N\}$ 之间无理想当且仅当 R/N 是单纯环. 故结论成立.

定理 21.2.8 任意含幺交换单纯环 R 必是域.

证明: 只需证明 R 中任意非零元有逆.

设 $a \in R, a \neq 0$, 考虑 $(a) = aR$. 因为 $a \neq 0$ 且 $a \in aR$, 所以 $aR \neq \{0\}$. 又因为 R 是单纯环, 因此 $aR = R$. 再由 $1 \in R$ 知, 有 $b \in R$ 使 $ab = 1$, 即 a 在 R 中有逆元 b. 故 R 是一个域.

反之, 我们有:

定理 21.2.9 任意域 F 必是含幺交换单纯环.

证明: 略.

【**例 21.9**】 设 p 为素数, 于是 $\mathbf{Z}_p = \{[0]_p, [1]_p, \cdots, [p-1]_p\}$ 是一个域.

证明: 已知 **Z** 是一个含幺交换环, 由例 21.7 知 $\mathbf{Z} \sim \mathbf{Z}_p$. 故 $\mathbf{Z}_p$ 也是一个含幺交换环. 又由例 21.8 知, (p) 是 **Z** 的极大理想. 从而由定理 21.2.7 知 $\mathbf{Z}/(p)$ 是单纯环. 但 $\mathbf{Z}/(p) = \mathbf{Z}_p$. 即 $\mathbf{Z}_p$ 是一个含幺交换单纯环. 故由定理 21.2.8 知, $\mathbf{Z}_p$ 是一个域.

还可以证明, 若 $\mathbf{Z}_m$ 是一个域, 则 m 必为素数(习题 12).

§21.3 域的特征(characteristic of a field)·质域(prime field)

域是一个交换体. 例如有理数集 **Q**, 实数集 **R** 和复数集 **C** 对数的加法和乘法都作成一个域. 这一节介绍域的特征, 最小域——质域.

在域中, 常将 ab^{-1} 写成 $\dfrac{a}{b}$ 或 $a/b, b \neq 0$. 以下暂用 e 表示域的幺元.

定义 21.3.1 设 F 是一个域, 若存在正整数 n, 使得 $ne = 0$, 且对任何 $m(0 < m < n), me \neq 0$, 则称域 F 的特征为 n; 若不存在这样的 n, 则称域 F 的特征为 0.

【**例 21.10**】 有理数域、实数域、复数域的特征均为 0.

【**例 21.11**】 设 p 为素数, 则 $\mathbf{Z}_p = \{[0]_p, [1]_p, \cdots, [p-1]_p\}$ 是一个域(见 21.2 节例 21.9), 并且特征为 p. 这是因为, 按照 $\mathbf{Z}_p$ 中元素的乘法规定, 其幺元为 $[1]_p, p[1]_p = [p]_p = [0]_p$, 而对任何 $m(0 < m < p), m[1]_p = [m]_p \neq [0]_p$.

定理 21.3.1 任何域的特征或者为 0. 或者为素数.

证明: 设域 F 的特征为 $p \geq 0$. 若 $p \neq 0$ 且 p 不是素数. 则有 $p = mn, 1 < m, n < p$. 于是 $(me)(ne) = (mn)e = pe = 0$. 但域中无零因子, 所以必有 $me = 0$ 或者 $ne = 0$. 这与 p 是 F 的特征相矛盾. 故定理成立.

下面讨论任何域所包含的最小子域是什么.

设 F 是一个域,今定义一个整数环 Z 到 F 的映射 σ 如下:

$$\sigma(n) = ne, \quad n \in \mathbf{Z}$$

于是,对任意 $m, n \in Z$,有

$$\sigma(m+n) = (m+n)e = me + ne = \sigma(m) + \sigma(n)$$

$$\sigma(mn) = (mn)e = (me)(ne) = \sigma(m)\sigma(n)$$

这说明 σ 是 $\mathbf{Z}$ 到 F 的一个同态. 设 N 是 σ 的同态核,即

$$N = \{m \in \mathbf{Z} | \sigma(m) = me = 0'\}$$

设 F 的特征为 p,易知同态像 $\mathbf{Z}' = \sigma(\mathbf{Z})$ 为

$$\mathbf{Z}' = \{ne | n \in \mathbf{Z}\} \subseteq F$$

于是,$\mathbf{Z} \stackrel{\sim}{\approx} \mathbf{Z}'$,此时,同态核 $N = p\mathbf{Z}$,由定理 21.2.5 可知,$\mathbf{Z}' \cong \mathbf{Z}/p\mathbf{Z}$.

（1）若 p 为素数,则由 21.2 节例 21.9 知,$Z/pZ = Z_p$ 是一个域. 因此,Z' 是 F 的子域. 但 F 的任意子域必含幺元 e 及其 $ne, n \in \mathbf{Z}$,即 F 的任意子域必包含 Z',故 Z' 是 F 的最小子域.

（2）若 $p = 0$,则 $pZ = \{0\}$,于是 $Z' \cong Z$. 但 Z 不是域. 这说明 Z' 还不是 F 的子域. 现在把 σ 扩大为有理数域 Q 到 F 的同态映射,需要补充定义:

$$\sigma\left(\frac{m}{n}\right) = \frac{me}{ne} \tag{21.1}$$

其中,$n \neq 0$.

显然,若 $\frac{h}{k} = \frac{m}{n}$,则 $hn = km$,因此 $(he)(ne) = (ke)(me)$,从而 $\frac{he}{ke} = \frac{me}{ne}$. 这说明由式（21.1）所定义的 $\frac{m}{n}$ 的映射由 $\frac{m}{n}$ 唯一确定. 此外,容易验证

$$\sigma\left(\frac{m}{n} + \frac{h}{k}\right) = \sigma\left(\frac{m}{n}\right) + \sigma\left(\frac{h}{k}\right)$$

$$\sigma\left(\frac{m}{n}\frac{h}{k}\right) = \sigma\left(\frac{m}{n}\right)\sigma\left(\frac{h}{k}\right)$$

这说明 σ 是 Q 与 F 的同态映射. 又由式（21.1）,有

$$\sigma = (n) = \sigma\left(\frac{n}{1}\right) = \frac{ne}{e} = (ne)e^{-1} = ne$$

这又说明式（21.1）所规定的 σ 是原来所规定的 $\mathbf{Z}$ 到 F 的同态映射的扩大. 令 Q 在 σ 下的映像 $\sigma(Q)$ 为

$$R_0 = \left\{\frac{me}{ne} \middle| m, n \in \mathbf{Z}, n \neq 0\right\} \subseteq F$$

不难验证,σ 是 Q 到 R_0 的一个双射. 因此,σ 是 Q 到 R_0 的一个同构映射,即 $Q \cong R_0$. 但 F 的任意子域都要包含 e, e 的整数倍 ne,以及商 $\frac{me}{ne}, n \neq 0$,即 F 的任意子域必包含 R_0. 所以,F 包含与 Q 同构的 R_0 为其最小子域.

由于 R_0 与 Q 同构,所以可以利用有理数的习惯表示法,将域 F 中的幺元 e 用 1 表示,ne 用整数 n 表示. 特别,在特征为 0 的情况下,将 $\frac{me}{ne}$ 表示成 m/n,于是,特征为 0 的域便包含有理数域 Q 为最小域;在特征为质数 p 的情况下,用模 p 同余的整数表示 R_p 的同一个元素,于是,R_p 的 p 个元素便可以简单地写成 $0, 1, \cdots, p-1$.

综上所述,我们有:

定理 21.3.2 特征为 p 的任意域 F 包含 R_p 为其最小子域. 称 R_p 为最小域或质域.

设 K 是域 F 的子域. 于是, K 的幺元就是 F 的幺元, 因此, K 的特征与 F 的特征一致. 这说明任意域的特征与它的子域是一致的. 由定理21.3.2知, 若 F 的特征为 p, 则 F 包含的质域与 $R_p = \{0,1,\cdots,p-1\}$ 同构.

定理21.3.3　设 F 是特征为 p 的域, $|F| > 1$. 于是, 对任意 $a \in F, a \neq 0, n \in Z$.

(1) 若 $p = 0$, 则 $na = 0$ 当且仅当 $n = 0$;

(2) 若 p 为素数, 则 $na = 0$ 当且仅当 $n \equiv 0 \pmod{p}$.

证明: (1) 设 $na = 0$, 则 $ne = n(aa^{-1}) = (na)a^{-1} = 0$. 因此, $n = 0$; 反之, 若 $n = 0$, 则 $na = 0$.

(3) 首先 $pa = p(ea) = (pe)a = 0$. 令 $n = qp + r, 0 \leq r < p$. 若 $na = 0$, 则有 $qpq + ra = 0$, 推得 $ra = 0$. 从而 $r = 0$, 故 $n \equiv 0 \pmod{p}$. 反之, 若 $n \equiv 0 \pmod{p}$, 则显然有 $na = 0$.

此定理说明, 域 F 的任意非零元在加法群中的周期与幺元在加法群中的周期一致.

普通代数中的有理数、实数或复数, 它们都是特征为 0 的域中的元素, 它们的运算我们已经很熟悉了. 但在特征是素数 p 的域中, 有些运算方法就与普通的不同.

定理21.3.4　设域 F 的特征是素数 p, $a, b \in F$, 则 $(a \pm b)^p = a^p \pm b^p$.

证明: 由二项式定理

$$(a + b)^p = a^p + C_p^1 a^{p-1} b + \cdots + C_p^{p-1} ab^{p-1} + b^p$$

其中

$$C_p^i = \frac{p(p-1)\cdots(p-i+1)}{i!}, \quad 1 \leq i \leq p-1$$

但 C_p^i 是整数, 而其中的 p 又不能消去, 因此, $C_p^i \equiv 0 \pmod{p}$. 于是, 由定理21.3.3知

$$C_p^i a^{p-i} b^i = 0 \quad i = 1, 2, \cdots, p-1$$

故

$$(a + b)^p = a^p + b^p \tag{21.2}$$

令 $c = a - b$, 则由式(21.2)有

$$a^p = (c + b)^p = c^p + b^p = (a - b)^p + b^p$$

因此, $(a - b)^p = a^p - b^p$.

【例21.12】　在 R_{17} 中 $\dfrac{2}{3}$ 等于什么元素?

解: 因为在 R_{17} 中, $3 \times 6 \equiv 1 \pmod{17}$, 所以, $3^{-1} = 6$. 故

$$\frac{2}{3} = 2 \times 3^{-1} = 2 \times 6 = 12$$

【例21.13】　在 R_5 中, $\sqrt{-1}$ 等于什么?

解: 因为在 R_5 中, $-1 = 4$, 又 $2^2 = 3^2 = 4$, 所以, $\sqrt{-1} = \sqrt{4} = 2$ 或 3.

*§21.4　有限域(finite field)

元素数有限的域称为有限域或 Calois(伽罗瓦)域, 否则称为无限域(infinite field), 例如, 当 p 为素数时, $R_p = \{0,1,\cdots,p-1\}$ 对模 p 的加法和乘法运算作成一个有限域, 记为 $GF(p)$.

显然, 有限域的特征不能为 0, 否则, F 包含有理数域 Q 为最小域.

本节主要讨论有限域的构造.

定义21.4.1　设 F 是一个域, 形如

$$a_0 + a_1 x + \cdots + a_n x^n \tag{21.3}$$

的表达式,称为 F 上关于 x 的多项式,其中元素 x 是一个抽象的符号,n 是任意非负整数,a_0,a_1, $\cdots,a_n \in F$. 若 $a_n \neq 0$,则称 n 为多项式(21.3)的次,而称 a_n 为式(21.3)的首项系数,$a_n = 1$ 的多项式为首 1 多项式. 特别,0 称为 $-\infty$ 次多项式,其中 0 和 1 分别是 F 的零元和幺元.

常将式(21.3)简记为 $\sum_{i=0}^{n} a_i x^i$,两个多项式 $\sum_{i=0}^{n} a_i x^i$ 和 $\sum_{i=0}^{n} b_i x^i$ 称为相等,当且仅当 $m = n$,且 $a_i = b_i$ $i = 0,1,\cdots,n$.

用 $F[x]$ 表示域 F 上 x 的多项式的全体组成的集合,即

$$F[x] = \{ \sum_{i=0}^{n} a_i x^i \mid a_i \in F, n \geq 0, i = 0,1,\cdots,n \}$$

有时,用 $f(x),g(x)$ 等代表任何一个 x 的多项式,多项式 $f(x)$ 的次记为 $\partial(f(x))$.

定义 21.4.2　设 F 是域,在 $F[x]$ 上定义多项式的加法 $\oplus$ 和乘法 $\odot$ 如下:

对任意 $f(x) = \sum_{i=0}^{n} a_i x^i \in F[x]$,　$g(x) = \sum_{i=0}^{m} b_i x^i \in F[x]$,

$$f(x) \oplus g(x) = \sum_{i=0}^{m} (a_i + b_i) x^i$$

$$f(x) \odot g(x) = \sum_{i=0}^{m+n} (\sum_{j=0}^{i} (a_j + b_{i-j})) x^i$$

其中,$M = \max(m,n)$,$i > n$ 时,$a_i = 0$;$i > m$ 时,$b_0 = 0$.

不难验证,$F[x]$ 对于 $\oplus$ 和 $\odot$ 作成一个环,称为多项式环(polynomial ring). 为了方便,有时也将多项式环中运算 $\oplus$ 用 $+$ 表示,运算 $\odot$ 用 $\cdot$ 表示.

定理 21.4.1　设 $f(x),g(x) \in F[x]$,$g(x) \neq 0$,于是,存在唯一的 $q(x),r(x) \in F[x]$,使得

$$f(x) = q(x)g(x) + r(x) \tag{21.4}$$

其中,$\partial(r(x)) < \partial(g(x))$,　$q(x)$ 称为商式,$r(x)$ 称为余式.

证明: 存在性.

若 $\partial(f(x)) < \partial(g(x))$,则令 $q(x) = 0$,$r(x) = f(x)$,式(21.4)即成立;

若 $\partial(f(x)) \geq \partial(g(x))$,则由 $g(x) \neq 0$ 知,$\partial(f(x)) \geq 0$. 下面对 $\partial(f(x))$ 作归纳证明.

设 $f(x) = \sum_{i=0}^{n} a_i x^i$,$g(x) = \sum_{i=0}^{m} b_i x^i$.

① 当 $\partial(f(x)) = 0$,即 $f(x) = a_0$ 时,$g(x) = b_0$,令 $q(x) = a_0 b_0^{-1}$,$r(x) = 0$,则式(21.4)成立.

② 设 $\partial(f(x)) = n - 1 \geq 0$ 时,式(21.4)成立.

③ 当 $\partial(f(x)) = n > 1$ 时,令

$$f_1(x) = f(x) = a_n b_m^{-1} x^{n-m} g(x)$$

则 $\partial(f(x)) \leq n - 1$. 由归纳假设,存在 $q_1(x),r_1(x)$,使得

$$f_1(x) = q_1(x)g(x) + r_1(x)$$

其中,$\partial(r_1(x)) < \partial(g(x))$,于是,

$$f(x) = f_1(x) + a_n b_m^{-1} x^{n-m} g(x)$$
$$= q_1(x)g(x) + r_1(x) + a_n b_m^{-1} x^{n-m} g(x)$$
$$= (a_n b_m^{-1} x^{n-m} g(x) + q_1(x))g(x) + r_1(x)$$

唯一性. 设

$$f(x) = q(x)g(x) + r(x) = q'(x)g(x) + r'(x)$$

其中,$\partial(r(x)) < \partial(g(x))$,$\partial(r'(x)) < \partial(g'(x))$,于是

$$(q(x) - q'(x))g(x) = r'(x) - r(x)$$

显然,$\partial(r'(x) - r(x)) < \partial(g(x))$.

故必有 $q(x) - q'(x) = 0$,即 $q(x) = q'(x)$,从而 $r'(x) = r(x)$.

【例 21.14】　考虑域 $R_3 = \{0,1,2\}$ 上的多项式

$$f(x) = 1 + 2x + 2x^2 + x^4 + 2x^5$$
$$g(x) = 1 + x^2$$

求 $f(x)$ 被 $g(x)$ 除的商式和余式.

解　按 R_3 中的模 3 加法和乘法,有

$$
\require{enclose}
\begin{array}{r}
2x^3 + x^2 + x \\
x^2+1 \enclose{longdiv}{2x^5 + x^4 \phantom{+{}} + 2x^2 + 2x + 1} \\
\underline{2x^5 \phantom{+x^4+{}} 2x^3 } \\
x^4 + x^3 + 2x^2 + 2x + 1 \\
\underline{x^4 \phantom{+x^3+{}} + x^2 } \\
x^3 \phantom{+{}} + x^2 + 2x + 1 \\
\underline{x^3 \phantom{+x^2+{}} x } \\
x^2 \phantom{+{}} + x + 1 \\
\underline{x^2 \phantom{+x+{}} 1} \\
x
\end{array}
$$

故 $q = 2x^3 + x^2 + x + 1, r(x) = x$.

类似于整数之间的整除等概念,我们有:

定义 21.4.3　设 $f(x), g(x) \in F[x]$.

(1)若存在 $q(x) \in F[x]$,使 $f(x) = q(x)g(x)$,则称 $g(x)$ 是 $f(x)$ 的因式(factor),$f(x)$ 是 $g(x)$ 的倍式(multiple);并称 $g(x)$ 整除 $f(x)$,记为 $g(x) | f(x)$,否则,记为 $g(x) \nmid f(x)$.

(2)设 $f(x)$ 和 $g(x)$ 不全为 0. 若 $h(x)$ 是满足 $h(x) | f(x)$ 和 $h(x) | g(x)$ 的次数最高的首 1 多项式,则称 $h(x)$ 为 $f(x)$ 和 $g(x)$ 的最高公因式,记为 $(f(x), g(x))$,若 $(f(x), g(x)) = 1$,则称 $f(x)$ 与 $g(x)$ 互素(mutually prime).

(3)设 $f(x) \neq 0, g(x) \neq 0$,若 $h(x)$ 是满足 $f(x) | h(x), g(x) | h(x)$ 的次数最低首 1 多项式,则称 $h(x)$ 为 $f(x)$ 和 $g(x)$ 的最低公倍式(least common multiple),记为 $[f(x), g(x)]$.

(4)若 $f(x) = h(x)g(x)$,其中 $\partial(h(x)) \geq 1$ 且 $\partial(g(x)) \geq 1$,则称 $f(x)$ 为可约多项式(reducible polynomial). 否则称为不可约多项式(inreducible polynomial).

易知,每个一次多项式都是不可约的,又设 $x^2 + 1 \in F[x]$. 若 F 是实数域,则 $x^2 + 1$ 是不可约多项式;若 F 是复数域,则 $x^2 + 1 = (x+i)(x-i)$,故是可约多项式.

定义 21.4.4　设 E 是域 F 的扩域. $f(x) \in F[x]$,$a \in E$,$f(x)$ 在 a 上的值定义为用 a 代替 $f(x)$ 中的所有 x 而得到的 E 中的元素,记为 $f(a)$. 若 $f(a) = 0$,则称 a 为 $f(x)$ 在 E 中的根.

例如,$f(x) = x^2 + 1$ 是有理数 $\mathbf{Q}$ 上的多项式,它在 $\mathbf{Q}$ 中无根,在($\mathbf{Q}$ 的扩域)实数域 $\mathbf{R}$ 中也无根,但它在($\mathbf{R}$ 的扩域,也是 $\mathbf{Q}$ 的扩域)复数域中的根为 i 和 $-$i.

由定理 21.4.1,我们有:

定理 21.4.2　设 E 是域 F 的扩域,$f(x) \in F[x]$,$a \in E$. 于是,a 是 $f(x)$ 在 E 中的根,当且仅当 $(x-a) | f(x)$.

类似于质域 $R_p = \{0, 1, \cdots, p-1\}$,我们可以对 $F[x]$ 中的不可约多项式 $p(x)$,构成一个域 $F[x]_{p(x)}$.

定义 21.4.5　设 $p(x) \in F[x]$ 是 n 次不可约多项式. 令

$$F[x]_{p(x)} = \left\{ \sum_{i=0}^{n-1} a_i x^i \,\middle|\, a_i \in F, i = 0, 1, \cdots, n-1 \right\}$$

在 $F[x]_{p(x)}$ 上定义二元运算 $\oplus$ 和 $*$ 如下:对任意 $f(x)$、$g(x) \in F[x]_{p(x)}$

$$f(x) \oplus g(x) = f(x) + g(x)$$
$$f(x) * g(x) = (f(x)g(x))_{p(x)}$$

其中,$(f(x))_{p(x)}$ 表示 $f(x)$ 除以 $p(x)$ 的余式.

定理 21.4.3 设 F 是有限域,于是 $F[x]_{p(x)}$ 对于 $\oplus$ 和 $*$ 作成一个域,当且仅当 $p(x)$ 是 F 上的不可约多项式.

证明: 显然,$F[x]_{p(x)}$ 是有限可交换环,由 21.1 节的定理 21.1.3 知,有限整环必是域,而 $F[x]_{p(x)}$ 是有限整环当且仅当 $F[x]_{p(x)}$ 中无零因子. 故我们只需证明 $F[x]_{p(x)}$ 中无零因子当且仅当 $p(x)$ 是 F 上的不可约多项式.

设 $F[x]_{p(x)}$ 中无零因子. 若 $p(x)$ 是 F 上的可约多项式,则有非零次多项式 $f(x)$ 和 $g(x)$,使得

$$p(x) = f(x)g(x)$$

于是

$$f(x) * g(x) = (f(x)g(x))_{p(x)} = (p(x))_{p(x)} = 0$$

这说明 $f(x)$ 和 $g(x)$ 是 $F[x]_{p(x)}$ 中的零因子,矛盾.

另一方面,设 $p(x)$ 是 F 上的 n 次不可约多项式.

若 $F[x]_{p(x)}$ 中有零因子 $f(x), g(x) \neq 0$,使得

$$f(x) * g(x) = 0$$

则存在 $h(x) \in F[x]$,使得

$$f(x)g(x) = h(x)p(x) \tag{21.5}$$

显然 $\partial(h(x)) \geq 1$,否则,与 $p(x)$ 不可约矛盾.

设

$$(f(x), h(x)) = q_1(x)$$
$$(g(x), h(x)) = q_2(x)$$

于是,$\partial(q_1(x)) \leq \partial(f(x))$, $\partial(q_2(x)) \leq \partial(g(x))$

若 $\partial(q_1(x)) \leq \partial(f(x))$ 且 $\partial(q_2(x)) = \partial(g(x))$,则必有 $\partial(h(x)) \geq \partial(f(x))$ 且 $\partial(h(x)) \geq \partial(g(x))$,从而

$$\partial(h(x)p(x)) = \partial(h(x)) + \partial(p(x)) \geq \partial(f(x)) + n > \partial(f(x)) + (n-1)$$
$$\geq \partial(f(x)) + \partial(g(x)) = \partial(f(x)g(x))$$

此与式(21.5)矛盾,故不妨设 $\partial(f(x), h(x)) = q(x)$ 且 $\partial(q(x)) < \partial(f(x))$. 于是有

$$f'(x), h'(x) \in F[x]$$

使得

$$f(x) = f'(x)q(x) \tag{21.6}$$
$$h(x) = h'(x)q(x) \tag{21.7}$$

其中,$\partial(f'(x)) \geq 1$.

因为 $q(x)$ 是 $f(x)$ 和 $h(x)$ 的最高公因式,所以存在 $a(x), b(x) \in F[x]$,使得

$$a(x)f(x) + b(x)h(x) = q(x) \tag{21.8}$$

由式(21.6)、式(21.7)和式(21.8)得

$$a(x)f'(x) + b(x)h'(x) = 1$$

这说明 $f'(x)$ 与 $h'(x)$ 互素. 又由式(21.5)、式(21.6)和式(21.7)得

$$g(x)f'(x) = h'(x)p(x)$$

从而 $f'(x) | h'(x)p(x)$,但 $f'(x)$ 与 $h'(x)$ 互素,故

$$f(x) | p(x)$$

而且 $\partial(f'(x)) \geq 1$. 这说明 $p(x)$ 是可约的,矛盾.

总之,定理成立.

容易验证,F 是 $F[x]_{p(x)}$ 的子域,此外,若 $p(x)$ 是一次多项式,则 $F[x]_{p(x)} = F$;若 $p(x) = p_0 + p_1 x + \cdots + p_n x^n$ 是 F 上的 $n(\geqslant 2)$ 次不可约多项式,则

$$0 = (p(x))_{p(x)} = (p_0 + p_1 x + \cdots + p_n x^n)_{p(x)}$$
$$= p_0 \oplus p_1 * x \oplus \cdots \oplus p_n * x * x * \cdots * x$$

这说明 x 是 F 上不可约多项多 $p(x)$ 在 $F[x]_{p(x)}$ 中的根. 因此,又称 $F[x]_{p(x)}$ 是添加 $p(x)$ 的根到 F 上面得到的域.

【例 21. 15】 给定域 $F = \{0, 1\}$ 上的多项式 $p(x) = x^2 + x + 1$ 因 $p(0) = p(1) = 1$,故 $p(x)$ 是 F 上的不可约多项式. 但 $(p(x))_{p(x)} = 0$,且由 $p(x) = x(x + 1) + 1$ 知 $(p(x+1))_{p(x)} = ((x+1)x + 1)_{p(x)} = (p(x))_{p(x)} = 0$. 因此 $F[x]_{p(x)} = \{0, 1, x, x + 1\}$,$F[x]_{p(x)}$ 是 F 的扩域,其中 x 和 $x + 1$ 均为 $p(x)$ 在 $F[x]_{p(x)}$ 中的根.

由定理 21.4.3 知,要构造一个域 $F[x]_{p(x)}$,首先得确定 F 上的不可约多项式 $p(x)$,那么如何判断 $p(x)$ 是不可约的呢? 可以用类似于判定素数的方法进行.

若 $p(x)$ 是可约的 n 次多项式,则有

$$p(x) = f(x)g(x)$$

其中,$\partial(f(x)) \leqslant \left\lfloor \dfrac{n}{2} \right\rfloor$ 或者 $\partial(g(x)) \leqslant \left\lfloor \dfrac{n}{2} \right\rfloor$. 因此,如果所有次数不高于 $\left\lfloor \dfrac{n}{2} \right\rfloor$ 的不可约多项式都不是 $p(x)$ 的因式. 则 $p(x)$ 就是一个不可约多项式.

【例 21. 16】 设域 $F = \{0, 1\}$,则

(1) F 上的一次不可约多项式有 $x, x + 1$;

(2) F 上的二次可约多项式有 $x^2, x(x + 1) = x^2 + x, (x+1)^2 = x^2 + 1$,从而二次不可约多项式为 $x^2 + x + 1$.

由上节可知,有限域的特征为质数 p. 有限域的元素个数也与特征 p 有关.

定理 21.4.4 每个有限域的阶(即元素个数)必为质幂.

证明: 设限域 F 的特征为 p. 则 F 包含 p 阶质域 F_1.

若 $F = F_1$,则定理得证,否则,有 $x_1 \in F - F_1$. 令 $F_2 = \{a_1 + a_2 x_1 \mid a_1 a_2 \in F_1\}$,由 $|F_1| = p$ 知 $|F_2| \leqslant p^2$. 下证 $|F_2| = p_2$.

若 $|F_2| < p^2$,则存在 $a_1, a_2, b_1, b_2 \in F_1$,$a_1 \neq b_1$ 或 $a_2 \neq b_2$,使得 $a_1 + a_2 x_1 = b_1 + b_2 x_1$,即 $(a_2 - b_2)x_1 = b_1 - a_1$. 若 $a_2 \neq b_2$,则 $x_1 = (a_1 - b_2)^{-1}(b_1 - a_2) \in F_1$,矛盾,因此,$a_2 = b_2$,从而 $a_1 = b_1$,矛盾. 故 $|F_2| = p^2$.

若 $F = F_2$,则定理得证,否则 $x_2 \in F - F_2$,令 $F_3 = \{a_1 + a_2 x_1 + a_3 a_2 \mid a_1, a_2, a_3 \in F_1\}$. 易知 $F_2 \subseteq F_3 \subseteq F$. 仿上可记为 $|F_3| = p^3$. 由于 F 有限,故必有 $F_n = F$,且 $|F_n| = p^n$.

§21.5   有限域的结构

上节中,我们通过多项式环 $F[x]$ 及不可约多项式 $p(x)$,构造了一个域 $F[x]_{p(x)}$. 并证明了任何有限域 F 的元素的个数必为 p^n 的形式,其中 p 为 F 的特征,本节讨论有限域的结构. 以下总设 p 为素数.

定理 21.5.1 域 F 上的 n 次多项式在 F 中至多有 n 个根.

证明: 对 n 进行归纳证明.

(1) 0 次多项式是 F 中的非零元素,在 F 中没有根.

(2) 设 F 上的所有 n 次多项式在 F 中至多只有 n 个根.

(3) 设 $f(x)$ 是 F 上的 $n+1$ 次多项式.

若 $f(x)$ 在 F 中没有根,则定理成立;若 $f(x)$ 在 F 中有根 a,则存在 $g(x) \in F[x]$,使得

$$f(x) = (x-a)g(x)$$

并且 $\partial(g(x)) = n$. 由归纳假设,$g(x)$ 在 F 中至多只有 n 个根. 故 $f(x)$ 在 F 中只有 $n+1$ 个根.

定理 21.5.2　p^n 阶域 F 中每个元素都是多项式 $x^{p^n} - x$ 的根.

证明:显然,0 是 $x^{p^n} - x$ 的根. 由于 $F - \{0\}$ 对乘法成群,且其阶为 $p^n - 1$,故每个元素 $a \in F - \{0\}$ 的周期都整除 $p^n - 1$. 因此,a^{p^n-1},即 $a^{p^n} - a = 0$.

定理 21.5.3　任意有限域的乘法群是循环群,其生成元称为域的本原元(primitive element).

证明:设 F 为 p^n 阶域,乘法群 $F - \{0\}$ 中元素的最大周期为 m,则 $m \leqslant p^n - 1$. 因为 $F - \{0\}$ 是交换群,所以,对任意 $a \in F - \{0\}$,a 的周期是 m 的因子,从而 $a^m = 1$,即 $x^m - 1$ 在 F 中有 $p^n - 1$ 个根,但至多只有 m 个根,故 $p^n - 1 \leqslant m$,于是 $m = p^n - 1$.

这说明 $F - \{0\}$ 是循环群.

【例 21.17】　给定域 $F = \{0,1\}$ 上的多项式 $p(x) = x^3 + x^2 + 1$,易知 $p(x)$ 是 F 上的不可约多项式,于是 $F[x]_{p(x)}$ 是一个 8 阶域,其元素为 $0, 1, x, x+1, x^2, x^2+1, x^2+x, x^2+x+1$. 令 $a = x$,则 $a = x, a^2 = x^2, a^3 = x^2+1, a^4 = x^2+x+1, a^5 = x+1, a^6 = x^2+x, a^7 = 1$,因此,$x$ 是 $F[x]_{p(x)}$ 的本原元.

定理 21.5.4　设 $f(x)$ 是 p 阶域 F 上的多项式,则 $(f(x))^p = f(x^p)$.

证明:对 $\partial(f(x))$ 进行归纳证明.

(1) $f(x) = a_0$ 时,$(f(x))^p = a_0^p = f(x^p)$.

(2) 设对所有 n 次多项式,结论成立.

(3) 设 $f(x)$ 为 $n+1$ 次多项式 $\sum_{i=0}^{m+1} a_i x^i$,则

$$(f(x))^p = (\sum_{i=0}^{n} a_i x^i + a_{n+1} x^{n+1})^p = (\sum_{i=0}^{n} a_i x^i)^p + (a_{n+1} x^{n+1})^p$$

$$= \sum_{i=0}^{n} a_i (x^p)^i + a_{n+1} (x^p)^{n+1} = f(x^p)$$

定义 21.5.1　设域 F 的特征为 p. $a \in F$. F 的最小子域上的以 a 为根的次数最低的首 1 多项式称为 a 的最小多项式(minimal polynomial). 记为 $M_a(x)$.

定理 21.5.5　有限域 F 的每个元素 a 都有唯一的最小多项式 $M_a(x)$,且 $M_a(x)$ 是 F 的最小子域上的不可约多项式.

证明:存在性. 设域 F 的阶为 p^n,$a \in F$. 则由定理 21.5.2,a 是 $x^{p^n} - x$ 的根. 故 $M_a(x)$ 是存在的.

唯一性. 设 $f(x)$ 和 $g(x)$ 都是 a 的最小多项式. 显然,a 也是 $f(x) - g(x)$ 的根. 但 $\partial(f(x) - g(x)) < \partial(f(x))$. 设 $f(x) - g(x)$ 的首项系数为 c,则 $c^{-1}(f(x) - g(x))$ 是比 $f(x)$ 次数更低的 a 的最小多项式,矛盾,故 $f(x) = g(x)$.

不可约性:$M_a(x)$ 是 F 的最小子域上的可约多项式. 则有 $f(x)$ 和 $g(x)$ 使 $M_a(x) = f(x)g(x)$,其中 $\partial(f(x)) \geqslant 1, \partial(g(x)) \geqslant 1$. 于是 $f(a)g(a) = M_a(x) = 0$. 从而 $f(a) = 0$ 或者 $g(a) = 0$. 此与 $M_a(x)$ 是 a 的最小多项式矛盾,故 $M_a(x)$ 不可约.

【例 21.18】　设域 $F = \{0,1\}$,$p(x) = x^2 + x + 1$. 求 $F[x]_{p(x)}$ 中每个元素所对应的最小多项式.

解:由 21.4 节例 21.15 知,$F[x]_{p(x)} = \{0, 1, x, x+1\}$.

① 显然,$M_0(x) = x$;

② 因为 $1+1 = 0$,所以 $M_1(x) = x+1$;

③ 因为 $(x^2 + x + 1)_{p(x)} = 0$，所以，$M_x(x) = M_{x+1}(x) = x^2 + x + 1$.

定理 21.5.6　设 F 是特征为 p 的有限域，a 是 F 的最小子域上的多项式 $f(x)$ 的根，则

$$M_a(x) \mid f(x)$$

证明：设 F 的最小子域为 F_p，由定理 21.4.1，存在 $q(x), r(x) \in F_p[x]$，使得

$$f(x) = q(x) M_a(x) + r(x)$$

其中，$\partial(r(x)) < \partial(M_a(x))$. 因为 $f(a) = M_a(a) = 0$，所以 $r(a) = 0$. 于是必有 $r(x) = 0$. 故 $M_a(x) \mid f(x)$.

定理 21.5.7　设 $f(x)$ 是 p 阶域 F 上的 n 次不可约多项式. $q(x)$ 是 F 上的次数大于 n 的不可约多项式，于是

$$f(x) \mid x^{p^n} - x \text{ 且 } g(x) \nmid x^{p^n} - x$$

证明：因为 $F[x]_{f(x)}$ 是 F 的 p^n 阶扩域，所以，由定理 21.5.2 知，$x \in F[x]_{f(x)}$ 是 $x^{p^n} - x$ 的根，又由 $f(x)$ 的假设知 $f(x)$ 是 x 的最小多项式，故由定理 21.5.6 知，$f(x) \mid x^{p^n} - x$.

设 $\partial(g(x)) = m > n$. 若 $g(x) \mid x^{p^n} - x$，即 $(x^{p^n} - x)_{g(x)} = 0$，则 $(x^{p^n})_{g(x)} = x$.

任取 $h(x) \in F[x]_{g(x)}$，由定理 21.5.4 知

$$(h(x))^{p^n} = (h(x))^{p^n}_{g(x)} = (h(x^{p^n}))_{g(x)} = ((h(x^{p^n}))_{g(x)})_{g(x)} = (h(x))_{g(x)} = h(x)$$

因此，$(h(x))^{p^n} - h(x) = 0$，从而 $h(x)$ 是 $x^{p^n} - x$ 在 $F[x]_{g(x)}$ 中的根，但这样的 $h(x)$ 共有 $p^m (> p^n)$ 个，此与定理 21.5.1 矛盾. 故 $g(x) \nmid x^{p^n} - x$.

定理 21.5.8　设 F 是特征为 p 的有限域，$a \in F$，$\partial(M_a(x)) = n$. 于是，$a^{p^n} = a$，并且对任意 m $(0 < m < n)$，$a^{p^m} \neq a$.

证明：设 F_p 为 F 的最小子域，于是 $M_a(x)$ 是 F_p 上的 n 次不可约多项式，从而由定理 21.5.7 知，$M_a(x) \mid x^{p^n} - x$. 故 a 也是 $x^{p^n} - x$ 的根，即 $a^{p^n} = a$.

对任意 $m (0 < m < n)$，设

$$x^{p^m} - x = q(x) M_a(x) + r(x)$$

其中，$q(x), r(x) \in F[x]$，且 $\partial(r(x)) < n$.

若 $a^{p^m} = a$，则 $r(a) = 0$，从而 $r(x) = 0$，于是，$M_a(x) \mid x^{p^m} - x$，此与定理 21.5.7 矛盾，故 $a^{p^m} \neq a$.

定理 21.5.9　设 F 为 p 阶域，$f(x)$ 是 F 上的 n 次不可约多项式，a 是 $f(x)$ 在 $F[x]_{f(x)}$ 中的根，则 $f(x)$ 在 $F[x]_{f(x)}$ 中有 n 个不同的根：$a, a^p, a^{p^2}, \cdots, a^{p^{n-1}}$.

证明：由定理 21.5.4 知 $(f(x))^p = f(x^p)$. 于是，若 a 是 $f(x)$ 在 $F[x]_{f(x)}$ 中的根，则 $f(a)^p = (f(a))^p = 0$，即 a^p 也是 $f(x)$ 的根，由此及定理 21.5.1 知，$a, a^p, \cdots, a^{p^{n-1}}$ 是 $f(x)$ 在 $F[x]_{f(x)}$ 中的所有根.

下证它们互不相同.

若 $a^{p^i} = a^{p^j}$，$0 \leqslant i < j \leqslant n-1$，则

$$(a^{p^{j-i}} - a)^{p^i} = (a^{p^{j-i}})^{p^i} - a^{p^i} = a^{p^j} - a^{p^i} = 0$$

由于域中无零因子，故必有 $a^{p^{j-i}} - a = 0$，即 $a^{p^{j-i}} = a$. 但 $0 < j - i < n$，而 a 的最小多项次数为 n. 此与定理 21.5.8 矛盾.

定理 21.5.10　设 $x^m - 1$ 和 $x^n - 1$ 是域 F 上的两个多项式，于是，$x^m - 1 \mid x^n - 1$ 当且仅当 $m \mid n$.

证明：设 $m \mid n$，即 $n = qm$，则

$$x^n - 1 = (x^m - 1)(x^{(q-1)m} + x^{(q-2)m} + \cdots + x^m + 1)$$

因此 $x^m - 1 \mid x^n - 1$.

反之，设 $x^m - 1 \mid x^n - 1$. 令 $n = qm + r$，$0 \leqslant r < m$，则

$$x^n - 1 = x^{qm+r} - 1 = x^r (x^{qm} - 1) + (x^r - 1)$$

由于 $x^m - 1 \mid x^n - 1$ 且 $x^m - 1 \mid x^{qm} - 1$，所以必有

$$x^m - 1 \mid x^r - 1$$

但 $0 \leqslant r < m$，故必有 $r = 0$，从而 $m \mid n$。

定理 21.5.11　p 阶域 F 上的多项式 $x^{p^n} - x$ 没有重因式，即不存在 F 上不可约多项式 $g(x)$，使得 $(g(x))^2 \mid x^{p^n} - x$。并且，若 $f(x)$ 是 F 的 m 次不可约多项式，则 $f(x) \mid x^{p^n} - x$ 当且仅当 $m \mid n$。

证明：设 $x^{p^n} - x = h(x)(g(x))^2$，其中 $h(x), g(x) \in F[x]$，且 $g(x)$ 是 F 上的不可约多项式，由于 x 表示任何文字，因此，我们可以对上式两边求 x 的导函数，得

$$p^n x^{p^n-1} - 1 = h'(x)(g(x))^2 + ah(x)g(x)g'(x)$$

其中，$h'(x)$ 和 $g'(x)$ 分别是 $h(x)$ 和 $g(x)$ 对 x 的导函数。

设 a 是 $g(x)$ 在 $F[x]_{g(x)}$ 上的根，则 $p^n x^{p^n-1} - 1 = 0$，即 $p^n x^{p^n-1} = 1$，但 $F[x]_{g(x)}$ 的特征为 p，所以 $p^n x^{p^n-1} = 0$，矛盾。故 $x^{p^n} - x$ 无重因式。

又设 $m \mid n$，则由定理 21.5.9 知，$p^m - 1 \mid p^n - 1$。从而 $x^{p^m-1} - 1 \mid x^{p^n-1} - 1$，进而 $x^{p^m} - x \mid x^{p^n} - x$。再由定理 21.5.7 知，$f(x) \mid x^{p^m} - x$。故 $f(x) \mid x^{p^n} - x$。

反之，$f(x) \mid x^{p^n} - x$。令 $n = qm + r, 0 \leqslant r < m$。设 a 是 $f(x)$ 在 $F[x]_{f(x)}$ 中的根，则 a 也是 $x^{p^n} - x$ 的根，而且由定理 21.5.2 知，a 又是 $x^{p^m} - x$ 的根，于是 $a^{p^n} = a$ 且 $a^{p^m} = a$，从而 $a = a^{p^n} = a^{p^{qm+r}} = (a^{p^{qm}})^{p^r} = a^{p^r}$。再由定理 15.5.8 知 $r = 0$。故 $m \mid n$。

下面计算质域上任意次的不可约首 1 多项式的数目。

定理 21.5.12　设 $N_p(m)$ 表示 p 阶域 F 上的 m 次不可约首 1 多项式的数目，则

$$p^n = \sum_{m \mid n} m \cdot N_p(m) \quad （对 n 的所有因子求和）$$

证明：由定理 21.5.11 知

$$x^{p^n} - x = \prod_{m \mid n} \left(\prod_{i=1}^{N_p(m)} f_{m_i} \right)$$

其中，$f_{m_1}(x), f_{m_2}(x), \cdots, f_{m_K}(x) (K = N_p(m))$ 是所有不同的 m 次不可约首 1 多项式，显然，x^{p^n} 只能由这些多项式的首项相乘得到。所以

$$p^n = \sum_{m \mid n} m \cdot N_p(m)$$

利用此定理，可以递推地计算出质域上任意次的不可约首 1 多项式的数目。

【例 21.19】　对 $m = 1, 2, 3, 4, 5$。计算 $N_2(m)$ 如下：

$$N_2(1) = 2;$$
$$N_2(2) = (2^2 - N_2(1))/2 = 1;$$
$$N_2(3) = (2^3 - N_2(1))/3 = 2;$$
$$N_2(4) = (2^4 - N_2(1) - 2N_2(2))/4 = 3;$$
$$N_2(5) = (2^5 - N_2(1))/5 = 6;$$

我们知道，任何有限域的阶都是某个质数的幂。反过来，我们有：

定理 21.5.13　对任意质数 p 和正整数 n，存在 p^n 阶域。

证明：若能证明对任意质数 p 和正整数 n，$N_p(n) > 0$，则由定理 21.5.12 知，存在 p 阶质域 F 上的 n 次不可约多项式 $f(x)$，于是，$F[x]_{f(x)}$ 即为 p^n 阶域。

显然，$N_p(1) = p > 0$，而且由定理 21.5.12 知，对任意正整数 m 有 n。

$$m N_p(m) \leqslant p^m$$

设 $n \geqslant 2$。因为 n 的任意真因子 $m \leqslant \left[\dfrac{n}{2} \right]$，所以

$$N_p(n) = \left(p^n - \sum_{m \mid n, m \neq n} m \cdot N_p(m) \right)/n \geqslant \left(p^n - \sum_{m=1}^{[n/2]} p^m \right)/n$$

$$= \left(p^n - \frac{p^{[n/2]+1} - p}{p-1} \right) / n \geq (p^n - p^{[n/2]+1} + p)/n$$

显然, $n \geq [n/2] + 1$, 故 $p^n - p^{[n/2]+1} \geq 0$, 于是

$$N_p(n) \geq p/n > 0$$

定理 21.5.14 同阶有限域必同构.

证明: 设 F 和 F' 是两个 p^n 阶域. F 和 F' 的最小子域分别为 $R_p = \{0, 1, \cdots, p-1\}$ 和 $R'_p = \{0', 1', \cdots, (p-1)'\}$, 定义 $\sigma(i) = i'$, 显然在 $R_p \to R'_p$ 为 $\sigma(i) = i'$. 显然 $R_p \overset{\sigma}{\cong} R'_p$.

设 R_p 上的 m 次多项式 $f(x)$ 是 F 的一个本原元 ξ 的最小多项式, 令

$$F_0 = \{a_0 + a_1\xi + \cdots + a_{m-1}\xi^{m-1} \mid a_0, a_1, \cdots, a_{m-1} \in R_p\}$$

显然 $F_0 \subseteq F$. 设

$$x^i = q_i(x)f(x) + r_i(x)$$

其中, $\partial(r_i(x)) < m, i = 0, 1, \cdots, p^n - 2$. 于是有 $r_i(\zeta) \in F_0, i = 0, 1, \cdots, p^n - 2$. 但 $F = \{0, \zeta^0, \zeta^1, \cdots, \zeta^{p^n-2}\}$, 且 $0 \in F_0$, 因此 $F = F_0$, 故 $m = n$. 不妨设

$$f(x) = f_0 + f_1x + \cdots + f_{n-1}x^{n-1} + 1x^n$$

并令

$$g(x) = f'_0 + f'_1x + \cdots f'_{n-1}x^{n-1} + 1'x^n$$

其中, $1' = \sigma(1), f'i = \sigma(f_i), i = 0, 1, \cdots, n-1$. 于是, $g(x)$ 是 R'_p 上的 n 次不可约多项式, 由定理 21.5.7 $g(x) \mid x^{p^n} - x$. 又由定理 21.5.2, F' 中的 p^n 个元素都是 $x^{p^n} - x$ 的根, 因此, $g(x)$ 的 F' 中有根, 设 ζ' 是 $g(x)$ 在 F' 中的一个根. 于是 $g(x)$ 是 ζ' 的最小多项式.

现定义 $\varphi: F \to F'$ 如下, 对任意 $\sum_{i=0}^{n-1} a_i\zeta^i \in F, \varphi(\sum_{i=0}^{n-1} a_i\zeta^i) = \sum_{i=0}^{n-1} a'_i\zeta'^i$, 其中 $a_i = \sigma(a_i)$.

由于 σ 是双射, 所以, 容易验证 φ 也是一个映射, 此外, 对任意 $\sum_{i=0}^{n-1} a_i\zeta^i \in F$ 和 $\sum_{i=0}^{n-1} b_i\zeta^i \in F$,

$$\varphi\left(\sum_{i=0}^{n-1} a_i\zeta^i + \sum_{i=0}^{n-1} b_i\zeta^i\right) = \varphi\left(\sum_{i=0}^{n-1} (a_i + b_i)\zeta^i\right) = \sum_{i=0}^{n-1} (a_i + b_i)'\zeta'^i = \sum_{i=0}^{n-1} a'_i\zeta'^i + \sum_{i=0}^{n-1} b'_i\zeta'^i$$

$$= \varphi\left(\sum_{i=0}^{n-1} a_i\zeta^i\right) + \varphi\left(\sum_{i=0}^{n-1} b_i\zeta^i\right)$$

设

$$\varphi\left(\sum_{i=0}^{n-1} a_i\zeta^i\right)\left(\sum_{i=0}^{n-1} b_i\zeta^i\right) = \left(\sum_{i=0}^{k} (q_ix^i)f(x) + \sum_{i=0}^{n-1} c_ix^i\right)$$

$$\left(\sum a'_i\zeta'^i\right)\left(\sum b'_i\zeta'^i\right) = \left(\sum_{i=0}^{k} q'_ix^i\right)g(x) + \sum_{i=0}^{n-1} c'_ix^i$$

于是

$$\varphi\left(\left(\sum_{i=0}^{n-1} a_i\zeta^i\right)\left(\sum_{i=0}^{n-1} b_i\zeta^i\right)\right) = \varphi\left(\sum_{i=0}^{n-1} c_ix^i\right) = \sum_{i=0}^{n-1} c'_i\zeta'^i = \left(\sum_{i=0}^{n-1} a'_i\zeta'^i\right)\left(\sum_{i=0}^{n-1} b'_i\zeta'^i\right)$$

$$= \varphi\left(\sum_{i=0}^{n-1} a_i\zeta^i\right)\varphi\left(\sum_{i=0}^{n-1} b_i\zeta^i\right)$$

这说明 φ 是 F 到 F' 的同态.

如果 $\sum_{i=0}^{n-1} a'_i\zeta'^i = \sum_{i=0}^{n-1} b'_i\zeta'^i$, 则因为 $g(x)$ 是 ζ' 的 (n 次) 最小多项式, 所以 $a'_i = b'_i$, 从而 $a_i = b_i$, $i = 0, 1, \cdots, n-1$. 故 $\sum_{i=0}^{n-1} a_i\zeta^i = \sum_{i=0}^{n-1} b_i\zeta'^i$, 这说明 φ 是单射. 显然, φ 是满射.

总之, $F \overset{\sigma}{\cong} F'$.

§21.6 纠 错 码

我们知道, 在计算机中和数据通信中, 经常需要将二进制数字信号进行传递, 这种传递的距离近

则几毫米,远则超过几千千米. 在传递信息过程中,由于存在着各种干扰,可能会使二进制信号产生失真现象,即在传递过程中二进制信号 0 可能会变成 1,1 可能会变成 0,图 21.1 是一个二进制信号传递的简单模型,它有一个发送端和一个接收端,二进制信号串 $X = x_1 x_2 \cdots x_n$ 从发送端发出经传输介质而至接收端,由于存在着干扰对传输介质的影响,因而接收端收到的二进制信号串 $X' = x_1' x_2' \cdots x_n'$ 中的 x' 可能不一定就与 x_i 相等,从而产生了二进制信号的传递错误.

图　21.1

　　由于在计算机中和数据通信系统中的信号传递非常频繁与广泛,因此,如何防止传输错误变得相当重要. 要解决这个问题可以有不同的途径.人们所想到的第一个途径是提高设备的干扰能力和信号的抗干扰能力. 但是,这种从物理角度去提高抗干扰能力并不能完全消除错误的出现. 第二个途径就是下面所要讨论的采用纠错码(error correcting code)的方法以提高抗干扰能力. 这种纠错码的方法是从编码上下功夫,使得二进制数码在传递过程中一旦出错,在接收端的纠错码装置就能立刻发现错误,并将其纠正,由于这种方法简单易行,因此目前在计算机中和数据通信系统中被广泛采用,采用这种方法后,二进制信号传递模型就可以变为图 21.2 所示的模型了.

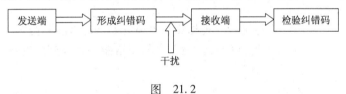

图　21.2

　　从这个模型可以看到,当二进制信号串从发送端发出时,需按规定转换成具有抗干扰能力的纠错码,然后才能发出去,在接收端,当接收到二进制信号串后立即对收到的纠错码进行检查,查验在途中是否失真,如失真则负责纠正.

　　这个模型的一个典型实现,就是在远程数据传输系统中具有纠错能力的数据传输装置,如图 21.3 所示.

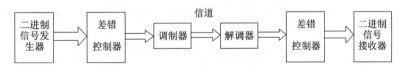

图　21.3

　　从图 21.3 可以看出,二进制信号发生器发生信号(二进制信号发生器可以是计算机,或者是由人控制的某些装置如终端),经差错控制器形成纠错码,然后经调制器使二进制信号变成适宜于信道传播的电信号,这种信号经过信道传输至接收端,首先通过解调器将其还原为原来的二进制信号,再经差错控制器检验经信道传输后是否产生失真,并采取措施进行纠正,经纠正后的二进制信号送入二进制信号接收器,从而完成整个传输过程. 二进制信号接收器可以是计算机或其他接收装置如终端等.

　　为什么纠错码具有发现错误,纠正错误的能力呢? 纠错码又是按什么样的原理去编的? 为了说明这些问题,我们首先介绍一些基本概念.

定义 21.6.1 由 0 和 1 组成的串称为字(word)，一些字的集合称为码(code)，码中的字称为码字(code word)。不在码中的字称为废码(invalid word)。码中的每个二进制信号 0 或 1 称为码元(code letter)。

下面举出几个关于纠错码的例子。

设有长度为 2 的字，它们一共可有 $2^2 = 4$ 个，它们所组成的字集 $S_2 = \{00,01,10,11\}$。当选取编码为 S_2 时，这种编码不具有抗干扰能力，因为当 S_2 中的一个字如 10 在传递过程中其第一个码元 1 变为 0 因而整个字成为 00 时，由于 00 也是 S_2 中的字，故不能发现传递中是否出错。但是，当选取 S_2 的一个集如 $C_2 = \{00,11\}$ 作为编码就会发生另一种完全不同的情况，因为此时 01 或 01 均为废码，而当 11 在传递过程中第一个码元由 1 变为 0，即整个字成为 01 时，由于 01 是废码，因而发现传递过程中出现了错误。对 00 也有同样的情况。但是，这种编码有一个缺点，即它只能发现错误而不能纠正错误，因此还需要选择另一种能纠错的编码。现在考虑长度为 3 的字，它们一共可有 $2^3 = 8$ 个，它们所组成的字集 $S_3 = \{000,001,010,011,100,101,110,111\}$ 中选取编码 $C_3 = \{001,110\}$。利用此编码不仅能够发现错误而且能纠正错误。因为码字 001 出现错误后将变为 000,011,101，而码字 110 出现错误后将变为 111,100,010。因此，如果码字 001 在传递过程中任何一个码元出现了错误，整个码字只会变为 101,011 或 000，但是都可知其原码为 001。对于码字 110 也有类似的情况。故对编码 C_3，不仅能发现错误而且能纠正错误。当然，上述编码还有一个缺点，就是它只能发现并纠正单个错误，当错误超过两个码元时，它就既不能发现错误，更无法纠正了。

1. 纠错码的纠错能力

前面我们已经看出按 C_2 编码仅能发现错误，按编码 C_3 可以发现并纠正单个错误，可以看出，不同的编码具有不同纠错能力，可是，编码方式与纠错能力之间到底有什么必须的联系呢？为此，我们需对其作较为详细的研究。

设 S_n 是长度为 n 字集，即
$$S_n = \{x_1 x_2 \cdots x_n \mid x_i = 0 \text{ 或 } x_i = 1, i = 1,2,\cdots,n\},$$
在 S_n 上定义二元运算 $*$ 为，对任意的 $X,Y \in S_n, X = x_1 x_2 \cdots x_n, Y = y_1 y_2 \cdots y_n$，
$$Z = X * Y = z_1 z_2 \cdots z_n,$$
其中，$z_i = x_i +_2 y_i (i = 1,2,\cdots,n)$，而运算符 $+_2$ 为模 2 加运算，我们称运算 $*$ 为按位加。

显然，$(S_n; *)$ 是一个代数系统，且运算 $*$ 满足结合律，它的单位元是 $00\cdots 0 \in S_n$，每个元素的逆元都是它自身。因此，$(S_n; *)$ 是一个群。

定义 21.6.2 设 C 是 S_n 的任一非空子集。如若 $(C; *)$ 是群，即 C 是 S_n 的子群，则称码 C 是群码(group code)。

定义 21.6.3 设 $X = x_1 x_2 \cdots x_n$ 和 $Y = y_1 y_2 \cdots y_n$ 是 S_n 中的两个元素，称
$$H(X,Y) = \sum_{i=1}^{n}(x_i +_2 y_i)$$
为 X 与 Y 的汉明距离(Hamming distance)。

从定义 21.6.3 可以看出，X 与 Y 的汉明距离是 X 和 Y 中对应位码元不同的个数。设 S_3 中两个码字为 000 和 011，这两个码字的汉明距离是 2，而 000 和 111 的汉明距离是 3。我们有以下结论：

(1) $H(X,X) = 0$；

(2) $H(X,Y) = H(Y,X)$；

(3) $H(X,Y) + H(Y,Z) \geqslant H(X,Z)$。

定义 21.6.4 一个码 C 中所有不同码字的汉明距离的极小值称为码 C 的最小距离(Minimum Distance)，记为 $d_{\min}(C)$，即

$$d_{\min}(C) = \underset{\substack{X, Y \in C \\ X \neq Y}}{\overset{\min}{\,}}(H(X,Y))$$

例如，$d_{\min}(S_2) = d_{\min}(S_3) = 1$，$d_{\min}(C_2) = 2$，$d_{\min}(C_3) = 3$.

利用编码 C 的最小距离，可以刻画编码方式与纠错能力的关系. 我们有

(1) 一个码 C 能检查出不超过 k 个错误的充分必要条件是 $d_{\min}(C) \geqslant k + 1$；

(2) 一个码 C 能纠正 k 个错误的充分必要条件是 $d_{\min}(C) \geqslant 2k + 1$.

对 $C_2 = \{00, 11\}$，因 $d_{\min}(C_2) = 2 = 1 + 1$，故 C_2 可以检查出单个错误；对 $C_3 = \{000, 111\}$，因 $d_{\min}(C_3) = 3 = 2 \times 1 + 1$，故 C_3 可以纠正单个错误；而 S_2，S_3 分别包含了长度为 2，3 的所有码，因而 $d_{\min}(S_2) = d_{\min}(S_3) = 1$，从而 S_2，S_3 既不能检查错误也不能纠正错误. 从这里也可以看出，一个编码如果包含了某长度的所有码，则此编码一定无抗干扰能力.

下面考察一种叫奇偶检验码(parity code)的编码. 我们知道，编码 $S_2 = \{00, 01, 10, 11\}$ 无抗干扰能力，但我们可以在每个码字后增加一位(叫奇偶检验位)，这一位的设置是这样安排的，它使每个码字所含 1 的个数为偶数，按这种方法编码后就变为：

$$S_2' = \{000, 011, 101, 110\}.$$

而它的最小距离 $d_{\min}(S_2') = 2$，故由结论(1)知，它可查出单个错误，而事实也是如此，当传递过程中发生单个错误而码字就变为含有奇数个 1 的废码.

类似地，增加奇数检验位使码字所含 1 的个数为奇数时也可得到相同的结果.

可以将这个结果推广到 S_n 中去，不管 n 多大，只要增加一个奇偶检验位总可能查出一个错误，这种奇偶检验码在计算机中是使用得很普遍的一种纠错码，它的优点是所付出的代价较小(只增加一位附加的奇偶检验位)，而且这种码的生成与检查也很简单，它的缺点是不能纠正错误.

2. 纠错码的选择

我们知道 S_2 无纠错能力，但在 S_2 中选取 C_2 后，C_2 具有发现单错的能力. 同样，S_3 无纠错能力，但在 S_3 中选取 C_3 后，C_3 具有纠正单错的能力. 由此可以看出，如何从一些编码中选取一些码字组成新码，使其具有一定的纠错能力，是一个很重要的课题.

在计算机中经常使用的一种编码叫汉明码(Hamming code)，它是 1950 年由汉明提出来的，这种编码能发现并纠正一个错误.

【**例 21.20**】 设有编码 S_4，S_4 中每个码字为 $a_1 a_2 a_3 a_4$，若增加三位校验位 a_5，a_6，a_7，从而使它成为长度为 7 的码字 $a_1 a_2 a_3 a_4 a_5 a_6 a_7$. 其中检验位 a_5，a_6，a_7 应满足下列方程：

$$a_1 +_2 a_2 +_2 a_3 +_2 a_5 = 0 \tag{21.9}$$

$$a_1 +_2 a_2 +_2 a_4 +_2 a_6 = 0 \tag{21.10}$$

$$a_1 +_2 a_3 +_2 a_4 +_2 a_7 = 0 \tag{21.11}$$

也就是说要满足

$$a_5 = a_1 +_2 a_2 +_2 a_3$$

$$a_6 = a_1 +_2 a_2 +_2 a_4$$

$$a_7 = a_1 +_2 a_3 +_2 a_4$$

因此，a_1，a_2，a_3，a_4 一旦确定，则校验 a_5，a_6，a_7 可根据上述方程唯一确定. 这样，我们由 S_4 就可以得到一个长度为 7 的编码 C，如表 21.1 所示.

表 21.1

a_1	a_2	a_3	a_4	a_5	a_6	a_7	a_1	a_2	a_3	a_4	a_5	a_6	a_7
0	0	0	0	0	0	0	1	0	0	0	1	1	1
0	0	0	1	0	1	1	1	0	0	1	1	0	0
0	0	1	0	1	0	1	1	0	1	0	0	1	0
0	0	1	1	1	1	0	1	0	1	1	0	0	1
0	1	0	0	1	1	0	1	1	0	0	0	0	1
0	1	0	1	1	0	1	1	1	0	1	0	1	0
0	1	1	0	0	1	1	1	1	1	0	1	0	0
0	1	1	1	0	0	0	1	1	1	1	1	1	1

这种编码 C 能发现一个错误,并能纠正一个错误. 因为如果 C 中码字发生单错,则上述三个方程必定至少有一个等式不满足;当 C 中码字发生单错后,不同的字位错误可使方程中不同的等式不成立,方程中三个等式的八种组合可对应的 $a_1 \sim a_7$ 七个码元每个码的错误以及正确无误的码字. 为讨论方便起见,在此建立三个谓词:

$$P_1(a_1, a_2, \cdots, a_7): a_1 +_2 a_2 +_2 a_3 +_2 a_5 = 0$$
$$P_2(a_1, a_2, \cdots, a_7): a_1 +_2 a_2 +_2 a_4 +_2 a_6 = 0$$
$$P_3(a_1, a_2, \cdots, a_7): a_1 +_2 a_3 +_2 a_4 +_2 a_7 = 0$$

这三个谓词的真假与对应等式是否成立相一致.

建立三个 S_1, S_2, S_3 集合分别对应 P_1, P_2, P_3,令

$$S_1 = \{ a_1, a_2, a_3, a_5 \}$$
$$S_2 = \{ a_1, a_2, a_4, a_6 \}$$
$$S_3 = \{ a_1, a_3, a_4, a_7 \}$$

显然,S_i 是使 P_i 为假的所有出错字的集合,可构成下面七个非空集合:

$$\{ a_1 \} = S_1 \cap S_2 \cap S_3, \quad \{ a_2 \} = S_1 \cap S_2 \cap \overline{S_3},$$
$$\{ a_3 \} = S_1 \cap \overline{S_2} \cap S_3, \quad \{ a_4 \} = \overline{S_1} \cap S_2 \cap S_3,$$
$$\{ a_5 \} = S_1 \cap \overline{S_2} \cap \overline{S_3}, \quad \{ a_6 \} = \overline{S_1} \cap S_2 \cap \overline{S_3}, \quad \{ a_7 \} = \overline{S_1} \cap \overline{S_2} \cap S_3,$$

从这七个集合可以决定出错位,例如,$\{ a_4 \} = \overline{S_1} \cap S_2 \cap S_3$,即表示,$a_4$ 出错,则必有 P_1 为真,P_2, P_3 为假,反之亦然;依此类推,得到如表 21.2 所示的纠错对照表,从表中可看出这种编码 C 能纠正一个错误.

表 21.2

P_1	P_2	P_3	出错码元
1	1	1	无
1	1	0	a_7
1	0	1	a_6
1	0	0	a_4
0	1	1	a_5
0	1	0	a_3
0	0	1	a_2
0	0	0	a_1

我们将这个例子加以抽象,首先将方程(21.9)~方程(21.11)表示为矩阵形式

$$\boldsymbol{H} \cdot \boldsymbol{X}^{\mathrm{T}} = 0'^{\mathrm{T}},$$

其中
$$H = \begin{pmatrix} 1 & 1 & 1 & 0 & 1 & 0 & 0 \\ 1 & 1 & 0 & 1 & 0 & 1 & 0 \\ 1 & 0 & 1 & 1 & 0 & 0 & 1 \end{pmatrix}$$

$X = (a_1, a_2, a_3, a_4, a_5, a_6, a_7)$，$0' = (0,0,0)$，$X^{\mathrm{T}}, 0'^{\mathrm{T}}$ 分别是 $X, 0'$ 的转置矩阵，这里加法运算为 $+_2$.

从这里可以看出，一个编码可由矩阵 H 确定，而它的纠错能力可由 H 的特性决定，下面讨论矩阵 H.

定义 21.6.5　一个码字 X 所含 1 的个数称为此码字的重量(Weight)，记为 $W(X)$.

例如，码字 0001001 的重量为 2，码字 10000000 的重量为 1，码字 $00\cdots0$ 的重量为 0，通常将 $00\cdots0$ 记为 $0'$，利用码字的重量，我们有如下结论：

（1）设有码 C，对任意 $X, Y \in C$，有 $H(X, Y) = H(X * Y, 0') = W(X * Y)$；

（2）群码 C 中非零码字的最小重量等于此码字的最小距离，即
$$\mathop{\min}\limits_{\substack{Z \in C \\ z \neq 0}} W(Z) = d_{\min}(C)$$

（3）设 H 是 k 行 n 列矩阵，$X = x_1 x_2 \cdots x_n$，并设集合
$$G = \{X \mid H \cdot X^{\mathrm{T}} = 0'^{\mathrm{T}}\}，\text{这里加法运算为} +_2$$

于是，$(G; *)$ 是群，即 G 是群码.

易知，汉明码是群码.

定义 21.6.6　群码 $G = \{X \mid H \cdot X^{\mathrm{T}} = 0'^{\mathrm{T}}\}$ 称为由 H 生成的群码，而 G 中的每一个码字，称为由 H 生成的码字，矩阵 H 为一致校验矩阵(uniform check matrix).

现在介绍矩阵向量的概念，设矩阵 H 为
$$H = \begin{pmatrix} h_{11} & h_{12} & \cdots & h_{1n} \\ h_{21} & h_{22} & \cdots & h_{2n} \\ \vdots & \vdots & & \vdots \\ h_{n1} & h_{n2} & \cdots & h_{nn} \end{pmatrix}$$

令
$$h_i = \begin{pmatrix} h_{1i} \\ h_{2i} \\ \vdots \\ h_{ni} \end{pmatrix}, i = 1, 2, \cdots, n.$$

此时 H 可记为
$$H = (h_1 \quad h_2 \quad \cdots \quad h_n)$$

而 h_i 称为矩阵 H 的第 i 个列向量(Column Vector).

对 H 的列向量 h_i, h_j，我们定义 $h_i * h_j$ 为
$$h_i * h_j = \begin{pmatrix} h_{1i} & +_2 & h_{1j} \\ h_{2i} & +_2 & h_{2j} \\ & \vdots & \\ h_{ni} & +_2 & h_{nj} \end{pmatrix}$$

这里也将运算 $*$ 称为按位加，我们有如下结论：

（1）一致校验矩阵 H 生成一个重量为 p 的码字的充分必要条件是在 H 中存在 p 个列向量，它们的按位加为 $0'$.

（2）由 H 生成的群码最小距离等于 H 中列向量按位加为 $0'$ 的最少列向量数.

这个结论建立了最小距离与列向量数之间的联系．我们从前面的结论可知：一个码的纠错能力

由其最小距离决定. 这个结论也告诉我们:一个群码的纠错能力可由其一致校验矩阵 H 中列向量按位加 $0'$ 的最小列向量数决定. 故只要选取适当的 H 就可使其生成的码达到预定的纠错能力.

对于前面所述的汉明码,它的一致校验矩阵 H 中没有零列向量,且各列向量之间均互不相同,但它的第二、三、四列向量的按位加为 $0'$ 由此结论可知这个码的最小距离为 3,而且可知此群码必能纠正单个错误.

将上述汉明码推广到一般情况,码 C 每一码字 X 的信息位 $x_1 x_2 \cdots x_m$,及附加校验位 $x_{m+1} x_{m+2} \cdots x_{m+k}$ 组成,其形式为

$$X = x_1 x_2 \cdots x_m x_{m+1} x_{m+2} \cdots x_{m+k}$$

X 中信息位与校验位之间的关系如下:

$$x_{m+i} = q_{i1} x_1 +_2 q_{i2} x_2 +_2 \cdots +_2 q_{im} x_m \quad (i = 1, 2, \cdots, k)$$

而 $q_{ij} \in \{0, 1\} (i = 1, 2, \cdots, k; j = 1, 2, \cdots, m)$,作矩阵 H 为

$$H = (Q_{k \times m} I_{k \times k})$$

其中

$$Q = \begin{pmatrix} q_{11} & q_{12} & \cdots & q_{1m} \\ q_{21} & q_{22} & \cdots & q_{2m} \\ \vdots & \vdots & & \vdots \\ q_{k1} & q_{k2} & \cdots & q_{nm} \end{pmatrix}, \quad I = \begin{pmatrix} 1 & 0 & \cdots & 0 \\ 0 & 1 & \cdots & 0 \\ \vdots & \vdots & & \vdots \\ 0 & 0 & \cdots & 1 \end{pmatrix}_{k \times k}$$

码 C 中任一码字均满足方程

$$H \cdot X^{\mathrm{T}} = 0'^{\mathrm{T}},$$

令 $n = m + k$,我们称这种码为 (n, m) 码.

要使码 C 能纠正单个错误,由前面的结论知,只要对 H 进行适当的赋值,使得 H 的列向量均不相同且无零列向量,这样可保证 C 的最小距离大于 2,即要求 H 中的 Q 的列向量均不 $0'$、不出现 I 中的 k 个列向量且互不相同.

由于 Q 的列向量是 k 维的,因此可有 2^k 个不同的列向量,而供 Q 选择的列向量是这 2^k 个列向量中除去 I 中的 k 个列向量及零列向量以外的所有 $2^k - k - 1$ 个列向量. 从而可在这个列向量中任选 m 个列向量组成 Q,故 m 与 k 之间必须满足

$$m \leqslant 2^k - k - 1$$

或

$$2^k \geqslant m + k + 1 = n + 1$$

或

$$k \geqslant \log_2 (n + 1)$$

因此,只要码 C 中校验位位数 k 满足 $k \geqslant \log_2 (n + 1)$,总可以在 $2^k - k - 1$ 个列向量中任选 m 个组成 Q,而使 C 具有纠正单个错误的能力.

从这里也可以看出如何组织具有一定要求的纠错能力的纠错码.

【例 21.21】 设 $n = 7, k \geqslant \log_2 (n + 1) = \log_2 8 = 3$,取 $k = 3$,于是,$m = 4$. 所以一致校验矩阵 H 中 Q 应有四个列向量. 而 $2^k - k - 1 = 2^3 - 3 - 1 = 4$,故 Q 可由四个列向量唯一确定,它们是:

$$\begin{pmatrix} 0 \\ 1 \\ 1 \end{pmatrix}, \begin{pmatrix} 1 \\ 0 \\ 1 \end{pmatrix}, \begin{pmatrix} 1 \\ 1 \\ 0 \end{pmatrix}, \begin{pmatrix} 1 \\ 1 \\ 1 \end{pmatrix}$$

因而,$H = \begin{pmatrix} 1 & 1 & 1 & 0 & 1 & 0 & 0 \\ 1 & 1 & 0 & 1 & 0 & 1 & 0 \\ 1 & 0 & 1 & 1 & 0 & 0 & 1 \end{pmatrix}$,

此 **H** 即为上述汉明码.

【例 21.22】 设 $n=9, k \geqslant \log_2(n+1) = \log_2 10 > 3$，如取 $k=4$，则 $m=5$，所以一致校验矩阵 **H** 中 **Q** 应有五个列向量，而 $2^k - k - 1 = 2^4 - 3 - 1 = 11$. 所以，$Q$ 有 $C_{11}^5 = 462$ 种组成方法. 故下列 **H** 所生成的群码均至少可纠正单个错误.

$$H = \begin{pmatrix} 0 & 1 & 1 & 1 & 1 & 1 & 0 & 0 & 0 \\ 1 & 0 & 1 & 0 & 1 & 0 & 1 & 0 & 0 \\ 1 & 0 & 0 & 1 & 1 & 0 & 0 & 1 & 0 \\ 0 & 1 & 0 & 1 & 0 & 0 & 0 & 0 & 1 \end{pmatrix}; \quad H = \begin{pmatrix} 0 & 1 & 0 & 1 & 0 & 1 & 0 & 1 & 0 & 0 & 0 \\ 0 & 1 & 1 & 1 & 1 & 1 & 0 & 1 & 0 & 0 \\ 1 & 0 & 1 & 1 & 1 & 0 & 0 & 1 & 0 \\ 1 & 0 & 0 & 0 & 1 & 0 & 0 & 0 & 1 \end{pmatrix}$$

由此可知一码字长为五位可附加四位校验位，而校验位的值可按上述给定的 **H** 生成，从而构成一个长为九位的纠错码，而这个码至少可纠正单个错误.

3. 群码的校正

从上面的两个部分我们知道了如何设计一个纠错码以及如何发现错误，并指出错误码的确切位置，而这一部分我们主要研究一个简便的方法去纠正错误，这个方法叫作查表译码法 (decode of table look up).

设有一汉明码 C，它的字长为 n，其信息位长为 m，校验位长为 k. 我们知道 $(S_n; *)$ 是群，而 $(C; *)$ 是它的子群. 设有 $X \in C$，X 在传递过程中第 i 位发生了错误而变成 X'. 设重量为 1 的所有码字为 $e_1 = 100\cdots0, e_2 = 010\cdots0, \cdots, e_n = 00\cdots01$，而此时有 $X' * e_i = X$，或 $X * e_i = X'$. 由 X' 恢复为 X 的一个办法是首先列出所有的 X 可能出现单错的码字，即对所有 $X \in C$ 和 $e_i (i = 1, 2, \cdots, n)$ 列出：$X' * e_i = X$，将它们组成一张表.

其次，当出现单错时 X 变为 X'，此时用 X' 查上述的表，查到 X' 后再用公式 $X' * e_i = X$，将其恢复为 X，从而完成纠正单错的功能.

上述纠正单错的思想在具体实现时是这样安排的：

(1) 我们知道 $e_i \in S_n$ 但 $e_i \notin C$，这是因为 $W(e_i) = 1$，而 C 可纠正单错，故对任一 $X \in C$，有 $W(X) = 3$，故有 $e_i \notin C$.

(2) 因 $e_i \notin C$，所以可以构造群 $(S_n; *)$ 的子群 $(C; *)$ 关于 e_i 的右陪集 $e_i C$，这种右陪集共有 n 个，它们是 $e_1 C, e_2 C, \cdots, e_n C$.

(3) 有 $C \subset S_n$，故在 S_n 内还可以构造集合 C.

(4) 由拉格朗日定理可知 C 在 S_n 中的右陪集个数为

$$|S_n| / |C| = 2^{n-m} = 2^k$$

我们知道 $2^k \geqslant n + 1$，故当 $2^k = n + 1$ 时，上述的 n 个右陪集互不相交且完全覆盖 S_n. 而当 $2^k > n + 1$ 时，则尚需继续构造右陪集，构造的个数为 $2^k - (n + 1) = p$. 构造的方法是选取一个 $z_1 \in S_n$ 使 $z_1 \notin C$，且 $z_1 \notin e_i C (i = 1, 2, \cdots, n)$，从而构造右陪集 $z_1 C$，再选取 $z_2 \in S_n$ 使 $z_2 \notin C$，$z_2 \notin e_i C (i = 1, 2, \cdots, n)$，且 $z_2 \notin z_1 C$，从而构造右陪集 $z_2 C$，按照此方法可构造 p 个右陪集，它们是 $z_1 C, z_2 C, \cdots, z_p C$. 而右陪集 $e_i C (i = 1, 2, \cdots, n)$，$z_i C (i = 1, 2, \cdots, p)$ 及 C 共 2^k 个，它们互不相交且完全覆盖 S_n.

(5) C 中共有 2^m 个元素，故按上述方法构成的每个右陪集的元素个数也为 2^m，设 C 中元素为 $c_1, c_2 \cdots, c_m$，则其右陪集的元素分别为

$$e_i * c_1, \ e_i * c_2, \cdots, e_i * c_m \quad (i = 1, 2, \cdots, n)$$
$$z_i * c_1, \ z_i * c_2, \cdots, z_i * c_m \quad (i = 1, 2, \cdots, p)$$

(6) 按下列方式构造一张表，这个表叫作译码表 (docode table)，如表 21.3 所示.

表 21.3

C	c_1（零码字）	c_2	$\cdots$	c_m
$e_1 * C$	$e_1 * c_1$	$e_1 * c_2$	$\cdots$	$e_1 * c_m$
$e_2 * C$	$e_2 * c_1$	$e_2 * c_2$	$\cdots$	$e_2 * c_m$
$\vdots$	$\vdots$	$\vdots$	$\vdots$	$\vdots$
$e_n * C$	$e_n * c_1$	$e_n * c_2$	$\cdots$	$e_n * c_m$
$z_1 * C$	$z_1 * c_1$	$z_1 * c_2$	$\cdots$	$z_1 * c_m$
$z_2 * C$	$z_2 * c_1$	$z_2 * c_2$	$\cdots$	$z_2 * c_m$
$\vdots$	$\vdots$	$\vdots$	$\vdots$	$\vdots$
$z_p * C$	$z_p * c_1$	$z_p * c_2$	$\cdots$	$z_p * c_m$

（7）可按译码表校正单错. 设有 $X \in C$ 经传递后出现单错变为 X'，经查表，X' 在表中第 i 行第 j 列，此时可将 X' 校正为 c_j 在表第 j 列之首行. 而 X' 的错码位为 i，其 i 中 e_i 为第 i 行之首位；$e_i * c_1 = e_i$（因 c_1 为零码字），这就是查表译码法.

下面用例子来说明查表译码法的具体应用.

【例 21.23】 设 $n=6, m=3$，一致校验矩阵为

$$H = \begin{pmatrix} 1 & 1 & 0 & 1 & 0 & 0 \\ 1 & 0 & 1 & 0 & 1 & 0 \\ 1 & 1 & 1 & 0 & 0 & 1 \end{pmatrix},$$

其校验可从下列方程获得

$$a_4 = a_1 * a_2$$
$$a_5 = a_1 * a_3$$
$$a_6 = a_1 * a_2 * a_3$$

H 的列向量无零而互不相同，且 $h_1 * h_2 * h_3 = 0'$，故 H 所生成的群码 C 可以纠正单错. H 生成的 C 为

$$\{000000, 001011, 010101, 011110, 100111, 101100, 110010, 111001\}.$$

它的译码表由表 21.4 给出.

表 21.4

C	000000	001011	010101	011110	100111	101100	110010	111101
$e_1 * C$	100000	101011	110101	111110	000111	001100	010010	011001
$e_2 * C$	010000	011011	000101	001110	110111	111100	100010	101001
$e_3 * C$	001000	000011	011101	010110	101111	100100	111010	110001
$e_4 * C$	000100	001111	010001	011010	100011	101000	110110	111101
$e_5 * C$	000010	001001	010111	011100	100101	101110	110000	111011
$e_6 * C$	000001	001010	010100	011111	100110	101101	110011	111000
$z * C$	000110	001101	010011	011000	100001	101010	110100	111111

设有某一 $X' = 011100$，在译码表中找到这个码字，它在第五行第四列，它的正确码字第四列的 C 行，即为 011110，而它的出错位为第五位，其 e_5 在第五行的首列，即为 000010.

§21.7 多项式编码方法及其实现

设信息码的长度为 k，纠错码的长度为 n，我们要设计一种 (n, k) - 码.

设要传送的信息码为 $b_0 b_1 b_2 \cdots b_{k-1}$,令

$$m(x) = b_0 + b_1 x + b_2 x^2 \cdots b_{k-1} x^{k-1} \in \mathbf{Z}_2[x]$$

称为信息码多项式,其中 $\mathbf{Z}_2$ 是整数模 2 的剩余类环, $\mathbf{Z}_2[X]$ 是 $\mathbf{Z}_2$ 上的多项式环.

又设纠错码为 $a_0 a_1 a_2 \cdots a_{n-1}$,令

$$v(x) = a_0 + a_1 x + a_2 x^2 \cdots a_{n-1} x^{n-1} \in \mathbf{Z}_2[x]$$

称为纠错码多项式.

下面给出一种方法,将每一个信息码多项式按一定规则得到对应的纠错码多项式,从而把每一个信息码变为纠错码.

首先任选一个 $n-k$ 次多项式 $p(x) \in \mathbf{Z}_2[x]$,作为生成多项式. 设 $m(x)$ 是信息码多项式,用 $p(x)$ 除 $x^{n-k} m(x)$ 所得的余式为 $r(x)$,即

$$x^{n-k} - m(x) = q(x) p(x) + r(x), \ (r(x)) < n - k.$$

令 $v(x) = r(x) + x^{n-k} m(x)$,则 $p(x) | v(x)$,$v(x)$ 就作为纠错码多项式,它的系数就是纠错码,这样,把每一个信息码通过以上的多项式运算变为纠错码.

【例 21.24】 设计一个 $(7,3)$ 纠错码.

首先选定一个 $n - k = 4$ 次多项式作为生成多项式.

例如:生成多项式 $p(x) = 1 + x^2 + x^3 + x^4$,

信息码 $= 101$,

信息码多项式
$$m(x) = 1 + x^2,$$
$$x^4 m(x) = x^4 + x^6,$$
$$r(x) = 1 + x,$$

纠错码多项式 $v(x) = 1 + x + x^4 + x^6$,

纠错码 $\underset{\text{校验位}}{\underline{1100}}\underset{\text{信息位}}{\underline{101}}$

对每一信息码都作以上计算求得对应的纠错码. 接收者收到纠错码后,先写出收到的纠错码多项式 $v(x)$,然后检验 $p(x)$ 能否整除 $v(x)$,若 $p(x) v(x)$,则此信息无错,否则信息有错.

【例 21.25】 设生成多项式 $p(x) = 1 + x^2 + x^3 + x^4$,检验以下两个纠错码是否有错?

(1) 1011011;

(2) 1100101.

解: 只需作多项式除法

$$
\require{enclose}
\begin{array}{r}
x^2 \qquad\quad + 1 \\[-2pt]
x^4 + x^3 + x^2 + 1 \enclose{longdiv}{\,x^6 + x^5 \quad\ + x^3 + x^2 \quad\ + 1\,} \\[-2pt]
\underline{x^6 + x^5 + x^4 \qquad\ + x^2} \\[-2pt]
x^4 + x^3 \qquad\qquad + 1 \\[-2pt]
\underline{x^4 + x^3 + x^2 \quad\ + 1} \\[-2pt]
x^2
\end{array}
$$

故纠错码 (1) 有错,类似地可知纠错码 (2) 无错.

【例 21.26】 设生成多项式 $p(x) = 1 + x + x^3$,编出所有的 $(6,3)$ - 码.

解: 用上述方法可求出所有的 $(6,3)$ - 码如表 7.5 所示.

表 7.5

信 息 码	纠 错 码		
	校 验 位	信 息 位
000	000	000
100	110	100
010	011	010
001	111	001
110	101	110
101	001	101
011	100	011
111	010	111

需要指出的是,当收到的纠错码多项式 $v(x)$,不能被 $p(x)$ 整除时,则此纠错码必有错. 但若有 $p(x)v(x)$,这时收到的纠错码并非一定无错,也有可能错误位数多而检查不了. 例如,在例 21.7.3 的 $(6,3)$ – 码中,如有传送时同时产生三位误差,则可能由这一个纠错码变成另一纠错码,但这种发生多位错误的概率很小.

读者可能会想,用这种编码方法所需的计算工作量和操作工作量会大大增加,实在太不方便了. 可设计一种专门的线路,无须作任何多项式的运算,操作员发报时也只需打作码就可以了,线路会自动转换成由 $p(x)$ 生成的纠错码,接收时也有专门线路自动检验是否有错,下面举例说明.

【例 21.27】 设 $p(x)=1+x+x^3$,可设计一个发送线路如图 21.4 所示.

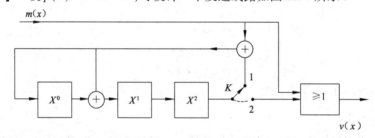

图 21.4

其中,$\oplus$ 表示模 2 加法器,X^i 表示单位延时器——将输入的信息延迟一个单位时间再输出,OR 表示或门——$0+0=0,0+1=1,1+0=1,1+1=1$.

编码线路如图 21.4 所示.

操作步骤:

(1)开关 K 接通 1,并打入信息码.

(2)输完信息码后将 K 拨向 2.

对于此例,详细步骤如表 21.6 所示.

表 21.6

步 骤	待输入的信息码	寄存器状态 $X^0 X^1 X^2$	输出的纠错码
0	0 1 1	0 0 0	0
1	0 1	1 1 0	1
2	0	1 0 1	1 1
3		1 0 0	0 1 1
4	K 倒向 2	0 1 0	0 0 1 1
5		0 0 1	0 0 0 1 1
6		0 0 0	1 0 0 0 1 1
			校验位 信息位

对于此例,可设计一个接收时的检错线路如图 21.5 所示,设接收到的信息为 100110.

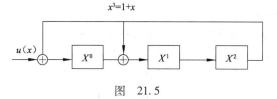

$$x^3 = 1 + x$$

图　21.5

检错过程如表 21.7 所示.

表　21.7

步　骤	接收到的等待检错的纠错码	寄存器内容 $X^0 X^1 X^2$
		0 0 0
1	1 0 0 1 1 0	0 0 0
2	1 0 0 1 1	1 0 0
3	1 0 0 1	1 1 0
4	1 0 0	0 1 1
5	1 0	1 1 1
6	1	0 0 1

由于最后信息接收完后寄存器内的数码不全为 0,所以 $p(x)$ 不整除 $v(x)$,故有错.

习　　题

1. 设实数集 **R** 中的加法是普通的加法,乘法定义如下:
$$a \times b = |a| b, a, b \in \mathbf{R}$$

试问 **R** 是否构成环?

2. 设整数集 **Z** 中的加法是普通数的加法,乘法定义为 $ab = 0, a, b \in \mathbf{Z}$,试问 **Z** 是环吗?

3. 已知实数集 **R** 对于普通加法和乘法是一个含幺环,对任意 $a, b \in \mathbf{R}$,定义
$$a \oplus b = a + b - 1$$
$$a \odot b = a + b - ab$$

试证:**R** 对运算 $\oplus$ 和 $\odot$ 也形成一个含幺环.

4. 一个环 R,如果对乘法来说,每个元素 $a \in R$ 均满足 $aa = a$,则称 R 为布尔环,试证:

(1) 集合 S 的子集环是布尔环.

(2) 布尔环的每个元素是都以自己为负元.

(3) 布尔环必为交换环.

(4) $|R| > 2$ 的布尔不可能是整环.

5. 试证:若 R 是环,且对加法而言,R 是循环群,则 R 是交换环.

6. 设 R 和 R' 是两个环,定义 R 到 R' 的映射 σ 如下:
$$\sigma(a) = 0', \quad a \in R$$

其中,$0'$ 是 R' 的零元,试证明 σ 是 R 到 R' 的同态映射(称为零同态).

7. 设 $A = \left\{ \begin{pmatrix} a & b \\ 0 & c \end{pmatrix} \middle| a, b, c \in \mathbf{Z} \right\}$,已知 A 关于矩阵加法和乘法构成环,令

$$S = \left\{ \begin{pmatrix} 0 & 0 \\ 0 & d \end{pmatrix} \middle| d \in \mathbf{Z} \right\}$$

(1) 试证:S 是 A 的子环.

(2) 给出 A 到 S 的一个同态映射 σ.

(3) 求同态核 $\mathrm{Ker}(\sigma)$.

8. 找出 **Z** 到 **Z** 的一切环同态映射,并给出每一个同态的核.

9. 设 R 是一个体,且 $R \approx R'$. 求证:$R' = \{0'\}$ 或者 $R' \cong R$.

10. 设 $R \approx R'$. N' 是 R' 的理想,求证:N' 的像源

$$N = \{a \in R \mid \sigma(a) \in N'\}$$

是 R 的理想,并且 $R/N \cong R'/N'$.

11. 试证:定理 21.2.9.

12. 求证:若 Z_m 是一个域,则 m 必为素数.

13. 在 R_7 中,利用公式 $\dfrac{-b \pm \sqrt{b^2 - 4ac}}{2a}$ 解二次方程 $x^2 - x + 5 = 0$.

14. 在 R_7 中求矩阵 $\begin{pmatrix} 2 & 3 \\ 1 & 4 \end{pmatrix}$ 之逆.

15. 试证:R_2 上的四个矩阵 $\begin{pmatrix} 0 & 0 \\ 0 & 0 \end{pmatrix}$, $\begin{pmatrix} 1 & 0 \\ 0 & 1 \end{pmatrix}$, $\begin{pmatrix} 1 & 1 \\ 1 & 0 \end{pmatrix}$, $\begin{pmatrix} 0 & 1 \\ 1 & 1 \end{pmatrix}$,在矩阵的加法和乘法下作成一个域.

16. R_{29} 中有无 $\sqrt{-1}$?

17. 设域 F 的特征为 $p > 0$,求证:

$$(a \pm b)^{p^n} = a^{p^n} \pm b^{p^n} a, b \in F$$
$$(a_1 + a_2 + \cdots a_n)^p = a_1^p + a_2^p + \cdots a_n^p a_i \in F.$$

18. 求证:若 p^n 阶域有 p^m 阶子域,则 $m \mid n$.

19. 求证:$x^2 + 1$ 是域 $F = \{0,1,2\}$ 上不可约多项式.

20. 域 $F = \{0,1\}$ 上多项式 $x^4 + x^2 + 1$ 是可约多项式吗?

21. 试找出域 $F = \{0,1,2\}$ 上的所有不可约的二次多项式.

22. 设域 $F = \{0,1\}$,试构造 $F[x]_{x^3+x^2+1}$ 的运算表,求出它的一个本原元,并将每个非零元素表示成本原元的幂.

23. 求 $N_3(6)$,$N_2(7)$,$N_2(8)$,和 $N_3(6)$.

24. 设域 $F = \{0,1\}$,试求出 $F[x]_{x^4+x+1}$ 中每个元素的最小多项式.

25. 设域 F 的特征为 $p > 0$. 定义 $\sigma : F \to F$ 为 $\sigma(a) = a^p$,证明 σ 是 F 的自同态.

26. 设 a 是 16 阶域的本原元,试将 15 个非零元素分为若干组,使每组中的元素有相同的最小多项式.

27. 写出 $p(x) = 1 + x^2 + x^3$ 生成的所有 $(6,3)$ - 码.

28. 检验下列收到的信息是否有错,生成多项式为 $p(x) = 1 + x^2 + x^3 + x^4$.

(1) 10011011;

(2) 01110010;

(3) 10110101.

第22章

格(lattice)与布尔代数(Boolean algebra)

设 S 是一个集合，$\rho(S)$ 是 S 的幂集．于是，$\langle\rho(S),\cup,\cap\rangle$ 可以看作一个代数系统，称为集合代数；又设 P 是所有命题的集合，于是 $\langle\rho(S),\cup,\cap\rangle$ 也可以看作一个代数系统，称为命题代数．

不难验证，在集合代数和命题代数中，都满足等幂律、交换律、结合律、分配律和吸收律等．能否对一个抽象的代数系统进行研究，而这种代数系统具有像集合代数、命题代数等具体的代数所具有的一些最基本的性质？回答是肯定的．这种抽象的代数系统就是格和布尔代数，而后者又可看作一种特殊的格．

本章讨论格和布尔代数的基本性质，它们在计算机科学中有着重要的应用．

§22.1 格 的 定 义

定义 22.1.1 设 $\langle L, \leqslant \rangle$ 是一个偏序集．如果对任意 $a,b\in L$，$\{a,b\}$ 在 L 中都有最大下界和最小上界，则称 $\langle L, \leqslant \rangle$ 是一个格．

常将 $\{a,b\}$ 的最大下界记为 $\inf\{a,b\}$，最小上界记为 $\sup\{a,b\}$．

由定义知，全序都是格．但并非所有偏序集都是格．例如，由图 22.1 中的 Hasse 图所表示的偏序集可以看出，(a)，(b)，(c) 是格，而(d)，(e)，(f)不是格．

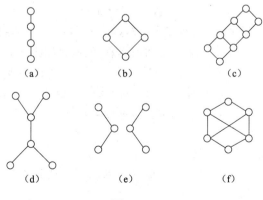

(a)   (b)   (c)

(d)   (e)   (f)

图   22.1

【例 22.1】 设 S 是集合，$\rho(S)$ 是 S 的幂集．于是，$\langle\rho(S),\subseteq\rangle$ 是一个格，称为 S 的子集格（subset lattice）．这是因为对任意 $A,B\in\rho(S)$，$\sup\{A,B\}=A\cup B$，$\inf\{A,B\}=A\cap B$．

【例 22.2】 设 $\mathbf{Z}_+=\{1,2,3,\cdots\}$，"|" 是 $\mathbf{Z}_+$ 上的整除关系．于是，$\langle\mathbf{Z}_+,|\rangle$ 是一个格，称为整除格（integral lattice）．这是因为，对任意 $m,n\in\mathbf{Z}$，$\sup\{m,n\}=[m,n]$（最小公倍数），$\inf\{m,n\}=(m,n)$（最大公约数）．

【例 22.3】 设 G 是群，$S(G)$ 表示 G 的所有子群组成的集合．于是 $\langle S(G),\subseteq\rangle$ 是一个格，称为 G 的子群格（subgroup lattice）．这是因为，对任意 $H,K\in S(G)$，$\sup\{H,K\}$ 是包含 $H\cup K$ 的最小群，即 G 中所有包含 $H\cup K$ 的子群的交集，而 $\inf\{H,K\}=H\cap K$．

我们知道，偏序集的任何子集仍是偏序集，但若 $\langle L,\leqslant\rangle$ 是格，$S\subseteq L$，则 $\langle S,\leqslant\rangle$ 不一定是格．例如，在例 22.2 中，若取 $S=\{1,2,3\}$，则 $\langle S,|\rangle$ 不是格．

定义 22.1.2 设 $\langle L,\leqslant\rangle$ 是格，$S\subseteq L$．如果 $\langle S,\leqslant\rangle$ 也是格，则 $\langle S,\leqslant\rangle$ 为 $\langle L,\leqslant\rangle$ 的子格（sublattice）．

【例 22.4】 设 n 是正整数，则 $S_n=\{k\,|\,k>0\ 且\ k|n\}$，如 $S_6=\{1,2,3,6\}$，$S_8=\{1,2,4,8\}$，$S_{24}=\{1,2,3,4,6,8,12,24\}$．容易验证，$\langle S_n,|\rangle$ 是格，并且，$m|n$ 当且仅当 $S_m\subseteq S_n$．因此，$\langle S_m,|\rangle$ 都是 $\langle S_n,|\rangle$ 的子格，其中，$m|n$．当然，$\langle S_n,|\rangle$ 的子格还有其他形式．比如，$\langle\{a\},|\rangle$ 也是 $\langle S_n,|\rangle$ 的子格，其中 $a\in S_n$．

下面从代数系统的角度来定义格．

定义 22.1.3 设 L 是一个集合，$\times,\oplus$ 是 L 上的两个二元封闭运算．如果运算 $\times$ 和 $\oplus$ 对任意 $a,b,c\in L$，满足

（1）交换律：$a\times b=b\times a$，$a\oplus b=b\oplus a$；

（2）结合律：$a\times(b\times c)=(a\times b)\times c$，$a\oplus(b\oplus c)=(a\oplus b)\oplus c$；

（3）吸收律：$a\times(a\oplus b)=a$；$a\oplus(a\times b)=a$．

则称代数系统 $\langle L,\times,\oplus\rangle$ 是一个格．

为方便，我们把格 $\langle L,\leqslant\rangle$ 称为偏序格（partially ordered lattice），而把格 $\langle L,\times,\oplus\rangle$ 称为代数格（algebraic lattice）．

【例 22.5】 设 S 是集合．于是，$\langle\rho(S),\cap,\cup\rangle$ 是一个代数格．

【例 22.6】 设 $\mathbf{Z}_+$ 是正整数集合．定义 $m\times n=(m,n)$（最大公约数），$m\oplus n=[mn]$（最小公倍数），$m,n\in\mathbf{Z}_+$，于是，$\langle L,\times,\oplus\rangle$ 是一个代数格．

代数格和偏序格两者是等价的．

定理 22.1.1 一个偏序格必是一个代数格，反之亦然．

证明：设 $\langle L,\leqslant\rangle$ 是一个偏序格，对任意 $a,b\in L$，令 $a\times b=\inf\{a,b\}$，$a\oplus b=\sup\{a,b\}$．由于任意两个元素 a,b 的 $\inf\{a,b\}$ 和 $\sup\{a,b\}$ 是唯一存在的，所以如此定义的 $\times$ 和 $\oplus$ 是 L 上的两个二元封闭运算．显然，运算 $\times$ 和 $\oplus$ 满足交换律和结合律．下证它们满足吸收律．

因为 $a\times(a\oplus b)=\inf\{a,a\oplus b\}$，所以 $a\times(a\oplus b)\leqslant a$．又因为 $a\leqslant a$ 且 $a\leqslant a\oplus b$，所以 a 是 a 与 $a\oplus b$ 的一个下界，自然 $a\leqslant a\times(a\oplus b)$，故 $a\times(a\oplus b)=a$．

同理可证 $a\oplus(a\times b)=a$．

总之，$\langle L,\times,\oplus\rangle$ 是一个代数格．

反之，设 $\langle L,\times,\oplus\rangle$ 是一个代数格．今在 L 上定义二元关系 $\leqslant$ 如下：

对任意 $a,b\in L$，$a\leqslant b$ 当且仅当 $a\times b=a$．

下面先证 $\leqslant$ 是一个偏序关系．

（1）对任意 $a\in L$，因为 $a\times a=a\times(a\oplus(a\times a))=a$，所以 $a\leqslant a$．故 $\leqslant$ 是自反的．

(2) 若 $a \leqslant b, b \leqslant a$,则 $a \times b = a, b \times a = b$,而 $a \times b = b \times a$,所以 $a = b$. 故 $\leqslant$ 是反对称的.

(3) 若 $a \leqslant b, b \leqslant c$,则 $a \times b = a, b \times c = b$, 从而

$$a \times c = (a \times b) \times c = a \times (b \times c) = a \times b = a$$

所以 $a \leqslant c$,故 $\leqslant$ 是传递的.

以上说明 $\leqslant$ 是一个偏序关系.

再证对任意 $a, b \in L, \inf(a, b)$,和 $\sup\{a, b\}$ 存在.

首先,我们有 $a \times b = a$ 当且仅当 $a \oplus b = b$. 事实上,若 $a \times b = a$,则 $a \oplus b = a(a \times b) \oplus b = b$; 若 $a \oplus b = b$,则 $a \times b = a \times (a \oplus b) = a$.

由吸收律知, $a \times (a \oplus b) = a, b \times (a \oplus b) = b$,于是 $a \leqslant a \oplus b, b \leqslant a \oplus b$,从而 $a \oplus b$ 是 a 和 b 的一个上界,设 G 是 a 和 b 的任意一个上界,即 $a \leqslant c, b \leqslant c$,于是, $a \times c = a, b \times c = b$,从而 $a \oplus c = c$, $b \oplus c = c$. 因此

$$(a \oplus b) \oplus c = (a \oplus b) \oplus (c \oplus c) = a \oplus (b \oplus c) \oplus c = a \oplus (c \oplus b) \oplus c = c \oplus c = c \oplus (c \times (c \oplus c)) = c$$

这说明 $a \oplus b \leqslant c$,故 $a \oplus b = \sup\{a, b\}$.

同理可证: $\inf\{a, b\} = a \times b$.

由定理可知,互为等价的两个格 $\langle L, \leqslant \rangle$ 和 $\langle L, \times, \oplus \rangle$,其运算 $\times, \oplus$ 可以分别是在偏序关系 $\leqslant$ 下两个运算对象的最大下界和最小上界.

我们也可以定义代数格的子格.

定义 22.1.4 设 $\langle L, \times, \oplus \rangle$ 是一个格, $S \subseteq L$. 如果 S 对运算 $\times$ 和 $\oplus$ 封闭,则称 $\langle S, \times, \oplus \rangle$ 为 $\langle L, \times, \oplus \rangle$ 的一个子格.

应当注意,偏序格之子格的定义与代数格之子格的定义两者的区别. 设 $\langle L, \leqslant \rangle$ 和 $\langle L, \times, \oplus \rangle$ 是等价的两个格, $S \subseteq L$. 可以证明,若 $\langle S, \times, \oplus \rangle$ 是 $\langle L, \times, \oplus \rangle$ 的子格,则 $\langle S, \leqslant \rangle$ 是 $\langle L, \leqslant \rangle$ 的子格;但若 $\langle S, \leqslant \rangle$ 是 $\langle L, \leqslant \rangle$ 的子格,则 $\langle S, \times, \oplus \rangle$ 不一定是 $\langle L, \times, \oplus \rangle$ 的子格. 设 $\langle L, \leqslant \rangle$ 是如图 22.2 所示的格,其中 $L = \{a_1, a_2, a_3, a_4, a_5\}$. 取 $S = \{a_1, a_2, a_3, a_5\}$. 则 $\langle S, \leqslant \rangle$ 是 $\langle L, \leqslant \rangle$ 的子格,但 $\langle S, \times, \oplus \rangle$ 却不是 $\langle L, \times, \oplus \rangle$ 的子格. 因为 $a_2 \times a_3 = a_4 \notin S$.

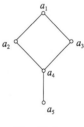

图　22.2

§22.2　格 的 性 质

以下假定与格 $\langle L, \leqslant \rangle$ 等价的代数格为 $\langle L, \times, \oplus \rangle$,其中 $a \times b = \inf\{a, b\}, a \oplus b = \sup\{a, b\}$, $a, b \in L$.

定理 22.2.1 设 $\langle L, \leqslant \rangle$ 是格, $a, b \in L$. 于是 $a \leqslant b$ 当且仅当 $a \times b = a$ 当且仅当 $a \oplus b = b$.

证明:若 $a \leqslant b$,则 a 是 $\{a, b\}$ 的下界. 因此 $a \leqslant a \times b$. 又由定义有 $a \times b \leqslant a$. 故 $a \times b = a$.

若 $a \times b = a$,则由吸收律知, $a \oplus b = (a \times b) \oplus b = b$.

若 $a \oplus b = b$,则由 $\oplus$ 的定义知, $a \leqslant b$.

定理 22.2.2 设 $\langle L, \leqslant \rangle$ 是一个格, $a, b, c \in L$. 于是,若 $b \leqslant c$,则

$$a \times b \leqslant a \times c$$

$$a \oplus b \leqslant a \oplus c$$

证明:因为 $b \leqslant c$,所以由定理 22.2.1 有

$$b \times c = b$$

于是

$$(a \times b) \times (a \times c) = a \times (b \times a) \times c = a \times (a \times b) \times c = (a \times a) \times (b \times c) = a \times b$$

再由定理 22.2.1 知, $a \times b \leqslant a \times c$.

同理可证 $a \oplus b \leqslant a \oplus c$.

定理 22.2.3 $\langle L, \leqslant \rangle$ 是一个格, $a, b, c \in L$. 于是, 有以下分配不等式
$$a \oplus (b \times c) \leqslant (a \oplus b) \times (a \oplus c)$$
$$(a \times b) \oplus (a \times c) \leqslant a \times (b \oplus c)$$

证明: 因为 $a \leqslant a \oplus b, a \leqslant a \oplus c$, 所以
$$a \leqslant (a \oplus b) \times (a \oplus c) \tag{22.1}$$
又因为 $b \times c \leqslant b \leqslant (a \oplus b), b \times c \leqslant c \leqslant (a \oplus c)$, 所以
$$b \times c \leqslant (a \oplus b) \times (a \oplus c) \tag{22.2}$$
综合式(22.1)和式(22.2)有
$$a \oplus (b \times c) \leqslant (a \oplus c) \times (a \oplus c)$$

同理可证 $(a \times b) \oplus (a \times c) \leqslant a \times (b \oplus c)$.

定理 22.2.4 设 $\langle L, \leqslant \rangle$ 是一个格, $a, b, c \in L$. 于是, $a \leqslant b$ 当且仅当 $a \oplus (b \times c) \leqslant b \times (a \oplus c)$ (模不等式).

证明: 若 $a \leqslant b$, 则由定理 22.2.1 和定理 22.2.3 知
$$a \oplus (b \times c) \leqslant (a \oplus b) \times (a \oplus c) = b \times (a \oplus c)$$
故
$$a \oplus (b \times c) \leqslant b \times (a \oplus c)$$

反之, 若 $a \oplus (b \times c) \leqslant b \times (a \oplus c)$, 则因为
$$a \leqslant a \oplus (b \times c) \leqslant b \times (a \oplus c) \leqslant b$$
所以 $a \leqslant b$.

格作为代数系统, 也有格之间的同态概念.

定义 22.2.1 设 $\langle L, \times, \oplus \rangle$ 和 $\langle S, \wedge, \vee \rangle$ 是两个格, f 是 L 到 S 的映射. 如果对任意 $a, b \in L$, 有
$$f(a \times b) = f(a) \wedge f(b)$$
$$f(a \oplus b) = f(a) \vee f(b)$$
则称 f 是 L 到 S 的格同态 (lattice homomorphism). 特别地, L 到 L 的格同态称为格的自同态; 若 f 是双射, 则称 f 是格同构 (lattice isomorphism), 并称 L 与 S 是同构的.

定理 22.2.5 设 $\langle L, \times, \oplus \rangle$ 和 $\langle S, \wedge, \vee \rangle$ 是两个格, 它们分别对应偏序关系 $\leqslant_L$ 和 $\leqslant_S$, f 是 L 到 S 格同态. 于是, 对任意 $a, b \in L$. 若 $a \leqslant_L b$, 则 $f(a) \leqslant_S f(b)$. 称 f 是保序映射.

证明: 因为 $a \leqslant_L b$, 则 $a \times b = a$, 从而 $f(a \times b) = f(a)$, 于是
$$f(a) = f(a \times b) = f(a) \wedge f(b)$$
故
$$f(a) \leqslant_S f(b)$$

此定理说明, 同态映射必是保序映射. 但反之不然. 例如, 已知 $\langle S_{12}, | \rangle$ 和 $\langle S_{12}, \leqslant \rangle$ 是两个格. 其中 "$\leqslant$" 是普通的小于等于关系. 设它们分别对应代数格 $\langle S_{12}, x, \oplus \rangle$ 和 $\langle S_{12}, \wedge, \vee \rangle$. 于是, 对任意 $a, b \in S_{12}$.
$$a \times b = (a, b), \qquad a \oplus b = [a, b]$$
$$a \wedge b = \min\{a, b\}, \quad a \vee b = \max\{a, b\}$$

若定义恒等映射 $g(a) = a, a \in S_{12}$, 则 g 是 $\langle S_{12}, | \rangle$ 到 $\langle S_{12}, \leqslant \rangle$ 的保序映射, 但不是同态映射, 例如, $g(2 \oplus 3) = g(6) = 6$, 而 $g(2) \vee g(3) = 2 \vee 3 = 3$.

定理 22.2.6 设 $\langle L, \times, \oplus \rangle$ 是一个格, g 是 L 的自同态. 于是, $g(L)$ 是 L 的代数子格.

证明: 任取 $a', b' \in g(L)$, 则存在 $a, b \in L$, 使 $g(a) = a', g(b) = b'$. 于是

$$a' \times b' = g(a) \times g(b) = g(a \times b) \in g(L)$$
$$a' \oplus b' = g(a) \oplus g(b) = g(a \oplus b) \in g(L)$$

这说明,$g(L)$ 在运算 $\times$ 和 $\oplus$ 下是封闭的. 故 $\langle g(L), \times, \oplus \rangle$ 是 $\langle L, \times, \oplus \rangle$ 的代数子格.

定理 22.2.7 设 $\langle L, \times, \oplus \rangle$ 和 $\langle S, \wedge, \vee \rangle$ 是两个格. 若 g 是 L 到 S 的格同构,则 g^{-1} 是 S 到 L 的格同构.

证明:显然,g^{-1} 是 S 到 L 的双射. 任取 $a', b' \in S$,则有唯一的 $a, b \in L$,使

$$g(a) = a', g(b) = b'$$

于是

$$g^{-1}(a') = a, g^{-1}(b') = b$$

从而

$$g^{-1}(a' \wedge b') = g^{-1}(g(a) \wedge g(b)) = g^{-1}(g(a \times b)) = a \times b = g^{-1}(a') \times g^{-1}(b')$$

同理可证

$$g^{-1}(a' \vee b') = g^{-1}(a') \oplus g^{-1}(b')$$

由定理 22.2.5 和定理 22.2.7,我们有:

定理 22.2.8 若 g 是格 $\langle L, \times, \oplus \rangle$ 到格 $\langle S, \wedge, \vee \rangle$ 的格同构,则对任意 $a, b \in L$,

$$a \leqslant_L b \text{ 当且仅当 } g(a) \leqslant_S g(b)$$

设 $L = \{0, 1\}$,规定 $0 \leqslant 0$,$0 \leqslant 1$,$1 \leqslant 1$. 于是,$\langle L, \leqslant \rangle$ 是一个格. 令

$$L^n = \{\langle a_1, \cdots, a_n \rangle \mid a_i \in L, i, = 1, \cdots, n, n \geqslant 2\}$$

规定 $\langle a_1, \cdots, a_n \rangle \leqslant_n \langle b_1, \cdots, b_n \rangle$ 当且仅当 $a_i \leqslant b_i, i = 1, \cdots, n$. 不难证明,$\langle L^n, \leqslant_n \rangle$ 是一个格,称为 n 维格(n-dimensional lattice). 图 22.3 列出了格 $\langle L, \leqslant \rangle$、$\langle L^2, \leqslant \rangle$ 和 $\langle L^3, \leqslant \rangle$ 的 Hasse 图.

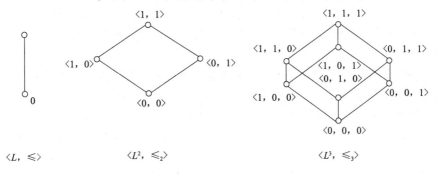

图　22.3

令 $\langle L^n, \times, \oplus \rangle$ 是与格 $\langle L^n, \leqslant \rangle$ 等价的代数格. 容易验证,对任意 $\langle a_1, \cdots, a_n \rangle, \langle b_1, \cdots, b_n \rangle \in L^n$,有

$$\langle a_1, \cdots, a_n \rangle \times \langle b_1, \cdots, b_n \rangle = \langle a_1 \wedge b_1, \cdots, a_n \wedge b_n \rangle$$
$$\langle a_1, \cdots, a_n \rangle \oplus \langle b_1, \cdots, b_n \rangle = \langle a_1 \vee b_1, \cdots, a_n \vee b_n \rangle$$

其中,$a \wedge b = \inf\{a, b\}$,$a \vee b = \sup\{a, b\}$.

【例 22.7】 设 $S = \{x_1, \cdots, x_n\}$,于是,格 $\langle \rho(S), \subseteq \rangle$ 与格 $\langle L^n, \leqslant_n \rangle$ 同构.

证明:定义 $\rho(S)$ 到 L^n 的映射. 任取 $A \in \rho(S)$,$f(A) = \langle a_1, \cdots, a_n \rangle$,其中 $a_i = 1$ 当且仅当 $x_i \in A, i = 1, \cdots, n$. 显然 f 是 $\rho(S)$ 到 L^n 的双射. 下证同态性.

任取 $A, B \in \rho(S)$,令

$$f(A) = \langle a_1, \cdots, a_n \rangle, \quad f(B) = \langle b_1, \cdots, b_n \rangle, \quad f(A \cap B) = \langle c_1, \cdots, c_n \rangle$$

于是,由 f 的定义有

$$a_i = 1 \text{ 当且仅当 } x_i \in A, i = 1, \cdots, n$$
$$b_i = 1 \text{ 当且仅当 } x_i \in B, i = 1, \cdots, n$$
$$c_i = 1 \text{ 当且仅当 } x_i \in A \cap B, i = 1, \cdots, n$$

从而 $c_i = 1$ 当且仅当 $x_i \in A, x_i \in B$ 当且仅当 $a_i = 1$ 且 $b_i = 1, i = 1, \cdots, n$，因此，$c_i = a_i \wedge b_i, i = 1, \cdots, n$.

故

$$\langle c_1, \cdots, c_n \rangle = \langle a_1 \wedge b_1, \cdots, a_n \wedge b_n \rangle = \langle a_1, \cdots, a_n \rangle \times \langle b_1, \cdots, b_n \rangle$$

这说明 $f(A \cap B) = f(A) \times f(B)$.

同理可证 $f(A \cup B) = f(A) \oplus f(B)$.

§22.3　几种特殊的格

由格的定义知，格中任意两个元素都有一个最小上界与最大下界. 我们可以将这一事实推广为：

命题 22.3.1　设 $\langle L, \leqslant \rangle$ 是一个格. 于是，L 的任何非空有限子集 S 都有一个最小上界和最大下界.

证明：对 S 中元素个数作归纳证明. 设 $|S| = n, n \geqslant 1, n = 1$ 时，结论显然成立.

假设当 S 中元素个数为 $n-1$ 时，结论成立.

当 $|S| = n > 1$ 时，设 $S = \{a_1, \cdots, a_{n-1}, a_n\}$. 令 $S' = \{a_1, \cdots, a_{n-1}\}$. 由归纳假设，$S'$ 有一个最小上界，设为 $a' \in L$. 于是，$\{a', a_n\}$ 也有最小上界，设为 a. 下证 a 就是 S 的最小上界.

因为 $a' \leqslant a, a_n \leqslant a$，而 a' 又是 S' 的上界，所以

$$a_1 \leqslant a', \cdots, a_{n-1} \leqslant a'$$

于是，$a_1 \leqslant a, \cdots, a_{n-1} \leqslant a, a_n \leqslant a$，从而 a 是 S 的上界.

任取 S 的一个上界 b，则有 $a_1 \leqslant b, \cdots, a_{n-1} \leqslant b, a_n \leqslant b$. 于是 b 是 S' 的上界，故 $a' \leqslant b$. 又因为 $a_n \leqslant b$，所以 b 是 $\{a', a_n\}$ 的最小上界，故 $a \leqslant b$. 这说明 a 是 S 的最小上界.

同理可证 S 有一个最大下界.

需要注意的是，一个格的无限子集不一定有最小上界或最大下界. 例如，在格 $\langle Z_+, \leqslant \rangle$ 中，令所有正奇数组成的集合为 D_+，于是，$D_+ \subseteq Z_+$，而 D_+ 没有最小上界.

通常将子集 S 的最小上界记为 $\sup S$，最大下界记为 $\inf S$.

定义 22.3.1　设 $\langle L, \leqslant \rangle$ 是一个格. 如果 L 有最小元素(记为 0)和最大元素(记为 1)，则称 L 为有界格(bounded lattice).

有时，将有界格 $\langle L, \leqslant \rangle$ 的等价代数记为 $\langle L, \times, \oplus, 0, 1 \rangle$，其中，0,1 称为 L 的界.

【**例 22.8**】　设 **R** 为实数集，$L = \{x \in \mathbf{R} \mid 0 \leqslant x \leqslant 1\}$. 则 $\langle L, \leqslant \rangle$ 是一个有界格.

由命题 22.3.1 知，有限格必是有界格. 令 $L = \{a_1, \cdots, a_n\}$，则格 $\langle L, \leqslant \rangle$ 是一个有界格，并且

$$0 = a_1 \times \cdots \times a_n$$
$$1 = a_1 \oplus \cdots \oplus a_n$$

命题 22.3.2　若 $\langle L, \leqslant \rangle$ 是有界格，则对任意 $a \in L$，有

$$a \oplus 0 = a \quad a \times 1 = a$$
$$a \oplus 1 = 1 \quad a \times 0 = 0$$

证明：因为对任意 $a \in L$，有 $0 \leqslant a, a \leqslant 1$，所以，$a \oplus 0 = a, a \oplus 1 = 1, a \times 1 = a, a \times 0 = 0$.

定义 22.3.2　设 $\langle L, \leqslant \rangle$ 是有界格，$a, b \in L$，如果

$$a \times b = 0, \quad a \oplus b = 1$$

则称 a 和 b 互为余元素(complement element).

在有界格中，一个元素可能没有余元素，若有也可能不止一个. 例如，图 22.4 中的 Hasse 图所表示的有界格，就说明了以上可能性.

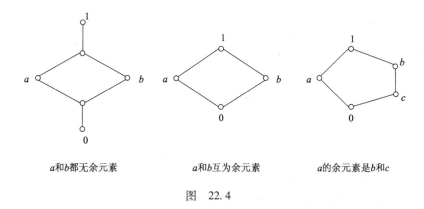

a和b都无余元素　　　　　a和b互为余元素　　　　　a的余元素是b和c

图　22.4

命题 22.3.3 在有界格 $\langle L,\times,\oplus,0,1\rangle$ 中,0 是 1 的唯一余元素,1 是 0 的唯一余元素.

证明:由命题 22.3.2 知

$$0\times 1=0,\quad 0\oplus 1=1$$

所以,0 与 1 互为余元素.下证明唯一性.

设 $c\in L$ 是 1 的余元素,则

$$1\times c=0,\quad 1\oplus c=1$$

但因为 $c\leqslant 1$,所以 $1\times c=c$,因此,$c=0$.

同理可证,1 是 0 的唯一余元素.

定义 22.3.3 设 $\langle L,\leqslant\rangle$ 为有界格.若 L 中每个元素至少有一个余元素,则称 $\langle L,\leqslant\rangle$ 为有余格.

【例 22.9】 设 $S=\{a_1,\cdots,a_n\}$,则 $\langle\rho(S),\subseteq\rangle$ 是有余格,其中 φ 和 S 是 $\langle\rho(S),\subseteq\rangle$ 的界,$A\in\rho(S)$ 的余元素为 $S-A$.

定义 22.3.4 设 $\langle L,\times,\oplus\rangle$ 是一个格.如果对任意的 $a,b,c\in L$,有

$$a\times(b\oplus c)=(a\times b)\oplus(a\times c)\tag{22.3}$$
$$a\oplus(b\times c)=(a\oplus b)\times(a\oplus c)\tag{22.4}$$

则称格 L 为分配格(distributive lattice).

注意,分配格定义中的两个等式是等价的,即由一个等式.可推出另一个等式,例如,假设等式(22.4)成立.我们有

$$(a\times b)\oplus(a\times c)=((a\times b)\oplus a)\times((a\times b)\oplus c)=a\times(c\oplus(a\times b))$$
$$a\times((c\oplus a)\times(c\oplus b))=(a\times(c\oplus a))\times(c\oplus b))=a\times(b\oplus c)$$

即等式(22.3)成立.同理,由等式(22.3)可推出等式(22.4).

并不是所有格都是分配格.例如,图 22.5 中 Hasse 图所表示的两个格都不是分配格,这是因为 $b\times(a\oplus c)=b\neq(b\times a)\oplus(b\times c)=c,u\times(v\oplus w)=u\neq(u\times v)\oplus(u\times w)=0$.

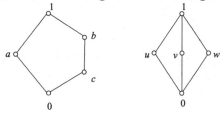

图　22.5

但有一类格是分配格.

命题 22. 3. 4 任意一个链都是分配格.

证明:设$\langle L,\leqslant\rangle$是一个链,任取$a,b,c\in L$,则可分以下两种情况讨论.

(1)$b\leqslant a$且$c\leqslant a$,这时,$b\oplus c\leqslant a$,从而

$$a\times(b\oplus c)=b\oplus c$$

而$a\times b=b,a\times c=c$,于是

$$(a\times b)\oplus(a\times c)=b\oplus c$$

故

$$a\times(b\oplus c)=(a\times b)\oplus(a\times c)$$

(2)$a\leqslant b$或$a\leqslant c$,这时$a\leqslant b\leqslant b\oplus c$或者$a\leqslant c\leqslant b\oplus c$,从而总有$a\leqslant b\oplus c$,于是,$a\times(b\oplus c)=a$.而$a\times b=a$或者$a\times c=a$,因此,由吸收律知,$(a\times b)\oplus(a\times c)=a\oplus(a\times c)=a$,或者$(a\times b)\oplus(a\times c)=a(a\times b)\oplus a=a$.故

$$a\times(b\oplus c)=(a\times b)\oplus(a\times c)$$

不难验证,$\langle L^n,\leqslant_n\rangle$,$\langle\rho(S),\subseteq\rangle$,$\langle S_n,\mid\rangle$以及$\langle Z_+,\mid\rangle$等都是分配格,但它们都不是链.

定理 22. 3. 1(De Morgan 律) 设$\langle L,\times,\oplus\rangle$是分配格,$a,b\in L$. 于是,若$a,b$有余元素$a',b'$,则

$$(a\times b)'=a'\oplus b'$$
$$(a\oplus b)'=a'\times b'$$

证明:因为$(a'\oplus b')\oplus(a\times b)=(a'\oplus b'\oplus a)\times(a'\oplus b'\oplus b)=(1\oplus b')\times(a'+1)=1\times1=1$,而

$$(a'\oplus b')\times(a\times b)=(a'\times a\times b)\oplus(b'\times a\times b)=0\oplus0=0$$

所以$(a\times b)'=a'\oplus b'$. 同理可证$(a\oplus b)'=a'\times b'$.

定义 22. 3. 5 设$\langle L,\leqslant\rangle$是一个格. 对任意$a,b,c\in L$,如果由$a\leqslant b$可推出$a\oplus(b\times c)=b\times(a\oplus c)$,则称$\langle L,\leqslant\rangle$为模格(modular lattice).

分配格必是模格,事实上,设$\langle L,\times,\oplus\rangle$是分配格,任取$a,b,c\in L$,若$a\leqslant b$,则

$$a\oplus(b\times c)=(a\oplus b)\times(a\oplus c)=b\times(a\oplus c)$$

但模块不一定是分配格. 例如对图 22.5 所示的两个格,由模格的定义可验证左边的不是模格,右边的是模格,它们都不是分配格.

如何判断一个格是否为模格? 我们有:

定理 22. 3. 2 格$\langle L,\leqslant\rangle$是模格的充分必要条件是,对任意$a,b,c\in L$,若

$$a\leqslant b,a\times c=b\times c,a\oplus c=b\oplus c$$

则$a=b$.

证明:必要性.

$$a=a\oplus(a\times c)=a\oplus(b\times c)=b\times(a\oplus c)=b\times(b\oplus c)=b$$

故$a=b$.

充分性. 任取$a,b,c\in L$,设$a\leqslant b$. 因为

$$(a\oplus(b\times c))\oplus c=a\oplus((b\times c)\oplus c)=a\oplus c \tag{22.5}$$

又因为$a\leqslant b,a\leqslant a\oplus c$,所以$a\leqslant b\times(a\oplus c)$,从而由定理22.2.2,得

$$a\oplus c\leqslant(b\times(a\oplus c))\oplus c\leqslant(a\oplus c)\oplus c=a\oplus c$$

故有

$$(b\times(a\oplus c))\oplus c=a\oplus c \tag{22.6}$$

由式(22.5)和式(22.6)有

$$(a \oplus (b \times c)) \oplus c = (b \times (a \oplus c)) \oplus c \tag{22.7}$$

另一方面，

$$(b \times (a \oplus c)) \times c = b \times ((a \oplus c) \times c) = b \times c \tag{22.8}$$

而 $b \times c \leqslant a \oplus (b \times c)$，所以由定理22.2.4有

$$b \times c = (b \times c) \times c \leqslant (a \oplus (b \times c)) \times c \leqslant (b \times (a \oplus c)) \times c = b \times ((a \oplus c) \times c) = b \times c$$

从而有

$$(a \oplus (b \times c)) \times c = b \times c \tag{22.9}$$

由式(22.8)和式(22.9)有

$$(a \oplus (b \times c)) \times c = (b \times (a \oplus c)) \times c \tag{22.10}$$

又由格的分配不等式知，当 $a \leqslant b$ 时

$$a \oplus (b \times c) \leqslant (a \oplus b) \times (a \oplus c) = b \times (a \oplus c)$$

从而有

$$a \oplus (b \times c) \leqslant b \times (a \oplus c) \tag{22.11}$$

最后，由式(22.5)、式(22.8)、式(22.9)及定理中的条件，得

$$a \oplus (b \times c) = b \times (a \oplus c)$$

故 $\langle L, \leqslant \rangle$ 是模格.

定理 22.3.3 设 $\langle L, \times, \oplus \rangle$ 是分配格. 于是，对任意 $a, b, c \in L$，如果

$$a \times c = b \times c, \quad a \oplus c = b \oplus c$$

则有 $a = b$.

证明： 由假设有

$$a = a \times (a \oplus c) = a \times (b \oplus c) = (a \times b) \oplus (a \times c) = (a \times b) \oplus (b \times c)$$
$$= b \times (a \oplus c) = b \times (b \oplus c) = b$$

即 $a = b$.

推论 22.3.1 设 $\langle L, \times, \oplus \rangle$ 是有余分配格，则对任意 $a \in L, a$ 的余元素 a 是唯一的.

证明： 设 a' 和 a'' 都是 a 的余元素，于是，

$$a \times a' = 0, \quad a + a' = 1$$
$$a \times a'' = 0, \quad a \oplus a'' = 1$$

从而 $a \times a' = a \times a'' = 0, a \oplus a' = a \oplus a''$，由定理22.3.3知，$a' = a''$，故 a 的余元素是唯一的.

§22.4 布 尔 代 数

布尔代数是英国数学家 George Boole 于 1854 年提出的一种代数系统，它是人们利用数学方法研究人类思维规律所得到的一个重要成果. 它作为设计数学电子计算机的数学工具，在计算机科学等领域中有着重要的应用.

定义 22.4.1 有余分配格称为布尔代数.

由布尔代数的定义以及 22.3 节所得的一些结论，可以将一个布尔代数记为 $\langle B, \cdot, +, -, 0, 1 \rangle$，其中，"$\cdot$"称为乘法运算，"$+$"称为加法运算，"$-$"称为余运算，$a \in B$ 的余元素记为 $\bar{a}, 0, 1$ 是 B 的界，有时，也可将 $a \cdot b$ 简为 ab.

下面根据布尔代数的定义，分类给出布尔代数的一些重要性质.

设 $\langle B, \cdot, +, -, 0, 1 \rangle$ 是一个布尔代数，于是，对任意 $a, b, c \in B$，有

(1) 因为 $\langle B, \cdot, + \rangle$ 是一个代数格，所以有

① $a \cdot a = a$，$a + a = a$ （等幂律）

② $a \cdot b = b \cdot a, a + b = b + a$　（交换律）

③ $(a \cdot b) \cdot c = a \cdot (b \cdot c), (a + b) + c = a + (b + c)$　（结合律）

④ $a \cdot (a + b) = a, a + (a \cdot b) = a$　（吸收律）

（2）因为$\langle B, \cdot, + \rangle$是分配格,所以有

⑤ $a \cdot (b + c) = (a \cdot b) + (a \cdot c), a + (b \cdot c) = (a + b) \cdot (a + c)$　（分配律）

⑥ $(a + b) \cdot (a + c) \cdot (b + c) = (a \cdot b) + (a \cdot c) + (b \cdot c)$

⑦ 若$a \cdot b = a \cdot c, a + b = a + c$,则$b = c$

（3）因为$\langle B, \cdot, +, -, 0, 1 \rangle$是有界格,所以有

⑧ $0 \leqslant a \leqslant 1$

⑨ $a \cdot 0 = 0, \quad a + 1 = 1$

⑩ $a \cdot 1 = a, \quad a + 0 = a$

（4）因为$\langle B, \cdot, +, -, 0, 1 \rangle$是有余分配格,所以有

⑪ $a \cdot \bar{a} = 0, a + \bar{a} = 1$

⑫ $\bar{0} = 1, \bar{1} = 0$

⑬ $\overline{(a \cdot b)} = \bar{a} + \bar{b}, \overline{a + b} = \bar{a} \cdot \bar{b}$

（5）因为$\langle B, \leqslant \rangle$是偏序格,所以有

⑭ $a \cdot b = \inf\{a, b\}, a + b = \sup\{a, b\}$

⑮ $a \leqslant b$ 当且仅当 $a + b = b$ 当且仅当 $a \cdot b = a$

⑯ $a \leqslant b$ 当且仅当 $a \cdot \bar{b} = 0$ 当且仅当 $\bar{b} \leqslant \bar{a}$ 当且仅当 $\bar{a} + b = 1$

另一方面,容易证明,一个具有上述性质的代数系统必是布尔代数. 但上述性质不是互相独立的,即有些性质可以由其他性质推导出来,下面用相互独立的公理来重新定义布尔代数,这些公理是由 Huntington 于 1904 年提出的.

定理 22.4.1 设集合 B 至少含两个元素,"$\cdot$""$+$"是定义在 B 上的两个代数运算. 如果对任意 $a, b, c \in B$,满足下面公理:

H_1:　　　　　　　　　　$a \cdot b = b \cdot a, a + b = b + a$

H_2:　　　　　　　　　　$a \cdot (b + c) = (a \cdot b) + (a \cdot c)$

　　　　　　　　　　　　$a + (b \cdot c) = (a + b) \cdot (a + c)$

H_3: B 中有元素 0 和 1,使得对任意 $a \in B$,有

　　　　　　　　　　　　$a \cdot 1 = a, \quad a + 0 = a$

H_4: 对任意 $a \in B$,有 $\bar{a} \in B$,使得

　　　　　　　　　　　　$a \cdot \bar{a} = 0, a + \bar{a} = 1$

则$\langle B, \cdot, +, -, 0, 1 \rangle$是一个布尔代数.

证明: 由布尔代数的定义,只需证明$\langle B, \cdot, + \rangle$是格,且 0,1 分别是 B 的最小元和最大元. 由 H_4 知,B 是有余格,又由 H_2 知,B 是分配格,从而 B 是有余分配格,即布尔代数.

首先证明几个有用的公式

对任意 $a \in B$, $a + 1 = 1$, $a \cdot 0 = 0$　　　　　　　　　　　　　　　　(22.12)

$$
\begin{aligned}
a + 1 &= (a + 1) \cdot 1 & （由 H_3）\\
&= 1 \cdot (a + 1) & （由 H_1）\\
&= (a + \bar{a}) \cdot (a + 1) & （由 H_4）\\
&= a + (\bar{a} \cdot 1) & （由 H_2）\\
&= a + \bar{a} & （由 H_3）
\end{aligned}
$$

$$= 1 \qquad (\text{由}\ H_4)$$

$$a \cdot 0 = a \cdot 0 + 0 \qquad (\text{由}\ H_3)$$

$$= a \cdot 0 + 0 \cdot 1 \qquad (\text{由}\ H_3)$$

$$= 0 \cdot a + 0 \cdot 1 \qquad (\text{由}\ H_1)$$

$$= 0 \cdot (a + 1) \qquad (\text{由}\ H_2)$$

$$= 0 \cdot 1 \qquad (\text{由上式})$$

$$= 0 \qquad (\text{由}\ H_3)$$

若 $a + b = a + c, \bar{a} + b = \bar{a} + c$，则 $b = c$ $\qquad\qquad$ (22.13)

$$b = b + 0 \qquad (\text{由}\ H_3)$$

$$= b + (a \cdot \bar{a}) \qquad (\text{由}\ H_4)$$

$$= (b + a) \cdot (b + \bar{a}) \qquad (\text{由}\ H_2)$$

$$= (a + b) \cdot (\bar{a} + b) \qquad (\text{由}\ H_1)$$

$$= (a + c) \cdot (\bar{a} + c) \qquad (\text{由假设})$$

$$= (c + a) \cdot (c + \bar{a}) \qquad (\text{由}\ H_1)$$

$$= c + (a \cdot \bar{a}) \qquad (\text{由}\ H_2)$$

$$= c + 0 \qquad (\text{由}\ H_4)$$

$$= c \qquad (\text{由}\ H_3)$$

若 $a \cdot b = a \cdot c, \bar{a} \cdot b = \bar{a} \cdot c$，则 $b = c$ $\qquad\qquad$ (22.14)

$$b = b \cdot 1 \qquad (\text{由}\ H_3)$$

$$= b \cdot (a + \bar{a}) \qquad (\text{由}\ H_4)$$

$$= (b \cdot a) + (b \cdot \bar{a}) \qquad (\text{由}\ H_2)$$

$$= (a \cdot b) + (\bar{a} \cdot b) \qquad (\text{由}\ H_1)$$

$$= (a \cdot c) + (\bar{a} \cdot c) \qquad (\text{由假设})$$

$$= (c \cdot a) + (c \cdot \bar{a}) \qquad (\text{由}\ H_1)$$

$$= c \cdot (a + \bar{a}) \qquad (\text{由}\ H_2)$$

$$= c \cdot 1 \qquad (\text{由}\ H_4)$$

$$= c \qquad (\text{由}\ H_3)$$

下证 $\langle B, \cdot, + \rangle$ 是格.

(1) 由 H_1 知，$\langle B, \cdot, + \rangle$ 满足交换律.

(2) 因为

$$a + (a \cdot b)$$

$$= (a \cdot 1) + (a \cdot b) \qquad (\text{由}\ H_3)$$

$$= a \cdot (1 + b) \qquad (\text{由}\ H_2)$$

$$= a \cdot (b + 1) \qquad (\text{由}\ H_1)$$

$$= a \cdot 1 \qquad (\text{由}\ H_7)$$

$$= a \qquad (\text{由}\ H_3)$$

$$a \cdot (a+b)$$
$$= (a+0) \cdot (a+b) \qquad (由 H_3)$$
$$= a + (0 \cdot b) \qquad (由 H_2)$$
$$= a + (b \cdot 0) \qquad (由 H_1)$$
$$= a + 0 \qquad (由 H_7)$$
$$= a \qquad (由 H_3)$$

所以 $\langle B, \cdot, + \rangle$ 满足吸收律.

(3) 令 $R = a \cdot (b \cdot c), L = (a \cdot b) \cdot c$, 于是

$$a + R = a + (a \cdot (b \cdot c)) = a \qquad (由吸收律)$$
$$a + L = a + ((a \cdot b) \cdot c) = (a + (a \cdot b)) \cdot (a + c) \qquad (由 H_2)$$
$$= a \cdot (a + c) \qquad (由吸收律)$$
$$= a \qquad (由吸收律)$$

因此, $a + R = a + L$, 又因为

$$\overline{a} + R = \overline{a} + (a \cdot (b \cdot c)) \qquad (由 H_2)$$
$$= (\overline{a} + a) \cdot (\overline{a} + (b \cdot c))$$
$$= 1 \cdot (\overline{a} + (b \cdot c)) \qquad (由 H_1 及 H_4)$$
$$= \overline{a} + (b \cdot c) \qquad (由 H_1 及 H_3)$$

$$\overline{a} + L = \overline{a} + ((a \cdot b) \cdot c)$$
$$= (\overline{a} + (a \cdot b)) \cdot (\overline{a} + c) \qquad (由 H_2)$$
$$= ((\overline{a} + a) \cdot (\overline{a} + b)) \cdot (\overline{a} + c) \qquad (由 H_2)$$
$$= (1 \cdot (\overline{a} + b)) \cdot (\overline{a} + c) \qquad (由 H_1 及 H_4)$$
$$= (\overline{a} + b) \cdot (\overline{a} + c) \qquad (由 H_1 及 H_3)$$
$$= \overline{a} + (b \cdot c) \qquad (由 H_2)$$

所以, $\overline{a} + R = \overline{a} + L$. 故由式(22.13)知, $R = L$.

再令 $H = a + (b + c), K = (a + b) + c$, 于是

$$a \cdot H = a \cdot (a + (b + c))$$
$$= a \qquad (由吸收律)$$
$$a \cdot K = a \cdot ((a + b) + c)$$
$$= a \cdot (a + b) + (a \cdot c) \qquad (由 H_2)$$
$$= a + (a \cdot c) \qquad (由吸收律)$$
$$= a \qquad (由吸收律)$$

因此, $a \cdot H = a \cdot K$. 又因为

$$\overline{a} \cdot H = \overline{a} \cdot (a + (b + c))$$
$$= \overline{a} \cdot a + \overline{a} \cdot (b + c) \qquad (由 H_2)$$
$$= 0 + \overline{a}(b + c) \qquad (由 H_4)$$
$$= \overline{a} \cdot (b + c) \qquad (由 H_1, H_3)$$

$$\overline{a} \cdot K = \overline{a} \cdot ((a + b) + c)$$
$$= \overline{a} \cdot (a + b) + (\overline{a} \cdot c) \qquad (由 H_2)$$
$$= ((\overline{a} \cdot a) + (\overline{a} \cdot b)) + (\overline{a} \cdot c) \qquad (由 H_2)$$
$$= (0 + (\overline{a} \cdot b)) + (\overline{a} \cdot c) \qquad (由 H_4)$$

$$= (\bar{a} \cdot b) + (\bar{a} \cdot c) \qquad (由 H_1, H_3)$$
$$= \bar{a} \cdot (b + c) \qquad (由 H_2)$$

所以,$\bar{a} \cdot H = \bar{a} \cdot K$. 故由式(22.14)知,$H = K$.

总之,$\langle B, \cdot, + \rangle$ 满足结合律.

综上所述,$\langle B, \cdot, + \rangle$ 是格.

现在定义 B 上的偏序关系"$\leqslant$"如下:

$$a \leqslant b \text{ 当且仅当 } a \cdot b = a$$

于是,由定理 22.1.1 知,$\langle B, \leqslant \rangle$ 是一个格,并且

$$a \leqslant b \text{ 当且仅当 } a + b = b$$

最后,由 H_3 知,对任意 $a \in B$,有

$$a \cdot 1 = a, \quad a + 0 = a$$

故 $0 \leqslant a \leqslant 1$,即 0 和 1 分别是 B 的最小元素和最大元素,因此,$\langle B, \cdot, +, -, 0, 1 \rangle$ 是布尔代数.

可以证明,公理 $H_1 \sim H_4$ 是独立的,这里就不去证明它了,有兴趣的读者可参看 R·L·Goodstdein 所著的 *Boolean Algebra* 一书(有中译本,科学出版社).

【例 22.10】　设 $B = \{0, 1\}$,B 上的运算"$\cdot$""$+$"定义如下:

$\cdot$	0	1		$+$	0	1		x	$\bar{x}$
0	0	0		0	0	1		0	1
1	0	1		1	1	1		1	0

容易验证,$\langle B, \cdot, +, -, 0, 1 \rangle$ 是布尔代数. 这是简单的一个布尔代数,常称为电路代数.

【例 22.11】　设 S 是一个非空集合,则 $\langle \rho(S), \cap, \cup, -, \varnothing, S \rangle$ 是一个布尔代数,其中,对 $A \in \rho(S), \bar{a} = S - A$. 称此代数为集合代数(set algebra).

【例 22.12】　设 P 是命题公式的集合,不难证明,$\langle P, \wedge, \vee, \Gamma, F, T \rangle$ 是一个布尔代数,称为命题代数(proposition algebra).

【例 22.13】　令 $B_n = \{ \langle x_1, \cdots, x_n \rangle \mid x \in \{0, 1\}, i = 1, \cdots, n \}$. 对任意 $a, b \in B_n$,设 $a = \langle a_1, \cdots, a_n \rangle$, $b = \langle b_1, \cdots, b_n \rangle$,定义 B_n 上的运算如下:

$$a \cdot b = \langle a_1 \cdot b_1, \cdots, a_n \cdot b_n \rangle$$
$$a + b = \langle a_1 + b_1, \cdots, a_n + b_n \rangle$$
$$\bar{a} = \langle \bar{a_1}, \cdots, \bar{a_n} \rangle$$

其中,$\bar{0} = 1, \bar{1} = 0$. 不难证明,$\langle B, \cdot, +, -, 0_n, 1_n \rangle$ 是一个布尔代数,其中

$$0_n = \langle 0, \cdots, 0 \rangle \in B_n, \quad 1_n = \langle 1, \cdots, 1 \rangle \in B_n$$

此代数又称为开关代数(switch algebra).

定义 22.4.2　设 $\langle B, \cdot, +, -, 0_n, 1_n \rangle$ 是一个布尔代数,$S \subseteq B$. 如果 S 包含元素 0 和 1,并且对运算 $\cdot, +, -$ 是封闭的,则 $\langle S, \cdot, +, -, 0_n, 1_n \rangle$ 称为 $\langle B, \cdot, +, -, 0_n, 1_n \rangle$ 的子布尔代数.

定理 22.4.2　设 $\langle B, \cdot, +, -, 0_n, 1_n \rangle$ 是一个布尔代数,S 是 B 的非空子集. 如果 S 对运算 $\{\cdot, -\}$ 或 $\{+, -\}$ 是封闭的,则 S 是 B 的子布尔代数.

证明: 设 S 对运算 $\{\cdot, -\}$ 封闭,由 $S \neq \varnothing$ 知,存在 $a \in S$. 于是 $\bar{a} \in S$. 从而 $a \cdot \bar{a} = 0 \in S$,且 $\bar{0} = 1 \in S$. 又任取 $a, b \in S$,因为 $a + b = \overline{(\bar{a}, \bar{b})}$,所以,$a + b \in S$,即 S 对 $+$ 是封闭的,且包含 0 和 1. 故由定义知,S 是 B 的子布尔代数.

同理可证,若 S 对$\{+,-\}$是封闭的,则 S 是 B 的子布尔代数.

由子布尔代数的定义不难知道,子布尔代数本身构成一个布尔代数.

要注意的是,布尔代数 B 的子集 S 可以是布尔代数,但它可能不是 B 的子布尔代数,因为它对 B 中的运算可能不是封闭的.

【例 22.14】　考虑图 22.6 所示的格.不难验证它是一个布尔代数.令 $S_1=\{a,\bar{a},0,1\}$,$S_2=\{a,b,0,1\}$,$S=\{a,\bar{b},0,1\}$,则 S_1 是子布尔代数.因为它对$\{\cdot,-\}$封闭;S_2 不是子布尔代数,因为它对运算"$-$"不封闭;S_3 是布尔代数,但不是所给代数的子布尔代数,因为它对运算"$-$"不封闭.

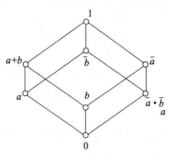

图　22.6

作为代数系统,布尔代数之间也有同态概念.

定义 22.4.3　设$\langle B,\cdot,+,-,0,1\rangle$和$\langle S,\wedge,\vee,\Gamma,\alpha,\beta\rangle$是两个布尔代数,$f$ 是 B 到 S 的映射.如果对任意 $a,b\in B$,有

$$f(a\cdot b)=f(a)\wedge f(b)$$
$$f(a+b)=f(a)\vee f(b)$$
$$f(\bar{a})=\Gamma f(a)$$
$$f(0)=\alpha$$
$$f(1)=\beta$$

则称 f 为 B 到 S 的一个布尔同态.称 $f(B)$ 是布尔代数 B 的同态象.

如果 f 是双射,则称 f 是布尔同构,也称 B 与 S 同构.

显然,$f(B)$ 是 S 的子布尔代数.

定理 22.4.3　设 f 是布尔代数$\langle B,\cdot,+,-,0,1\rangle$到布尔代数$\langle S,\wedge,\vee,\Gamma,\alpha,\beta\rangle$的一个映射,如果对任意 $a,b\in B$,都有

$$f(a\cdot b)=f(a)\wedge f(b) \tag{22.13}$$
$$f(\bar{a})=\Gamma f(a) \tag{22.14}$$

则 f 是 B 到 S 的布尔同态.

证明: 对任意 $a,b\in B$,由假设有

$$f(a+b)=f(\overline{\overline{a+b}})=\Gamma f(\overline{a+b})=\Gamma f(\bar{a}\cdot\bar{b})=\Gamma(f(\bar{a})\wedge f(\bar{b}))=\Gamma(\Gamma f(a)\wedge\Gamma f(b))$$
$$=f(a)\vee f(b)f(0)=f(a\cdot\bar{a})=f(a)\wedge f(\bar{a})=f(a)\wedge\Gamma f(a)=\alpha$$
$$f(1)=f(a+\bar{a})=f(a)\vee f(\bar{a})=f(a)\vee\Gamma f(a)=\beta$$

故由定义知,f 是 B 到 S 的布尔同态.

定理 22.4.4　设 f 是布尔代数$\langle B,\cdot,+,-,0,1\rangle$到布尔代数$\langle S,\wedge,\vee,\neg,\alpha,\beta\rangle$的一个映射.如果对任意 $a,b\in B$,都有

$$f(a\cdot b)=f(a)\wedge f(b)$$

$$f(a+b) = f(a) \vee f(b)$$

则 $\langle f(B), \wedge, \vee, \Gamma, f(0), f(1) \rangle$ 是一个布尔代数,且 f 是 B 到 $f(B)$ 的布尔同态,其中¬是关于 $f(0)$ 和 $f(1)$ 的余运算.

证明: 显然,$f(B) \subseteq S$. 对任意 $a' \in f(B)$,必有 $a \in B$,使得 $f(a) = a'$. 因为

$$a' \wedge f(0) = f(a) \wedge f(0) = f(a \cdot 0) = f(0)$$

所以 $f(0) \leqslant a'$. 又因为

$$a' \vee f(1) = f(a) \vee f(1) = f(a+1) = f(1)$$

所以 $a' \leqslant f(1)$. 于是,$f(0) \leqslant a' \leqslant f(1)$. 故 $f(0)$ 和 $f(1)$ 分别是 $f(B)$ 中的最小元素和最大元素.

又任取 $a \in B$,有

$$f(a) \wedge f(\bar{a}) = f(a \cdot \bar{a}) = f(0)$$

$$f(a) \wedge f(\bar{a}) = f(a \cdot \bar{a}) = f(1)$$

于是,$f(\bar{a})$ 是 $f(a)$ 的余元素,故

$$\neg f(a) = f(\bar{a})$$

以上说明,$f(B)$ 对运算 $\wedge$,$\vee$ 和¬是封闭的,故 $f(B)$ 是 S 的子布尔代数. 又由定理 22.4.3 知,f 是 B 到 $f(B)$ 的布尔同态.

§22.5　有限布尔代数的结构

本节所提到的布尔代数,如不特别指出,都是指有限布尔代数.

前一节中,我们构造了一些布尔代数. 人们可能想象有很大的自由来构造一些不同的布尔代数,实际上并非如此. 本节将证明,每个有限布尔代数的阶必为 2 的正整数次幂,并且维数相同的有限布尔代数必同构.

定义 22.5.1 设 $\langle B, \cdot, +, -, 0, 1 \rangle$ 是布尔代数. 若存在 $e_1, \cdots e_n \in B$,使得对任意 $a \in B$,都可唯一地表示为

$$a = \alpha_1 e_1 + \cdots + \alpha_n e_n$$

其中,$\alpha_i \in \{0, 1\}$,$i = 1, \cdots, n$. 则称 $e_1, \cdots, e_n$ 为布尔代数 B 的一组基底(basic),并称此布尔代数为 n 维的.

易知,$e_i \neq 0$,$i = 1, \cdots, n$

定义 22.5.2 设 $\langle B, \cdot, +, -, 0, 1 \rangle$ 是布尔代数. $a \in B$,且 $a \neq 0$. 若对任意 $x \in B$,$a \cdot x = 0$ 或者 $a \cdot x = a$,则称 a 为布尔代数 B 的极小元素(或原子)

由定义易知,有限布尔代数的极小元素就是其 Hasse 图中与最小元素 0 连接的那些元数,并且,若 a 和 b 是两个不同的极小元素,由必有 $a \cdot b = 0$.

命题 22.5.1 设 B 是布尔代数,$a \in B$,$a \neq 0$. 若 a 不是极小元素,则存在极小元素 b,满足 $b < a$.

证明: 因为 a 不是极小元素,所以存在非零元素 $x_0 \in B$,使得 $a \cdot x_0 \neq 0$,且 $a \cdot x_0 \neq a$.

令 $a \cdot x_0 = a_1$,则显然 $a_1 < a$(即 $a_1 \leqslant a$　$a_1 \neq a$).

若 a_1 是极小元素,则命题得证,否则,有非零元素 $x_1 \in B$,使得 $a_1 \cdot x_1 \neq 0$,且 $a_1 \cdot x_1 \neq a_1$.

令 $a_1 \cdot x_1 = a_2$,则有 $a_2 < a_1 < a$.

重复上述过程,由于 B 有限,故最后总可找到极小元素 a_n,使得

$$a_n < a_{n-1} < \cdots < a_2 < a_1 < a$$

定理 22.5.1 有限布尔代数的基底必是此代数的所有极小元素;反之,有限布尔代数所有极小元素必能做成此代数的基底.

证明: 设 $e_1, \cdots, e_n$ 是有限布尔代数 $\langle B, \cdot, +, -, 0, 1 \rangle$ 的基底,先证 $e_i (i = 1, \cdots, n)$ 是极小元素.

若 e_i 不是极小元素,则存在 $a \in B$,使得

$$a \cdot e_i \neq 0 \text{ 且 } ae_i \neq e_i$$

设 $ae_i = b$,则 $b < e_i$. 令

$$b = a_1 e_1 + \cdots a_n e_n, \quad \bar{b}e_i = c$$

由 $b < e_i$ 知 $be_i = b$,从而,$b + c = be_i + \bar{b}e_i = e_i$. 令 $c = \beta_1 e_1 + \cdots \beta_n e_n$,于是有

$$e_i = b + c$$
$$= (a_1 + \beta_1)e_1 + \cdots + (a_n + \beta_n)e_n$$

由基底的性质,有

$$a_j + \beta_j = 0 (j \neq i, j = 1, \cdots, n)$$
$$a_j + \beta_j = 1$$

也即 $a_i = 1$ 或者 $\beta_i = 1, a_j = \beta_j = 0, j \neq i, j = 1, \cdots, n$.

若 $\alpha_i = 1$,则 $b = e_i$,矛盾;

若 $\beta_i = 1$,则 $c = e_i$,即 $\bar{b}e_i = e_i$,则

$$0 = (b\bar{b})e_i = b(\bar{b}e_i) = be_i = b$$

从而与 $b \neq 0$ 矛盾. 故 e_i 是极小元素,$i = 1, \cdots, n$.

再证 $e_i, \cdots, e_n$ 是 B 的所有极小元素.

设 e^* 是 B 的极小元素,令 $e^* = \alpha_1 e_1 + \cdots + \alpha_n e_n$.

因 $e^* \neq 0$,故不妨设 $a_i \neq 0$,于是

$$e^* e_i = e_i$$

由极小元素的性质知 $e^* = e_i$,即 B 的每个极小元素必是基底中的某一个元素.

另一方面,设 $e_1, \cdots, e_n$ 是有限布尔代数 $\langle B, \cdot, +, -, 0, 1 \rangle$ 中所有极元素. 先证 e_i 可由 $e_1, \cdots, e_n$ 唯一表示如下:

$$e_i = 0e_1 + \cdots + 1e_i + \cdots + 0e_n, \quad i = 1, \cdots, n$$

只需证唯一性. 若另有

$$e_i = \alpha_1 e_1 + \cdots + \alpha_n e_n$$

其中,至少有一个 $\alpha_j \neq 0 (j \neq i)$. 于是

$$0 = e_i e_j = \alpha_j e_j = e_j$$

此与 e_j 是极小元素矛盾.

最后证 B 中的任意非零元也可由 $e_1, \cdots, e_n$ 唯一地表示. 设 $a \in B, a \neq e_i, i = 1, \cdots, n$. 由命题 22.5.1,可设

$$S = \{e_i \mid e_i < a\} = \{e_{i_1}, \cdots, e_{i_k}\}$$

其中,$1 \leq i_1 < \cdots < i_k \leq n$. 令

$$e_{i_1} + \cdots + e_{i_k} = b \tag{22.15}$$

显然 $b \leq a$. 下证 $b = a$.

若 $b < a$,则 $\bar{b}a \neq 0$(否则推出 $a \leq b$). 于是由命题 22.5.1 知,必有极小元素 $e_j \leq \bar{b}a$. 由 $\bar{b}a \leq a$ 得知 $e_j \leq a$. 因此,$e_j \in S$. 设 $e_j = e_{i_m} (1 \leq m \leq k)$,于是,由 $e_{i_m} = e_j \leq \bar{b}a$ 知,$(\bar{b}a)e_{i_m} = e_{i_m}$. 而由式(22.15)知,$e_{i_m}b = e_{i_m}$,故 $(\bar{b}ae_{i_m})b = e_{i_m}$,即 $(b\bar{b})ae_{i_m} = e_{i_m}$,从而 $e_{i_m} = 0$,矛盾. 故 $b = a$,即

$$a = e_{i_1} + \cdots + e_{i_k}$$

下证唯一性. 设 $a = e_{j_1}, \cdots, e_{j_t}$,不妨设

$$e_{j_p} \neq e_{i_p} \quad (p = 1, \cdots, k)$$

于是,$e_{j_i}a = e_{j_i}$,从而 $e_{j_i}(e_{i_1} + \cdots + e_{i_k}) = 0$,故

$$e_{j_i} = 0$$

矛盾. 所以 a 线性表示是唯一的.

推论 22.5.1 若 $e_1, \cdots, e_n$ 是有限布尔代数 $\langle B, \cdot, +, -, 0, 1 \rangle$ 的基底,则 $e_1 + \cdots + e_n = 1$.

证明: 设 $1 = \alpha_1 e_1 + \cdots + \alpha_n e_n$. 若 $\alpha_i = 0$,则

$$e_i = 1 \cdot e_i = (\alpha_1 e_1 + \cdots + \alpha_n e_n) \cdot e_i = \alpha_i e_i = 0$$

矛盾. 故 $\alpha_i = 1$, $i = 1, \cdots, n$. 即 $e_1 + \cdots + e_n = 1$.

推论 22.5.2 有限布尔代数的基底是唯一的.

证明: 因为有限布尔代数的所有极小元素均由此代数唯一确定,故由定理 22.5.1 知,此推论成立.

定理 22.5.2 维数相同的有限布尔代数必同构.

证明: 设布尔代数 $\langle B, \cdot, +, -, 0, 1 \rangle$ 和 $\langle S, \wedge, \vee, \neg, \alpha, \beta \rangle$ 都是 n 维的,其基底分别为 $e_1, \cdots, e_n$ 和 $u_1, \cdots, u_n$. 作 B 到 S 映射 f 如下:

$$f(e_i) = u_i \quad i = 1, \cdots, n$$

对任意 $a \in B$,设

$$a = \alpha_1 e_1 + \cdots + \alpha_n e_n, \alpha_i \in \{0, 1\}, \quad i = 1, \cdots, n$$

令

$$f(a) = (f(\alpha_1) \wedge u_1) \vee \cdots \vee (f(\alpha_n) \vee u_n)$$

其中

$$f(\alpha_i) = \begin{cases} \alpha & \alpha_i = 0 \\ \beta & \alpha_i = 1 \end{cases} \qquad i = 1, \cdots, n$$

由基底的性质容易验证,f 是 B 到 S 的双射,即 $f(B) = S$. 而且,因为 $0 = 0e_1 + \cdots + 0e_n, 1 = 1e_1 + \cdots + 1e_n$,所以

$$f(0) = (f(0) \wedge u_1) \vee \cdots \vee (f(0) \wedge u_n) = (\alpha \wedge u_1) \vee \cdots \vee (\alpha \wedge u_n) = \alpha \vee \cdots \vee \alpha = \alpha$$
$$f(1) = (f(1) \wedge u_1) \vee \cdots \vee (f(1) \wedge u_n) = (\beta \wedge u_1) \vee \cdots \vee (\beta \wedge u_n) = u_1 \vee \cdots \vee u_n = \beta$$

又对任意 $a, b \in B$,不妨设

$$a = \alpha_1 e_1 + \cdots + \alpha_n e_n$$
$$b = \beta_1 e_1 + \cdots + \beta_n e_n$$

由于 $\alpha_i, \beta_i \in \{0, 1\}$,所以可直接验证

$$f(\alpha_i + \beta_i) = f(\alpha_i) \vee f(\beta_i), \quad i = 1, \cdots, n$$

于是

$$
\begin{aligned}
f(a + b) &= f((\alpha_1 + \beta_1)e_1 + \cdots + (\alpha_n + \beta_n)e_n) \\
&= (f(\alpha_1 + \beta_1) \wedge u_1) \vee \cdots \vee (f(\alpha_n + \beta_n) \wedge u_n) \\
&= ((f(\alpha_1) \vee f(\beta_1)) \wedge u_1) \vee \cdots \vee ((f(\alpha_n) \vee f(\beta_n)) \wedge u_n) \\
&= ((f(\alpha_n) \wedge u_1) \vee \cdots \vee (f(\varepsilon_n) \wedge u_n)) \vee ((f(\beta_1) \wedge u_1) \vee \cdots \vee (f(\beta_n) \wedge u_n)) \\
&= f(a) \vee f(b)
\end{aligned}
$$

同理可证:$f(ab) = f(a) \wedge f(b)$. 故由定理 22.4.4 知,B 与 S 同构.

定理 22.5.3 任意 n 维布尔代数 $\langle B, \cdot, +, -, 0, 1 \rangle$ 与开关代数 $\langle B_n, \cdot, +, -, 0_n, 1_n \rangle$ 同构.

证明: 因为 n 个元素 $\langle 1, 0, \cdots, 0 \rangle, \langle 0, 1, \cdots, 0 \rangle, \cdots, \langle 0, \cdots, 0, 1 \rangle$ 是 B_n 的一组基底,所以,B_n 是 n 维的,故由定理 22.5.2 知,B 与 B_n 同构.

下面我们证明,任意有限布尔代数的元数个数必是 2 的正整数次幂.

定理 22.5.4(Stone 定理)　任意有限布代数$\langle B, \cdot, +, -, 0, 1\rangle$与某个集合$S$的幂集合做成的集合代数$\langle \rho(S), \cap, \cup, -, \varnothing, S\rangle$同构.

证明:设布尔代数B的基底数为$e_1, \cdots, e_n$,令集合$S = \{e_1, \cdots, e_n\}$.

显然,布尔代数$\langle \rho(S), \cap, \cup, -, \varnothing, S\rangle$的基底为$\{e_1\}, \cdots, \{e_n\}$,故$\rho(S)$是$n$维的,由定理 22.5.2 知,$B$与$\rho(S)$同构.

上面讨论的布尔代数,如电路代数、开关代数、集合代数等,其中的元素都是固定不变的.下面我们讨论由布尔代数中的某些元素所生成的布尔代数.它们在逻辑电路的设计和化简中有重要的应用.

定义 22.5.3　设$\langle B, \cdot, +, -, 0, 1\rangle$是布尔代数,$b_1, \cdots, b_r \in B$. 令$S$是$b_1, \cdots, b_r$的所有多项式的集合,即

$$S = \{\sum X_{i_1} \cdots X_{i_k} \mid 1 \leqslant i_k \leqslant r, X_{i_k} \in \{b_{i_k}, \overline{b_{i_k}}\}, k = 1, \cdots, n\}$$

容易验证,$\langle B, \cdot, +, -, 0, 1\rangle$满足 22.4 节中的公理$H_1 \sim H_4$,因此,$S$是一个布尔代数,称为由$\{b_1, \cdots, b_r\}$生成的布尔代数.

事实上,关于$b_1, \cdots, b_r$的多项式,即一些形式的式子$b_1, \cdots, b_r$可理解为变量符号,可以在B上任意取值. 注意到$\sum$就是运算"$+$"的简写,而$x_i x_j$就是$x_i \cdot x_j$的简写,因此,对S中的元素而言,布尔代数的运算规律是成立的.

我们约定,S中加运算用"$+$"号将两个多项式连接起来;乘运算用"$\cdot$"号连接,再按分配律展开;求余运算按 De Morgan 律进行.

【例 22.15】　在图 22.6 所示的布尔代数中,由$\{a\}$生成的布尔代数为$\{a, \overline{a}, 0, 1\}$;而由$\{a, b\}$生成的布尔代数为此布尔代数本身.

定义 22.5.4　设$X_1, \cdots, X_n$是一组文字,文字串$X_1^{a_1}, \cdots, X_n^{a_n}$称为关于$X_1, \cdots, X_n$的一个极小项(minimal item),其中$a_i \in \{0, 1\}$.

【例 22.16】　设$b_1, \cdots, b_n$是布尔代数$\langle B, \cdot, +, -, 0, 1\rangle$中的一组元素. 规定$b_i^0 = \overline{b_i}$,$b_i^1 = b_i$,　$i = 1, \cdots, n$. 且规定$b_1^{\alpha_1} b_2^{\alpha_2} \cdots b_n^{\alpha_n} = b_1^{\alpha_1} \cdot b_2^{\alpha_2} \cdot \cdots \cdot b_n^{\alpha_n}, \alpha_i \in \{0, 1\}, i = 1, \cdots, n$.

于是,关于$b_1, \cdots, b_n$的每一个极小项$b_1^{\alpha_1} \cdots b_n^{\alpha_n}$,都恰有一个由布尔代数$B$中的$0, 1$组成的$n$元值组,使得代入该极小项后,其结果等于 1. 易知,这个n元值组就是$(\alpha_1, \cdots, \alpha_n)$,我们将$\alpha_1, \cdots, \alpha_n$看作$n$位二进制数,令为$p$,并记该极小项为$m_p$.

定义 22.5.5　设$A_1, \cdots, A_n$是布尔代数$\langle B, \cdot, +, -, 0, 1\rangle$中的一组元素,如果关于它们的所有极小项都不为 0,则称这组元素是互相独立的.

【例 22.17】　设集合$A = \{a, b, c, d\}$,在A上的幂集合$\rho(A)$做成的布尔代数B中,取$S_1 = \{a, b\}, S_2 = \{a, c\}$,则$\overline{S_1} = \{c, d\}, \overline{S_2} = \{b, d\}$. 关于$S_1, S_2$共有四个极小项,即$S_1 S_2 = \{a\}, \overline{S_1} S_2 = \{c\}, S_1 \overline{S_2} = \{b\}, \overline{S_1} \overline{S_2} = \{d\}$. 从而关于$S_1, S_2$的所有极小项均不为 0(这里即$\varnothing$). 因此,$B$中的$\{a, b\}$和$\{a, c\}$是互相独立的元素. 注意到这四个极小项正好是布尔代数B的基底,于是关于S_1, S_2的所有多项式也就对应着B的所有元素. 故可以说,由$S_1 = \{a, b\}$和$S_2 = \{a, c\}$所生成的布尔代数就是布尔代数B.

定义 22.5.6　设$b_1, \cdots, b_n$是布尔代数B中的一组元素,如果关于$b_1, \cdots, b_n$的一个多项式中的每一个乘积项,都是关于$b_1, \cdots, b_n$的极小项,则称此多项称为一个关于$b_1, \cdots, b_n$的多项范式.

定理 22.5.5　设B是布尔代数,$A_1, \cdots A_n$是其中的一组互相独立的元素,$\langle A, \cdot, +, -, 0, 1\rangle$是由$\{A_1, \cdots, A_n\}$生成的布尔代数. 于是,$A$中任意非零元素$a$都可唯一表示成一个关于$A_1, \cdots, A_n$的多项范式.

证明:显然,关于$A_1, \cdots A_n$的任意两个不同的极小项$m_i, m_j, i \neq j$,必有$m_i m_j = 0$.

由定义知,A 中的任意元素 a 都可以表示成一个关于 $A_1,\cdots,A_n$ 的多项式. 对于该多项式中任意一个不是极小的 P,不妨设 P 中缺少 $A_{i_1},\cdots,A_{i_s}$,用 P 乘以 $(A_{i_1}+\overline{A_{i1}}),\cdots,(A_{i_s}+\overline{A_{i_s}})$,然后用分配律展开即得极小项. 重复上述过程,总可使 a 表示成一个关于 $A_1,\cdots,A_n$ 的多项范式.

唯一性. 设 a 可表示成两个不同的关于 $A_1,\cdots,A_n$ 的多项范式,即

$$a = m_{i_1} + m_{i_2} + \cdots + m_{i_k} \qquad (0 \leqslant i_1 < i_2 < \cdots < i_k \leqslant 2^n - 1)$$

$$a = m_{j_1} + m_{j_2} + \cdots + m_{j_h} \qquad (0 \leqslant j_1 < j_2 < \cdots j_h \leqslant 2^n - 1)$$

不妨设 $m_r \in \{m_{i_1}, m_{i_2}, \cdots, m_{i_k}\}$,但 $m_r \notin \{m_{j_1}, m_{j_2}, \cdots, m_{j_h}\}$,于是

$$m_r = (m_{i_1} + m_{i_2} + \cdots + m_{i_k}) \cdot m_r$$

$$= a \cdot m_r$$

$$= (m_{j_1} + m_{j_2} + \cdots m_{j_h}) \cdot m_r = 0$$

此与 $A_1,\cdots,A_n$ 互相独立矛盾. 故 a 表成的多项范式是唯一的.

定理 22.5.6 设 B 是布尔代数,A 是由互相独立元素 $\{A_1,\cdots,A_n\}$ 生成的布尔代数. 于是,关于 $A_1,\cdots,A_n$ 的 2^n 个极小项 $m_0,m_1,\cdots,m_{2^n-1}$ 是布尔代数 A 的基底.

证明: 任取极小项 m_j,由假设 $m_j \neq 0$. 对任意 $a \in A$,由定理 22.5.5,可设 $a = m_{i_1} + m_{i_2} + \cdots + m_{i_k}$,如果 $j \in \{i_1, i_2, \cdots, i_k\}$,则 $a \cdot m_j = m_j$,否则 $a \cdot m_j = 0$,因此 m_j 是极小元素,又由定理 22.5.5 知,A 的任意元素可唯一地表示为关于 $A_1,\cdots,A_n$ 的多项范式,而这样的多项范式共有 2^{2^n} 个,因此,A 共有 2^{2^n} 个元素,故由 Stone 定理知,A 是 2^n 维的,从而,由定理 22.5.1 知,极小项 $m_0,m_1,\cdots,m_{2^n-1}$ 是 A 的基底.

定理 22.5.7 设 $\langle B,\cdot,+,-,0,1\rangle$ 是有限布尔代数,则布尔代数 B 必能由 B 中的某些元素生成.

证明: 任取 $\{b_1,\cdots,b_n\} \subseteq B$,设由它们生成的布尔代数为 $\langle S,\cdot,+,-,0,1\rangle$

若 $S = B$,则定理得证.

若 $S \subset B$,则必有 $b_{n+1} \in B - S$. 设 $S^{(1)}$ 是由 $\{b_1,\cdots,b_n,b_{n+1}\}$ 生成的布尔代数.

若 $S^{(1)} = B$,则定理得证.

若 $S^{(1)} \subset B$,则必有 $b_{n+2} \in B - S^{(1)}$,设 $S^{(2)}$ 是由 $\{b_1,\cdots,b_n,b_{n+1},b_{n+2}\}$ 生成的布尔代数.

重复上述过程,由于 B 有限,所以必有 N 存在,使得由 $\{b_1,\cdots,b_n,b_{n+1},\cdots,b_N\}$ 生成的布尔代数 $S^{(N)} = B$.

§22.6 格与布尔代数在计算机科学与技术中的应用

1. 开关电路函数

在开关电路中,电路要么处于接通状态,要么处于断开状态,这两种状态分别用 1 和 0 来表示,因此,可用电路代数来描述.

我们用图 22.7(a)的符号表示开关 A,当指定开关 A 为接通时,A 的值为 1;开关 A 断开时,A 的值为 0 是. 我们用 A' 表示与开关 A 的状态完全相反的开关,用 $A \wedge B$ 表示如图 22.7(b)所示的两个开关 A 与 B 的串联,用 $A \vee B$ 表示如图 22.7(c)所示两个开关的并联,它们可用表 22.1 来描述,显然 $(\{0,1\},\wedge,\vee,',0,1)$ 是电路代数.

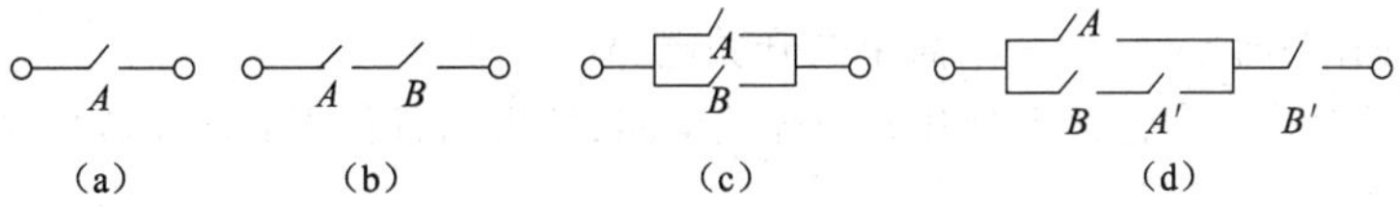

(a)　　　(b)　　　(c)　　　(d)

图 22.7

表 22.1

开关 A	开关 B	A'	$A \wedge B$	$A \vee B$
0(断开)	0(断开)	1(接通)	0(断开)	0(断开)
0(断开)	1(接通)		0(断开)	1(接通)
1(接通)	0(断开)	0(断开)	0(断开)	1(接通)
1(接通)	1(接通)		1(接通)	1(接通)

我们将由若干开关的串联与并联构成的电路称为开关电路(switching circuit). 开关电路也可以看成是一个开关,把电路接通(即电流能通过)记为 1,把电路断开(即电流不通过)记为 0. 例如 $(A \vee (B \wedge A')) \wedge B'$ 表示图 22.7(d)所示的电路.

一个具有 n 个独立开关组成的开关电路,也称为 n 个变元的开关电路,也可用图 22.8(a)来直观表示,这里每个开关可以为接通或断开,它的组合个数为 2^n 种.

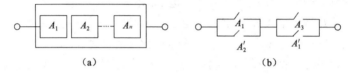

图 22.8

每一个开关电路定义一个 n 个变元 $A_1, A_2, \cdots, A_n$ 的映射 $f:\{0,1\}^n \to \{0,1\}$,这个映射称为开关函数(switching function). 显然,每个开关函数都是电路函数,可写成一个布尔表达式. 含有 n 个开关的函数共有 2^n 个.

两个开关函数是等价的,当且仅当它们对应的开关电路是相同的. 例如,图 22.8(b)中的开关电路对应的开关函数 $f:\{0,1\}^3 \to \{0,1\}$ 为 $f(A_1, A_2, A_3) = (A_1 \vee A_2') \wedge (A_3 \vee A_1')$.

为判断两个开关函数是否等价,我们可以把它们化为主析(合)取范式来比较.

【例 22.18】 把图 22.9(a)所示的开关电路对应的开关函数化为主析取范式.

解:图 22.9(a)所示的开关电路对应的开关函数为

$$f(A_1, A_2) = (A_1 \vee A_2') \wedge A_1 \wedge A_2$$
$$= (A_1 \wedge A_1 \wedge A_2) \vee (A_2' \wedge A_1 \wedge A_2)$$
$$= (A_1 \wedge A_2) \vee 0$$
$$= A_1 \wedge A_2$$

$f(A_1, A_2)$ 的主析取范式对应的开关电路为图 22.9(b),即图 22.9(a)和图 22.9(b)表示的开关电路是等价的.

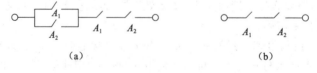

图 22.9

下面利用上面的知识来设计一个简单的开关电路.

【例 22.19】 设计一个包含 3 个开关的开关电路,使得当且仅当有两个或两个以上的开关接通时,信号灯亮.

解:设 A, B, C 表示 3 个开关,根据问题的条件,所求的开关电路的开关函数 $f(A, B, C)$ 由表 22.2 所示.

表 22.2

A	B	C	f(A,B,C)
0	0	0	0
0	0	1	0
0	1	0	0
0	1	1	1
1	0	0	0
1	0	1	1
1	1	0	1
1	1	1	1

$f(A,B,C)$ 的主析取范式为

$$f(A,B,C) = (A \wedge B \wedge C) \vee (A \wedge B \wedge C') \vee (A \wedge B' \wedge C) \vee (A' \wedge B \wedge C)$$

据此可画出开关电路,作为练习. 如果可利用本章的知识将其化简为最简多项式,会发现相应的电路变得简单得多了.

2. 逻辑门

前面我们把开关作为两种状态的器件来讨论. 它是一个输入和一个输出的器件,对于多输入的情况可以用逻辑门来实现,逻辑门可以用来作与、或、非等逻辑运算. 如图 22.10 所示,用变元 A,B,C 表示逻辑门的输入,而用布尔函数 f 表示逻辑门的输出.

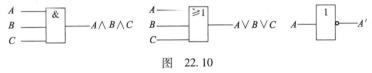

图 22.10

通过对逻辑电路所对应的布尔式进行化简(利用上一节的方法),我们能够分析电路的功能,并简化电路,既降低成本又提高可靠性.

3. 全加器的逻辑设计

全加器是一个能够完成一位(二进制)数相加的部件,我们先来看一下两个二进制数的加法运算是怎样进行的. 两数相加,先从低位开始,把对应位上的数相加,还可能有由较低位来的进位数. 因此,除第一位外,每一位上参加运算的是 3 个数,所以全加器应有 3 个输入端,分别对应着被加数、加数和较低位来的进位数,相加的结果,得到本位的和数以及向较高位的进位数,因此,全加器有两个输出端,一个对应着本位和数,另一个对应着向较高位的进位数,全加器的逻辑框图如图 22.11 所示.

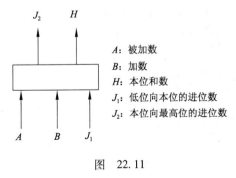

A:被加数
B:加数
H:本位和数
J_1:低位向本位的进位数
J_2:本位向最高位的进位数

图 22.11

显然,本位和数 H、本位向较高位进位数 J_2,都是被加数 A、加数 B 和由较低位来的进位数 J_1

的函数,列表如表22.3 所示.

表 22.3

被加数 A	加数 B	低位向本位的进位数 J_1	本位和数 H	本位向高位的进位数 J_2
0	0	0	0	0
0	0	1	1	0
0	1	0	1	0
0	1	1	0	1
1	0	0	1	0
1	0	1	0	1
1	1	0	0	1
1	1	1	1	1

由此可得到 H 和 J_2 的逻辑表示式的主析取范式为

$$H = (A' \wedge B' \wedge J_1) \vee (A' \wedge B \wedge J_1') \vee (A \wedge B' \wedge J_1') \vee (A \wedge B \wedge J_1)$$

$$J_2 = (A' \wedge B \wedge J_1) \vee (A \wedge B' \wedge J_1) \vee (A \wedge B \wedge J_1') \vee (A \wedge B \wedge J_1)$$

化简后得

$$H = (((A' \wedge B) \vee (A \wedge B')) \wedge J_1') \vee ((A' \vee B) \wedge (A \vee B') \wedge J_1)$$

$$= (H_1 \wedge J_1') \vee (H_1' \wedge J_1)$$

其中

$$H_1 = (A' \wedge B) \vee (A \wedge B')$$

而

$$J_2 = (A \wedge B) \vee (H_1 \wedge J_1)$$

为了用与门和非门电路构成全加器,将上式改写为

$$H_1 = ((A' \wedge B)' \wedge (A \wedge B')')'$$

$$H = ((H_1 \wedge J_1')' \wedge (H_1' \wedge J_1)')'$$

$$J_2 = ((A \wedge B)' \wedge (H_1 \wedge J_1)')'$$

据此可画出实现 H_1, H, J_2 的开关电路,作为练习留给读者. 实现 H 的开关电路和实现 H_1 的开关电路具有相同的结构,只是输入的变量不同.

把实现 H_1, H, J_2 的开关电路连接在一起,就构成了一个完整的一位全加器电路.

如果是两个多位数相加,就要把多个全加器连接起来,构成加法器,图22.12 是 5 位加法器的框图.

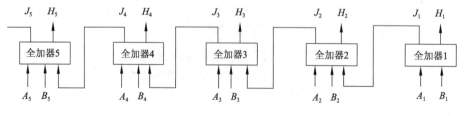

图 22.12

习　　题

1. 判定图 22.13 所示的偏序集哪些是格,哪些不是格,为什么?

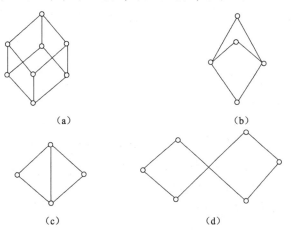

图　22.13

2. 求 $\langle S_6, | \rangle$ 的所有子格.

3. 设 $\langle L, \times, \oplus \rangle$ 是一个代数格 $a, b \in L$,令 $S = \{x \in L | a \le x \le b\}$,其中,$\le$ 是与 $\langle L, \times, \oplus \rangle$ 等价的偏序格 $\langle L, \le \rangle$ 中的偏序关系. 求证:$\langle S, \times, \oplus \rangle$ 是 $\langle L, \times, \oplus \rangle$ 的子格.

4. 设 $\langle L, \times, \oplus \rangle$ 是一个代数格,求证:对任意 $a \in L, a \oplus a = a$ 且 $a \times a = a.$

5. 设 $\langle L, \le \rangle$ 是格,求证:若 $a, b, c \in L, a \le b \le c$ 则

$$a \oplus b = b \times c$$

$$(a \times b) \oplus (b \times c) = (a \oplus b) \times (b \oplus c)$$

6. 设 $\langle L, \le \rangle$ 是有限格. 求证:L 中必有最大元和最小元.

7. 令 S 为所有正偶数集合,N 为所有正整数集合. 证明:$\langle N, | \rangle$ 与 $\langle S, | \rangle$ 同构.

8. 设 $\langle L, \times, \oplus \rangle$ 是一个有限格,g 是 L 到 L 的满射. 求证:若对任意 $a, b \in L$,有

$$g(a \times b) = g(a) \times g(b)$$

则必有 $e \in L$, 使得 $g(e) = e.$

9. 证明:4 个元素的格 $\langle L, \times, \oplus \rangle$,或者同构于 $\langle N_4, \le \rangle$ 或者同构于 $\langle S_6, | \rangle$. 其中,$N_4 = \{0, 1, 2, 3\}$,$\le$ 是普通小于等于关系.

10. 求证:在格 $\langle L, \times, \oplus \rangle$ 中,若 $a \times (b \oplus c) = (a \times b) \oplus (a \times c)$, 则

$$a \oplus (b \times c) = (a \oplus b) \times (a \oplus c)$$

11. 证明:在有余分配格 $\langle L, \times, \oplus \rangle$ 中,对任意 $a, b \in L$,有

(1) $a \le b$ 当且仅当 $a \times b' = 0$;

(2) $b' \le a'$ 当且仅当 $a' \oplus b = 1$;

(3) $a \le b$ 当且仅当 $b' \le a'$.

12. 求格 $\langle S_{30}, | \rangle$ 中每个元素的余元素.

13. 求证:在有一个以上元素的格中,不存在以自身为余元素的元素.

14. 试判定格$\langle S_{30}, | \rangle$和$\langle S_{45}, | \rangle$中哪个是有余格.

15. 格$\langle S_{30}, | \rangle$和$\langle S_{45}, | \rangle$是分配格吗?

16. 设$\langle L, \times, \oplus \rangle$是格. 求证:$L$是分配格当且仅当,对任意$a, b, c \in L$, $(a \oplus b) \times c \leqslant a \oplus (b \times c)$.

17. 设$\langle B, \cdot, +, -, 0, 1 \rangle$是布尔代数,$a, b, c \in B$. 证明以下等式:

(1) $a + (\bar{a} \cdot b) = a + b$;

(2) $a \cdot (\bar{a} + b) = a \cdot b$;

(3) $(a \cdot b) + (a \cdot \bar{b}) = a$;

(4) $(a + b) \cdot (a + \bar{b}) = a$;

(5) $(a \cdot b \cdot c) + (a \cdot b) = a \cdot b$.

18. 设$\langle B, \cdot, +, -, 0, 1 \rangle$是布尔代数. 求证:对任意$a, b, c \in B$,有

(1) $a = b$ 当且仅当 $(a \cdot \bar{b}) + (\bar{a} \cdot b) = 0$;

(2) $a = 0$ 当且仅当 $(a \cdot \bar{b}) + (\bar{a} \cdot b) = b$;

(3) 若$a \leqslant b$, 则 $a + b \cdot c = b \cdot (a + c)$;

(4) $(a + \bar{b}) \cdot (b + \bar{c}) \cdot (c + \bar{a}) = (\bar{a} + b) \cdot (\bar{b} + c) \cdot (\bar{c} + a)$;

(5) $(a + b) \cdot (\bar{a} + c) = (a \cdot c) + (\bar{a} \cdot b) = (a \cdot c) + (\bar{a} \cdot b) + (b \cdot c)$.

19. 设$\langle B, \cdot, +, -, 0, 1 \rangle$和$\langle S, \wedge, \vee, \neg, \alpha, \beta \rangle$是两个布尔代数,$f$是$B$到$S$的映射. 求证:若对任意$a, b \in B, f(a + b) = f(a) \vee f(b), f(\bar{a}) = \neg f(a)$,则$f$是$B$到$S$的布尔同态.

20. 设$S = \{a, b, c\}, \langle \rho(S), \cap, \cup, -, \varnothing, S \rangle$是集合代数,$\langle B, \cdot, +, -, 0.1 \rangle$是电路代数,定义$\rho(S)$到$B$的映射如下:

$$g(A) = \begin{cases} 1 & \text{当 } b \in A \\ 0 & \text{当 } b \notin A \end{cases}.$$

试证:g是$\rho(S)$到B的布尔同态.

21. 设$\langle B, \cdot, +, -, 0.1 \rangle$和$\langle S, \wedge, \vee, T, \alpha, \beta \rangle$是两个布尔代数,$g$是$\langle B, \cdot, + \rangle$到$\langle S, \wedge, \vee \rangle$的格同态. 并且$g(0) = a, g(1) = \beta$. 证明:$g$是$B$到$S$的布尔同态.

22. 设$\langle B, \cdot, +, -, 0, 1 \rangle$是布尔代数. 定义$B$上两种代数运算如下:

$$a \oplus b = (a \cdot \bar{b}) + (\bar{a} \cdot b)$$
$$a \times b = a \cdot b$$

称$\langle B, X, \oplus \rangle$为布尔环. 试证:在布尔环中,有如下性质:

(1) $a \oplus a = 0$;

(2) $a \oplus 0 = a$;

(3) $a \oplus 1 = \bar{a}$;

(4) $a \times (b \oplus c) = (a \times b) \oplus (a \times c)$;

(5) $a \oplus b = \bar{a} \oplus \bar{b}$;

(6) $a = b$ 当且仅当 $a \oplus b = 0$;

(7) $\overline{a \oplus b} = \bar{a} \oplus b = a \oplus \bar{b}$;

(8) 若$a \times b = 0$, 则 $a \oplus b = a + b$;

(9) 若$a \oplus c = b \oplus c$, 则 $a = b$.

23. 设$\langle B, \cdot, +, -, 0, 1 \rangle$是布尔代数. $a, b_1, \cdots, b_n$是B的极小元素. 求证:$a \leqslant b_1 + \cdots + b_n$ 当

且仅当 a 等于某个 $b_i(1 \leqslant i \leqslant n)$. 其中 $x \leqslant y$ 当且仅当 $x \cdot y = x$.

24. 设 $\langle B, \cdot, +, -, 0, 1 \rangle$ 是布尔代数,$b_1, \cdots, b_n$ 是 B 的全部极小元素. 求证:对任意 $a \in B, a = 0$ 当且仅当对每个 i,都有 $a \cdot b_i = 0, i = 1, \cdots, n$.

25. 不利用定理,证明:不存在 3 个元素的布尔代数.

26. 设 $A = \{a_1, a_2, a_3, a_4\}, S_1 = \{a_1, a_2\}, S_2 = \{a_3, a_4\}, B = \{\varphi, S_1, S_2, A\}$. 求证:$\langle B, \cap, \cup, -, \varnothing, A \rangle$ 是布尔代数. B 的极小元素是什么? 试画出 B 的 Hasse 图,找出与 B 同构的集合代数.

第四篇 形式语言与自动机理论基础 （Foundation of formal language & Automata theory）

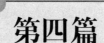

　　众所周知，计算机是数学和电子学相结合的产物，它的数学模型就是图灵所定义的计算模型。在当今的信息化社会，计算无处不在，无时不在，每一个人都在计算，计算影响着每个人。计算机科学在这个信息社会正在扮演着越来越重要的角色。计算机科学的基础理论有很多，但研究计算模型的基础理论主要包括形式语言与自动机理论、可计算理论、逻辑学和程序设计理论。形式化和抽象是计算机科学理论的重要特征。

　　本篇主要介绍计算模型基础理论中的形式语言与自动机理论。

第 23 章

形式语言
（formal language）

符号和符号串在形式语言中是非常重要的基本概念.任何一种语言,不论是自然语言,还是计算机程序设计语言,都是由该语言的基本符号所组成的符号串集合,每一个程序设计语言都有自己的基本符号集.例如:任何一个用程序设计语言 Pascal 写的程序都是由关键字,即类似 IF,WHILE,BEGIN,END 等的符号,以及字母、数字和界限符等基本符号所组成.这些基本符号构成的集合就是 Pascal 语言的字母表.每个 Pascal 程序都可看成一个定义在这个字母表上的、按照一定规则构成的符号串.此外,在计算机科学的发展中,符号主义一直占据着非常重要的位置.符号主义的观点就是任何一个演算的过程都是一个符号推演的过程.换言之,计算机中的运算实质上也是一个语言的问题.

§23.1　符号、符号串及其运算

语言的基础是字母表,我们首先就由字母表开始.

字母表（alphabet）:一个非空的有限集合称为字母表,通常用 Σ 或者大写的西文字母表示.字母表中的元素称为字母或符号,一般用小写字母、数字等表示.

不同的语言可以有不同的字母表,例如,汉语的字母表包括汉字等.英语的字母表包含了 26 个英文字母.C 语言的字母表是由字母、数字、运算符、间隔符及 if,while 之类的关键字等组成.

注意:这里符号被定义为字母表中的元素.

换句话说,任何一个非空的有限集合中的元素都可以看作一个符号,因此符号并不仅限于大家所熟悉的汉字、英文字母等,也可以是图像或者任何其他的东西.

符号串（strings）:一个符号串是由字母表中的字母组成的一个有限序列.

例如,设字母表 $\Sigma = \{1, 2\}$,则 1,2,12,121,1122 都是 Σ 上的符号串.

注意:在符号串中,符号的顺序是非常重要的,12 和 21 是 Σ 上的两个不同的符号串.符号串可用大写字母表示,设 $X = 12$,则称 X 是按 1,2 次序组成的一符号串.

符号串的长度:符号串所包含符号的个数称为符号串的长度.符号串 w 的长度记为 $|w|$.

例如,符号串 121 中包含有 3 个字符,长度为 3,记作 $|121| = 3$.

空串:长度为 0 的符号串称为空串,用 ε 表示.

注意:由于空串 ε 的长度为 0,即 $|\varepsilon| = 0$,所以 ε 是不含有任何符号的符号串.

符号串的连接:连接是符号串的基本运算.两个符号串 X 和 Y 的连接,记为 XY,就是把 Y 跟随

在 X 的后面形成的符号串.

【例 23.1】 设 $\sum = \{1,2\}$ 是一个字母表. 设 $X = 11, Y = 22$ 分别是 $\sum$ 上的两个符号串. 则,

$$XY = 1122 \text{ 是 } X,Y \text{ 两个符号串的连接}, XY \text{ 也是 } \sum \text{ 上的一个符号串}$$

$$YX = 2211 \text{ 是 } Y,X \text{ 两个符号串的连接}, YX \text{ 也是 } \sum \text{ 上的一个符号串}$$

一般来说,符号串的连接不满足交换律. 显然符号串的连接是满足结合律的,即有,$(XY)Z = X(YZ)$. 在例 23.1 中,显然有 $XY \neq YX$, $(XY)X = X(YX) = 112211$.

由于 ε 是不含符号的符号串,所以对任意符号串 X 都有,$\varepsilon X = X\varepsilon = X$. 由此我们可以认为 ε 是符号串连接运算的单位元.

符号串的方幂:设 X 是符号串,把 X 自身连接 n 次后,得到的符号串 Z,即 $Z = XX\cdots XX = X^n$ 称为 X 的方幂. 我们约定 $X^0 = \varepsilon$. 这个定义可以递归地表示为

$$x^n = \begin{cases} \varepsilon & \text{当 } n = 0 \\ X^{n-1}X & \text{当 } n > 0 \end{cases}$$

【例 23.2】 设 $\sum = \{a,b\}$, $X = ab$ 是 $\sum$ 上的符号串,则 $X^3 = ababab$, $X^0 = \varepsilon$.

符号串的子串、前缀和后缀:符号串 V 是符号串 W 的子串,当且仅当存在符号串 X 和 Y,使得 $W = XVY$. 这里,X 和 Y 都可能是空串 ε. 如果 X 和 Y 都是 ε,显然 $W = V$,所以每个符号串都是它自身的子串. 如果 $X = \varepsilon$,则 V 是 W 的前缀,而如果同时有 $Y \neq \varepsilon$,则 V 是 W 的真前缀. 类似的,如果 $Y = \varepsilon$,则 V 是 W 的后缀,而如果同时有 $X \neq \varepsilon$,则 V 是 W 的真后缀. 如果我们对符号串 W 的某一部分感兴趣,而对其余部分不感兴趣,可以采用省略写法:用 $W = X\cdots$, $W = \cdots Y$ 和 $W = \cdots V \cdots$ 来分别表示只对 W 的前缀,后缀和子串 V 感兴趣.

集合的连接:设 A 和 B 都是符号串的集合,定以集合 A 和 B 的连接为

$$AB = \{XY \mid X \in A \text{ 且 } Y \in B\},$$

即集合 A 和 B 的连接是集合 A 中的符号串和集合 B 中的符号串的连接所构成的集合.

【例 23.3】 设集合 $A = \{ab, cd\}$, $B = \{10, 01\}$, $C = \{\varepsilon\}$, $D = \varnothing$,则

$$AB = \{ab10, cd10, ab01, cd01\}, AC = \{ab, cd\} = A, AD = \varnothing,$$

这里要注意集合 C 和集合 D 的不同,集合 D 是空集,不含有任何的符号串;而集合 C 中含有符号串 ε,虽然 ε 是一个不含符号的空串,但是仍然是一个符号串,所以集合 C 不为空.

集合的方幂:设 A 是符号串的集合,把 A 自身连接 n 次后,得到的新的集合 A^n,即 $A^n = A\cdots A\cdots A$,称为集合 A 的方幂(power). 我们约定 $A^0 = \{\varepsilon\}$. 这个定义可以递归地表示为

$$A^n = \begin{cases} \{\varepsilon\} & \text{当 } n = 0 \\ A^{n-1}A & \text{当 } n > 0 \end{cases}$$

集合的闭包和正闭包:设 A 是符号串的集合,用 A^* 表示 A 的所有的有限次方幂的并集,则称 A^* 为集合 A 上的闭包(closure),即

$$A^* = A^0 \cup A^1 \cup A^2 \cup \cdots \cup A^n \cup \cdots = \bigcup_{i=0}^{\infty} A^i$$

而称 $A^+ = A^1 \cup A^2 \cup \cdots \cup A^n \cup \cdots$ 为 A 上的正闭包(positive closure),显然有

$$A^* = A^0 \cup A^+, A^+ = A^*A = AA^*$$

【例 23.4】 设 $A = \{a,b\}$,则

$$A^* = \{\varepsilon, a, b, aa, ab, ba, bb, aaa, aab, \cdots\}$$

$$A^+ = \{a, b, aa, ab, ba, bb, aaa, aab, \cdots\}$$

注意:闭包 A^* 与正闭包 A^+ 的差别在于是否包含空串 ε. 在闭包 A^* 中去掉空串 ε 后就成为正闭包 A^+. A^* 具有可数无穷多的符号串.

特别是,一个字母表 $\sum$ 的闭包 $\sum^*$ 就是在字母表 $\sum$ 上的所有符号串的集合.

世界上所有的语言都有一个字母表,都可以看作这个字母表上的一些符号串的集合. 于是我

们可以抽象地将语言定义如下：

语言（language）：令 $\sum$ 为一个字母表. 若 $L \subseteq \sum^*$，则 L 是字母表 $\sum$ 上的一个语言.

§23.2　文法与语言的形式定义

语言被抽象地定义为在某个字母表 $\sum$ 上的一些符号串的集合后，还要刻画出这个集合时如何构成的. 为此，我们需要对它们进行更进一步形式化的描述. 通常语言都是用文法来描述的. 在定义了符号、符号串及其运算的基础上，让我们来考虑给出文法的形式化定义.

一个文法实际上是一组有限的规则式. 这些规则式给出语言中的各种语法成分以及它们是如何组成句子的. 因此，为了定义规则式，还需要引进一类新的符号：语法符号. 这类符号不是字母表中的符号，因此它们不会出现在语言的句子中. 为了区分字母表上的符号和语法符号，我们将它们分别称为终结符和非终结符.

终结符（terminal）：是一个语言的字母表中的符号. 我们将它记为 T.

非终结符（non-terminal）：也是一种符号，但不是字母表中的符号. 在一个形式语言中，每一个非终结符表示了的该语言的一个语法成分，并不出现在该语言的句子中. 我们将它记为 V.

对于一个形式语言 L，设 T 和 V 分别是它的终结符集和非终结符集，显然有 $L \subseteq T^*$，且 $T \cap V = \varnothing$. 在下面的讨论中，我们把终结符集和非终结符集统称为符号集，记为 V，即 $V = T \cup V$.

1. 文法的形式化定义

语言是用文法来定义的. 文法的核心是一组规则式，我们又称规则式为产生式.

定义 23.2.1　一条产生式是一个有序对 (α, β)，通常可写作如下形式

$$\alpha :: = \beta \text{ 或 } \alpha \rightarrow \beta$$

其中，$\alpha \in V'^+$，$\beta \in V^*$. α 称为产生式的左部，β 称为产生式的右部.

一个产生式表示该产生式的左部 α 可以用右部 β 来定义，符号 :: = 或 $\rightarrow$ 可以读作"可以是"或者"可定义为"，即"α 可以是 β"或者"α 可定义为 β".

注意：$\alpha \in V$ 说明 α 是一个非终结符且 $\alpha \neq \varepsilon$，即产生式的左部不允许是空串. $\beta \in V^*$ 说明产生式的右部是这样的一个符号串，它可以含有终结符，也可以含有非终结符，同时还可以为空串.

定义 23.2.2　文法 G 定义为一个四元组

$$G = (V, T, P, S)$$

其中：

（1）V 是一个非空的有穷集合，称为非终结符集；

（2）T 是一个非空的有穷集合，称为非终结符集，且 $V \cap T = \varnothing$；

（3）P 是一个非空的有穷的产生式的集合；

（4）$S \in V$，称为文法的开始符号，S 至少要在 P 中的一条产生式中作为左部出现.

【**例 23.5**】　设文法 $G = (V, T, P, S)$，其中 $V = \{A\}$，$T = \{a, b, c\}$，$P = \{A \rightarrow aAb, A \rightarrow c\}$，$S = A$.

这样就给出了一个文法 G. 上述文法可缩写为

$$G = (\{A\}, \{a, b, c\}, P, A)$$

其中，$P = \{A \rightarrow aAb, A \rightarrow c\}$.

【**例 23.6**】　设文法 $G = (\{A, E\}, \{a\}, P, A)$，其中 $P = \{A \rightarrow a, A \rightarrow aE, E \rightarrow aA\}$.

在许多的文法中，有多条产生式的左部相同，为书写方便起见，可以将左部相同的产生式写成合并的产生式形式. 在例 23.5 的文法 G 中，P 中的两个产生式的左部相同，都是 A，可以合并写

成 $A \rightarrow aAb \mid c$，即 $P = \{A \rightarrow aAb \mid c\}$. 在例 23.6 的文法 G 中，P 中的前两个产生式的左部相同，都是 A，可以合并为 $A \rightarrow a \mid aE$，这样一来，$P = \{A \rightarrow a \mid aE, E \rightarrow aA\}$.

【例 23.7】 设文法 $G = (\{\langle 标识符 \rangle, \langle 字母 \rangle, \langle 数字 \rangle\}, \{a, \cdots, z, 0, \cdots, 9\}, P, \langle 标识符 \rangle)$，其中：

$$P = \{\langle 标识符 \rangle \rightarrow \langle 字母 \rangle \mid \langle 标识符 \rangle \langle 字母 \rangle \mid \langle 标识符 \rangle \langle 数字 \rangle$$

$$\langle 字母 \rangle \rightarrow a \mid \cdots \mid z$$

$$\langle 数字 \rangle \rightarrow 0 \mid \cdots \mid 9\}$$

为了明显地区分终结符和非终结符，一般情况下，在需要区分的时候使用尖括号 "$\langle$" 和 "$\rangle$" 将非终结符括起来.

在许多情况下，不需要将文法的四元组显式地书写出来，而只需要将文法的产生式写出就可以表明该文法. 我们可以约定，第一条产生式的左部是文法的开始符；用尖括号 "$\langle$" 和 "$\rangle$" 括起来的符号是非终结符，不用尖括号 "$\langle$" 和 "$\rangle$" 括起来的符号是终结符，或用大写字母表示非终结符，小写字母表示终结符. 此外也可将文法 G 写为 $G[S]$，其中 S 是文法 G 的开始符. 比如，例 23.5 中文法可以写为

$$G: A \rightarrow aAb \mid c \text{ 或者 } G[A]: A \rightarrow aAb \mid c$$

2. 推导的形式化定义

以上我们已经对文法进行了定义. 假如已经定义了一个文法 G，如何来确定 G 产生的语言呢？语言中的句子应该都是用它的文法中的规则式推导出来的. 因此，为了给出文法所生成的语言，还需要对推导进行形式化的定义，以便通过推导来生成符合文法的句子.

定义 23.2.3 给定一个文法 $G = (V, T, P, S)$，如果 $\alpha \rightarrow \beta$ 是 G 中的一条产生式（即 $\alpha \rightarrow \beta \in P$），$\delta$ 和 γ 是 V^* 中的任意符号，若存在符号串 x, y 满足

$$x = \delta \alpha \gamma, \quad y = \delta \beta \gamma$$

则称 x 使用了产生式 $\alpha \rightarrow \beta$ 直接产生了 y，或者称 y 是 x 的直接推导，或者称 y 可以直接归约到 x，记作 $x \Rightarrow y$.

对上述例 23.5 中的文法 G，我们可以给出如下的一些直接推导的例子：

令 $x = aAb, y = acb, \delta = a, \gamma = b$，则 y 是 x 的直接推导，即 $aAb \Rightarrow acb$，所使用的产生式为 $A \rightarrow c$.

令 $x = A, y = aAb, \delta = \varepsilon, \gamma = \varepsilon$，则 y 是 x 的直接推导，即 $A \Rightarrow aAb$，所使用的产生式为 $A \rightarrow aAb$.

令 $x = aAb, y = aaAbb, \delta = a, \gamma = b$，则 y 是 x 的直接推导，即 $aAb \Rightarrow aaAbb$，所使用的产生式为 $A \rightarrow aAb$.

对于例 23.7 中的文法 G，直接推导的例子如：

令 $x = \langle 标识符 \rangle, y = \langle 标识符 \rangle \langle 字母 \rangle, \delta = \varepsilon, \gamma = \varepsilon$，则 y 是 x 的直接推导，即 $\langle 标识符 \rangle \Rightarrow \langle 标识符 \rangle \langle 字母 \rangle$，所使用的产生式为 $\langle 标识符 \rangle \rightarrow \langle 标识符 \rangle \langle 字母 \rangle$.

令 $x = \langle 标识符 \rangle \langle 字母 \rangle \langle 数字 \rangle, y = \langle 字母 \rangle \langle 字母 \rangle \langle 数字 \rangle, \delta = \varepsilon, \gamma = \langle 字母 \rangle \langle 数字 \rangle$，则 y 是 x 的直接推导，即 $\langle 标识符 \rangle \langle 字母 \rangle \langle 数字 \rangle \Rightarrow \langle 字母 \rangle \langle 字母 \rangle \langle 数字 \rangle$，所使用的产生式为 $\langle 标识符 \rangle \rightarrow \langle 字母 \rangle$.

令 $x = bc12 \langle 数字 \rangle, y = bc129, \delta = bc12, \gamma = \varepsilon$，则 y 是 x 的直接推导，即有 $bc12 \langle 数字 \rangle \Rightarrow bc129$，所使用的产生式为 $\langle 数字 \rangle \rightarrow 9$.

定义 23.2.4 给定一个文法 $G = (V, T, P, S)$，设 $x, y \in V^*$，如果：

（1）存在如下的直接推导序列

$$x = w_0 \Rightarrow w_1 \Rightarrow w_2 \Rightarrow \cdots \Rightarrow w_n = y \quad (n > 0)$$

则称 x 推导出(产生) y，推导长度为 n，或者称为 y 归约到 x，记作 $x \Rightarrow^n y$.

(2) 我们用 $x \Rightarrow^+ y$ 表示存在 $n > 0$ 且 $x \Rightarrow^n y$；用 $x \Rightarrow^* y$ 表示有 $x \Rightarrow^+ y$ 或者 $x = y$.

对上述例 23.5 中的文法 G，可以给出如下的直接推导序列的例子：

$$x = A \Rightarrow aAb \Rightarrow aaAbb \Rightarrow aaaAbbb \Rightarrow aaacbbb = y$$

也可以记作：$A \Rightarrow^4 aaacbbb$，或者 $A \Rightarrow^+ aaacbbb$，或者 $A \Rightarrow^* aaacbbb$.

对上述例 23.7 中的文法 G，可以给出如下的直接推导序列的例子：

$$x = \langle 标识符 \rangle \Rightarrow \langle 标识符 \rangle \langle 数字 \rangle$$
$$\Rightarrow \langle 标识符 \rangle \langle 字母 \rangle \langle 数字 \rangle$$
$$\Rightarrow \langle 字母 \rangle \langle 字母 \rangle \langle 数字 \rangle$$
$$\Rightarrow b \langle 字母 \rangle \langle 数字 \rangle \Rightarrow bd \langle 数字 \rangle$$
$$\Rightarrow bd0, 即 \langle 标识符 \rangle$$
$$\Rightarrow^+ bd0,$$

也可以记作

$$\langle 标识符 \rangle \Rightarrow^4 bd0, 或者 \langle 标识符 \rangle \Rightarrow^+ bd0, 或者 \langle 标识符 \rangle \Rightarrow^* bd0$$

从上述符号串 $bd0$ 的推导序列可以看出，在推导的某一步，可能会出现多个非终结符，例如，在进行第二步推导前，有 $\langle 标识符 \rangle$、$\langle 字母 \rangle$ 和 $\langle 数字 \rangle$ 三个非终结符，此时，需要对在哪一个非终结符上和使用哪一条产生式做出选择. 一般地说，符号串可能会有多种不同的推导序列. 为了规范符号串的推导过程，在形式语言中定义了如下术语：

最左(右)推导(leftmost (rightmost) derivation)：如果在推导的每一步 $x \Rightarrow y$，都是对 x 中的最左(右)边的非终结符选用产生式进行替换，则这种推导称为最左(右)推导. 最右推导也称为规范推导.

上述对符号串 $bd0$ 的推导是最左推导，同样，还可以给出如下的最右推导(规范推导).

$$x = \langle 标识符 \rangle \Rightarrow \langle 标识符 \rangle \langle 数字 \rangle$$
$$\Rightarrow \langle 标识符 \rangle 0$$
$$\Rightarrow \langle 标识符 \rangle \langle 字母 \rangle 0$$
$$\Rightarrow \langle 标识符 \rangle d0$$
$$\Rightarrow \langle 字母 \rangle d0$$
$$\Rightarrow bd0$$

应当注意的是，只要在符号串中存在非终结符，而且在文法中存在以该非终结符为左部的产生式，那么就能使用该产生式推导出新的符号串出来. 但是，如果符号串中不存在非终结符，那么推导过程就必须终止.

定义 23.2.5 给定一个文法 $G = (V, T, P, S)$，如果符号串 x 是从文法 G 的开始符号 S 推导出来的，即 $S \Rightarrow^* x$，则称 x 是文法 G 的句型. 如果符号串 x 是仅由终结符组成的句型，即 $S \Rightarrow^* x$ 且 $x \in T^*$，则称 x 是文法 G 的句子.

在例 23.5 中，符号串 aAb，$aaAbb$，$aaaAbbb$，$aaacbbb$ 是该文法的句型，其中符号串 $aaacbbb$ 是该文法的句子. 在例 23.6 中，符号串 aE，aaA，$aaaE$，$aaaaA$，$aaaaa$ 都是该文法的句型，其中符号串 $aaaaa$ 是该文法的一个句子. 而在例 23.7 中，符号串 $\langle 标识符 \rangle \langle 数字 \rangle$、$\langle 标识符 \rangle \langle 字母 \rangle \langle 数字 \rangle$、$\langle 字母 \rangle \langle 字母 \rangle \langle 数字 \rangle$、$b \langle 字母 \rangle \langle 数字 \rangle$、$bd \langle 数字 \rangle$、$bd0$ 是该文法的句型，其中符号串 $bd0$ 是该文法的一个句子.

注意：给定一个文法 G 和一个符号串 x，要判定 x 是否是 G 的一个句型，实际上就是要从 G 的开始符号开始，能否通过一系列直接推导，推出 x. 如果能推导出 x，那么 x 就是 G 的一个句型，否

则 x 不是 G 的句型. 如果文法 G 的一个句型 x 是仅由 G 的终结符组成的符号串, 即 x 中没有 G 的非终结符, 那么句型 x 就是 G 的句子.

对于给定的一个文法, 从文法的开始符, 每使用一次产生式所得到的新符号串是该文法的一个句型. 由于对一个符号串推导, 可能会有多种不同的推导序列, 例如: 最左推导序列、规范推导序列等, 不同的推导序列所产生的句型是不同的, 由规范推导所得到的句型就称之为规范句型. 比如, 在例 23.6 中, 符号串 〈标识符〉〈数字〉、〈标识符〉0、〈标识符〉〈字母〉0、〈标识符〉d0、〈字母〉d0、bd0、等都是规范句型. 下面给出与句型有关的一些概念的定义是:短语、直接短语和句柄.

定义 23.2.6 设 $G[S]$ 是一文法, $x = \alpha w \beta$ 是一句型, 如果

$$S \Rightarrow^* \alpha A \beta \text{ 且 } A \Rightarrow^+ w$$

称 w 是句型 x 的一个相对于非终结符 A 的短语; 如果

$$S \Rightarrow^* \alpha A \beta \text{ 且 } A \Rightarrow w$$

称 w 是句型 x 的一个相对于非终结符 A 的直接短语(或简单短语); 如果 w 是一个句型 x 的最左直接短语, 称 w 为句型 x 的句柄.

让我们通过例 23.7 中对句型 bd0 的推导过程, 来理解短语、直接短语和句柄的概念.

因为, 〈标识符〉$\Rightarrow^*$〈标识符〉0, 并且〈标识符〉$\Rightarrow^+$〈标识符〉d, 所以, 〈标识符〉d 是句型〈标识符〉d0 的一个相对于非终结符〈标识符〉的短语.

因为, 〈标识符〉$\Rightarrow^*$〈标识符〉d〈数字〉, 并且〈数字〉$\Rightarrow$0, 所以, 0 是句型〈标识符〉d0 的一个相对于非终结符〈数字〉的直接短语, 但 0 不是句柄, 因为在直接短语 0 的左边, 句型〈标识符〉d0 还有直接短语 d.

〈标识符〉$\Rightarrow$〈标识符〉〈字母〉0 且〈字母〉$\Rightarrow d$, 则称 d 是一个相对于非终结符〈字母〉的句型〈标识符〉d0 的直接短语, 而且是最左直接短语, 因此 d 是一个句柄.

3. 语言的形式化定义

由上所述, 文法是描述语言的装置, 它可以说是生成语言的一种工具, 也可以说是识别语言的一种工具. 下面形式化地给出了文法所生成的语言的定义.

定义 23.2.7 给定一个文法 $G = (V, T, P, S)$, 由 G 所生成(或产生)的语言记作 $L(G)$, 它的定义为

$$L(G) = \{x \mid S \Rightarrow^+ x \text{ 且 } x \in T^*\}$$

其中, x 称为语言 $L(G)$ 的句子.

由推导和由文法产生语言的概念可以看出: 文法 G 中的 P 是产生语言的一组产生式, 语言 $L(G)$ 中的每一个句子 x, 是由 G 的开始符 S 经推导得到的, 且完全由终结符组成的符号串. 文法产生的语言是该文法生成的所有句子的集合.

非终结符是引起推导可以继续的中间符号. 在推导进行到某一步时, 如果再没有非终结符留在推导的结果中, 则称推导结束; 不论推导进行到哪一步, 若总有非终结符留在推导的结果中, 则称推导失败.

如果由文法 G 的开始符 S 经推导得不到任何的句子, 也就是说, 由文法 G 的开始符 S 所进行的推导都是失败的, 那么称该文法 G 所产生的语言是空语言, 记为 $L(G) = \varnothing$. 因此, 一个文法 G 总能产生一个语言 $L(G)$, $L(G)$ 中可能包含一些句子, 也可能不包含任何句子. 注意, 如果文法 G 生成语言 L, 即 $L(G) = L$, 则任何用文法 G 推导出来的句子必定是 L 中的符号串. 而另一方面, L 中的任何符号串也必定是可以用文法 G 推导出来的句子.

【例 23.8】 给定文法 $G[S]: S \rightarrow aSb \mid ab$.

我们不难看出, 由该文法生成的任何一个句子都是:

先使用产生式 $S \to aSb$ 若干次得到 $S \Rightarrow aSb \Rightarrow aaSbb \Rightarrow \cdots \Rightarrow a^{n-1}Sb^{n-1}$,即 $S \Rightarrow^+ a^{n-1}Sb^{n-1}$;再使用产生式 $S \to ab$ 一次得到 $S \Rightarrow^+ a^{n-1}Sb^{n-1} \Rightarrow a^n b^n$.

我们不难对推导的步数用数学归纳法证明该文法推导的所有符号串都是 $a^n b^n$ 的形式.

另一方面,我们也不难对符号串的长度用数学归纳法证明,对任何形式为 $a^n b^n$, $n \geq 1$ 的符号串,一定可以用文法 $G[S]$ 推导出来,即存在推导 $S \Rightarrow^+ a^n b^n$.

所以,$L(G[S]) = \{a^n b^n \mid n \geq 1\}$.

【例 23.9】　设文法 $G[V]: V \to aVb$,
$$Vb \to bW,$$
$$abW \to c.$$
求文法 $G[V]$ 所生成的语言.

解:由于 V 是文法的开始符,所以必须首先使用产生式 $V \to aVb$,此后,可继续多次使用该产生式,得到的推导结果是:$a^n Vb^n$,$n \geq 1$. 在 $a^n Vb^n$ 中,a 和 b 的个数相等. 为了消除非终结符 V,必须使用产生式 $Vb \to bW$,得到推导结果是:$a^n bWb^{n-1} = a^{n-1}abWb^{n-1}$,$n \geq 1$. 在这种情况下,只有使用产生式 $abW \to c$,才能消除非终结符 W,最终得到推导结果:$a^{n-1}cb^{n-1}$,$n \geq 1$.

另一方面,不难证明,对任何形式为 $a^n cb^n$,$n \geq 0$ 的符号串都可以用文法 $G[V]$ 推导出来.

因此,文法 $G[V]$ 生成的语言为
$$L(G[V]) = \{a^{n-1}cb^{n-1} \mid n \geq 1\} = \{a^n cb^n \mid n \geq 0\}.$$

通过上述内容可知,一个文法能产生一个语言. 反过来,一个语言是否仅能由一个文法所产生呢? 答案是否定的. 同一语言可以由多个不同的文法来生成.

【例 23.10】　文法 $G[A]: A \to aR$,
$$A \to ab,$$
$$R \to Ab.$$
它所生成的语言 $L(G[A]) = \{a^n b^n \mid n \geq 1\}$(请读者自己证明).

从上面可以看出,尽管文法 $G[A]$ 与例 23.7 中的文法 $G[S]$ 是两个不同的文法,但是所生成的语言是相同,都是 $\{a^n b^n \mid n \geq 1\}$.

定义 23.2.8　给定任意两个文法 G_1, G_2,如果它们所生成语言相同,即 $L(G_1) = L(G_2)$,则称文法 G_1 与 G_2 是等价的.

可以看出,在例 23.8 和例 23.9 中,由于 $L(G[S]) = L(G[A])$,所以文法 $G[S]$, $G[A]$ 是两个等价的文法. 等价文法的存在,使我们能在不改变所确定的语言的前提下,为了某种目的(简化文法的复杂性)而对文法进行改写.

4. 语法树(grammar tree)

前面我们已介绍了文法和语言的形式化定义,并且得到:给定一个文法,就可以根据文法和推导的有关定义,推导出该文法所定义的句型或句子. 这样的推导过程可用语法树或者推导树的图示方式来形象地表示出来. 语法树是句型推导过程的图形表示. 下面,我们用例 23.6 中的文法 G 推导的句子 $bd0$ 为例,说明如何根据推导,画出该推导的语法树. 句子 $bd0$ 的最右推导或规范推导为:

$$\langle 标识符 \rangle \Rightarrow \langle 标识符 \rangle \langle 数字 \rangle \Rightarrow \langle 标识符 \rangle 0 \Rightarrow \langle 标识符 \rangle \langle 字母 \rangle 0$$
$$\Rightarrow \langle 标识符 \rangle d0 \Rightarrow \langle 字母 \rangle d0 \Rightarrow bd0$$

首先,将开始符 $\langle 标识符 \rangle$ 作为语法树的根结点. 它的儿子为 $\langle 标识符 \rangle$ 和 $\langle 数字 \rangle$ 两个结点(注意,这是由于推导中使用了产生式 $\langle 标识符 \rangle \to \langle 标识符 \rangle \langle 数字 \rangle$),$\langle 标识符 \rangle$ 结点在 $\langle 数字 \rangle$ 结点左边;由产生式 $\langle 数字 \rangle \to 0$,$\langle 数字 \rangle$ 结点有一个儿子结点 0,由于 0 是终结符,因此 0 结点不再有儿子;$\langle 标识符 \rangle$ 的儿子为 $\langle 标识符 \rangle$ 和 $\langle 字母 \rangle$ 两个结点(这里所使用的产生式为 $\langle 标识符 \rangle \to \langle 标识

符〉〈字母〉）；由产生式〈字母〉→d，〈字母〉结点有个儿子结点 d，由于 d 是终结符，因此 d 结点不再有儿子；〈标识符〉结点有个儿子，〈字母〉结点，（这里使用的产生式为〈标识符〉→〈字母〉）；〈字母〉结点有一个儿子结点 b，同样 b 是终结符，b 结点不再有儿子．其语法树如图 23.1 所示．

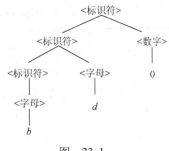

图　23.1

在语法树中，没有儿子的叶结点从左到右排列形成该树所表示的推导序列所推出的符号串．如果叶结点的标记都是终结符，则是一个句子，否则是一个句型．

定义 23.2.9　如果一个文法存在某个句子对应两棵以上的不同的语法树，或有两个以上的不同的最左（右）推导，则称该文法是二义性文法(ambiguous grammar)．

对于程序设计语言来说，希望生成它的文法是无二义性的，只有这样，对它的每一个语句的分析才能是唯一的．

定义 23.2.10　如果一个语言 L 的任何文法都是二义性文法，则称该语言 L 是二义性语言．

在理论上已经证明了，存在着这种二义性的语言．

注意：文法的二义性与语言的二义性是两个不同的概念．可能会有两个不同的文法 G_1 和 G_2，G_1 是无二义性的，G_2 是二义性的，但是，$L = L(G_1) = L(G_2)$，即这两个文法所生成的语言是相同的．由于文法 G_1 是无二义性的，所以语言 L 也是无二义性的．

【例 23.11】　下面的文法 $G[E]$ 描述了四则运算构成的算术表达式
$$E \to i \mid E + E \mid E - E \mid E \times E \mid E \div E \mid (E)$$
其中，非终结符 E 表示一类算术表达式，i 表示程序设计语言中的"变量"．

该文法定义了由（、）、变量、$+$、$-$、$\times$ 和 $\div$ 所组成的一类算术表达式的语法结构，通过文法中的产生式可以看出，变量是一个算术表达式；若 E_1 和 E_2 是算术表达式，则 $E_1 + E_2$，$E_1 - E_2$，$E_1 \times E_2$，$E_1 \div E_2$ 和 (E_1) 也都是算术表达式．

不难看出算术表达式 $a + b \times c$ 是文法 $G[E]$ 所定义的一个句子．但是这个句子是歧义的，图 23.2 中的（a）和（b）给出了它的两个不同的语法树．因此文法 $G[E]$ 是二义性的．

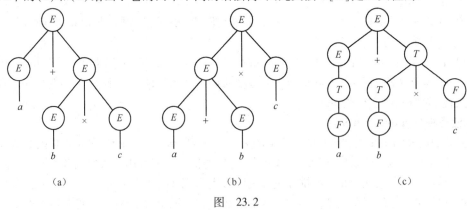

图　23.2

但是下面的文法 $G[E']$ 也是同样的定义了四则运算构成的算术表达式：
$$E' \to E' + T \mid E' - T$$
$$T \to T \times F \mid T \to T \div F$$
$$F \to (E') \mid i$$
算术表达式 $a + b \times c$ 同样是文法 $G[E']$ 所定义的一个句子．但是在文法 $G[E']$ 中这个句子不是二义性的,图23.2 中的(c)给出了它在文法 $G[E']$ 中的语法树.

不难证明文法 $G[E']$ 是非二义的. 因此四则运算表达式所构成的语言是非二义的. 如果仔细地观察这两个文法的区别,就会发现:在文法 $G[E]$ 中,加减乘除四种运算是处在同一个层次上,而且左结合和右结合也是任意的. 也就是说,文法 $G[E]$ 中没有规定运算的优先级和结合的优先级. 而在文法 $G[E']$ 中,加减运算处在同一个层次,而乘除运算则是处在一个较低的层次,即乘除运算优先于加减运算,左结合优先于右结合. 实际上,文法 $G[E']$ 就是通过规定各种运算的优先级和结合的优先级,从而消除了文法 $G[E]$ 的二义性.

5. 文法和语言的类型

如前所述,文法是生成语言的一种工具,产生语言的文法是相当庞大的. 在计算机科学中,对文法中的产生式附加一些条件,就可以引出一些重要子集. 对文法的分类起源于 Chomsky 于 1956 年建立的形式语言理论,这种理论对计算机科学的发展规律有着深刻的影响,特别是对计算机程序设计语言的设计、编译方法和计算复杂性等方面具有更大的作用.

Chomsky 把文法分成四种类型,即 0 型文法、1 型文法、2 型文法和 3 型文法. 这种文法的分类称作 Chomsky 分类. 这几种文法的差别在于对文法中的产生式施加不同的限制. 相应地,文法所生成的语言,根据四种类型文法,也分为四种,即 0 型语言、1 型语言、2 型语言和 3 型语言.

定义 23.2.11　设文法 $G = (V, T, P, S)$,如果,对于 $\forall \alpha \to \beta \in P$,满足 $\alpha \in (V \cup T)^+$ 且 α 中至少含有一个非终结符,$\beta \in (V \cup T)^*$,则 G 称为 0 型文法、或者短语结构文法(Phrase Structure Grammar,简记为 PSG),或者无约束文法(Unrestricted Grammar).

注意:由 0 型文法的定义,可以看出,α 是文法符号组成的非空符号串,即 $\alpha \neq \varepsilon$,因而能够确保了产生式的左部不为空. α 中至少含有一个非终结符,能够确保至少含有一个语法结构在产生式的左部出现.

由 0 型文法所生成的语言称为 0 型语言或短语结构语言(简记 PSL). 一个非常重要的理论结果是:0 型文法的能力相当于图灵机(Turing Machine). 因为图灵机所接受的集合称为递归可枚举集,所以,任何 0 型语言都是递归可枚举的,反之递归可枚举集必定是一个 0 型语言. 同样也说明,图灵机能且仅能识别 0 型语言.

定义 23.2.12　设文法 $G = (V, T, P, S)$,如果对于 $\forall \alpha \to \beta \in P$,满足 $|\beta| \geq |\alpha|$(除 $S \to \varepsilon$ 外),则文法 G 称为 1 型文法或上下文有关文法(Context Sensitive Grammar,简记为 CSG).

1 型文法的产生式的形式也描述为

$$\alpha_1 A \alpha_2 \to \alpha_1 \beta \alpha_2$$

其中,$\alpha_1, \alpha_2, \beta \in (V \cup T)^*$,$A \in V$. 可以证明这样定义与定义 23.12 是等价的,但它更能体现"上下文有关"这一含义,因为,只有 A 出现在 α_1 和 α_2 之间(α_1 为 A 的上文,α_2 为 A 的下文),才允许用 β 来取代 A.

1 型文法所产生的语言称作 1 型语言或上下文有关语言(简记为 CSL). 1 型语言与线性有界自动机等价,即线性有界自动机能且仅能识别 1 型语言.

定义 23.2.13　设文法 $G = (V, T, P, S)$,如果,对于 $\forall \alpha \to \beta \in P$,满足 $\alpha \in V, \beta \in (V \cup T)^*$,则称 G 为 2 型文法或上下文无关文法(Context Free Grammar,CFG).

2 型文法中的产生式也可以直接表示为 $A \to \beta$ 形式,其中:$A \in V, \beta \in (V \cup T)^*$,表明用 β 来取代 A 时,与 A 所在的上下文无关.

2 型文法所产生的语言称作 2 型语言或上下文无关语言(简记为 CFL). 2 型语言与非确定下推机等价,即非确定下推机能且仅能识别 2 型语言.

2 型文法或上下文无关文法是描述当今程序设计语言的语法结构的一种有效工具.

【例23.12】 描述程序设计语言中的语句的上下文无关文法(2型文法)为 $G[S]$:

$$S \rightarrow i = E;$$
$$S \rightarrow if \ (E) \ S \ else \ S;$$
$$S \rightarrow while \ (E) \ S;$$
$$S \rightarrow \{S\}$$
$$S \rightarrow S; \ S;$$

其中,非终结符 E 表示一类算术表达式, i 表示程序设计语言中的"变量".

定义23.2.14 设文法 $G = (V, T, P, S)$,如果 P 中的每一条产生式都是 $A \rightarrow aB$ 或 $A \rightarrow a$ 形式,其中: $A, B \in V, a \in T$,则称 G 为3型文法或正规文法(Regular Grammar, RG).

3型文法所产生的语言称作3型语言或正规语言(RL). 3型语言与有限自动机等价,即有限自动机能且仅能识别3型语言.

在计算机程序设计语言中,单词是基本的语法符号,单词符号的语法可以采用3型文法这类有效工具加以描述,并基于这类描述工具,可以建立词法分析技术,进而可以建立词法分析程序的自动构造方法. 因此,3型文法或正规文法是在词法分析阶段,描述程序语言单词的一种非常重要的有效工具.

【例23.13】 描述程序设计语言中的标识符的3型文法或正规文法为:

$G[\langle 标识符 \rangle]: \langle 标识符 \rangle \rightarrow L \mid L \langle 字母数字 \rangle,$

$\qquad \langle 字母数字 \rangle \rightarrow L \mid D \mid L \langle 字母数字 \rangle \mid D \langle 字母数字 \rangle,$

其中, L 表示 $a, b, c, \cdots, z$ 中的任意一字母; D 表示 $0 \sim 9$ 中的任意一数字.

通过该文法可以看出, $\langle 标识符 \rangle$ 被定义为:以字母开头的字母数字串. 如果 $\langle 标识符 \rangle$ 定义为以字母开头的字母数字串且字母数字串的长度限制在 $1 \sim 8$ 之间,则文法可改写为

$$G[\langle 标识符 \rangle]: \langle 标识符 \rangle \rightarrow L \mid L \{\langle 字母数字 \rangle\}_0^7$$

$$\langle 字母数字 \rangle \rightarrow L \mid D$$

在忽略句子 ε 的情况下,由 Chomsky 分类定义可知,任何3型语言都是2型语言,任何2型语言都是1型语言,任何1型语言都是0型语言. 因而它们构成图23.3所示的层次体系.

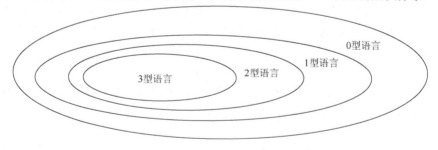

图　23.3

§23.3　正规表达式

正规表达式(regular expression)也称正规式,正规式及正规式所表示的语言——正规集的概念,是美国数学家 Kleen 在20世纪50年代提出来的. 这种方法现在已成为处理有限自动机问题的主要数学工具,无论在理论上,还是在计算机科学领域的诸多工程实践中,都有重要应用.

正规表达式表示字符串的格式,用这种表示法可以详细地说明单词符号的结构,可以精确地

定义集合,即正规集. 如例 23.13 中的正规文法所定义的标识符,我们也可用如下的表达式表示

$$字母·（字母 + 数字）^*$$

这就是一个正规式,其中“ + ”,“ · ”,“ * ”均为正规表达式中的运算符.

正规式是按照一组定义规则,由较简单的正规式构成的,每个正规式 e 表示一个语言 $L(e)$.
定义规则告诉我们 $L(e)$ 是怎样以各种方式从 e 的子正规式所表示的语言组合而成的.

下面是正规式和它所表示的正规集的递归定义.

定义 23.2.15　字母表 $\sum$ 上的正规表达式和正规集递归定义如下:

（1）任意 $a \in \sum$, a 是 $\sum$ 上的一个正规表达式,它所表示的正规集为 $\{a\}$.

（2）空串 ε 是 $\sum$ 上的一个正规表达式,它所表示的正规集为 $\{\varepsilon\}$.

（3）符号 φ 是 $\sum$ 上的一个正规表达式,它所表示的正规集为 $\varnothing$.

（4）设 e_1 与 e_2 都是 $\sum$ 上的正规表达式,它们所表示的正规集分别为 $L(e_1)$ 与 $L(e_2)$,则

① $e_1 + e_2$ 也是正规表达式,它所表示的正规集为 $L(e_1 + e_2) = L(e_1) \cup L(e_2)$;

② $e_1 · e_2$ 也是正规表达式,它所表示的正规集为 $L(e_1 · e_2) = L(e_1)L(e_2)$;

③ $(e_1)^*$ 也是正规表达式,它所表示的正规表达式为 $L((e_1)^*) = (L(e_1))^*$.

正规表达式的运算符“.”读作“连接”,连接符“ · ”在大多数情况下可以省略;运算符“ + ”读
作“或”;运算符“ * ”读作“闭包”,表示零次或多于零次地引用括号中的表达式. 需要注意的是,
在上述定义中,括号并不是正规式的运算符,它们仅是用于表示正规式中的子表达式,如在算术
表达式中使用括号一样. 如果我们采用如下的约定:在不产生混乱的情况下,我们可以删除正规
表达式中的括号;正规表达式的三个运算符中,“ * ”的优先级最高,“ · ”次之,最后是“ + ”,三个
运算均为左结合. 在这个约定下,正规表达式 $(a) + ((b)^*(c))$ 等价于 $a + b^*c$. 当然也可在正
规表达式中加入括号来改变原有的运算顺序.

在此要注意的是,当说 a 是一个正规表达式时,它所表征的正规集是 $\{a\}$. 此时 a 作为一个正
规式的记号和 $\sum$ 中的一个符号串 a 是有区别的. 因此,在问题的表述中,究竟 a 是一个正规式还是
一个符号串,需要视它所出现的具体场合来区分.

【例 23.14】　令 $\sum = \{a, b\}$,下面表 23.1 中列出了 $\sum$ 上的一些正规表达和相应的正规集.

表　23.1

正规表达式	正规集
$a + b$	$\{a, b\}$
a^*	$\{\varepsilon, a, aa, aaa, aaaa, \cdots\}$
aa^*	$\{a, aa, aaa, aaaa, \cdots\}$
$(a + b)(a + b)$	$\{aa, ab, ba, bb\}$
$(a + b)^*$	$\{\varepsilon, a, b, aa, ab, ba, bb, \cdots\}$ 即所有含 a 和 b 的符号串
$(aa + ab + ba + bb)^*$	空串 ε 和任何长度为偶数的 a,b 符号串
$(a + b)(a + b)(a + b)^*$	任何长度大于等于 2 的 a, b 符号串

【例 23.15】　设 $\sum = \{a, b, c\}$,则正规式 $(b + c)^*a(b + c)^*a)^*(b + c)^*$ 对应的正规集
L 是所有包括偶数个 a 的 a, b, c 的符号串.

【例 23.16】　设 $\sum = \{a, b, c\}$,则 $aa^*bb^*cc^*$ 是 $\sum$ 上的一个正规式,它所表示的正规集

$$L = \{abc, aabc, abbc, abcc, \ldots\} = \{a^l b^m c^n \mid l, m, n \geqslant 1\}.$$

但是应当指出,正规式和正规集之间并不存在一一对应的关系. 实际上,有时若干在外形上
颇不相同的正规式可描述同一正规集. 例如,正规式 $(a + b)^*$ 及 $(a^*b^*)^*$ 都描述 $\{a,b\}$ 上的任何

字符串;正规式 $b(ab)^*$ 及 $(ba)^*b$ 都描述以 b 开头且其后跟以零个或任意多个 ab 所组成的字符串等. 故我们说两个正规式等价,当且仅当它们描述的正规集相同. 正规式遵守一些代数定律,它们可用于正规式的等价变换,因这些关系极易被验证,所以通常把它们视为公理,如表 23.2 中所示,其中 r,s,t 均是正规式. 利用这些公理有助于将一个正规式化简,或证明正规式之间的一些等价关系.

表 23.2

公 理	说 明
$r + s = s + r$	运算符 + 是可交换的
$r + (s + t) = (r + s) + t$	运算符 + 是可结合的
$(rs)t = r(st)$	连接运算符是可结合的
$r(s + t) = rs + rt$ $(s + t)r = sr + tr$	连接运算符对 + 运算符是可分配的
$\varepsilon r = r$ $r\varepsilon = r$	对于连接而言,ε 是单位元
$r^* = (r + \varepsilon)^*$	运算符 $*$ 和 ε 的关系
$r^{**} = r^*$	运算符 $*$ 是幂等的

需要指出的是,对于 $\Sigma = \{a, b\}$ 上的 $\{a, b\}^*$ 上的任意一个子集不能就认为是一个正规集. 例如,子集 $\{a^n b^n \mid n \geq 1\}$ 就不是一个正规集,它不能用正规式来描述,也不能用正规文法来描述. 因为在这个子集中,a 和 b 的个数必须相等,正规文法和正规式均没有这样的能力来判断或保证 a 的个数等于 b 的个数. 但它可用上下文无关文法来描述.

我们从定义 23.15 中,知道了正规式是由较简单的正规式来构成的,是一个递归定义,因此为了求得更简洁的表示,我们可以对正规式命名,并用这些名字来引用相应的正规式. 这些名字也可以像符号一样,出现在正规式中. 对于在例 23.13 中正规文法所定义的标识符,用正规式则表示为:字母(字母 + 数字)*,其中的"字母","数字"是我们分别对正规式 $A + B + \cdots + Z + a + b + \cdots + z$ 和 $0 + 1 + \cdots + 9$ 的命名.

如果 Σ 是基本符号的字母表,那么正规式的定义是形为

$$d_1 \to r_1$$
$$d_2 \to r_2$$
$$\cdots$$
$$d_n \to r_n$$

的定义序列,各个 d_i 的名字都不同,每个 r_i 都是 $\Sigma \cup \{d_1, d_2, \cdots, d_{i-1}\}$ 上的正规式. 由于每个 r_i 只能含 Σ 上的符号和前面定义的名字,因而不会出现递归定义的情况. 把这些名字用它们所表示的正规式来代替,就可以为任何 r_i 构造 Σ 上的正规式.

为了区别名字和符号,我们在正规定义中用黑体字表示名字.

【例 23.17】 Pascal 语言的标识符集合含所有以字母开头的字母数字串,下面是这个集合的正规定义

$$\text{letter} \to A + B + \cdots + Z + a + b + \cdots + z$$
$$\text{digit} \to 0 + 1 + \cdots + 9$$
$$\text{id} \to \text{letter}(\text{letter} + \text{digit})^*$$

【例 23.18】 Pascal 的无符号数是 $1946, 11.28, 63.6E8$ 和 $1.999E-6$ 这样的串,下面是这样的串集的正规定义.

$$\text{digit} \to 0 \ + \ 1 \ + \ \cdots \ + \ 9$$

$$\text{digits} \to \text{digit digit}^*$$

$$\text{optional\_fraction} \to . \text{digits} \ + \ \varepsilon$$

$$\text{optional\_exponent} \to (E \ (\ '+' \ + \ - + \ \varepsilon \ ) \ \text{digits} \ ) \ + \ \varepsilon$$

$$\text{num} \to \text{digits optional\_fraction optional\_exponent}$$

其中，" + "表示正号，用单引号括起来以区别于正规式的或运算符 + .

从这个定义我们知道，无符号数由整数部分、小数部分和指数部分三部分组成，其中小数部分和指数部分都是可能出现或可能不出现的. 指数部分如果出现的话，是 E 及可能有的 + 或–号，再跟上一个或多个数字. 注意小数点后面至少有一个数字，所以 num 能匹配 2.0，但不能匹配 2.

在正规式中，某些结构频繁出现，为方便起见，我们用缩写表示它们. 在前面我们引进了运算符" $*$ "，称为 Kleene 闭包或者星闭包，这里引进另一个一元后缀算符" $+$ "，称之为正闭包，它的含义是"一次或多于一次的引用". 因此，如果 e 是表示语言 $L(e)$ 的正规式，则 $(e)^+$ 是表示语言 $(L(e))^+$ 的一个正规表达式. 例如，正规式 a^+ 表示一个或多于一个 a 的所有串的集合. 算符 $^+$ 和算符 * 有同样的优先级和左结合性. 根据定义有以下两个等式成立：

$$e* \ = e^+ + \ \varepsilon$$

$$e^+ \ - \ ee^*$$

这两个等式说明了 Kleene 闭包运算符和正闭包运算符之间的关系，这种关系以后是会经常用到的.

【例 23.19】　写一个正规式，表示包含了交替的 0 和 1 的串的集合，首先，构造一个正规式，表示包含单个串 01 的语言. 然后用星运算符得到一个表达式，表示所有形如 0101…01 的串.

正规式的基础规则说明，0 和 1 分别是表示语言 $\{0\}$ 和 $\{1\}$ 的正规式. 如果把这两个正规表达式连接起来，就得到了表示语言 $\{01\}$ 的正规表达式；这个表达式是 01. 一般规则是，如果需要一个正规式表示只包含串 w 的语言，就用 w 本身作为正规式. 注意，在正规式中，通常用黑体书写 w 中的符号. 但改变字体只是为了帮助区分表达式与串，不应当认为这有什么重要意义.

现在，为了得到所有包含 01 的零次或多次出现的串，我们使用正规式 $(01)^*$. 注意，先在 01 两边加上括号，以避免与表达式 01^* 发生混淆，01^* 的语言是所有包含一个 0 和任意多个 1 的串. 在正规表达式中的运算时有优先级的，简单地说，星闭包比连接的优先级更高，因此在执行任何连接之前就选择星的运算对象.

但是，$L((01)^*)$ 不完全是我们想要的语言. 这个语言只包含那些以 0 开头、以 1 结尾、0 和 1 交替出现的串. 还需要考虑以 1 开头并且（或者）以 0 结尾的可能性. 一种方法是构造另外三个正规表达式，处理另外三种可能性. 也就是说，$(10)^*$ 表示以 1 开头并且以 0 结尾的交替串，$0(10)^*$ 用来表示以 0 开头和结尾的串，$1(01)^*$ 用来表示以 1 开头和结尾的串. 完整的正规表达式是

$$(01)^* + (10)^* + 0(10)^* + 1(01)^*$$

注意：用 + 运算符来取这四个语言的并，这四个语言一起给出了所有 0 和 1 交替的串.

但是，还有另一种方法产生一个看上去很不相同的正规式，在某种程度上更紧凑. 还是从表达式 $(01)^*$ 开始. 如果在左边连接上表达式 $\varepsilon + 1$，就能在开头加上一个可有可无的 1. 同样，用表达式 $\varepsilon + 0$ 在结尾加上一个可有可无的 0. 例如，用 + 运算符的定义

$$L(\varepsilon + 1) \ = L(\varepsilon) \cup L(1) \ = \{\varepsilon\} \cup \{1\} \ = \{\varepsilon, 1\}$$

如果把这个语言与任意其他语言 L 连接起来，ε 选择就给出 L 中所有的串，1 选择就对 L 中每个串 w 给出 $1w$. 因此，交替的 0 和 1 的串的集合的另一个表达式是

$$(\varepsilon + 1)(01)^*(\varepsilon + 0)$$

注意:每个增加的表达式外面都需要括号,以确保这些运算正确地分组.

像代数运算一样,正规式中的运算符也有假设的"优先级"顺序,这意味着,运算符要以特定的顺序来结合运算对象.下面是正规式运算符的优先级顺序:

(1) 具有最高优先级的是闭包运算(星闭包*和正闭包$^+$).它类似于代数运算中的幂运算,也就是说,星运算符只作用到左边构成合法正规式的最短符号序列.

(2) 具有其次优先级的是"连接"运算符.它类似于代数运算中的乘法.由于连接是结合的运算符,对连续的连接,以什么顺序来分组是无关紧要的,但如果要做选择,通常采用左结合.

(3) 优先级别最低的是"并"运算(+ 运算符).它类似于代数运算中的加法.同样,由于并也是结合的,对连续的并,以什么顺序来分组也是无关紧要的,但如果要做选择,通常采用左结合.

当然,有时不希望按照运算符的优先级所要求的那样来对正规式分组.如果是这样,就随意用括号按照所选择的来对运算对象分组.另外,在需要分组的运算对象外面加上括号,这永远不会引起任何错误,即使所需要的分组是优先级规则所蕴涵的也是如此.

【例23.20】 把表达式$01^* + 1$分组为$(0(1^*)) + 1$.首先把星运算符分组.由于星左边紧挨着的符号1是个合法的正规式,单独这个1就是星的运算对象.其次把0和(1^*)之间的连接分组,给出表达式$(0(1^*))$.最后并运算符连接了前面的表达式和右边的表达式1.

注意:根据优先级规则分组,这个给定表达式的语言是:串1加上所有包含0后面跟着任意多个1(包括0个)的串.如果选择在星之前对点分组,就应当使用括号,如$(01)^* + 1$.这个表达式的语言是:串1加上所有把01重复零次或多次的串.如果希望首先对并分组,就应当在并的外面加上括号,形成表达式$0(1^* + 1)$.这个表达式的语言是:以0开头并且后面跟着任意多个1的串的集合.

§23.4 正规文法与正规式

在定义23.2.14中,如果一个文法中的每一条产生式都是$A \to aB$或$A \to a$形式,其中,$A, B \in V, a \in T$,则称该文法为3型文法或正规文法.正规文法定义的语言称为正规语言.正规语言类是形式语言的Chomsky层次中最内层的语言类(见图23.3).

这种正规文法的特点有两个:第一个特点是每一条产生式的右部都最多只有一个非终极符(又称之谓变量).因为这种每一条产生式的右部都最多只有一个非终极符的文法又被称为线性文法,所以正规文法是一种线性文法.第二个特点是每一条产生式的右部的非终极符(如果有的话)一定是位于最右边.由此正规文法又被称为右线性文法.

需要指出的是,一个正规语言可以由正规文法定义,也可由正规式定义,对任意一个正规文法,存在一个定义同一个语言的正规式;反之,对于每一个正规式,存在一个生成同一语言的正规文法.有些语言可以很容易用文法定义,有些语言更容易用正规式定义.

1. 正规式转换成正规文法

将$\sum$上的一个正规式r转换成文法$G = (V, T, S, P)$的方法如下:

(1) 令$T = \sum$;

(2) 选择一个非终结符S,生成规则$S \to r$,并将S定为G的开始符号.

(3) 若x和y都是正规式,则:

① 对形如$A \to xy$的规则,重写成$A \to xB, , B \to y$两个规则,其中B是新选择的终结符,即$B \in V$.

② 对形如$A \to (x + y)B$的规则,重写成$A \to xB, A \to yB$两个规则.

③ 对形如$A \to x + y$的规则,重写成$A \to x, A \to y$两个规则.

④ 对已转换的文法中形如 $A \rightarrow x^* y$ 的规则，重写成 $A \rightarrow xA, A \rightarrow y$ 两个规则.

（4）不断利用上述规则进行变换，直到每一条规则最多有一个终结符为止.

【例 23.21】 将正规式 $a(a + d)^*$ 转换成相应的正规文法.

解：按照上述步骤.

（1）先引入开始符号 S，生成规则 $S \rightarrow a(a + d)^*$；

（2）再生成规则 $S \rightarrow aA$ 和 $A \rightarrow (a + d)^*$；

（3）最后再将 $A \rightarrow (a + d)^*$ 重写为 $A \rightarrow aA \mid dA \mid \varepsilon$，转换后的正规文法如下：

$$S \rightarrow aA$$
$$A \rightarrow aA \mid dA \mid \varepsilon$$

2. 将正规文法转换成正规式

基本上是上述过程的逆过程. 其出发点是将所给定的正规文法 G 视为定义各非终结符所产生的正规集的一个联立方程组，再根据下面的求解规则来解此联立方程组以求得相应的正规表达式.

下面我们用几个例子来说明这个转换的方法.

【例 23.22】 考虑如下列正规文法 $G_{1.22}$，该文法产生的语言是 $\{a^n b a^m \mid m, n \geq 1\}$

$$S \rightarrow aS \mid aA$$
$$A \rightarrow bB$$
$$B \rightarrow aB \mid a$$

该文法可表示为如下方程组

$$\begin{cases} S \rightarrow aS + aA \\ A \rightarrow bB \\ B \rightarrow aB + b \end{cases} \tag{23.1}$$

如果我们把非终结符 S, A 和 B 所产生的正规集分别记为 L_S, L_A 和 L_B，则可得如下方程组

$$\begin{cases} L_S = \{a\} \cdot L_S \cup \{a\} \cdot L_A \\ L_A = \{b\} \cdot L_B \\ L_B = \{a\} \cdot L_B \cup \{b\} \end{cases} \tag{23.2}$$

且根据定义，应有 $L(G) = L_S$，为了方便起见，我们将方程组（23.2）按相应的正规式写出，则得到方程组

$$\begin{cases} S = aS + aA \\ A = bB \\ B = aB + b \end{cases} \tag{23.3}$$

我们可以用代入法来求解这个方程组，比如，用 $A = bB$ 来代入 $S = aS + aA$ 中的 A. 但是在这些方程中，或者将在代入后形成的方程中，总会遇到形如 $X = rX + t$ 的方程，也就是含有右递归的方程. 读者可以自己证明，如果一个正规集是无穷集的话，那么它的右线性文法中就一定含有右递归. 对于这种含有右递归的方程，我们有如下的求解规则.

求解规则：方程 $X = rX + t$ 有形如 $X = r^* t$ 的解.

证明：因为方程 $X = rX + t$ 对应于右线性文法中如下的两个规则：

$$X \rightarrow rX$$
$$X \rightarrow t$$

那么这两条规则所生成的语言显而易见为

$$L_X = \{t, rt, rrt, \cdots\} = L(r^* t)$$

故方程 $X = rX + t$ 相应地有解 $X = r^* t$.

因此,求解方程组(23.3),可先对方程 $B = aB + b$ 应用求解规则,求得 $B = a^*b$;然后将此解代入方程 $A = bB$ 便可得到 $A = ba^*b$;然后再用 ba^*b 代替方程 $S = aS + aA$ 中的 A,可得 $S = aS + aba^*b$. 最后在应用求解规则得到 $S = a^*aba^*b$. 所求得的正规式 a^*aba^*b 所表示的语言与文法 $G_{1.22}$ 所能产生的语言是相同的.

【例 23.23】 考虑正规文法 $G_{1.23}$:
$$S \rightarrow bS \mid aA$$
$$A \rightarrow aA \mid bB$$
$$B \rightarrow aA \mid bC \mid b$$
$$C \rightarrow bS \mid aA$$

解:分析可得相应的方程组为
$$S = bS + aA \tag{23.4}$$
$$A = aA + bB \tag{23.5}$$
$$B = aA + bC + b \tag{23.6}$$
$$C = bS + aA \tag{23.7}$$

比较方程(23.4)和方程(23.7)可发现 $C = S$,因此方程(23.6)可改写为
$$B = aA + bS + b$$
或
$$B = S + b \tag{23.8}$$
可将方程(23.8)代入方程(23.5),有
$$A = aA + b(S + b) = aA + bS + bb$$
或者
$$A = S + bb \tag{23.9}$$
最后再将方程(23.9)代入方程(23.4),有
$$S = bS + a(S + bb) = (b + a)S + abb$$
由求解规则可得上述方程的解为
$$S = (a + b)^* abb$$
即文法 $G_{1.23}$ 所产生的语言可用正规式 $(a|b)^* abb$ 表示.

再看下面这个例子.

【例 23.24】 试给出如下正规文法 $G_{1.24}$ 所生成的语言:
$$S \rightarrow 0A$$
$$A \rightarrow 0A \mid 0B$$
$$B \rightarrow 1A \mid \varepsilon$$

解:分析可得相应的方程组为
$$S = 0A \tag{23.10}$$
$$A = 0A + 0B \tag{23.11}$$
$$B = 1A + \varepsilon \tag{23.12}$$

将方程(23.12)代入方程(23.11)中并使用求解规则可得
$$A = 0A + 01A + 0 = (0 + 01)A + 0 = (0 + 01)^*0 \tag{23.13}$$
再将式(23.13)代入方程(23.10)得
$$S = 0(0 + 01)^*0$$
即文法所产生的语言的正规式是 $0(0|01)^*0$.

综上所述,为了对已给出的正规文法 G 构造描述 $L(G)$ 的正规式,可首先根据 G 的各规则构造一个相应的线性方程组,然后利用代入法以及本节的求解规则来求解该方程组即可.

由本节的前述内容可知,正规文法,这里是右线性文法,可以和正规式之间等价地相互转换.因而正规文法与正规式是等价的.

习 题

1. 写出表示下列语言的正规表达式,并证明你的表达式是正确的:

(1) 字母表$\{a, b, c\}$上包含至少一个 a 和至少一个 b 的集合.

(2) 倒数第 10 个符号是 1 的 0 和 1 的串的集合.

(3) 至多只有一对连续 1 的 0 和 1 的串的集合.

2. 写出表示下列语言的正规表达式:

(1) 最多含有一对相邻的 0 和一对相邻的 1 的 0 和 1 的符号串的全体集合.

(2) 每一对相邻的 0 都出现在每一对相邻的 1 的前面的 0 和 1 的符号串的全体集合.

(3) 所有含有相同数目的 0 和 1 并且任何前缀中 0 最多比 1 多一个且 1 最多比 0 多一个的 0 和 1 的符号串的集合.

(4) 0 的个数被 5 整除的 0 和 1 的串的集合.

3. 写出表示下列语言的正规表达式:

不包含 101 作为子串的所有 0 和 1 的串的集合.

4. 给出下列正规表达式语言的自然语言描述:

(1) $(1 + \varepsilon)(00^*1)^*0^*$.

(2) $(0^*1^*)^*000(0 + 1)^*$.

(3) $(0 + 10)^*1^*$.

5. 验证下列关于正规表达式的恒等式.

(1) $r + s = s + r$.

(2) $(r + s) + t = r + (s + t)$.

(3) $(rs)t = r(st)$.

(4) $r(s + t) = rs + rt$.

(5) $(r + s)t = rt + st$.

(6) $(r^*)^* = r^*$.

(7) $(\varepsilon + r)^* = r^*$.

(8) $(r^*s^*)^* = (r + s)^*$.

6. 对正规表达式 r 和 s,证明下列等式成立或者不成立:

(1) $(r + s)^* = r^* + s^*$.

(2) $(rs + r)^*r = r(sr + r)^*$.

(3) $(rs + r)^*rs = (rr^*s)^*$.

(4) $(r + s)^*s = (r^*s)^*$.

(5) $s(rs + s)^*r = rr^*s(rr^*s)^*$.

7. 为下列正规表达式构造正规文法.

(1) $(a \mid b)^*a(a \mid b)$

(2) $(a \mid b)^*a(a \mid b)(a \mid b)$

(3) $(a \mid b)^*a(a \mid b)(a \mid b)(a \mid b)$.

8. 直接给出下述文法所对应的正规表达式

$$S \rightarrow 0A \mid 1B$$

$$A \rightarrow 1S \mid 1$$

$$B \rightarrow 0S \mid 0$$

第 **24** 章

有限自动机理论
（finite automata theory）

§24.1 有限自动机的定义与构造

有限自动机(finite automata)或称为有穷状态的机器,它由一个有限的内部状态集和一组控制规则组成,这些规则是用来控制在当前状态下读入输入符号后应转向什么状态. 有限状态系统最初的形式研究是在 1943 年由 McCulloch 和 Pitts 提出来的. 有限自动机是一种数学模型,它可以用来描述识别输入符号串的过程,在这个机器中,它的状态总是处于有限状态中的某一个状态,系统的当前状态概括了有关历史的信息,这些历史信息对于后来的输入所能确定的系统状态是不可少的. 简单地说,也就是要根据当前系统的状态和下一个输入的符号才能确定下一个状态. 例如电梯的控制机构是有限自动机的一个例子. 顾客的服务要求(即所要到达的楼层)是该装置的输入信息,而电梯所处的层数及运动方向则表示该装置的状态. 这个机构并不记住所有先前服务要求,而仅仅记住现在是在几楼,运动的方向(上或下)及尚未满足的服务要求. 在计算机科学中,可以找到许多有限状态系统的例子,如计算机本身也可以是认为是一个有限状态系统,尽管其可能状态数目很大,但仍然是有限的. 有限自动机理论是设计这些系统的有效工具. 研究有限状态系统的重要原因是概念的自然性和应用的广泛性. 例如,在编译器中,人们主要用自动机来识别程序设计语言中的单词. 但是它不能用来描述表达式、语句等复杂的语法结构.

有限自动机与正规文法和正规式有着非常密切的关系,它们的描述能力是相同的. 因此,有限自动机是用来识别正规式的一个非常有用的工具,使用有限自动机来构造词法分析程序这也是一种比较好的途径. 让我们先来看下面的例子.

【例 24.1】 构造一个有限自动机 M_0,它能识别出除以 3 余 2 的二进制数.

我们用 $V_3(x)$ 来表示二进制数 x 除以 3 的余数,例如 $V_3(100)=1$, $V_3(1011)=2$,设输入符号串为 $w=a_1a_2\cdots a_n$,其中 $a_i \in \{0,1\}$,$0 \le i \le n$. 很显然,对于每一个 i,$0 \le i \le n$,自动机读入符号串 $a_1a_2\cdots a_i$ 后,二进制数 $a_1a_2\cdots a_i$ 除以 3 的余数 $V_3(a_1a_2\cdots a_i)$ 必然或者为 0、或者为 1,或者为 2,再也不可能有其他的情况. 因此,在自动机 M_0 中只需要采用三个状态来分别表示上述的三种情况即可. 令自动机 M_0 中有状态 q_0、状态 q_1 和状态 q_2 分别表示余数为 0,1 和 2 的情况.

现在来考虑状态之间的转换. 当 M_0 读完符号串 $a_1a_2\cdots a_i$ 后又读到符号 a_{i+1} 时,新符号串 $a_1a_2\cdots a_{i+1}$ 除 3 的余数与原符号串 $a_1a_2\cdots a_i$ 除 3 的余数之间显然有

$$V_3(a_1a_2\cdots a_{i+1}) \equiv 2 * V_3(a_1a_2\cdots a_i) + a_{i+1}(\bmod 3)$$

于是假设当前状态为 q_k，$0 \leqslant k \leqslant 2$，当前输入的符号是 a，$a \in \{0, 1\}$，那么下一个状态 q_j 的编号 j 应该满足，$j \equiv 2 * k + a \pmod 3$. 根据这个关系，我们可得出如表 24.1 所示的 M_0 的状态之间的转换关系，而表 24.1 就称为自动机 M_0 的转换函数. 在 M_0 的开始运行时，显然应该使其处于状态 q_0. 而当它读完一个符号串结束时，其所停留的状态或为 q_0、或为 q_1、或为 q_2，则该二进制数除以 3 的余数就分别获为 0、或为 1、或为 2. 显然最后终止在 q_2 上的符号串就是除以 3 余 2 的二进制数. 我们称 q_0 为开始状态，称 q_2 为终止状态. 一般约定，写在矩阵的第一列的状态为开始状态，标记 * 的状态为终止状态.

我们可用图 24.1 所示的有向图来表示自动机 M_0 的状态和状态之间的转换. 这种有向图称之为状态转换图.

表 24.1

输入 状态	0	1
q_0	q_0	q_1
q_1	q_2	q_0
* q_2	q_1	q_2

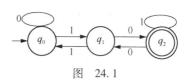

图 24.1

状态转换图是由表示状态的结点和带输入标记的有向边构成的有向图. 其中状态结点由带有圆圈围住的状态标识来表示，它与 M_0 中的状态集相对应，也包含了开始状态与终态集，有向边上的标记代表在引出弧结点（即有向边的始结点）所表示状态下可能出现的输入符号，终态由嵌套的双圆圈标记来表示. 开始状态是有一个箭头指向的状态结点（箭头也可以省略），状态转换图中的带标记的有向边与 M_0 的转换函数相对应，有向边上的标记集合即为 M_0 的有穷字母表. 其中状态 2 为终态，若 M_0 读入输入串 w 的最后一个符号后进入状态 2，则称 M_0 接受输入串 w. 用状态转换图的术语来说，M_0 接受输入串 w 是指其状态转换图上存在一条从初态结点到某个终态结点的通路，且该通路上所有标记符依次连接起来，等于字符串 w.

我们注意到，自动机 M_0 的状态数是有限的，这样的自动机就称为有限自动机. 此外，对自动机 M_0 的每个内部状态，根据该状态和当前输入符号所转向的下一个状态均是唯一的，即其状态转换是确定的. 这样的自动机就称为确定的有限自动机. 我们还可以将有限自动机抽象地描述成如图 24.2 所示的模型，该模型由一条无穷长度的输入带、一个读头和一个有限控制器组成. 在这个模型中，单个的输入信息称为输入符号. 输入带用来存放输入符号串，每个输入符号占据一个单元（方格），输入带的长度和输入串的长度相同. 有限控制器控制读头从左至右逐个地扫描并读入每个输入符号. 在读出输入带上属于 Σ 上的一系列符号后，该控制器处于 Q 中的某个状态. 若控制器处于状态 q，且输入头正扫描到符号 a，则有限自动机进入状态 $f(q, a)$，同时移动输入头到右邻的符号上，这个过程称为有限自动机的一次动作. 如果 $f(q, a)$ 是接受状态，则有限自动机接受输入带上迄今被读出的字符串. 注意，不包含刚右移进入读头下方的符号. 假使输入头移出带的右端，则自动机接受带上全部的内容.

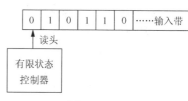

图 24.2

根据有限自动机中转移的下一个状态是唯一的状态，还是有多个状态，可分为确定有限自动机（deterministic finite automata）与非确定有限自动机（nondeterministic finite automata），分别简记为 DFA 和 NFA. 确定的和不确定的有限自动机都正好识别正规集，也就是它们能识别的语言正好都是正规式所表达的语言. 但是，它们之间存在着时空权衡问题，DFA 识别速度快，占用空间大，NFA

识别速度慢,占用空间小.

§24.2　确定的有限自动机(DFA)

定义 24.2.1　一个确定有限自动机(DFA)M 是一个五元组

$$M = (S, \Sigma, f, s_0, Z),$$

其中,

Σ 是一个有穷字母表,它的每一个元素称为一个输入符号;

S 是一个有限状态集,它的每一个元素称为一个状态;

f 是转换函数,定义了从 $S \times \Sigma \to S$ 上的一个单值映射,即 $f(p, a) = q$,指明当前的状态为 p,当输入符号为 a 时,则转换到下一个状态 q,q 称为 p 的后继状态;

$s_0 \in S$ 是一个唯一的初始状态;

$Z \subseteq S$ 是一个终止状态集.

如图 24.1 所示的有限自动机 M_0 就是确定的有限自动机,其转换函数 f 可以写为

$$f(0, 0) = 0, f(0, 1) = 1, f(1, 1) = 0, f(1, 0) = 2, f(2, 0) = 1, f(2, 1) = 2$$

我们注意到,在状态转移的每一步,根据有限自动机当前所处的状态和所面临的输入符号,便能唯一地确定有限自动机的下一个状态,即转换函数的值是唯一的. 反映到状态转换图上,就是若 $|\Sigma| = n$,则任何结点的出边都有 n 条,且这些出边上的标记均不相同. 这就是为什么我们把按上述方式定义的有限自动机称为确定的有限自动机的原因.

定义 24.2.2　DFA M 所接受的符号串的集合称为 DFA M 所接受的语言,记为 $L(M)$,即

$$L(M) = \{w \mid f(s_0, w) \in Z, w \in \Sigma^*\}$$

换句话说,对于 Σ^* 中的任何一个串 w,若存在一条从某一表示初态的结点到某一表示终态结点的通路,且这条路上所有弧的标记符依次连接成的符号串等于 w,则称 w 可为 DFA M 所识别(读出或接受).

例 24.1 中 M_0 所接受的语言 $L(M_0) = \{w \mid w \in \{0, 1\}^*$,二进制数 w 除以 3 余数为 2$\}$

【**例 24.2**】　设 DFA $M_1 = (\{q_0, q_1, q_2\}, \{a, b\}), f, q_0, \{q_2\}$,其中转换函数 f 定义如下:

$$f(q_0, a) = q_1, f(q_0, b) = q_2$$
$$f(q_1, b) = q_1, f(q_1, a) = q_1$$
$$f(q_2, b) = q_1, f(q_2, a) = q_2$$

其状态矩阵和状态转换图分别如表 24.2 和图 24.3 所示.

表　24.2

输入 状态	a	b
q_0	q_1	q_2
q_1	q_1	q_1
q_2	q_2	q_1

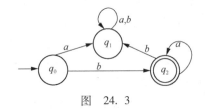

图　24.3

不难看出 $L(M_1) = ba*$.

在下面的讨论中,为简便起见,我们常用状态转换图或状态转换函数来代表有限自动机.

§24.3　不确定的有限自动机(NFA)

如前所述,若有限自动机根据当前所处的状态和所面临的输入符号,能够确定的后继状态不是唯一的,就称这样的有限自动机为不确定的有限自动机. 如图 24.4 是 NFA,在这个 NFA 中,状态 0 在输入符号 a 时有两个可能的转移状态 0,1.

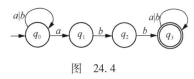

图　24.4

我们一定已经注意到前述的 DFA 只是 NFA 的一种特殊情况. 对于给定的输入字符串 w 和状态 s_0,在 DFA 中,恰好存在始于 s_0 标记为 w 的一条路径,而在 NFA 中,却可能存在始于 s_0 标记为 w 的若干条路径.

现在给出不确定有限自动机的形式定义如下:

定义 24.3.1　一个不确定有限自动机(NFA)M 是一个五元组

$$M = (S, \Sigma, f, S_0, Z),$$

其中,

Σ 是一个有穷字母表,它的每一个元素称为一个输入符号;

S 是一个有限状态集,它的每一个元素称为一个状态;

f 是转换函数,定义了从 $S \times \Sigma \to \rho(S)$ 上的映射($\rho(S)$ 表示 S 的幂集),即 $f(p, a) = \{q_1, \cdots, q_k\}$,指明当前的状态为 p,当输入符号为 a 时,则转换到的状态是一个状态集;

$S_0 \subseteq S$ 是初始状态集;

$Z \subseteq S$ 是终止状态集.

从 NFA 的定义可以看到,NFA 与 DFA 的主要的区别在于转换函数,DFA 的转换函数是从 $S \times \Sigma$ 到 S 上的一个单值映射,而 NFA 的转换函数是从 $S \times \Sigma$ 到 $\rho(S)$,即 S 的幂集的映射,而不是到 S 的映射,即一个状态可转换到的后继状态是一个状态集合(可能是空集),而不是单个状态. 另外,NFA 有一个初态集,而 DFA 的初态是唯一的.

例如,图 24.4 的 NFA M_1 的转换函数可表示为

$f(q_0, a) = \{q_0, q_1\} \quad f(q_0, b) = \{q_0\}$
$f(q_1, a) = \varnothing \qquad f(q_1, b) = \{q_2\}$
$f(q_2, a) = \varnothing \qquad f(q_2, b) = \{q_3\}$
$f(q_3, a) = \{q3\} \qquad f(q_3, b) = \{q_3\}$

也可表示为表 24.3 所示的转换函数.

比较表 24.3 和表 24.2,可看到 NFA 的转换状态实际上是一个状态的集合.

表　24.3

状态　　　输入	0	1
q_0	$\{q_0, q_1\}$	$\{q_0\}$
q_1	$\varnothing$	$\{q_2\}$
q_2	$\varnothing$	$\{q_3\}$
*q_3	$\{q_3\}$	$\{q_3\}$

对于 Σ^* 中的任何一个串 w,若存在一条从某一表示初态的结点到某一表示终态结点的通路,且这条路上所有弧的标记符依次连接成的符号串(忽略那些标记为 ε 的弧)等于 w,则称 w 可为 NFA M 所接受. 若其中状态 q_0 即是初态又是终态,则存在一条从初态结点到终态结点的 ε 通路,此时,空符号串 ε 可为 NFA 接受.

我们可以把非确定有限自动机加以推广,使之能包含空输入 ε 上的转移. 图 24.5 中给出了一个这样的 NFA 的转换图,它接受由若干 a 的符号串,或者若干 b 的符号串所组成的语言,即语言 $aa * |bb *$,或记为 $a + | b +$. 如前所述,如果有某个标记为 w 的路径从一个 NFA 初态到达它某一个终态,我们就说这个 NFA 接受了字符串 w. 显然,标记为 ε 的边可以包含在路径中,虽然 ε 并不明显地出现在 w 中.

例如,符号串 aaa 被图 24.5 中的 NFA 接受,其路径是 $q_0q_1q_3q_3q_3$,该路径上的弧分别标记为 ε, a, a, a.

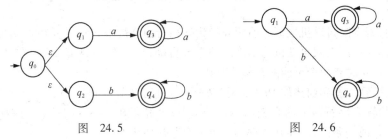

图 24.5

图 24.6

形式上,将具有 ε 动作的非确定有限自动机定义为五元组(S, Σ, f, S_0, Z),其中除转移函数 f 外的分量的定义如同定义 2.3,但转移函数 f 是如下映射:

$$S \times (\Sigma \cup \{\varepsilon\}) \to \rho(S)$$

若输入字符是空串,则停留在原状态上,即有

$$f(q, \varepsilon) = q.$$

(a) (b)

图 24.7 不确定的有限自动机 M_1

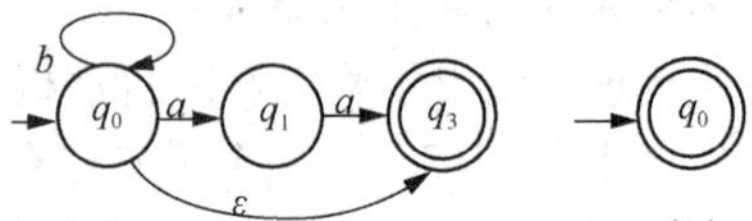

若 NFA 的某些状态既是初态又是终态,或者存在一条从某个初态到某个终态的 ε 道路,那么空字 ε 可为 M 所接受,如图 24.7 所示.

但要注意的是:具有 ε 动作的 NFA 并不增加 NFA 接受语言的能力,即存在如下定理:

定理 24.3.1 对任何一个具有 ε 动作的 NFA M,一定存在一个不具有 ε – 转移的 NFA M',使得 $L(M) = L(M')$.

例如:图 24.6 中的 DFA 不仅与图 24.5 中 NFA 等价,而且不具有 ε – 转移.

定理 24.3.1 的形式化证明在下一节的定理证明中会有说明,其证明的基本思想是去掉 ε 弧.

例如,在编译器的设计中,我们可以通过 ε 弧把各类单词的有限自动机连接起来,组成一个单一的 NFA,然后再把 NFA 确定化,最后再据此设计词法分析器.

对于串 < = 、: = 、+ ,假设是将它们每个单词作为一不同类来处理,它们各自的 DFA 可分别设计为如图 24.8(a)(b)(c)所示,那么可以利用 ε 弧,将这三个有限自动机连接起来开成能够识别这三个符号的 NFA,如图 24.8 (d)所示.

(a) 识别界符<=的FA

(b) 识别界符:=的FA

(c) 识别界符+的FA

(d) 识别界符<=、:=和+的FA

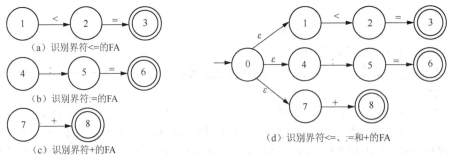

图 24.8

实际上,DFA 可视为 NFA 的一个特例,其中:

(1) 没有一个状态有 ε 转换;

(2) 对每一个状态 s 和输入符号 a,最多只有一条标记为 a 的弧离开.

对于任何两个有限自动机 M 和 M',如果 $L(M) = L(M')$,则称 M 和 M'是等价的.

我们在下节中证明:对于一个每个 NFA M,均存在一个 DFA M',使得 $L(M') = L(M)$.

§24.4　NFA 的确定化

NFA 中状态的转换后的状态不是单一的,而是一个状态的子集. 如果把一个状态的子集看作整体,换句话说,就是把这个子集看作一个状态,那么 NFA 的不确定性就不存在了. 这样一来,NFA 的状态集合不再是 S,而应该是 S 的幂集 $\rho(S)$. 由于 S 是一个有限集合,所以 $\rho(S)$ 也是一个有限集合. 依据这个思想,便可以由已知的 NFA M 出发构造出与之等价的 DFA M',构造的方法是让 M' 的状态对应于 M 的状态子集. 图 24.9 所示的就是与图 24.4 中 NFA 等价的 DFA.

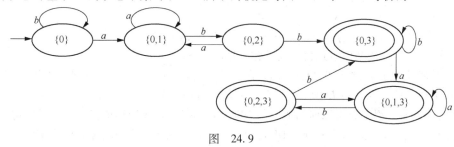

图　24.9

我们可看到,在 DFA 中的每一个状态是 NFA 中的状态子集. 当然,可对图中每个状态子集用另外一个标识符来代表这个状态子集,但这并不会对有限自动机有什么影响. 所以,在有限自动机的理论里存在这样的定理:

定理 24.4.1　设 $L(M)$ 为一个由 NFA M 接受的集合,则存在一个接受 $L(M)$ 的 DFA M'.

证明:设 NFA $M = (S, \sum, f, S_0, Z)$ 为一识别 $L(M)$ 的非确定有限自动机,构造 DFA M'
$$M' = (S', \sum, f', s_0, Z'),$$
其中,

(1) $S' = \rho(S)$,即 DFA M' 的状态集 S' 是 NFA M 的状态集 S 的幂集. S' 的每一个状态表示为 $[q_1, q_2, \cdots, q_i]$,其中 $\{q_1, q_2, \cdots, q_i\} \subseteq S$.

(2) M' 的状态 $[q_m, q_n, \cdots, q_t]$ 是 M' 的终态当且仅当 S 的子集 $\{q_m, q_n, \cdots, q_t\}$ 中至少含有一个 M 的终态,即 $Z' = \{[q_m, q_n, \cdots, q_t] \mid [q_m, q_n, \cdots, q_t] \in S' \text{ 且 } \{q_m, q_n, \cdots, q_t\} \cap Z \neq \varnothing\}$.

(3) $s_0 = [S_0]$.

(4) $f'([q_1, q_2, \cdots, q_i], a) = [p_1, p_2, \cdots, p_j]$,其中 $\{p_1, p_2, \cdots, p_j\} = \bigcup_{q \in [q1, q2, \cdots, qi]} f(q, a)$.

由 M' 的定义不难看出,若有 NFA M 的一个状态子集 $\{q_1, q_2, \cdots, q_i\}$ 通过 a 弧所能到达的状态子集为 $\{p_1, p_2, \cdots, p_j\}$,则一定存在 DFA M' 的一个状态 $[q_1, q_2, \cdots, q_i]$ 通过 a 弧能到达状态 $[p_1, p_2, \cdots, p_j]$;反之亦然. 由此我们不难想到对于任意的符号串 w 也将如此. 这就表明,对给定的任意时刻和 NFA M 的任何状态,DFA M' 都能在它自己的状态下跟踪 NFA M. 下面我们对符号串 w 的长度采用数学归纳法来证明这一点.

归纳基础:当符号串的长度为 0,即 $w = \varepsilon$ 时,由于总有
$$f(S_0, \varepsilon) = \{S_0\} = f'(s_0, \varepsilon)$$
显然根据上述定义,结论是成立的.

归纳假设:设对于长度为 m 的符号串 w,均有若有 NFA M 的一个状态子集 $\{q_1, q_2, \cdots, q_i\}$ 通过 w 所能到达的状态子集为 $\{p_1, p_2, \cdots, p_j\}$,则一定存在 DFA M' 的一个状态 $[q_1, q_2, \cdots, q_i]$ 通过 w 能够达到状态 $[p_1, p_2, \cdots, p_j]$;反之亦然.

归纳步骤:下面证明对符号串 wa 结论亦成立. 由于

$$f'(s_0, wa) = f'(f'(s_0, w), a)$$

而 w 的长度为 m,故根据归纳假设有

$$f'(s_0, w) = [q_1, q_2, \cdots, q_i] \text{ 当且仅当 } f(S_0, w) = \{q_1, q_2, \cdots, q_i\}$$

于是有

$$f(s_0, wa) = f(f(s_0, w), a) = f(\{q_1, q_2, \cdots, q_i\}, a) = \{p_1, p_2, \cdots, p_j\}$$

再由 f' 的定义,当且仅当

$$f(\{q_1, q_2, \cdots, q_i\}, a) = \{p_1, p_2, \cdots, p_j\}$$

这时有

$$f'([q_1, q_2, \cdots, q_i], a) = [p_1, p_2, \cdots, p_j]$$

从而有

$$f(S_0, wa) = \{p_1, p_2, \cdots, p_j\} \text{ 当且仅当 } f(s_0, \omega a) = [p_1, p_2, \cdots, p_j]$$

由数学归纳法可知,上述结论对任何长度的输入串均成立.

最后,根据 Z' 的定义,当且仅当 $f(s_0, w)$ 含有 Z 中的状态时,$f'(s_0, w) \in Z'$,因此,当且仅当 $w \in L(M)$ 时 $w \in L(M')$,从而有 $L(M') = L(M)$. 故定理得证.

下面根据证明过程来介绍如何构造出与 NFA 等价的 DFA,我们称该算法称为子集构造法. 为了对给定的任一个 NFA 构造其等价的 DFA,由图 24.10 和图 24.7 可知,需要解决消除 NFA 中单个输入字符的某个状态中去掉 ε 转换和多重转换两个主要问题. 去掉 ε - 转换涉及 ε - 闭包(ε - closure(q))的构造;而消除在单个输入符号上的多重转换涉及跟踪可由匹配单个字符而达到的状态集合(Move(q, a)). 这两个过程都要求考虑的是状态的集合而不是单个状态. 首先我们来看下面两个定义:

定义 24.4.1 设 I 是 NFA M 的状态集 S 的一个子集,定义集合 I 的 ε - 闭包,记作 ε - closure(I),
(1) 若 $q \in I$,则 $q \in \varepsilon$ - closure(I);
(2) 若 $q \in I$,则从状态 q 经任意条 ε 弧所能到达的任何状态 q',则 $q' \in \varepsilon$ - closure(I).

注意:集合 I 的所有状态均属于 ε - closure(I).

定义 24.4.2 状态集合 I 的 a 弧转换,记作 move(I, a),表示从状态集合 I 的每个状态经过一条 a 弧而到达的状态的集合.

$$I_a = \varepsilon - \text{closure}(\text{move}(I, a))$$

我们用图 24.10 的 NFA $N = (\{0, 1, 2, \cdots, 10\}, \{a, b\}, f, \{0\}, \{10\})$ 来解释这两个运算.

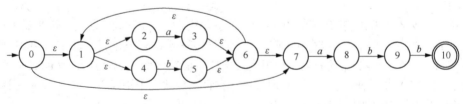

图 24.10

ε - closure$(0) = \{0, 1, 2, 4, 7\}$,即集合 $\{0, 1, 2, 4, 7\}$ 就从状态 0 经过任意条 ε 弧可以到达的所有状态的集合.

move$(\{0, 1, 2, 4, 7\}, a) = \{3, 8\}$,因为在状态 0,1,2,4 和 7 中,只有状态 2 和状态 7 有 a 弧射出,分别到达状态 3 和状态 8.

ε - closure(move$(\{0, 1, 2, 4, 7\}, a)$) = ε - closure$(\{3, 8\})$ = $\{1, 2, 3, 4, 6, 7, 8\}$

现在我们提出从 NFA 构造识别同样语言的 DFA 的子集构造法. 其基本思想如前所述,DFA 用它的状态去记住 NFA 的状态子集,也就是说,在读入了 $a_1 a_2 \cdots a_n$ 后,DFA 到达一个代表 NFA 的状态子集 T 的状态,这个子集 T 是从 NFA 的初态沿着那些标有 $a_1 a_2 \cdots a_n$ 的路径能到达的所有状态的集合. 以图 24.10 中 NFA N 为例实现具体的步骤如下:

对给定的 NFA N 构造一张表,此表每行含有三列,第一列记为 I,第二列和第三列分别记为 $I_a, I_b (a, b \in \Sigma)$.

第一步:首先置此表的第一列为 $\varepsilon - \text{closure}(\{S_0\})$,$S_0$ 为 NFA 的初态集. 这里,$\varepsilon - \text{closure}(\{0\}) = \{0, 1, 2, 4, 7\}$,它是与 NFA N 等价的 DFA 的初态,在此我们将其标记为 $A = \{0, 1, 2, 4, 7\}$;

第二步:一般当某一行第一列的状态子集已确定,记为 I,那么可以根据上述定义求出其对于输入字符的状态子集. 此处对应 A 的第二列和第三列标志的状态子集(I_a, I_b);

$$I_a = \varepsilon - \text{closure}(\text{move}(A, a))$$

由于在 $A = \{0, 1, 2, 4, 7\}$ 中,只有 2 和 7 有 a 转换,分别到 3 和 8,因此 $\text{move}(A, a) = \{3, 8\}$.

又因为 $\varepsilon - \text{closure}(3) = \{1, 2, 3, 4, 6, 7\}$、$\varepsilon - \text{closure}(8) = \{8\}$,所以

$$I_a = \varepsilon - \text{closure}(\text{move}(A, a)) = \varepsilon - \text{closure}(\{3, 8\}) = \{1, 2, 3, 4, 6, 7, 8\}$$

我们标记这个集合为 B.

在 A 中,只有状态 4 有 b 转换到 5,所以该 DFA 状态 A 的 b 转换到达为

$$I_b = \varepsilon - \text{closure}(\text{move}(A, b)) = \varepsilon - \text{closure}(\{5\}) = \{1, 2, 4, 5, 6, 7\}$$

标记这个集合为 C.

第三步:检查 I_a 和 I_b,看它们是否已在表的第一列出现,把未曾出现过的加入后面空行第一列的位置上,继续求出此行的第二列和第三列的状态子集. 重复此过程,直至第一列出现的状态子集不再扩展.

子集法对图 24.10 中 NFA N 确定化过程构造的转换矩阵如表 24.4 所示.

用新的没有标记的集合 B 和 C 继续这个过程,最终会达到这样一点:所有的集合(即 DFA 的所有状态)都已标记. 因为 10 个状态的集合的不同子集只有 2^{10} 个,一个集合一旦标记就永远是标记的,所以终止是肯定的. 对本例,实际构造出的五个不同状态集合是

$$A = \{0, 1, 2, 4, 7\}$$
$$B = \{1, 2, 3, 4, 6, 7, 8\}$$
$$C = \{1, 2, 4, 5, 6, 7\}$$
$$D = \{1, 2, 4, 5, 6, 7, 9\}$$
$$E = \{1, 2, 4, 5, 6, 7, 10\}$$

表 24.4

I	I_a	I_b
$\{0, 1, 2, 4, 7\}$	$\{1, 2, 3, 4, 6, 7, 8\}$	$\{1, 2, 4, 5, 6, 7\}$
$\{1, 2, 3, 4, 6, 7, 8\}$	$\{1, 2, 3, 4, 6, 7, 8\}$	$\{1, 2, 4, 5, 6, 7, 9\}$
$\{1, 2, 4, 5, 6, 7\}$	$\{1, 2, 3, 4, 6, 7, 8\}$	$\{1, 2, 4, 5, 6, 7\}$
$\{1, 2, 4, 5, 6, 7, 9\}$	$\{1, 2, 3, 4, 6, 7, 8\}$	$\{1, 2, 4, 5, 6, 7, 10\}$
$\{1, 2, 4, 5, 6, 7, 10\}$	$\{1, 2, 3, 4, 6, 7, 8\}$	$\{1, 2, 4, 5, 6, 7\}$

我们将得到的表看作一个状态矩阵,即把其中的每一个子集视为一个状态,这样就得到一个等价的 DFA N'(见图 24.11). N' 的初态是表的第一行第一列的状态,终态是含有原 NFA N 的终态

的状态子集. 所以此例中 E 为 DFA 的终态. 显然, DFA N' 与 NFA N 是完全等价的.

NFA N 确定化后 DFA N' 的转换矩阵如表 24.5 所示.

表　24.5

I	a	b
A	B	C
B	B	D
C	B	C
D	B	E
$E*$	B	C

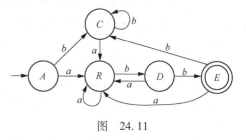

图　24.11

§24.5　DFA 的最小化

将一个 NFA 进行确定化后, 得到的 DFA 的状态数并不一定是最少的, 其原因就在于前面给定的确定化算法中没有考虑到 DFA 中有些状态是等价的, 从而可以合并. 另外, 在 DFA 中可能存在多余(无用)的状态.

定义 24.5.1　一个状态是 DFA M 的多余(无用)状态, 如果从 M 的初态出发, 任何输入串都不能到达该状态.

定义 24.5.2　DFA M 的两个状态 s,t 说是不可区别的, 当且仅当, 对于输入字母表上的任何符号串 w, 若 DFA M 从状态 s 开始和从 t 开始, 读完 w 之后, 都将同样地终止于终态上或者非终态上.

例如, 终态与非终态是可区别的, 空串 ε 就区别它们. 显然, 关系"不可区别"是一种等价关系, 读者不难自己证明这一点.

定义 24.5.3　如果两个状态是不可区别的, 则称它们是等价的.

定义 24.5.4　DFA M 的状态最小化, 是指构造一个等价的 DFA M', 使得 M' 是所有等价于 M 的 DFA 中状态数目最少的.

显然, 最小的 DFA M'(也称最简 DFA)满足如下两个条件:

(1) 没有多余状态;

(2) 它的所有状态都是可区别的, 即没有两个状态是等价的.

化简 DFA 的关键在于利用"不可区别"关系, 把它的状态集分成等价类. 然后将一个等价类视为一个状态, 从而获得状态个数最少的 DFA.

把 DFA 状态最小化的算法就是找出能由某输入字符串区别开的一切状态组, 不能区别开的状态组就被合并成代表其中所有状态的一个独立状态. 显然两个等价的状态在相同的输入字符下转换成的状态仍应是等价的.

DFA 的状态最小化的算法步骤可简述如下:

(1) 首先构造状态集的分划, 把 M 的所有状态 S 划分为 Z 和 $S-Z$, 即以终态和非终态两个状态子集构成初始划分, 记作 $\pi_0 = (Z, S-Z)$;

(2) 设当前的划分 π_i 中已有 m 个子集, 即:
$$\pi_i = (I_1, I_2, \cdots, I_m),$$
其中, 属于不同子集的状态是可区别的, 而属于同一子集的各状态是待区别的. 即需对每一个子集中的 $I_j = \{S_{j1}, S_{j2}, \cdots, S_{jk}\}$ 中各状态 $S_{ir}(S_{ir} \in S, 1 \leqslant r \leqslant k)$ 进行考察, 看是否还能对它们进行划分. 例如, S_{ip} 和 S_{iq} 是 I_i 中的两个状态, 若存在某个 $a \in \Sigma$, 使得 $f(S_{ip}, a) = S_{ju}$ 及 $f(S_{iq}, a) = S_{kv}$, 而状

态 S_{ju} 及 S_{kv} 属于 π_i 中两个不同的子集 I_j 和 I_k，故 S_{ju} 和 S_{kv} 被某一符号串 w 所区别，所以应将子集 I_i 进一步划分，使 S_{iq} 和 S_{ip} 分别属于 I_i 的两个不同的子集。若 I_j 中的状态分别落在 π_i 中的 p 个不同的子集，则将 I_j 分为 p 个更小的状态子集 $I_j^{(1)}$，$I_j^{(2)}$，$\cdots$，$I_j^{(p)}$，对每一个 $I_j^{(h)}$，$1 \le h \le p$，$f(I_j^{(h)}, a)$ 中的全部状态都落在 π 中同一子集中。注意，若对某状态 S_{ir}，$f(S_{ir}, a)$ 无意义，则 S_{ir} 与任何($f(S_{ir}$，$a)$ 有定义)都是可区别的。如此每细分一次，就得到一个新的划分 π_{new}，且划分中的子集数也由原来的 m 个变为 $m+p-1$ 个。

① 若 $\pi_{new} \ne \pi$，则将 π_{new} 作为 π_{j+1} 再重复②中的过程，如此下去，直到最后一个划分，使得 $\pi_{new} = \pi$，即 π 中的各个子集不能再进行划分为止。

② 对所得的最后划分 π_m，从它的每个子集 $I_j = \{S_{j1}, S_{j2}, \cdots, S_{jr}\}$ 中任选一个状态，如 S_{j1} 作为 I_j 中各个代表，这些选出的状态组成了 M' 的状态集 K'。而且，若 I_j 中含有 M 的初态，则 S_{j1} 为 M' 的初态；若 I_j 中含有 M 的终态，则 S_{j1} 为 M' 的终态。此外，还将各子集中落选的状态从原 DFA M 中删除，并将原来进入这些状态的所有弧都改为进入它们代表状态。

③ 如果 M' 中含有死状态，即对任何输入字符 a 转换到本身而不可能从它达到终态的那些非终态，以及不可能从开始状态达到它的那些无用状态，则把这些死状态与无用状态一概删去。从其他状态到这些状态的转换都成为无定义的。这样得到的 M' 是与 M 等价的一切 DFA 中状态数最少的 DFA。

【例 24.3】 以图 24.11 为例说明如何使 DFA 的状态数成为最少。

初始划分：π_0 为两个子集：终态集 E 和非终态集，即
$$\pi_0 = (\{E\}, \{A, B, C, D\})$$

为了构造 π_{new}，我们首先考虑 $\{E\}$，因为这个子集只包含一个状态，它不能再划分，所以在 π_{new} 中仍是 $\{E\}$。

然后考虑 $\{A, B, C, D\}$，对于输入 a：$I_a = \{B\}$，即这些状态都转换到 B，但对于输入 b，A、B 和 C 都转换到状态子集 $\{A, B, C, D\}$ 的一个成员 C，而 D 转换到是另一个子集的成员 E。于是，子集 $\{A, B, C, D\}$ 必须分成两个新子集 $\{A, B, C\}$ 和 $\{D\}$，即
$$\pi_{new} = (\{A, B, C\}, \{D\}, \{E\})$$

进一步细分，只有 $\{A, B, C\}$ 有划分的可能。对于输入 b，B 转到 D，A 和 C 都转换到 C，因而
$$\pi_{new} = (\{A, C\}, \{B\}, \{D\}, \{E\})$$

再次细分，仅 $\{A, C\}$ 有划分的可能。但是对于输入 a 和 b，它们都分别转换到 B 和 C，因而不能再分。所以最后的划分是
$$(\{A, C\}, \{B\}, \{D\}, \{E\})$$

如要选择 A 作为 $\{A, C\}$ 的代表，选择 B，D 和 E 作为其他单状态子集的代表，可以得到最小自动机。它的转换表如表 24.6 所示，状态 A 是开始状态，状态 E 是唯一的接受状态，状态转换图见图 24.12，该图没有无用状态，并且所有的状态都是从开始状态 A 可到达的。

表　24.6

输入 状态	a	b
A	B	A
B	B	D
D	B	E
$E *$	B	A

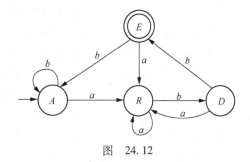

图　24.12

需要注意的是,该方法是基于转换函数是全函数,即每个状态对每个输入符号都有转换. 转换函数是偏函数的有限自动机称为未完全定义的有限自动机. 对于未完全定义的有限自动机不能采用这种及消化的方法,否则有可能得到的新 DFA 和原来的 DFA 接受的不是同一个语言. 不过,如果一个 DFA 的转换函数不是全函数,可以引入一个"死状态"s_d,s_d 对所有输入符号都转换到 s_d 本身,如果 s 对符号 a 没有转换,那么加上从 s 到 s_d 的 a 转换. 这样将 DFA 的转换函数改造为全函数. 显然,加状态 s_d 后的 DFA 和原来的 DFA 还是等价.

对于未完全定义的有限自动机的极小化是通过相容关系求最小覆盖来实现的. 本书中对此不再介绍.

§24.6　正规集与有限自动机的等价性

本节介绍正规集与有限自动机的等价性.

定理 24.6.1　令 r 是一个正规表达式,则存在一个不确定的有限自动机接受 $L(r)$.

证明:对正规表达式 r 中的运算符的数目进行归纳证明,存在一个不确定的有限自动机 M,M 仅有一个终止状态并且从该终止状态没有出来的转换,使得 $L(M) = L(r)$.

归纳基础(0 个运算符):正规表达式必定为 ε,φ 和某个 $a \in \sum$,分别表示集合 $\{\varepsilon\}$,$\varnothing$ 和 $\{a\}$. 图 24.13中(a)、(b)和(c)满足条件.

图　24.13

归纳步骤(1 个或多个运算符):假设对于运算符个数少于 i,$i \geqslant 1$ 的正规表达式,定理成立. 令 r 为含有 i 个运算符的正规表达式. 根据 r 的形式有三种情况:

(1) $r = r_1 + r_2$,r_1 和 r_2 都只有少于 i 个运算符. 因此存在 NFA $M_1 = (Q_1, \sum_1, \delta_1, q_1, \{f_1\})$ 和 $M_2 = (Q_2, \sum_2, \delta_2, q_2, \{f_2\})$,使得 $L(M_1) = L(r_1)$ 和 $L(M_2) = L(r_2)$. 因为可以随意命名一个 NFA 中的状态,所以可以认为 Q_1 和 Q_2 是不交的. 令 q_0 为新的初始状态,f_0 为新的终止状态. 构造
$$M = (Q_1 \cup Q_2 \cup \{q_0, f_0\}, \sum_1 \cup \sum_2, \delta, q_0, \{f_0\}),$$
其中,δ 定义为
$$\delta(q_0, \varepsilon) = \{q_1, q_2\}$$
$$\delta(q, a) = \delta_1(q, a), 对 \forall q \in Q_1 - \{f_1\} 和 \forall a \in \sum_1$$
$$\delta(q, a) = \delta_2(q, a), 对 \forall q \in Q_2 - \{f_2\} 和 \forall a \in \sum_2$$
$$\delta(f_1, \varepsilon) = \delta(f_2, \varepsilon) = \{f_0\}$$

由归纳假设我们知道,f_1 和 f_2 都没有输出的转换,因此,M_1 和 M_2 的动作都在 M 中.

M 的构造如图 24.14(a)所示. 在 M 的转换图中任何从 q_0 到 f_0 的路径都必须由 ε 进入 q_1 或者 q_2 开始. 如果从 q_1 开始,则可以由 M_1 中任一路径到 f_1,然后再由 f_1 到 f_0. 类似的,从 q_2 开始可以由 M_2 中任一路径到 f_2 然后再到 f_0. 因此可以得出,在 M 中存在一条从 q_0 到 f_0 的标为 x 的路径,当且仅当在 M_1 中存在一条从 q_1 到 f_1 的或者在 M_2 中存在一条从 q_2 到 f_2 的标为 x 的路径. 因此,正如我们所希望的那样 $L(M) = L(M_1) \cup L(M_2)$.

(2) $r = r_1 r_2$. 其 M 的构造如图 24.14(b)所示.

(3) $r = r_1 *$. 其 M 的构造如图 24.14(c)所示.

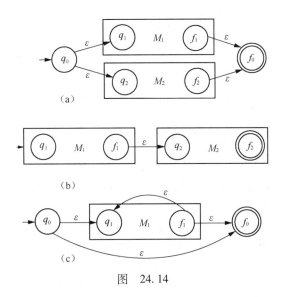

图　24.14

在情形 2 和情形 3 中，M_1 和 M_2 和情形 1 中完全一样，其形式描述和证明也与情形 1 类似，我们不再赘述，留作练习请读者自己去完成.

下面来证明任何一个有限自动机接受的集合可以用某一个正规表达式来表示. 从而也就证明了正规表达式和有限自动机的等价性.

定理 24.6.2　如果 L 被一个确定的有限自动机接受，则 L 可以用一个正规表达式来表示.

证明：令 L 被确定的有限自动机 M 所接受. 设
$$M = (\{q_1, q_2, \cdots, q_n\}, \sum, \delta, q_1, F).$$

令 R_{ij}^k 表示所有这样的符号串 x 的集合，x 满足条件 $\delta(q_i, x) = q_j$，并且对 x 的任何不同于 x 或 ε 的前缀 y，若 $\delta(q_i, y) = q_s$，则 $s \leqslant k$. 也就是说，R_{ij}^k 中的符号串使有限自动机 M 从状态 q_i 到达状态 q_j，但是不通过任何编号大于 k 的状态. 注意，这里"通过一个状态"表示进入并离开了该状态. 因此 i 和 j 都可以大于 k. 因为没有任何状态的编号大于 n，所以 R_{ij}^n 表示了所有从 q_i 到 q_j 的符号串的集合. 我们可以递归地定义 R_{ij}^k 为

$$R_{ij}^k = R_{ij}^{k-1} \cup R_{ij}^{k-1}(R_{kk}^{k-1}) * R_{kj}^{k-1} \tag{24.1}$$

$$R_{ij}^0 = \begin{cases} \{a \mid \delta(q_i, a) = q_j\} & \text{当 } i \neq j \\ \{a \mid \delta(q_i, a) = q_j\} \cup \{E\} & \text{当 } i = j \end{cases}$$

非形式地说，上面 R_{ij}^k 的定义表明，使 M 从 q_i 变换到 q_j，但是不通过编号高于 q_k 的状态的输入符号串为：

（1）R_{ij}^{k-1} 中的符号串（即指通过编号低于 k 的状态的符号串）；或者

（2）由 R_{ik}^{k-1} 中的符号串（它使 M 第一次进入状态 q_k），后面接上 0 个或多个 R_{kk}^{k-1} 中的符号串（它们使 M 从 q_k 回到 q_k，但是不通过编号高于 k 的状态），再接上 R_{kj}^{k-1} 中的符号串（它们使 M 从 q_k 到 q_j）所组成的符号串.

我们必须证明对每一个 i, j 和 k，存在一个正规表达式 r_{ij}^k 表示语言 R_{ij}^k. 我们对 k 采用归纳法.

归纳基础（$k = 0$）：如果存在符号 a 使得 $\delta(q_i, a) = q_j$，则 R_{ij}^0 是这样的有穷集合，它的符号串或者为单个符号或者为 ε，因而是正规集；如果没有这样的符号，则为 $\varnothing$ 或 $\{\varepsilon\}$（当 $i = j$ 时）. 因此 R_{ij}^0 均可以表达为 r_{ij}^0.

归纳步骤：式（24.1）中所给出的递归公式明显只涉及正规表达式的并，连接和闭包运算. 根

据归纳假设,对于每个 i,j 和 k 存在一个正规表达式 r_{ij}^{k-1}, r_{ik}^{k-1}, r_{kk}^{k-1} 和 r_{kj}^{k-1} 分别表示 R_{ij}^{k-1}, R_{ik}^{k-1}, R_{kk}^{k-1} 和 R_{kj}^{k-1}. 因此,对 R_{ij}^k,我们可用正规表达式 $r_{ij}^k = r_{ij}^{k-1}$, r_{ik}^{k-1}, r_{kk}^{k-1} 和 r_{kj}^{k-1}.

从而完成了归纳证明.

为了最后完成本定理的证明,我们只需要注意到

$$L(M) = \bigcup_{qj \in F} R r_{ij}^n$$

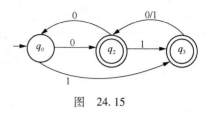

图　24.15

显然, $L(M)$ 可以用正规表达式来表示.

由此可知有限自动机和正规表达式是等价的.

【**例 24.4**】　令 M 为图 24.15 中所示的有限自动机,将 $L(M)$ 表示为正规表达式.

解: 对所有的 i,j 和 $k = 0,1$ 或 2, r_{ij}^k 如表 24.7 所示.

表　24.7

r_{ij}	$k = 0$	$k = 1$	$k = 2$
r_{11}	ε	ε	$(00)*$
r_{12}	0	0	$0(00)*$
r_{13}	1	1	$0*1$
r_{21}	0	0	$0(00)*$
r_{22}	ε	$\varepsilon + 00$	$(00)*$
r_{23}	1	$1 + 01$	$0*1$
r_{31}	$\varnothing$	$\varnothing$	$(0+1)(00)*0$
r_{32}	$0 + 1$	$0 + 1$	$(0+1)(00)*$
r_{33}	ε	ε	$\varepsilon + (0+1)0*1$

为了完成 M 的正规表达式 $r_{12}^3 + r_{13}^3$ 的构造,根据式(24.1),我们有

$$r_{12}^3 = 0*1(0+1)0*1)*(0+1)(00)* + 0(00)*$$

和

$$r_{13}^3 = 0*1((0+1)0*1)*$$

于是

$$r_{12}^3 + r_{13}^3 = 0*1(0+1)0*1)*(\varepsilon + (0+1)(00)*) + 0(00)*$$

习　　题

1. 给出接受下列在字母表 $\{0,1\}$ 上的语言的确定的有限自动机:

(1) 所有以 00 结尾的符号串的集合.

(2) 所有含有连续三个 0 的符号串的集合.

(3) 所有其任意五个连续符号中至少含有两个 0 的符号串的集合.

(4) 所有以 1 开头,并且若把它看成整数的二进制表示,它可以被 5 整除的符号串集合.

2. 请描述图 24.16 的转换图所给出的有限自动机所接受的集合.

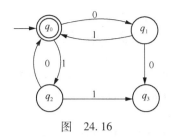

图　24.16

3. 给出接受下列语言的 NFA：

(1) $\{x|x \in (0 + 1)^*,$ 且 x 中有两个 0 被长度为 $4i, i \geq 0,$ 的符号串隔开$\}$.

(2) $(0 + 1)^*$ 中所有从右端数第 10 位为 1 的符号串的集合.

4. 构造与下列 NFA 等价的 DFA：

(1) $(\{p, q, r, s\}, \{0, 1\}, \delta_1, p, \{s\})$；

(2) $(\{p, q, r, s\}, \{0, 1\}, \delta_2, p, \{q, s\})$.

其中,δ_1 和 δ_2 在图 24.17 中给出.

δ_1	0	1
p	$\{p, q\}$	p
q	r	r
r	s	$-$
s	s	s

δ_2	0	1
p	$\{q, s\}$	q
q	r	$\{q, r\}$
r	s	p
s	$-$	p

图　24.17

5. 请给出对应于图 24.18 中的两个转换图的语言,并构造其相应的正规表达式.

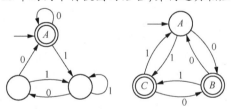

图　24.18

6. 构造等价于下列正规表达式的有限自动机：

(1) $10 + (0 + 11)0^*1$

(2) $01[((10)^* + 111)^* + 0]$

(3) $((0 + 1)(0 + 1))^* + ((0 + 1)(0 + 1)(0 + 1))^*$

7. 写出接受下列语言的确定的有限自动机：

0 的个数被 5 整除且 1 的个数是偶数的所有 0 和 1 的串的集合.

参 考 文 献

[1] 王湘浩,管纪文,刘叙华. 离散数学[M]. 北京:高等教育出版社,1983.

[2] BONDY J A,MURTY U S R. Graph Theory with applications [M]. The Macmillan press Ltd. , 1976.

[3] 耿素云,屈婉玲,张立昂. 离散数学[M]. 北京:清华大学出版社,1992.

[4] 陈子岐,朱必文,刘峙山. 图论[M]. 北京:高等教育出版社,1990.

[5] 李蔚萱. 图论[M]. 长沙:湖南科学技术出版社,1980.

[6] 左孝凌,李为鉴,刘永才. 离散数学[M]. 上海:上海科学技术文献出版社,1982.

[7] 王兵山,王长英,周贤林,等. 离散数学[M]. 北京:国防科技大学出版社,1985.

[8] 熊全淹. 初等整数论[M]. 长沙:湖南教育出版社,1984.

[9] 李复中. 初等数论选讲[M]. 长春:东北师范大学出版社,1984.

[10] 刘叙华. 数理逻辑基础[M]. 长春:吉林大学出版社,1991.

[11] 孙吉贵,杨凤杰,欧阳丹彤,等. 离散数学[M]. 北京:高等教育出版社,2002.

[12] RICHARD JOHNSONBAUGH. Discrete Mathematics[M]. 4th ed. 王孝喜,邵秀丽,朱思俞,等 译. 北京:电子工业出版社,1999.

[13] HOPCROFT J E. 自动机理论、语言和计算导论[M]. 刘田,等译. 北京:机械工业出版社, 2004.

[14] PETER LINA. An Introduction to Formal Languages and Automata[M]. 3rd ed. 北京:机械工业 出版社,2004.